高等院校纺织服装类“十三五”部委级规划教材

女装工业纸样设计原理与应用

（第四版）

刘霄 著

東華大學出版社

·上海·

图书在版编目（CIP）数据

女装工业纸样设计原理与应用/刘霄著.— 4 版.
—上海：东华大学出版社，2017.6
ISBN 978-7-5669-1228-2

Ⅰ.①女… Ⅱ.①刘… Ⅲ.①女服—服装设计 Ⅳ.①TS941.717

中国版本图书馆CIP数据核字（2017）第142266号

责任编辑 吴川灵
封面设计 雅 风
封面插画 曹亚箭

女装工业纸样设计原理与应用
（第四版）
刘 霄 著
出版：东华大学出版社 (上海市延安西路1882号 200051)
本社网址：http://www.dhupress.net
天猫旗舰店：http://dhdx.tmall.com
营销中心：021-62193056 62373056 62379558
电子邮箱：805744969@qq.com
印刷：苏州望电印刷有限公司
开本：889mm×1194mm 1/16
印张：22
字数：771千字
版次：2017年6月第4版
印次：2017年6月第1次
书号：ISBN 978-7-5669-1228-2
定价：58.00元

前　言

一直以来众多的服装结构书籍只是介绍怎样进行结构制图，很少有介绍一套完整纸样制作流程的。结构制图只是纸样设计的一个基本环节，纸样设计是指纸样设计师结合面料的性能、款式的特点，把结构制图分解成面布、里布等零部件的衣片组合，并提供最为省时便捷的工艺制作方法。所以纸样设计不仅要有丰富的专业理论知识，更要有丰富的实践经验。服装的最终目的是服务于人体。

每个服装公司都有自己的基础纸样，而这个基础纸样是根据企业的市场定位而设定的。设定的尺寸依据是标准的人体测量或人体模型或《服装号型系列》国家标准的规格。总之，基础纸样来源于立体(人体)而后又转化为平面，也就是通常我们所说的从立体到平面，从平面到立体。

本书是作者根据多年纸样设计的实践经验整理而成。书中的图型、案例都是经过实践检验和应用过的。全部按比例制成，并按顺序从最基本的基础纸样来源讲起， 包括各个部位的原理和变化，以及缝份的加放、里布的构成，到最后工业纸样的应用，充分阐述了纸样设计一系 列的完整过程。

此书的目的是给读者一种思维、一个思考。作者以科学通俗的表现手法，力求讲活、讲透每一条线段、每一个点、每一个公式，以及每个图型的相互关系，所以不管你是初学者，还是有丰富经验的纸样设计师，只要按顺序读完此书，相信一定会大有收获。

本书体现作者多年来工作实践经验形成的个人风格，由于 平有限，若有错漏，恳请前辈、先师以及同行们不吝指正。

此书在编写的过程中得到林福云、何庆波、刘祎涵、林福增、龙小平同志大力协助，在此表示衷心的感谢。最后向被本书援引、借鉴的国内外文献的作者，致以诚挚的歉意，并恳请他们的谅解。

自2005年出版《女装工业纸样设计原理与应用》一书以来，这本书经历了市场的洗礼，得到了广大读者的喜爱。2009年出版了第二版，2013年出版了第三版，现为第四版。最后要感谢东华大学出版社的吴川灵先生给予的帮助与支持。

编者

2017年1月于深圳

目 录

第一章 工业纸样设计基础 / 1

第1节 工业纸样的概念 / 2

第2节 纸样设计的工具 / 3

第3节 纸样绘制符号与纸样生产符号 / 5

第4节 女装的成品规格与号型系列 / 6

第5节 人台基准线的认识 / 9

第二章 基础纸样 / 10

第1节 裙子基础纸样 / 11

第2节 裤子基础纸样 / 12

第3节 无基础省的衣身基础纸样 / 13

第4节 针织衣身与袖子的基础纸样 / 14

第5节 合体衣身与袖子的基础纸样 / 16

第三章 裙子 / 18

第1节 直裙基础纸样的结构原理 / 20

第2节 直裙的变化 / 24

A. 高腰裙 / 24

B. 西装裙(直腰) / 25

C. 四片喇叭裙(正腰) / 26

D. 时装裙(正腰) / 28

E. 低腰抽褶裙 / 30

F. 低腰分割裙 / 32

G. 对合裥裙(低腰) / 33

H. 合身喇叭裙(低腰) / 34

第3节 圆裙的结构原理 / 36

第4节 圆裙的变化 / 37

A. 半圆的一片裙 / 37

B. 1/4 圆的一片裙 / 38

C．手帕裙 / 39
第5节 节裙的结构原理 / 40

第四章 裤子 / 41
第1节 裤子基础纸样的结构原理 / 43
第2节 裤子的变化 / 53
A．宽松高腰裤 / 53
B．锥形裤(直腰) / 54
C．喇叭裤(正腰) / 56
D．牛仔裤(低腰) / 57
E．短裤(低腰) / 58
F．高腰灯笼裤 / 59
G．宽松式运动裤 / 61
第3节 裙裤基础纸样的结构原理 / 63
第4节 裙裤的变化(正腰) / 65

第五章 衣身 / 67
第1节 衣身基础纸样的结构原理 / 69
第2节 省道的表现形式 / 74
A．腋胸省和腰胸省 / 75
B．侧胸省和腰胸省 / 76
C．基础省和腰胸省合二为一 / 77
D．基础省和腰胸省二省转移在侧胸省 / 78
E．肩胸省和腰胸省 / 79
F．领胸省和腰胸省 / 80
G．前胸省和腰胸省 / 81
H．两个腰胸省的移位方法 / 82
I．两个侧胸省的移位方法 / 83
J．两个腋胸省的移位方法 / 84
K．后肩省的移位方法 / 85
L．后领省的移位方法 / 86
第3节 公主线与公主省 / 87
A．领圈线上的公主线 / 88
B．前肩缝线上的公主线 / 89
C．前袖笼线上的公主线 / 90
D．前片有小胸省的公主线 / 91
E．后肩缝线上的公主线 / 92
F．后袖笼线上的公主线 / 93
G．前肩缝线上的公主省 / 94
H．前袖笼线上的公主省 / 95
I．后肩缝线上的公主省 / 96

J. 后袖笼线上的公主省 / 97
第4节 褶裥的表现形式 / 98
A. 细褶在衣片领圈的纸样变化 / 99
B. 细褶在衣片腋部的纸样变化 / 100
C. 细褶在衣片前中的纸样变化 / 101
D. 细褶在衣片腰部的纸样变化 / 102
E. 细褶在衣片肩部的纸样变化 / 103
F. 宽褶在衣片肩部的纸样变化 / 104
G. 宽褶在衣片侧缝的纸样变化 / 105
H. 宽褶在衣片前中的纸样变化 / 106
I. 宽褶在上衣片的纸样变化 / 107

第六章 领子 / 108
第1节 无领子的领圈变化 / 109
A. 圆领、方形领 / 109
B. 一字领、V形领 / 110
第2节 坦领的结构原理 / 111
A. 坦领的变化——海军领 / 112
B. 坦领的变化——荷叶领 / 113
第3节 立领的结构原理 / 114
A. 立领的变化——两用立领、松身U形立领 / 118
B. 立领的变化——连身立领 / 120
第4节 翻领的结构原理 / 122
A. 翻领的变化——平驳头西装领 / 128
B. 翻领的变化——枪驳头西装领 / 129
C. 翻领的变化——叠驳领 / 130
第5节 装领脚的结构原理 / 131
第6节 翻领驳口线的变化 / 133
第7节 衬衫领、中山装领 / 135
第8节 连领青果领的变化 / 136
第9节 其他领 / 140
A. 垂领 / 140
B. 连帽 / 141

第七章 袖子 / 142
第1节 袖子的结构原理——一片式直袖 / 146
第2节 袖子的结构原理——一片式合体袖 / 148
第3节 袖子的结构原理——两片式合体袖 / 153
第4节 袖子的变化 / 158

A. 女衬衫袖 / 158
B. 袖衩与袖克夫、袖级 / 160
C. 只有袖背缝的一片式合体袖 / 163
D. 灯笼袖和喇叭袖 / 164
E. 短袖、中袖和半袖 / 167
F. 泡泡袖 / 168
G. 郁金香袖 / 170
第5节 联身袖的主要轮廓线及结构点的说明 / 171
第6节 联身袖的结构原理——宽松式联身袖 / 172
A. 宽松式联身袖的变化 / 174
B. 宽松式联身袖对条对格的处理方法 / 175
第7节 联身袖的结构原理——插肩袖 / 176
A. 插肩袖的结构变化 / 179
B. 插肩袖公主线的变化 / 181
C. 插肩袖造型的变化 / 184
第8节 落肩袖的结构与变化 / 186

第八章 工业纸样的其他部件 / 190
第1节 口袋的构成 / 191
第2节 钮扣、叠门与钮门 / 194
第3节 挂面的构成 / 196
第4节 缝份与贴边 / 197
A. 裙片平缝的加放 / 199
B. 裤片、裤腰头平缝的加放 / 200
C. 衣片、袖片、领片平缝的加放 / 201
第5节 布纹线的确定 / 202
A. 裙片 / 202
B. 裤片、腰头和腰贴 / 203
C. 衣片和袖片 / 204
D. 担干、袖级、袖克夫和立领 / 205
E. 衬衫领与翻驳领 / 206
F. 贴袋、袋盖与袋唇 / 207
G. 其他 / 208

第九章 里布的构成 / 209
第1节 裙子 / 210
第2节 裤子 / 211
第3节 衣身 / 213
第4节 袖子 / 214

第十章　工业纸样的应用 / 216
第 1 节 工业纸样上的定位标记和文字 / 217
第 2 节 工业纸样的制作流程 / 219
第 3 节 工业纸样的种类与用途 / 220
第 4 节 工业纸样的损耗加放 / 221
第 5 节 工业纸样的应用 / 222
A．直身裙(正腰) / 224
B．直身裙(低腰) / 227
C．鱼尾裙(正腰) / 231
D．褶裙(低腰) / 235
E．抽褶裙(低腰) / 238
F．宽脚长裤(正腰) / 240
G．直筒裤 / 243
H．针织上衣 / 250
I．衬衫 / 260
J．春秋衫 / 263
K．西装(四开身) / 275
L．西装(三开身) / 279
M．短大衣 / 283
N．长大衣 / 288
O．晚装 / 294

第十一章　纸样放码 / 297
第1节 纸样放码基础 / 298
第2节 纸样放码步骤 / 299
第3节 纸样放码实例 / 301
A．裙子 / 301
B．裤子 / 307
C．上衣 / 313
D．西装 / 320
E．连衣裙 / 327
F．风衣 / 334
附录：尺寸对照表 / 344

第一章

工业纸样设计基础

任何事物都要从基础学起，服装工业纸样亦是同样的道理，此章节包括纸样设计的工具、纸样设计的符号、女装的规格号型，以及试衣用的人台，很显然，对于初学者来说，在学习绘图之前，了解并掌握这些基础知识是必要的。

第1节　工业纸样的概念

纸样设计又称结构设计，是把造型设计通过系统的技术方法，以抽象的思维或图片转换成平面的衣片纸样，并注明各衣片之间的相互组合关系。纸样设计的方法有很多种，按现在流行的说法，称为基型法、原型法等，不管是哪一种方法，所达到的目的是一致的，只不过它们的名称不同而已，被制成的纸样称为基础纸样。

基础纸样是纸样设计的基本型，基础纸样也被称为基本纸样、原型纸样、基型纸样。如何获得的基础纸样，不同的公司有不同的市场定位，不同的设计师有不同的设计理念和风格习惯，获得的基础纸样也不尽相同。比如说，针织衫的基础纸样和西装的基础纸样肯定有所不同。以纸样设计的规律来讲，获得的基础纸样方法有两种，一种是立体到平面，一种是平面到立体，立体到平面也就是通常所说的立体裁剪，它是以服装公司的市场定位，提供标准的立裁人台，用坯布在人台上通过一系列的折叠、剪开等处理方法，然后复制到平面上而得到的基础纸样。平面到立体就是按照服装公司的市场定位提供的立裁人台，测得的数据参数或参考国家标准的规格号型系列而制订的公司规格号型，通过公式计算绘制成平面纸样，再反复试穿修改所得到的基础纸样。

工业化的服装生产是同一品种、多种规格的批量生产，它不是个人的单件制作，而是由多重工序群体协助完成。且纸样设计是多重工序中最重要的一环，一套标准的工业纸样，必需各种规格、图标、符号、面布、里布等零部件一应俱全，如不具备以上特点，就不能称之为工业纸样。

第2节　纸样设计的工具

在工业纸样的设计中，标准化的纸样是达到服装品质的重要保证，所以专业化的工具尤为重要。

1. 工作台
工作台是纸样设计专用桌子，需台面平整，一般长120~150cm，宽90cm，高84cm左右。

2. 白纸
透明较好，有较强的韧性，能卷能折叠，一般用于底稿的结构制图后复制各衣片的软样用纸。

3. 硬纸
硬纸包括：牛皮纸、鸡皮纸、白板纸，一般用于净样，点位样或齐码规格的纸样。

4. 坯布
坯布用于各种服装局部或整件服装的检验。

5. 笔
底稿绘图一般用0.5mm的自动铅笔，复制软样用几种色笔分别表示面布、里布、粘朴的部分或其他注明的部位。

6. 放码尺
放码尺又叫格仔尺，全透明一边是英寸刻度，一边是厘米刻度，中间有V型或X型，是纸样设计的主要专用尺。

7. 皮软尺
皮软尺一面是60英寸刻度，另一面是150cm刻度，两端有金属铁片，不易变形的软尺。

8. 曲线尺
弯曲的服装工具尺一般用于袖笼弧线和后领窝弧线，有英寸和厘米两种刻度。

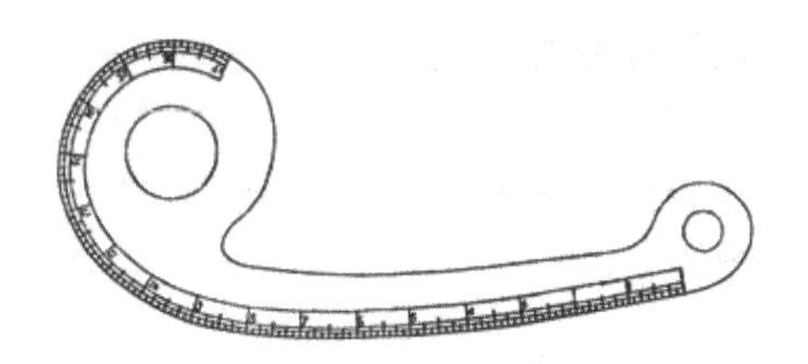

9. 大刀尺
纸样设计专用尺，一边有英寸刻度，一边有厘米刻度，用于作臀围线、袖背线等。

10. 剪刀
服装缝纫专用的剪刀，有24cm(9'')、28cm(11'')和30cm(12'')等几种规格，剪纸样和剪面料的要分开使用。

纸样设计的工具

11. 胶纸座、透明胶
透明胶用于纸样转移、修补纸样等。

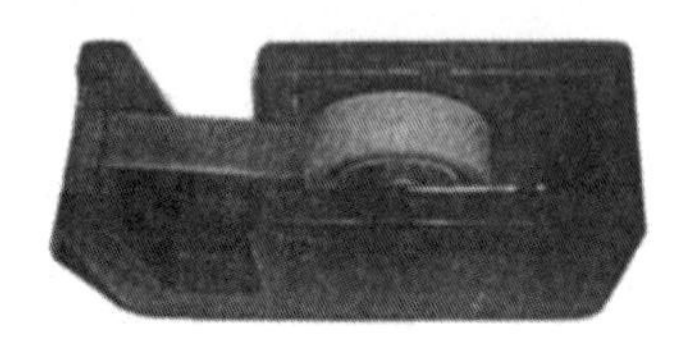

12. 钉书机
钉书机用于复制基础硬样等。

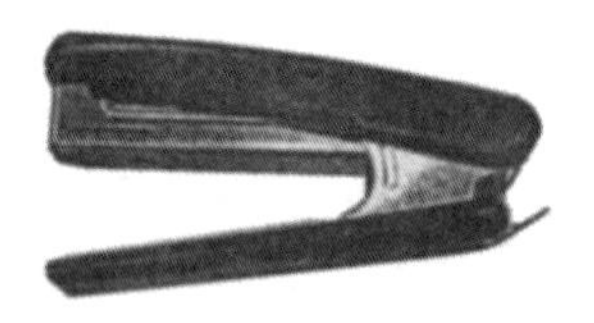

13. 对位器
对位器有0.15cm(1/32英寸)和0.3cm(1/16英寸)，用于纸样的对位剪口。

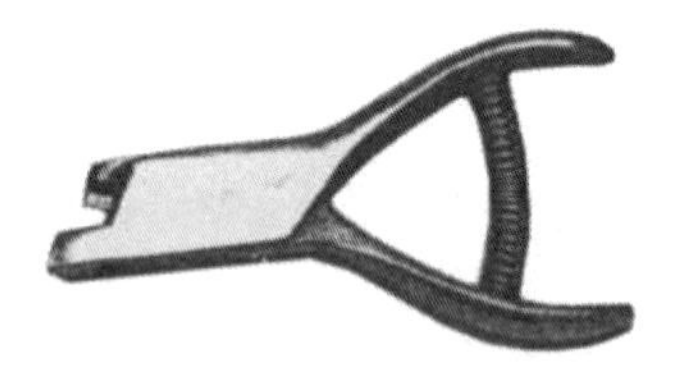

14. 齿轮
齿轮用于胚布的纸样复制或纸样一张纸到另一张纸的转移。

15. 珠针
珠针用于省道的折叠或其他在人台上的固定。

16. 压铁
有拉手的不锈钢的铁块，用于复制纸样时不让纸样移动。

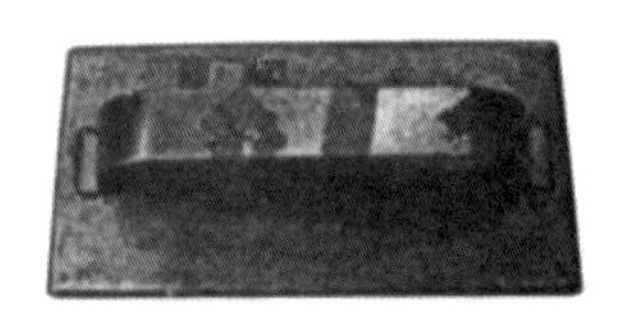

17. 打孔器
铁制的打孔器有直径1.5cm (5/8英寸)和1cm (3/8英寸) 型两种，用于硬板、齐码纸样的穿挂。

18. 美工刀
美工刀用于硬纸样的切割。

19. 挑针
塑料柄的锥子，用于纸样上的省尖或衣片上的省尖打小孔。

第3节　纸样绘制符号与纸样生产符号

纸样绘制符号

名　称	符　号	说　　明
粗实线		纸样绘制后的完成线
细实线		辅助线或基础线
虚线		处在下层的完成线
等分	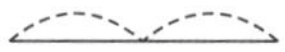	两线段相等或等长
相等	△ □ ⊘ ⊠	两线段相等
直角	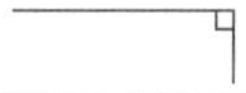	两线的相切交角为90°
平行	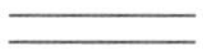	两直线平行
合并	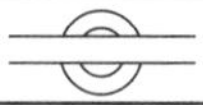	两片纸样的合并

纸样生产符号

名　称	符　号	说　　明
布纹符号		布纹与径向直丝一致
倒顺符号		箭头所指为顺毛或图案的方向
省道		表示某部位要缝掉或折掉
褶裥		表示某部位折叠的量
倒向符号		表示褶裥的倒向
对位符号		表示两片纸样对位
明线符号		表示衣片表面压明线
钮眼符号		表示打钮眼的位置

第4节　女装的成品规格与号型系列

纸样设计的成品规格尺寸，来源于国家制订的标准号型系列、工业化的服装生产，是同一种产品多规格的批量生产，为满足不同身高、不同体型的消费者需求，国家对我国正常人体的主要部位尺寸为依据，对人体体型规律进行科学系统的分析，经过多年的实践以后所设置形成的国家标准。

《服装号型》GB1335－97，由国家技术监督局颁布的国家标准，它是设计批量成衣的规格和依据。

以号型定义，号是高度，指人体的身高，是设计服装长度规格的依据，型是指围度，即净胸围和净腰围，是设计服装围度规格的依据。

《服装号型》标准，以净胸围和净腰围的差数依据，把人体分为Y、A、B、C四种体型。

体形符号	胸腰差
Y	24—19
A	18—14
B	13—9
C	8—4

《服装号型》标准系列中身高均以5厘米分档，胸围以4厘米或3厘米分档，腰围以2厘米或3厘米分档，即身高与净胸围的搭配各组成5.4系列和5.3系列两种，身高与净腰围搭配各组成的5.3系列和5.2系列两种。

女装的成品规格与号型系列

服装成品号型的标志，即上装是指身高(号)/净胸围(型)，下装是身高(号)净腰围(型)

如：160/84A　160/68A

表1　5·4 5·2　A号型系列

单位：cm

腰围 身高 胸围	A 145			150			155			160			165			170			175		
72				54	56	58	54	56	58	54	56	58									
76	58	60	62	58	60	62	58	60	62	58	60	62	58	60	62						
80	62	64	66	62	64	66	62	64	66	62	64	66	62	64	66	62	64	66			
84	66	68	70	66	68	70	66	68	70	66	68	70	66	68	70	66	68	70	66	68	70
88	70	72	74	70	72	74	70	72	74	70	72	74	70	72	74	70	72	74	70	72	74
92				74	76	78	74	76	78	74	76	78	74	76	78	74	76	78	74	76	78
96							78	80	82	78	80	82	78	80	82	78	80	82	78	80	82

表2　5·3　A号型系列

单位：cm

腰围 身高 胸围	A 145	150	155	160	165	170	175
72	56	56	56	56			
75	59	59	59	59	59		
78	62	62	62	62	62		
81	65	65	65	65	65	65	
84	68	68	68	68	68	68	68
87		71	71	71	71	71	71
90		74	74	74	74	74	74
93			77	77	77	77	77
96				80	80	80	80

女装的成品规格与号型系列

因我国的设计师有部分选用日本的立裁人台，故提供日本女装规格作为参考。

表3　日本女装参考尺寸(文化型)　　**单位：cm**

	规格 / 名称	S	M	ML	L	LL
围度	胸围	76	82	88	94	100
	腰围	58	62	66	72	80
	臀围	84	88	94	98	102
	颈根围	36	37	39	39	41
	头围	55	56	57	57	57
	上臂围	24	26	28	28	30
	腕围	15	16	16	17	17
	掌围	19	20	20	21	21
长度	背长	36	37	38	39	40
	腰长	17	18	18	20	20
	袖长	50	52	53	54	55
	全肩宽	38	39	40	40	40
	背宽	34	35	36	37	38
	胸宽	32	34	35	37	38
	股上长	25	26	27	28	29
	裤长	88	93	95	98	99
	身长	150	155	158	160	162

第5节　人台基准线的认识

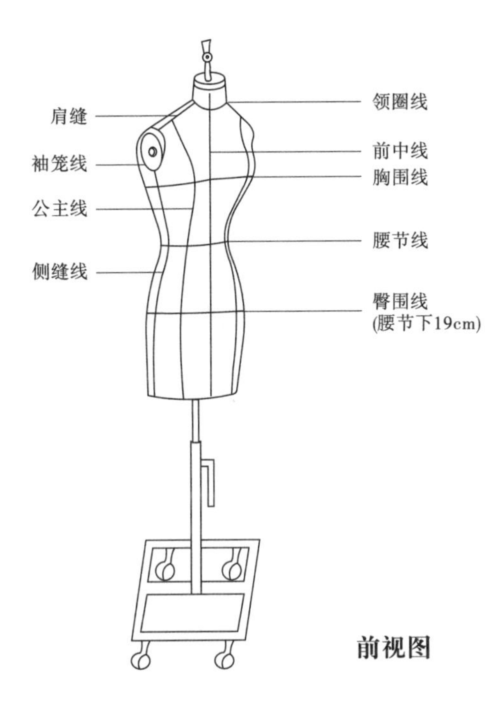

前视图

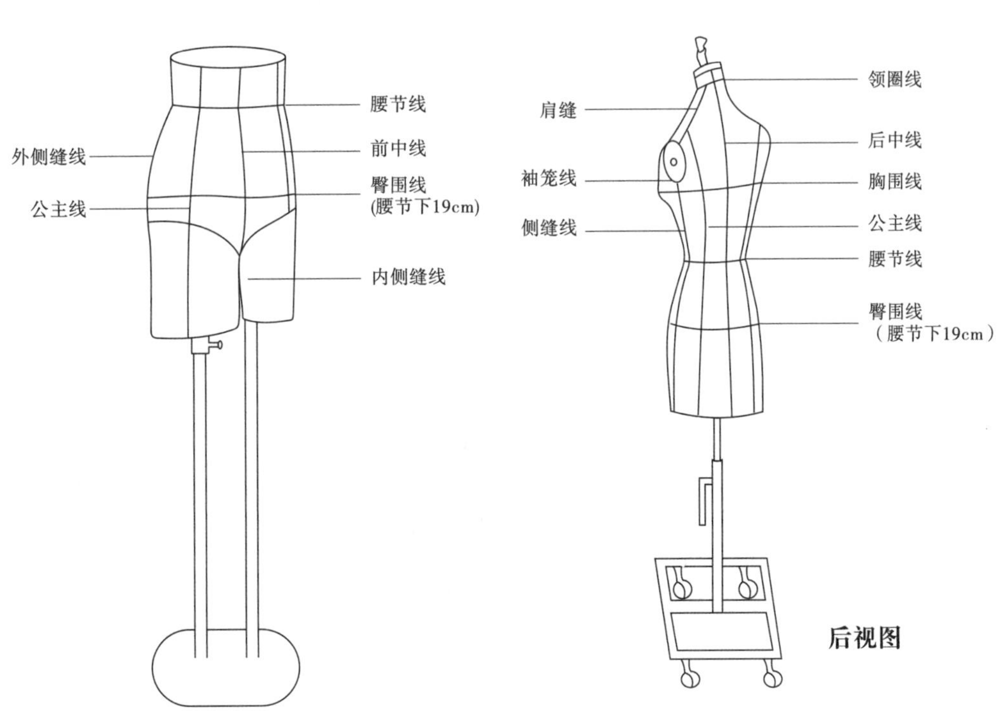

后视图

第二章

基础纸样

基础纸样是纸样设计的基本型，按现在流行的说法，被称之为原型、基型、母型等，基础纸样也被称为基本纸样、原型纸样、基型纸样。如何获得基础纸样，不同的设计师有不同的设计理念和风格习惯。获得的基础纸样也不尽相同。比如说，针织衫的基础纸样和外套的基础纸样肯定是不所不同。以纸样设计的规律来讲，获得的基础纸样方法有两种，一种是立体到平面，一种是平面到立体，立体到平面也就是通常据说的立体裁剪，它是以服装公司的市场定位，提供标准的立裁人台，用坯布有人台上通过一系列的折叠、剪开等处理方法，然后复制到平面上而得到 的基础纸样，平面到立体就是按照服装公司的市场定位提供的立裁人台，测得的数据数参数或参考国家标准的规格号型系列而制订的公司规格号型，通过公式计算制成平面纸样，再反复试穿修改所得到的基础纸样。

第1节　裙子基础纸样

160/66A　尺码M/38

	厘米	英寸
后中长	54cm	21 1/4″
腰围	68cm	26 3/4″
臀围	92cm	36 1/4″

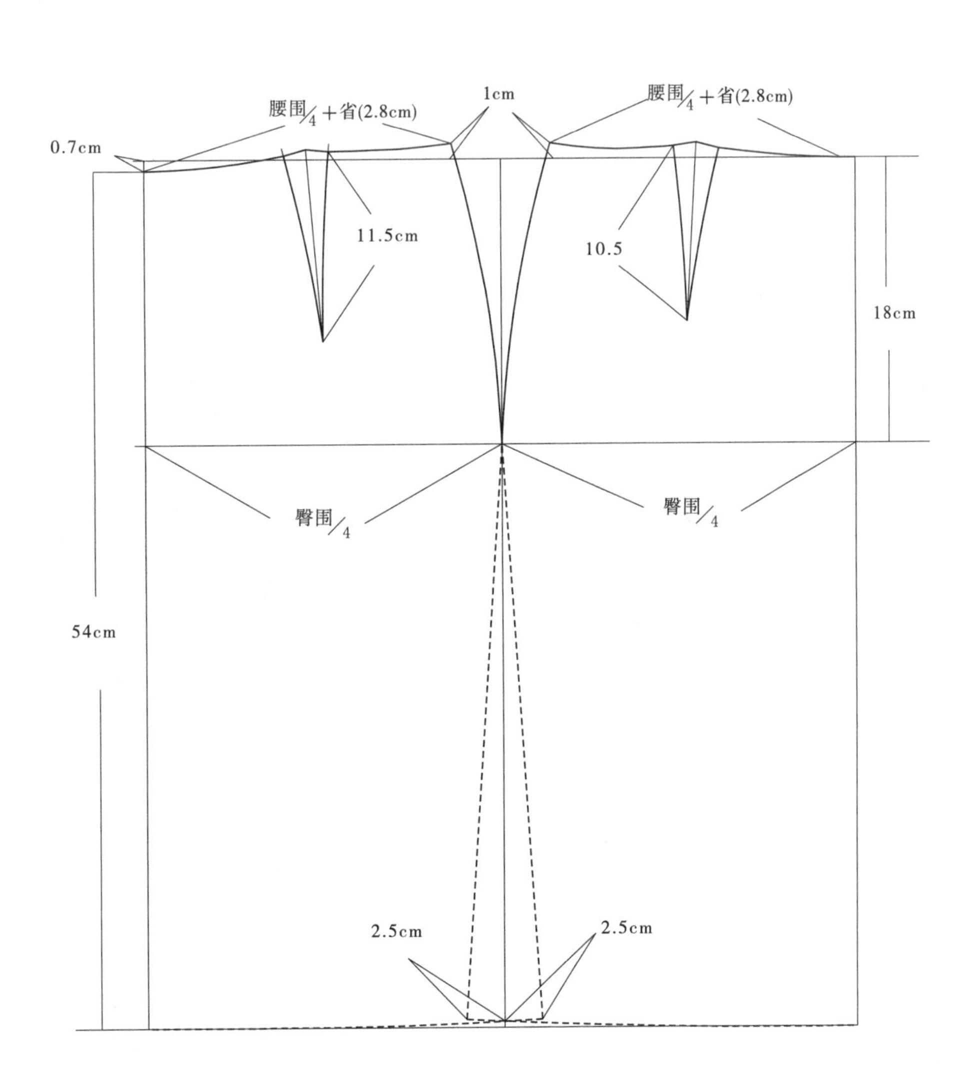

第2节 裤子基础纸样

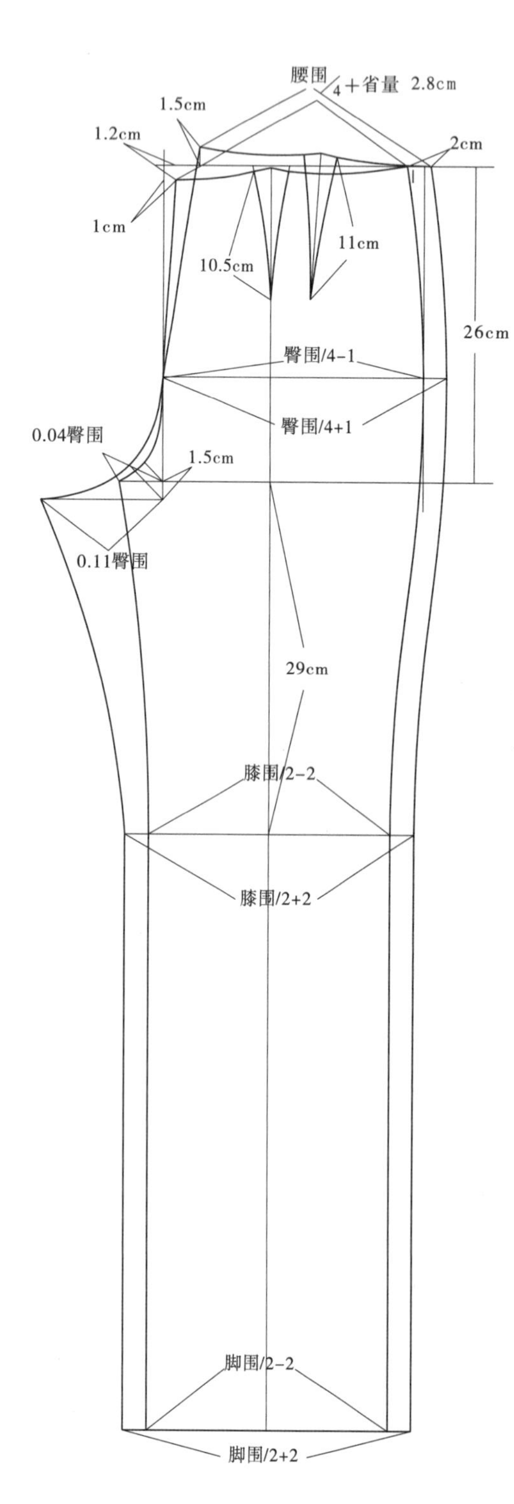

160/66A 尺码M/38

	厘米	英寸
外长	104cm	41″
腰围	68cm	26 3/4″
臀围	93cm	36 3/4″
膝围	45.5cm	18″
脚围	45.5cm	18″
前浪	26.5cm	10 1/2″
后浪	36cm	14 1/4″

第3节　无基础省的衣身基础纸样

160/84A　尺码M/38

	厘米	英寸
肩宽	39.5cm	15½"
胸围	95cm	37½"
颈围	38cm	15"

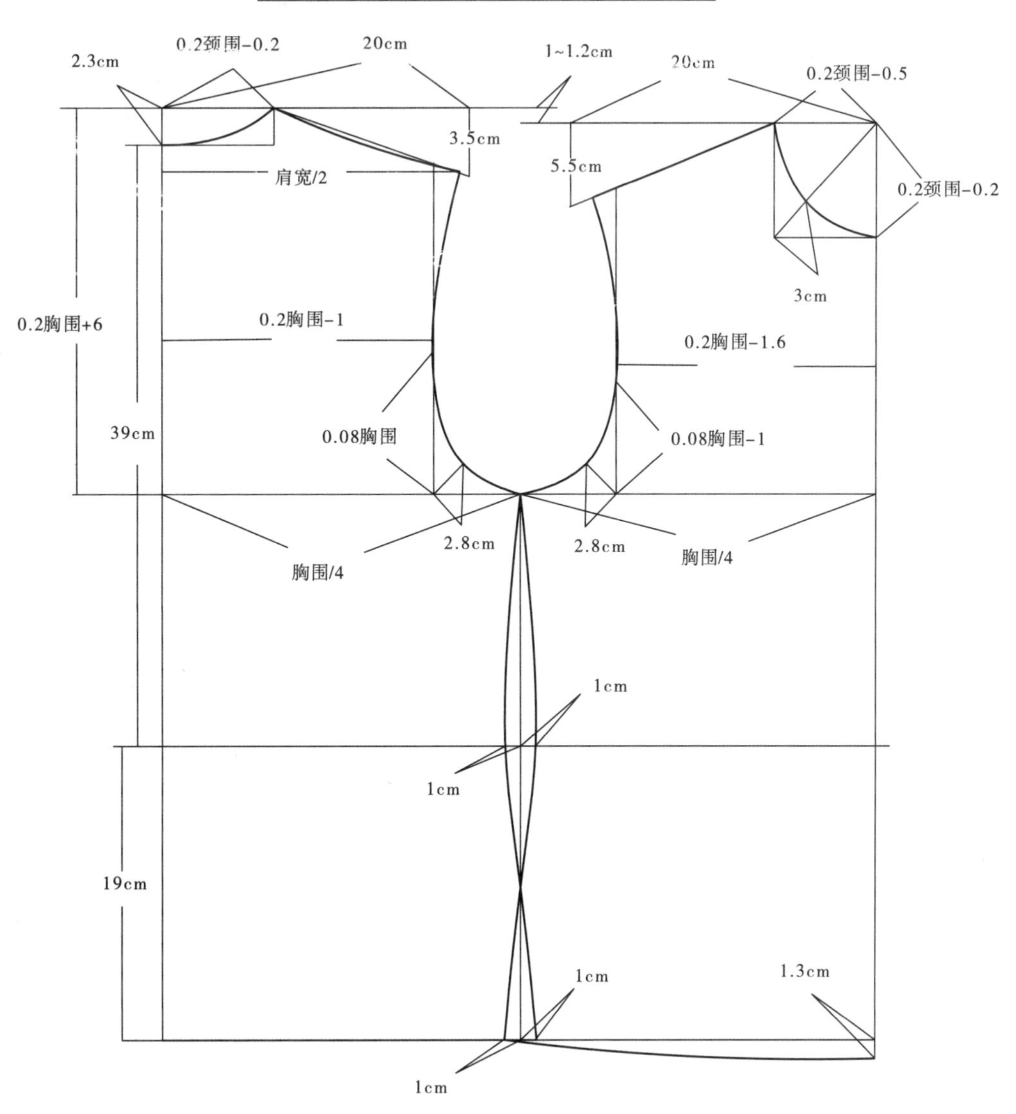

第4节 针织衣身与袖子的基础纸样

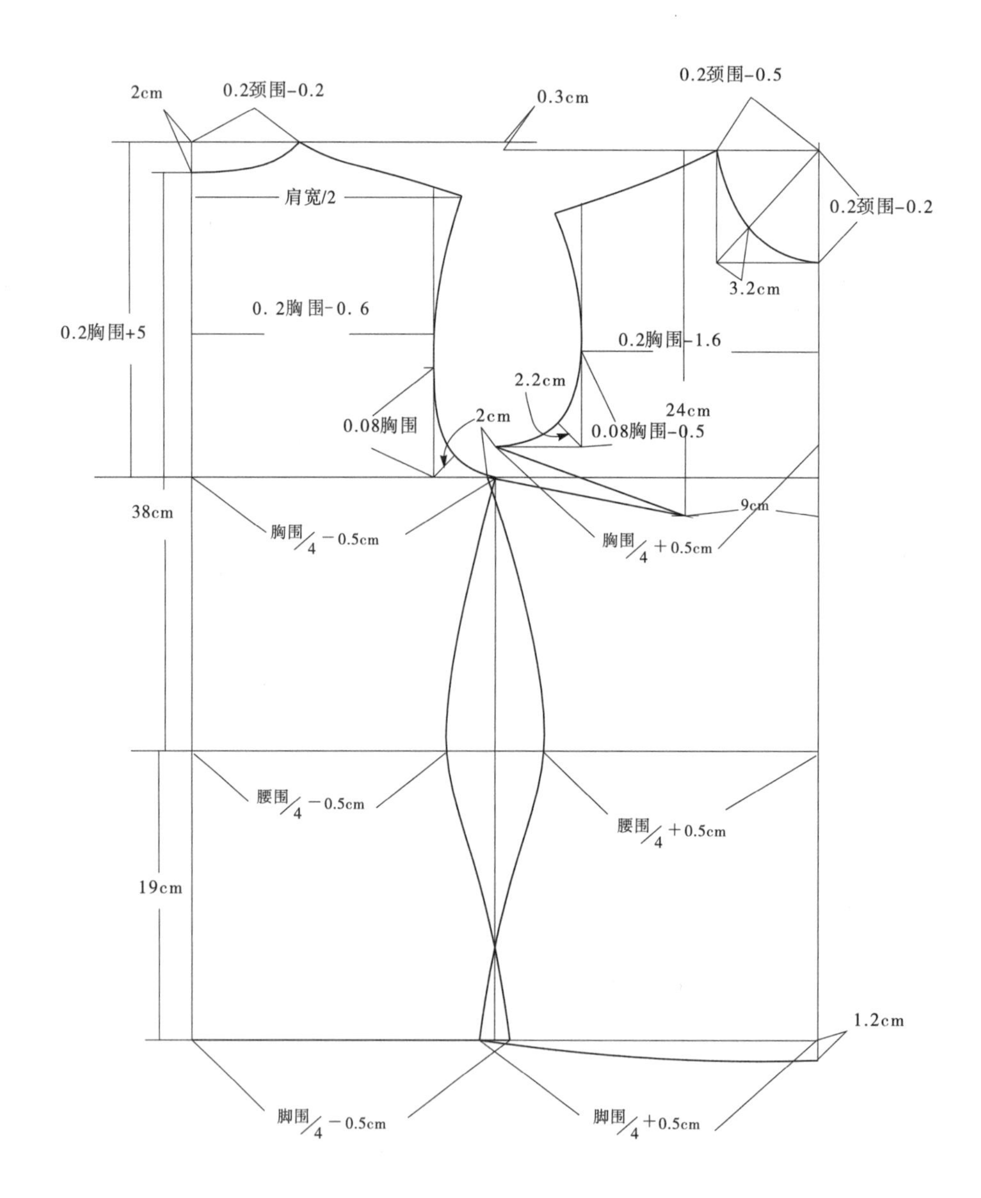

针织衣身与袖子的基础纸样

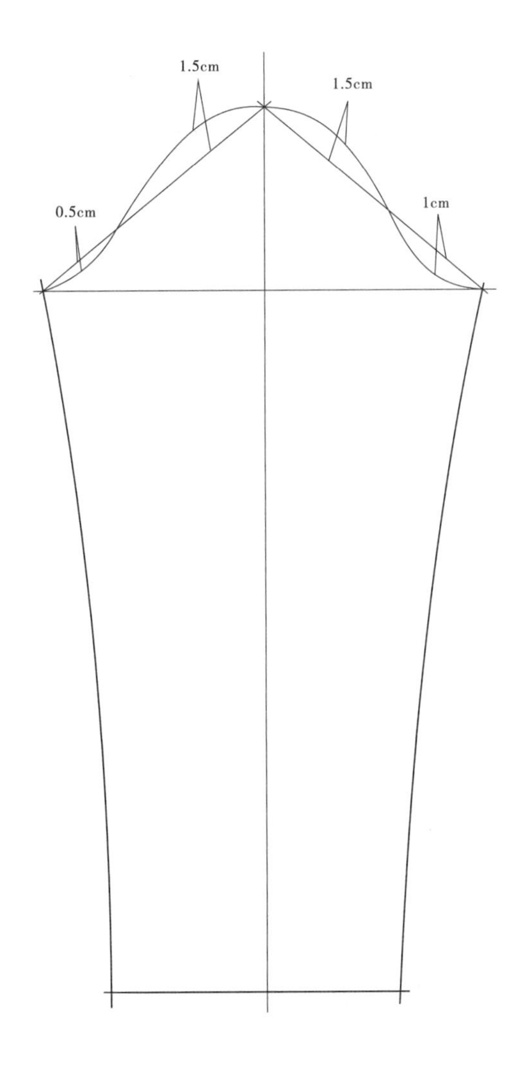

160/84A 尺码M/38

	厘米	英寸
肩宽	37cm	$14\frac{1}{2}''$
领围	37.5cm	$14\frac{7}{8}''$
胸围	85cm	$33\frac{1}{2}''$
腰围	72cm	$28\frac{1}{2}''$
脚围	89cm	$35''$
袖长	58cm	$22\frac{3}{4}''$
袖肥	29cm	$11\frac{1}{2}''$
袖口	20cm	$8''$

第5节 合体衣身与袖子的基础纸样

如有后中缝时按虚线

尺寸表在下一页

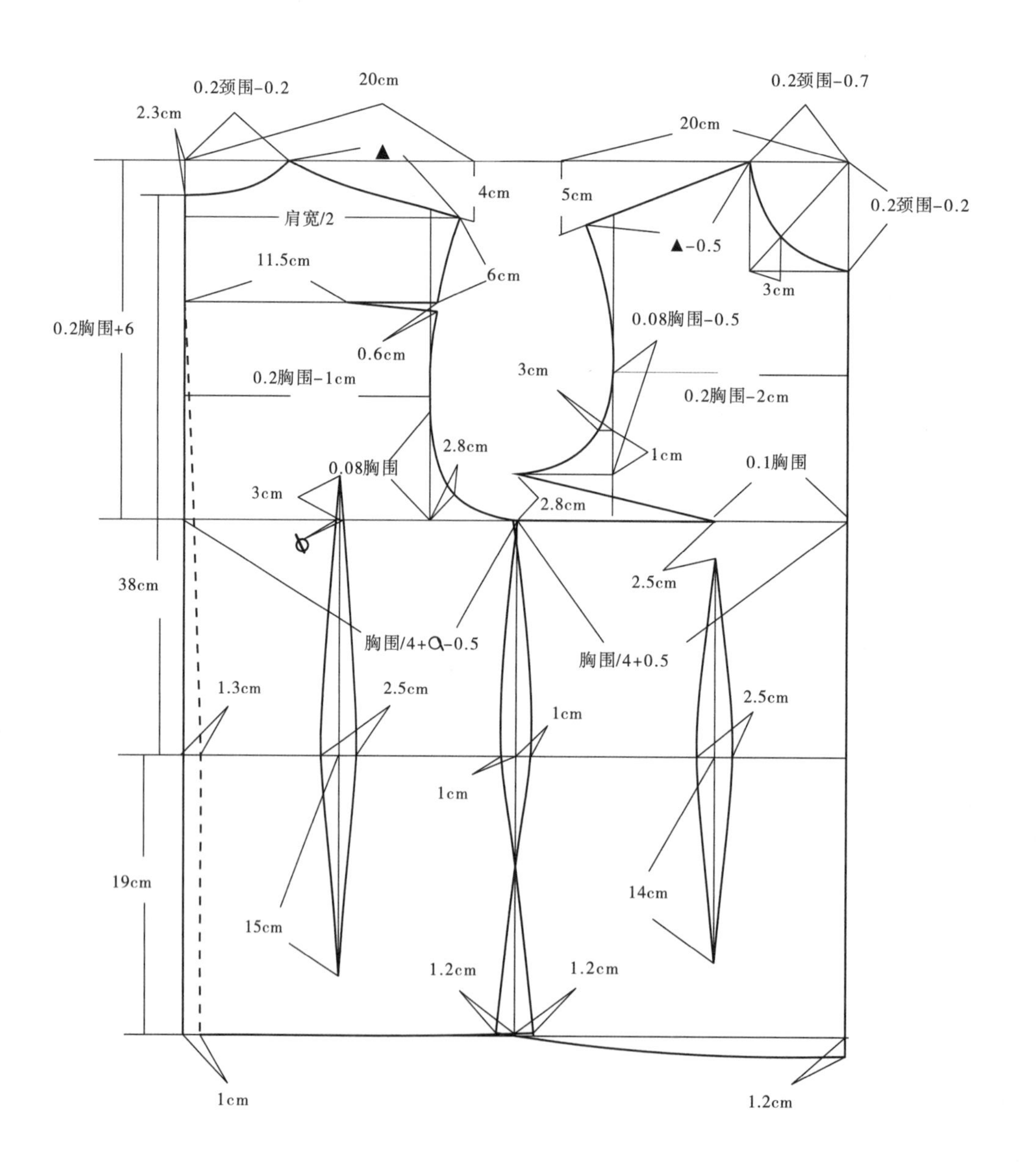

合体衣身与袖子的基础纸样

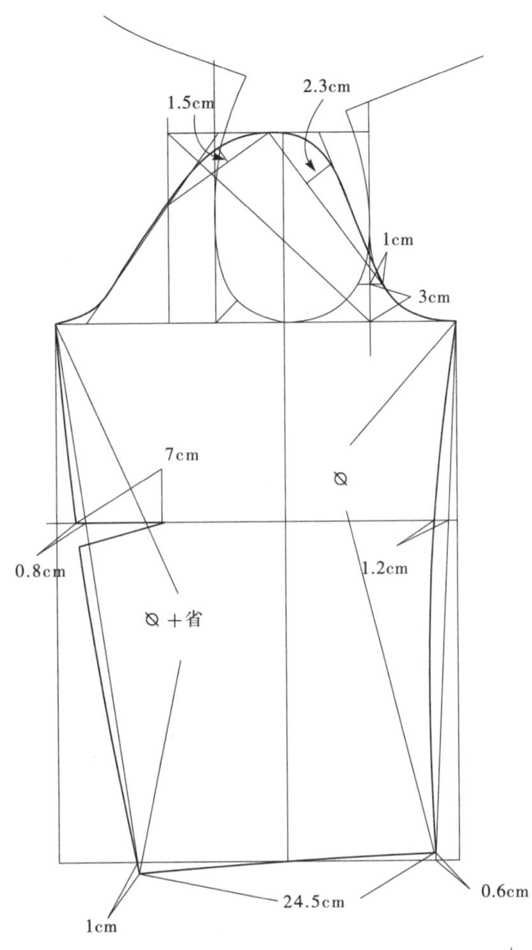

160/84A　尺码M/38

	厘米	英寸
腰节长	38cm	15″
肩宽	38.5cm	15 1/4″
胸围	92cm	36″
领围	38cm	15″
袖长	58.5cm	23″
袖肥	33cm	13″
袖口	24.5cm	9 3/4″

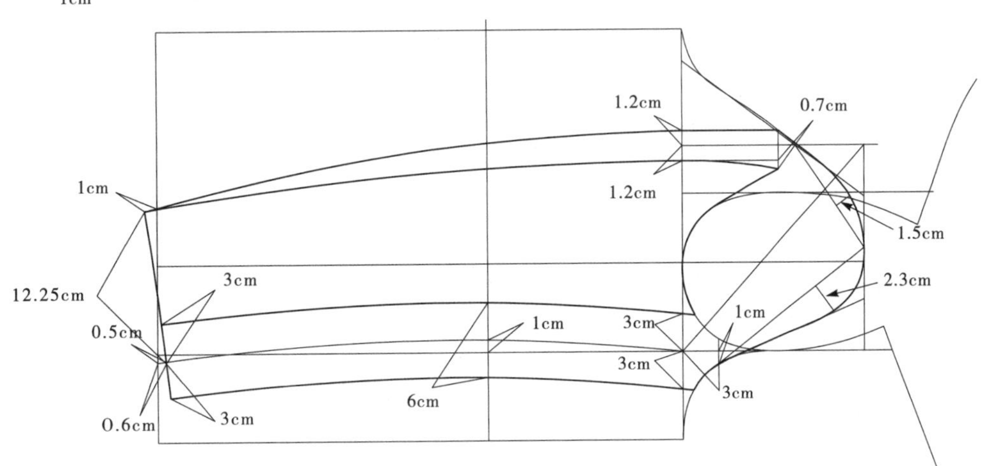

第三章

裙子

裙子是女性着装的常用服装品类，裙子的款式变化很大，总结其归类为直裙结构、圆裙结构和节裙结构三大类。

裙子一般以腰部、长度和围度的变化，腰部的变化，有高腰、装腰、低腰之分，长度的变化有短裙、及膝裙、长裙等，围度的变化有窄裙、A裙、喇叭裙等，不管裙子的裙腰和裙子的围度如何变化都适合不同的长度。

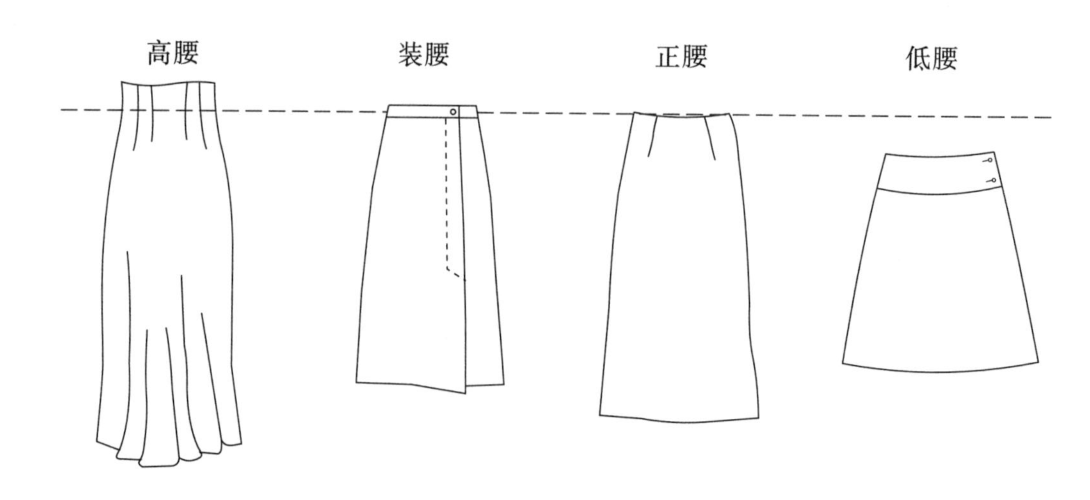

直裙的基本轮廓线和结构点的说明

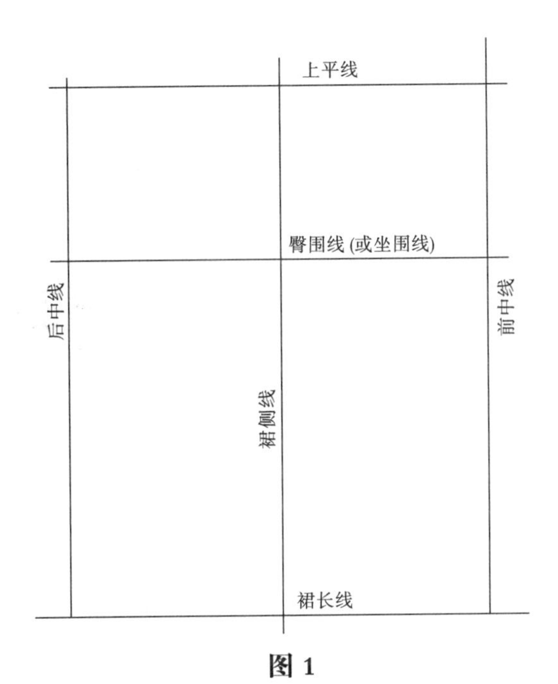

图 1

图 1
主要辅助线

图 2
主要轮廓线和结构点

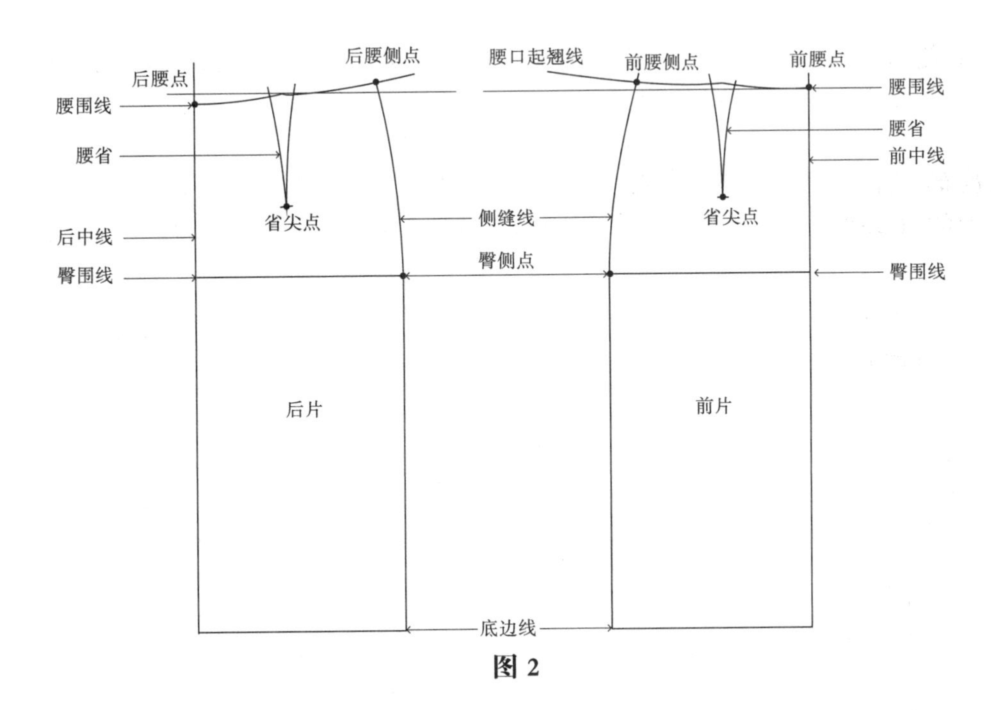

图 2

第1节 直裙基础纸样的结构原理

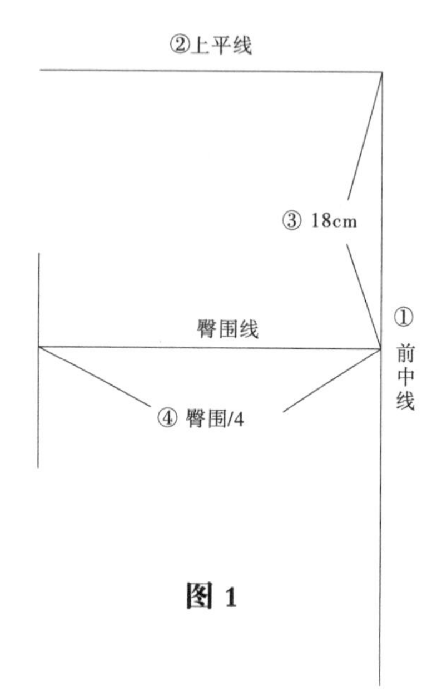

图 1

假设基础纸样设计尺寸

160/66A

后中长（可自定义） 54cm

腰 围 68cm

臀 围 92cm

图 1

1. 作一直线为前中线。
2. 垂直前中线为上平线。
3. 上平线下量18cm与前中线垂直为臀围线。
4. 前中臀围线上量臀围/4作出前臀围宽。

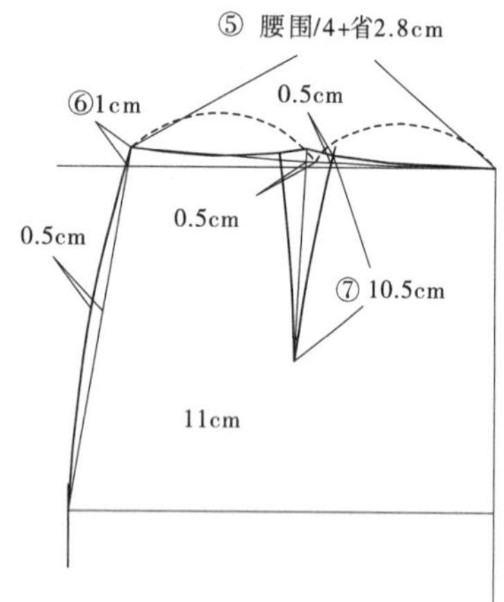

图 2

图 2

5. 前中上平线上量腰围/4+省量2.8cm作出前腰围大。
6. 前腰围大处垂直起翘1cm，曲线连接前侧线腰口线。
7. 取前腰围大的1/2中点偏侧0.5cm作处前腰省中心线，作出前腰省省长10.5cm省大2.8cm。

直裙基础纸样的结构原理

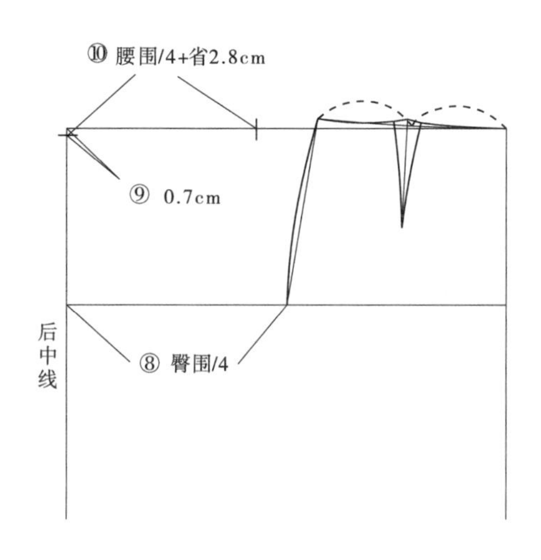

图 3

图 3

8. 臀围线处量臀围/4作后中线，与前中线平行。
9. 上平线后中处底落0.7cm作后中腰点。
10. 后中腰点处量腰围/4+省量2.8cm作后腰围大。

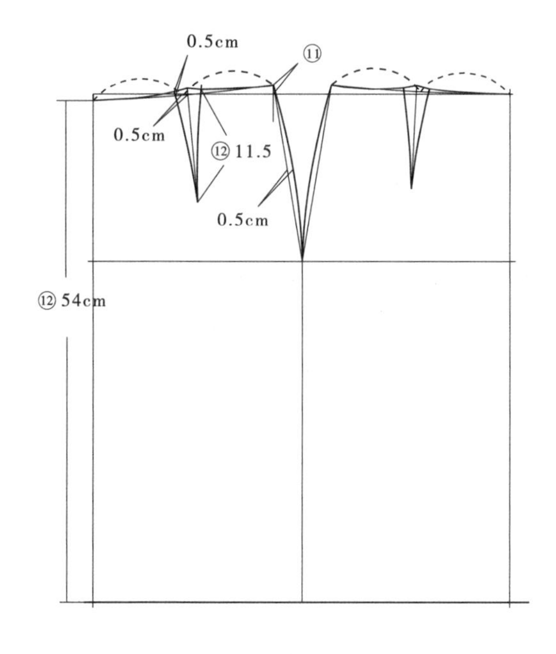

图 4

图 4

11. 后腰围大处垂直起翘1cm曲线连接后侧缝线，腰口线。
12. 取后腰围大的1/2中点偏侧0.5cm作后腰省中心线, 并作出后腰省，省长11.5cm，省宽2.8cm。
13. 后中线后中腰点处量后中长尺寸54cm作出脚围线。

直裙基础纸样的结构原理

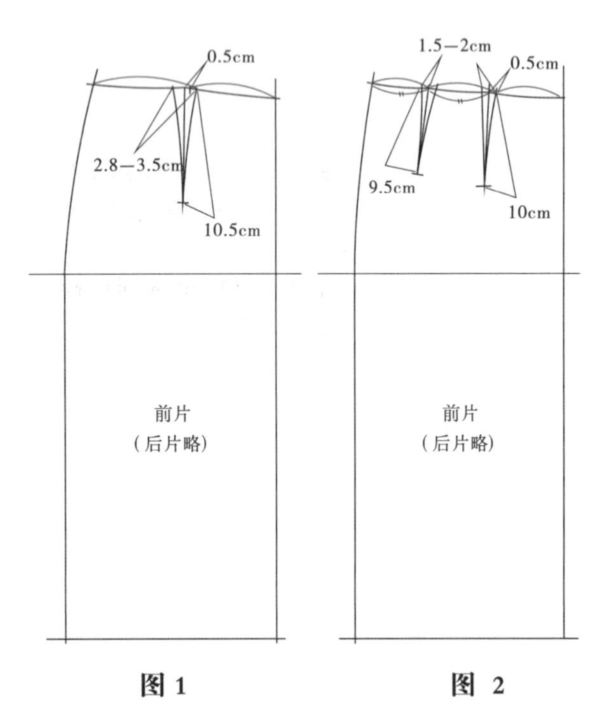

图 1　　图 2

裙的腰省以对称的形式出现，一般前2个后2个或前4个后4个，以时代流行或款式的变化来划分，在裙腰省的变化中，一个省也可以分成几个小省，省的长度一般控制在9.5～11cm之间，省量控制在2.5～3.5cm之间，如图1、2。

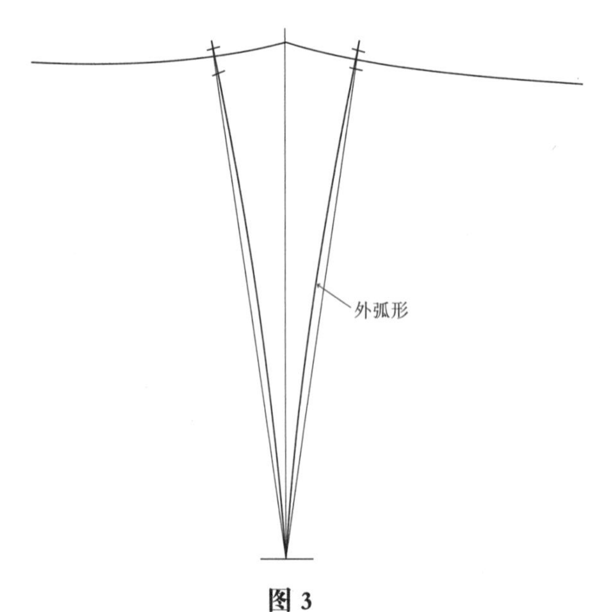

图 3

根据人体臀部的结构特征，腰以下的腰省处理成外弧形，如图3。

直裙基础纸样的结构原理

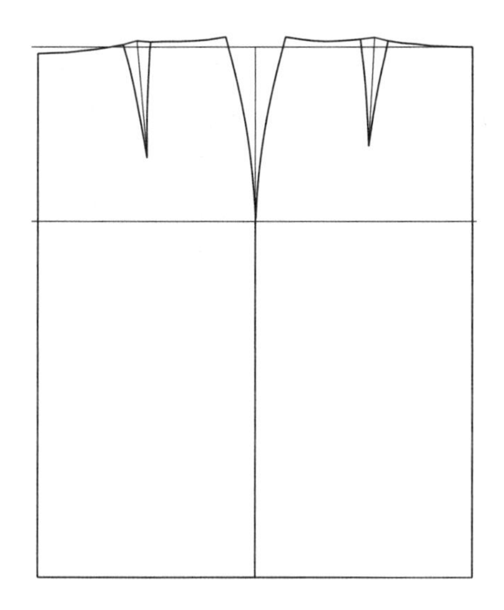

图 1

说明:

图1是完全直身的直筒裙基础纸样，从人体的穿着效果来看，他的脚围比臀围小。

图2是直身的直筒裙基础纸样，他的人体的穿着效果比例协调。因此不同的裙型选择不同的基础纸样，这点很重要。

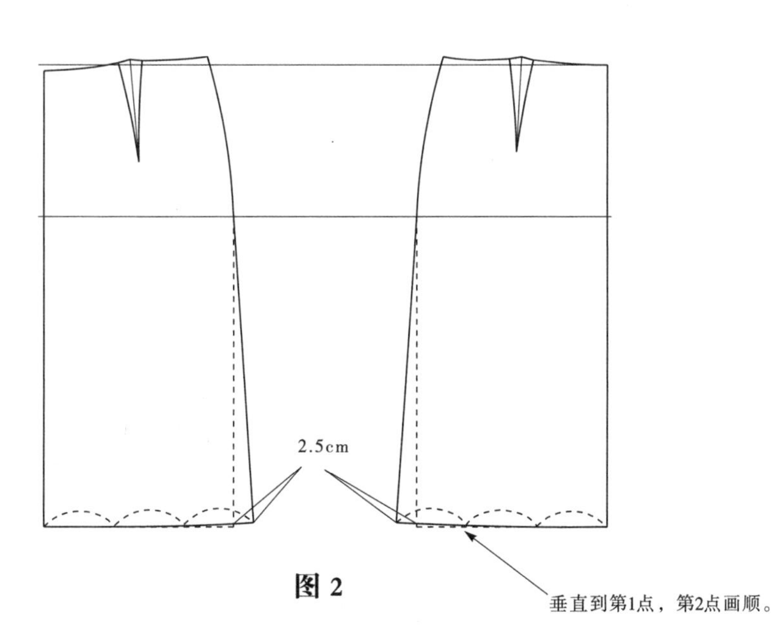

图 2

第2节A　直裙的变化——高腰裙

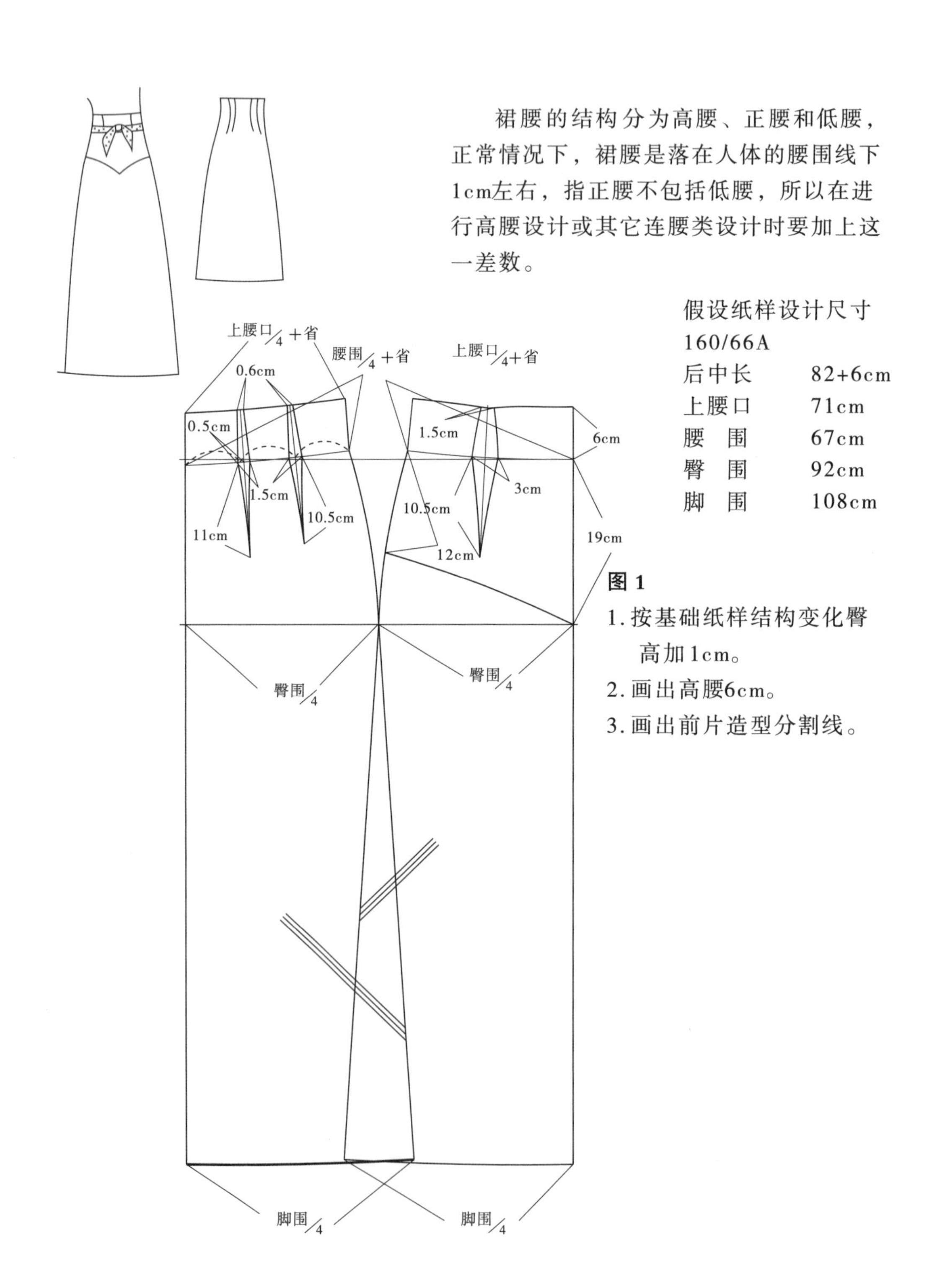

裙腰的结构分为高腰、正腰和低腰，正常情况下，裙腰是落在人体的腰围线下1cm左右，指正腰不包括低腰，所以在进行高腰设计或其它连腰类设计时要加上这一差数。

假设纸样设计尺寸

160/66A

后中长	82+6cm
上腰口	71cm
腰　围	67cm
臀　围	92cm
脚　围	108cm

图1

1. 按基础纸样结构变化臀高加1cm。
2. 画出高腰6cm。
3. 画出前片造型分割线。

第2节B 直裙的变化——西装裙（直腰）

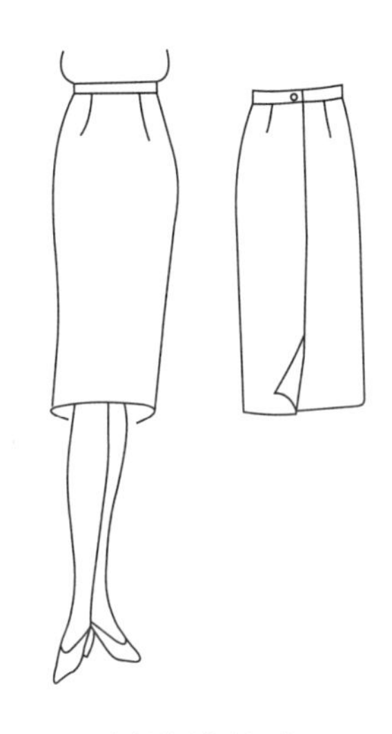

假设纸样设计尺寸
160/66A
后中长 52cm
腰 围 68cm
臀 围 92cm
脚 围 92cm

1.复制完全直身基础纸样。
2.在后处画出叉位。
3.画出腰头。

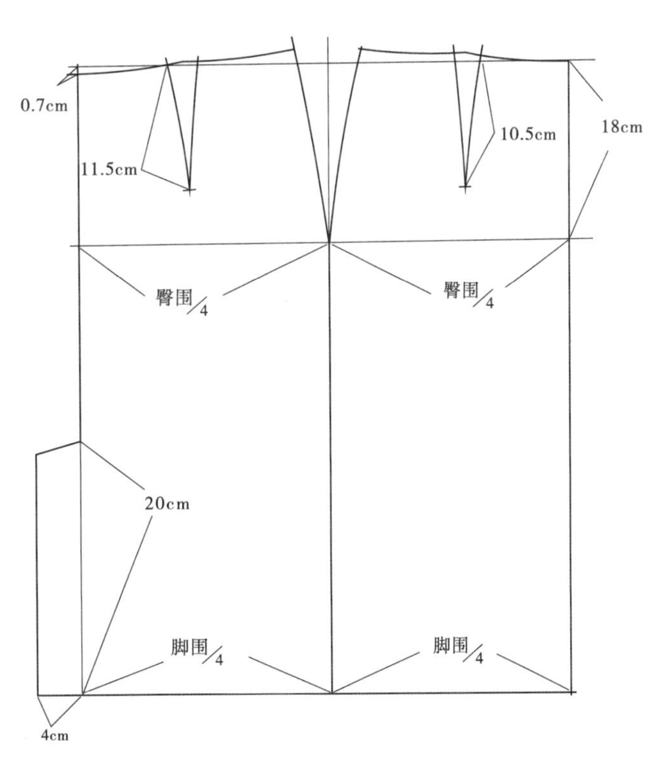

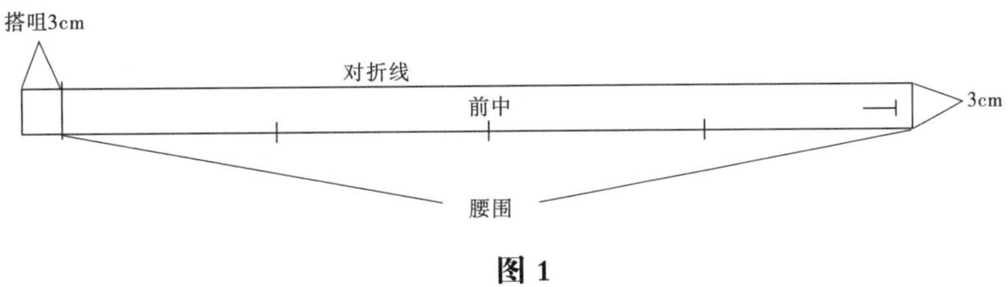

图 1

第2节C 直裙的变化——四片喇叭裙（正腰）

假设纸样设计尺寸

160/66A

后中长 54cm

腰 围 68cm

臀 围 92cm

图1

1. 复制基础纸样。

2. 平行腰口线4cm画出腰宽。

3. 对准省尖画出切展线。

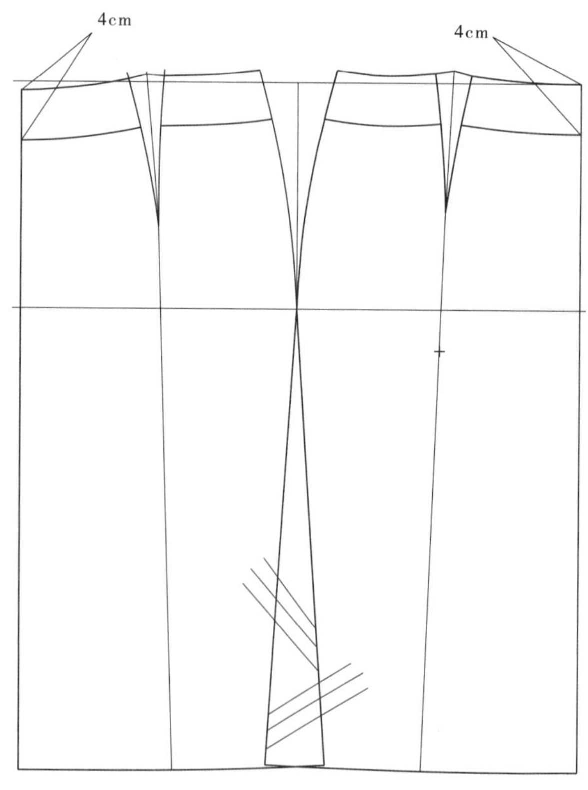

图1

直裙的变化——四片喇叭裙（正腰）

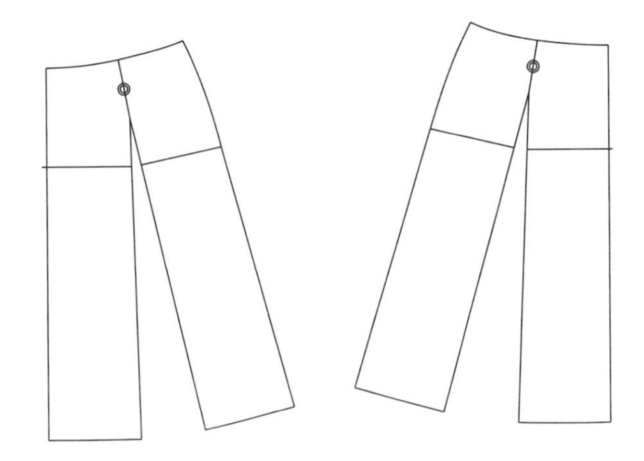

图 2

图 2

4. 剪开纸样。
5. 合并省道用胶纸粘好。

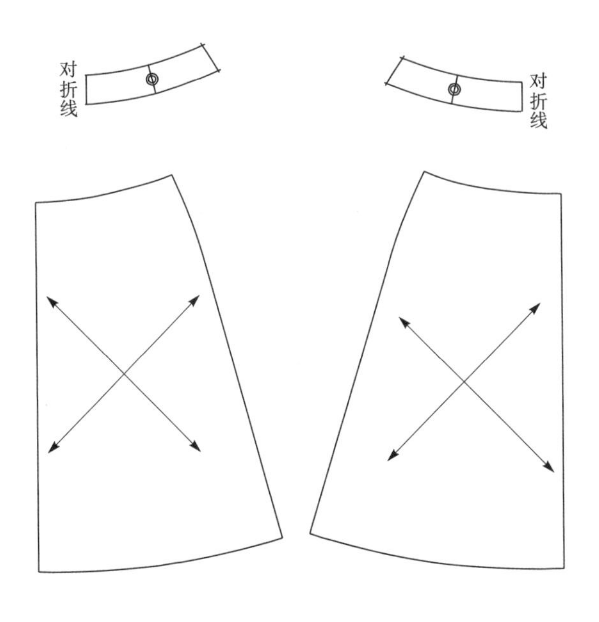

图 3

图 3

6. 合并腰头。
7. 复制纸样并标出布纹线。
8. 腰头画法参考西装裙。

第2节D 直裙的变化——时装裙（正腰）

假设纸样设计尺寸

160/66A

后中长 60cm

腰 围 68cm

臀 围 92cm

脚 围 104cm

图 1

1. 按裙基础纸样结构画出结构造型。

2. 画出转移省道的位置。

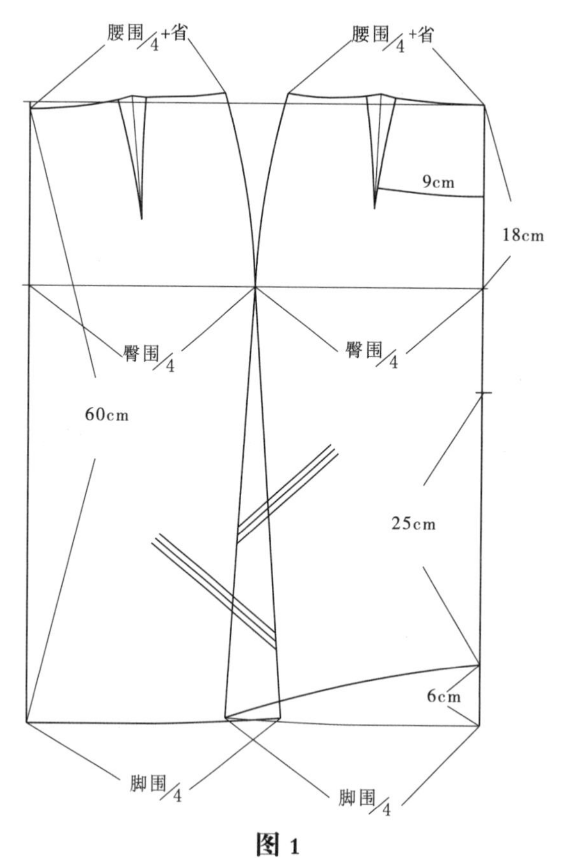

图 1

直裙的变化——时装裙（正腰）

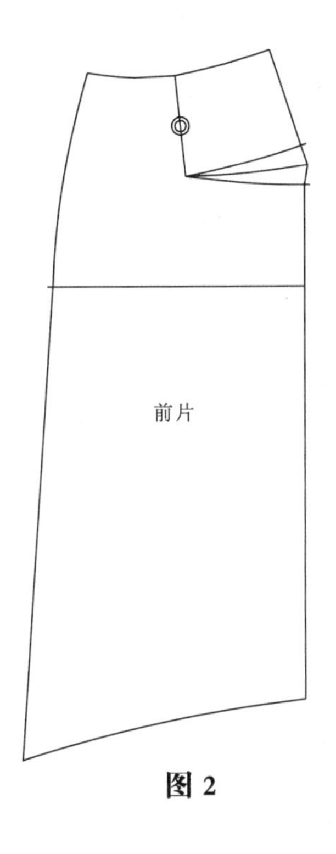

图 2

图 2

3. 合并腰省得到新的省量。

4. 折叠新的省道并画顺。

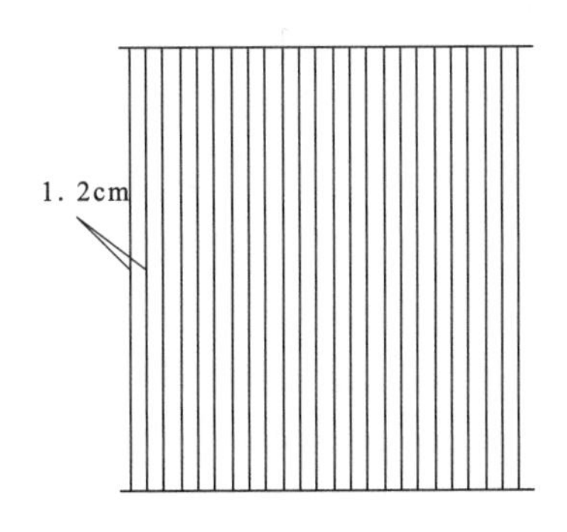

图 3

图 3

5. 画出前中排褶纸样。

第2节E　直裙的变化——低腰抽褶裙

低腰裙就是低于正常腰的裙子，低腰裙也可以设计成装腰的形式，但裙腰是在裙片上分割而成。所以低腰裙腰头或腰口线是紧贴人体的弯弧形。

假设纸样设计尺寸
160/66A
后中长　52cm
腰　围　68cm
臀　围　92cm
脚　围　102cm
重要提示：如果裙子有插三角布或排褶布，裙脚围尺寸布不包括三角布、排褶布尺寸。

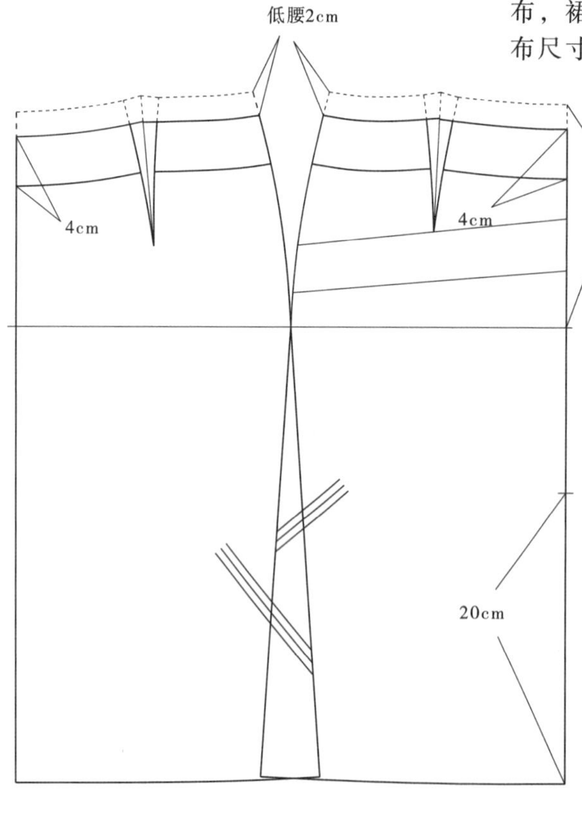

图 1

图 1

1. 复制基础纸样。
2. 平行基础腰口线2cm画出低腰腰口线。
3. 平行腰口线4cm画出腰头。
4. 标出切展线, 第一条线要经过省尖。
5. 按尺寸画出插片。

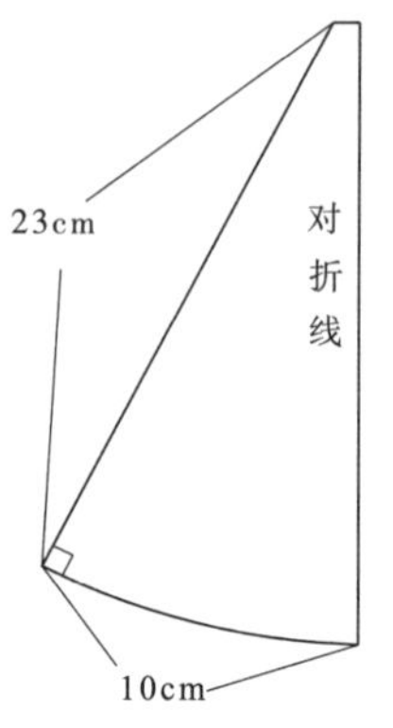

直裙的变化——低腰抽褶裙

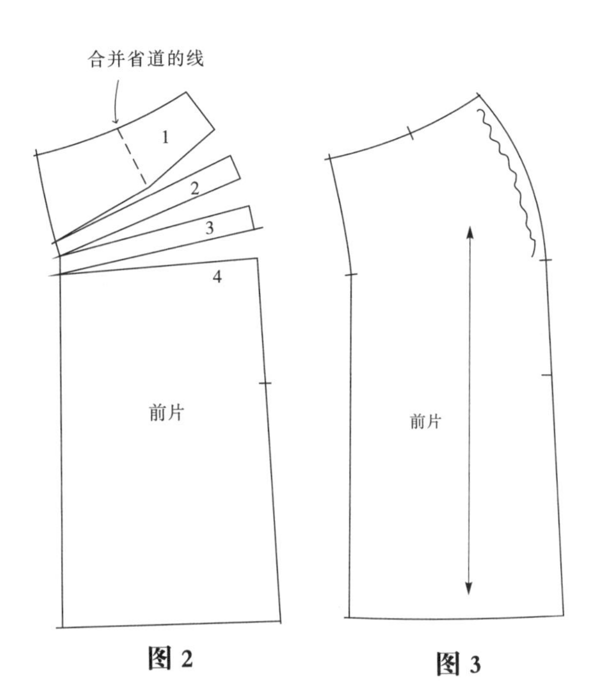

图 2　　图 3

图 2

6. 剪开纸样，展开所需要的褶量，用透明胶粘好。

图 3

7. 画顺前中线和前侧线，并复制纸样，标出对位符号及缩褶符号。

图 4

8. 分解的前后腰、后片、三角布。
9. 标出对位符号及布纹线。

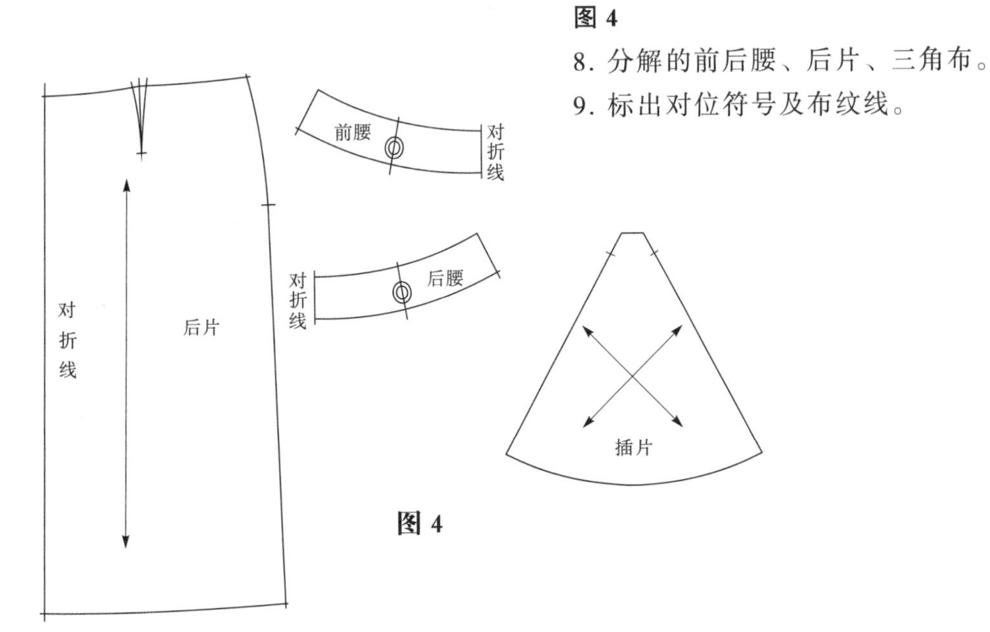

图 4

第2节F 直裙的变化——低腰分割裙

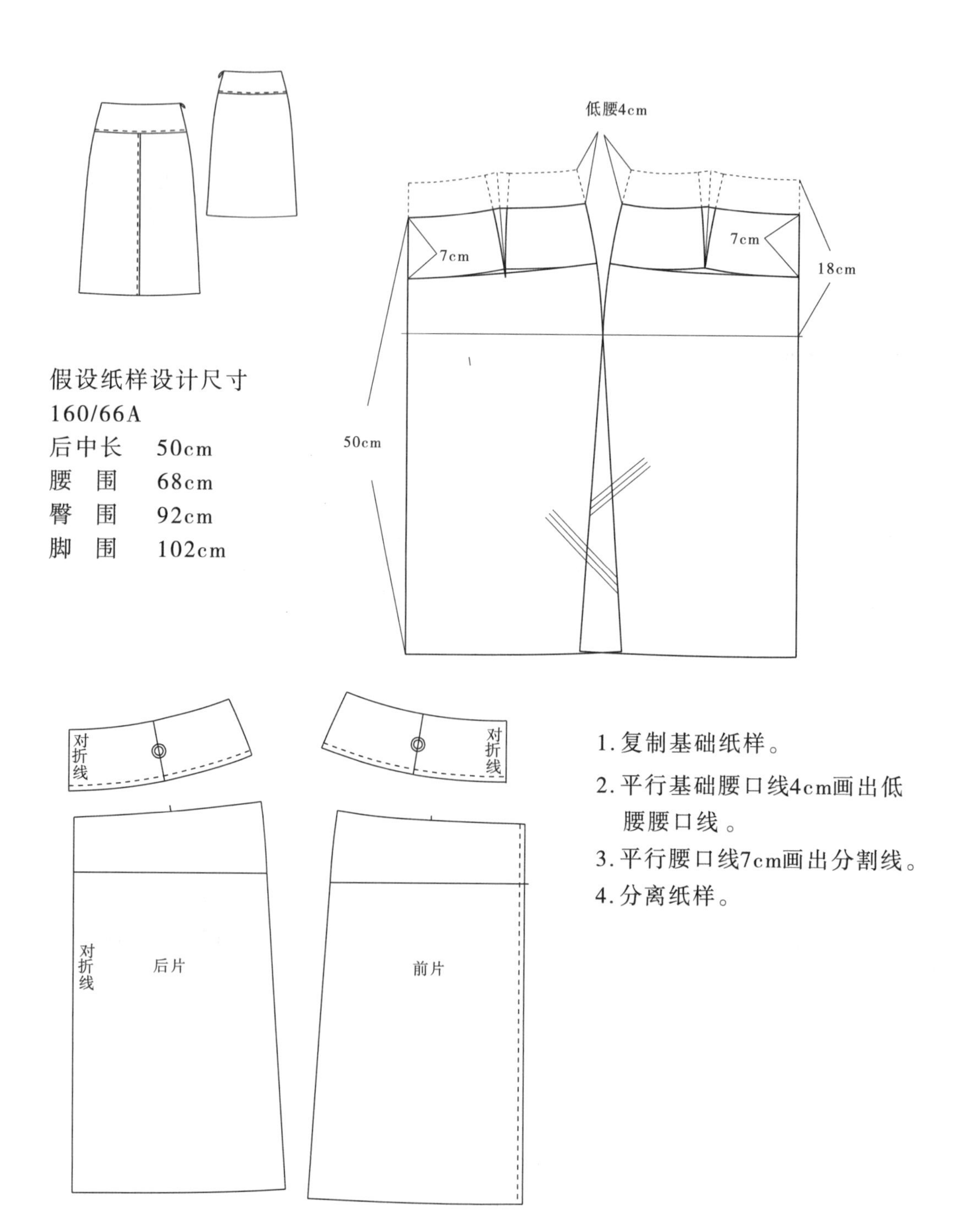

假设纸样设计尺寸

160/66A

后中长	50cm
腰　围	68cm
臀　围	92cm
脚　围	102cm

1. 复制基础纸样。
2. 平行基础腰口线4cm画出低腰腰口线。
3. 平行腰口线7cm画出分割线。
4. 分离纸样。

第2节G 直裙的变化——对合裥裙（低腰）

假设纸样设计尺寸
160/66A
后中长 51cm
腰 围 68cm
臀 围 92cm
脚 围 102cm

图1

1. 复制基础纸样。
2. 平行基础腰口线3cm画出低腰腰口线。
3. 平行腰口线4cm画出腰头。
4. 省尖至脚边画出展开的线。

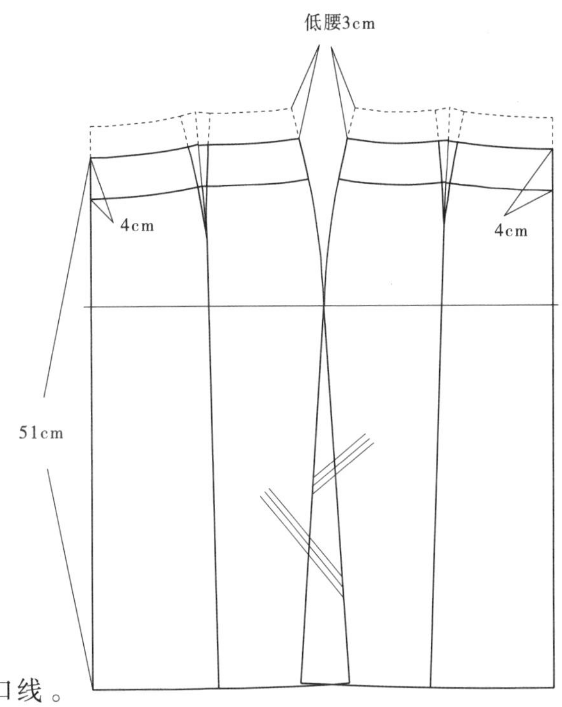

图1

图2

图2

5. 平移展开纸样。
6. 折叠褶位并画顺。

第2节H 直裙的变化——合身喇叭裙（低腰）

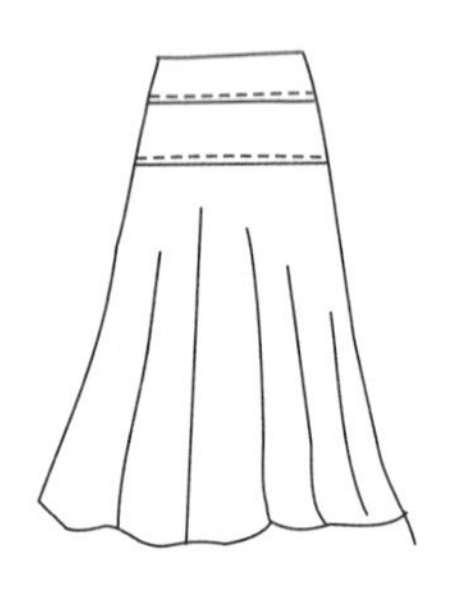

假设纸样设计尺寸
160/66A
后中长 49cm
腰 围 68cm
臀 围 92cm
脚 围 102+100cm

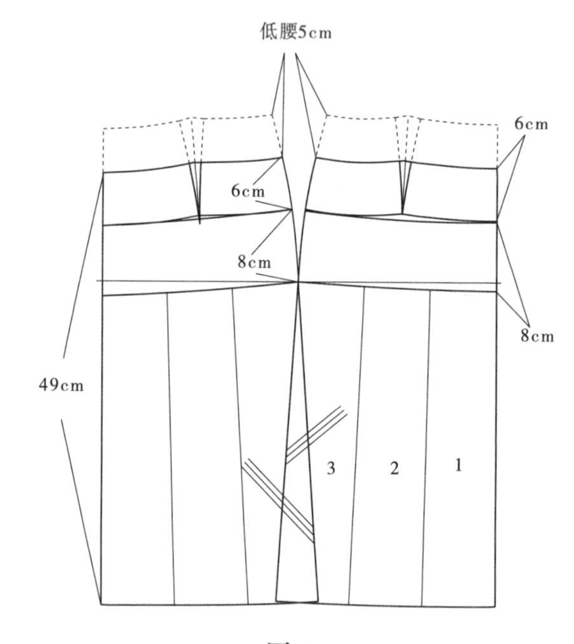

图 1

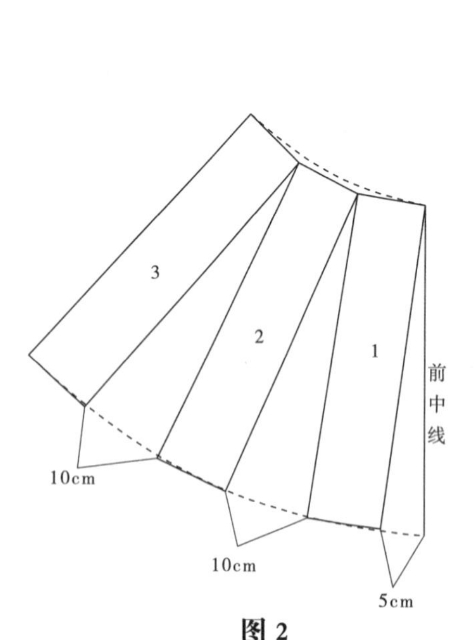

图 2

图 1

1. 复制基础纸样。
2. 平行基础腰线6cm画出低腰腰口线，平行8cm画出横向分割线。
3. 画出要切展的分割线并用数字标明（以前片为例）。

图 2

4. 用另一张大小若干的纸，复制要切展的裙片并展开用透明胶粘好。
5. 画顺纸样，如图虚线。

直裙的变化——合身喇叭裙（低腰）

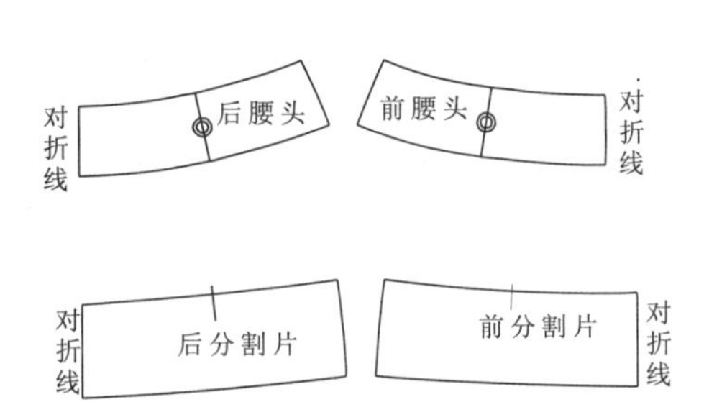

图 3

6. 合并腰头纸样。
7.复制纸样，裙片布纹线用45° 斜裁。

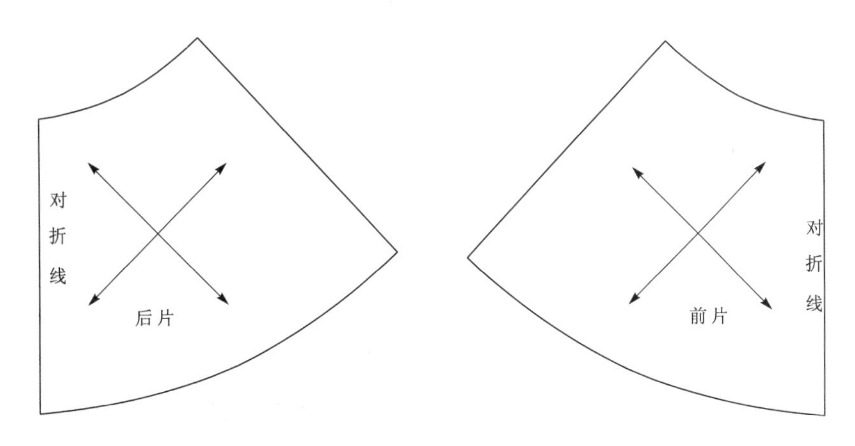

图 3

第3节 圆裙的结构原理

圆裙又称斜纹裙、是以45°角为布纹线的裙子、圆裙有整圆、半圆、1/3圆、1/4圆等等。圆裙的结构应用数学公式、把腰围理解成圆的周长、求圆的半径、应用的公式为r =w/2π，r表示圆的半径、w表示腰围，2π等于6.28

图 1

1. 以裙长线交叉点作圆心,以r为半径画出整圆。
2. 定出裙长。
3. 画出整圆的裙边线。

W=68cm

公式r=68/6.28

R=10.8

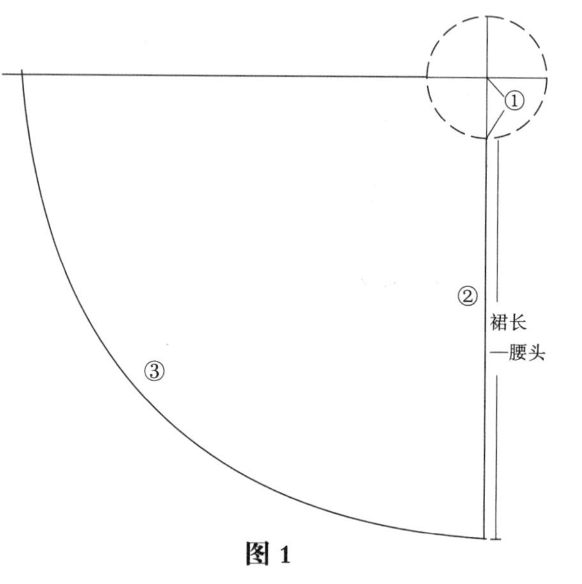

图 1

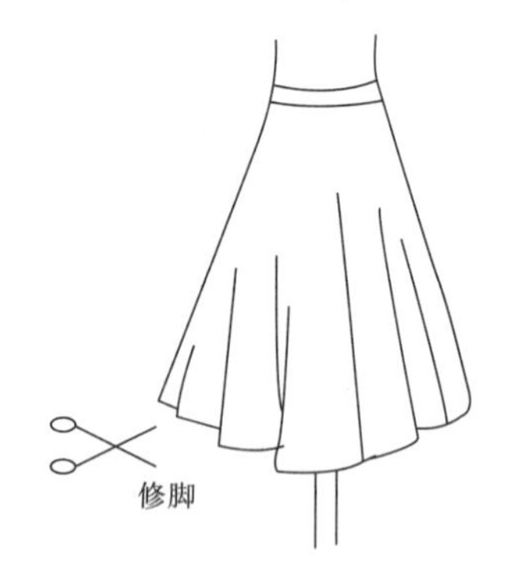

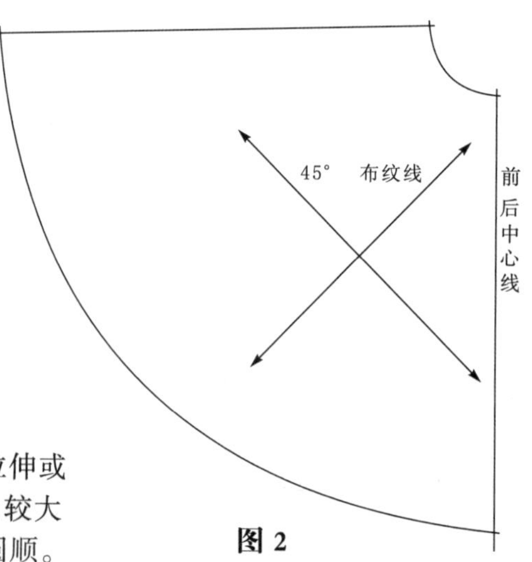

图 2

图 2

4. 标出45° 布纹线。

注：圆裙是以45° 角为布纹线、很容易拉伸或吊长、而导致裙脚的不 顺、所以 45° 角较大的斜纹裙都要穿在人台上修正裙脚使其圆顺。

第4节A　圆裙的变化——半圆的一片裙

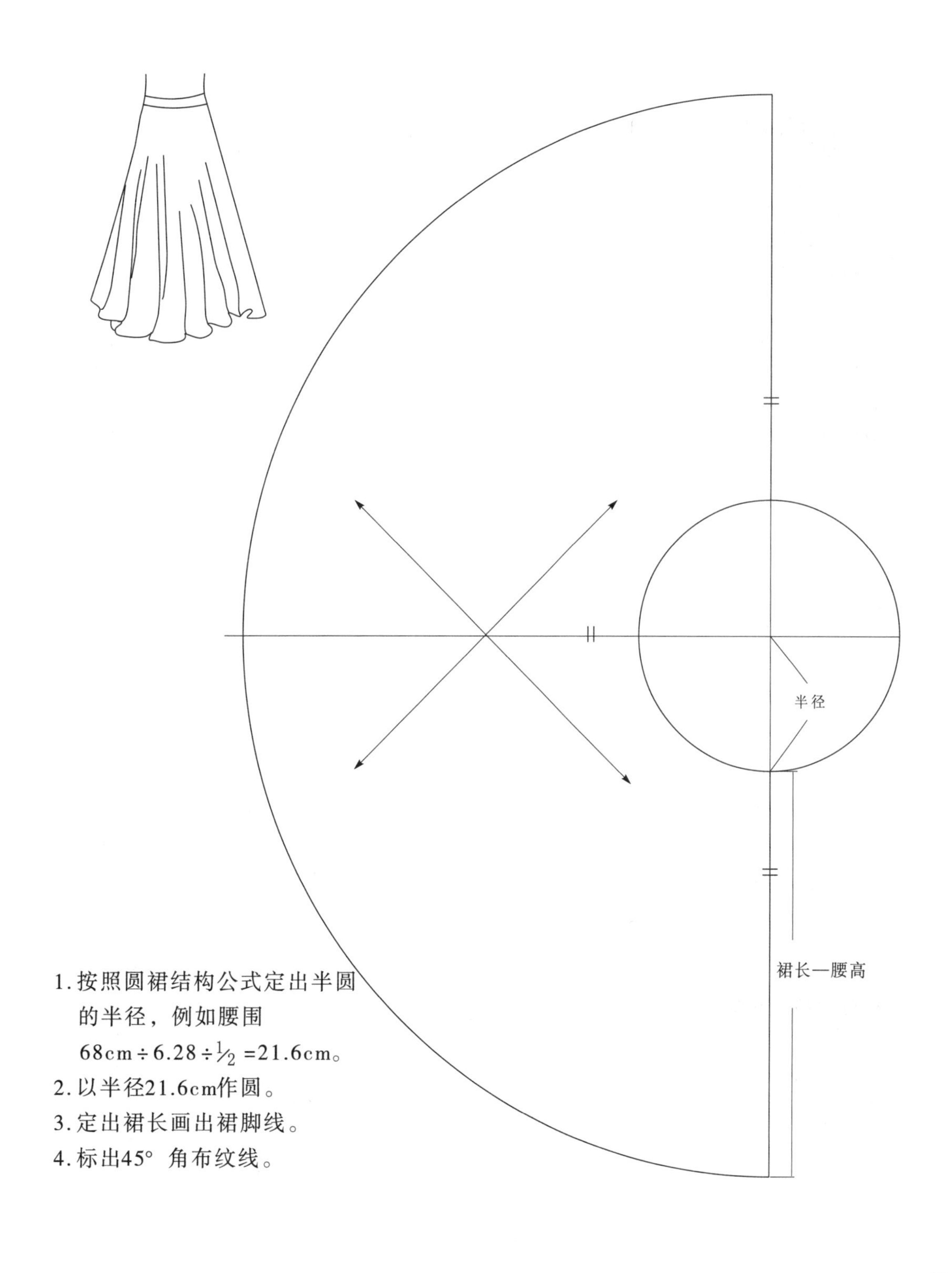

1. 按照圆裙结构公式定出半圆的半径，例如腰围 68cm ÷ 6.28 ÷ $\frac{1}{2}$ =21.6cm。
2. 以半径21.6cm作圆。
3. 定出裙长画出裙脚线。
4. 标出45° 角布纹线。

第4节B 圆裙的变化——1/4圆的一片裙

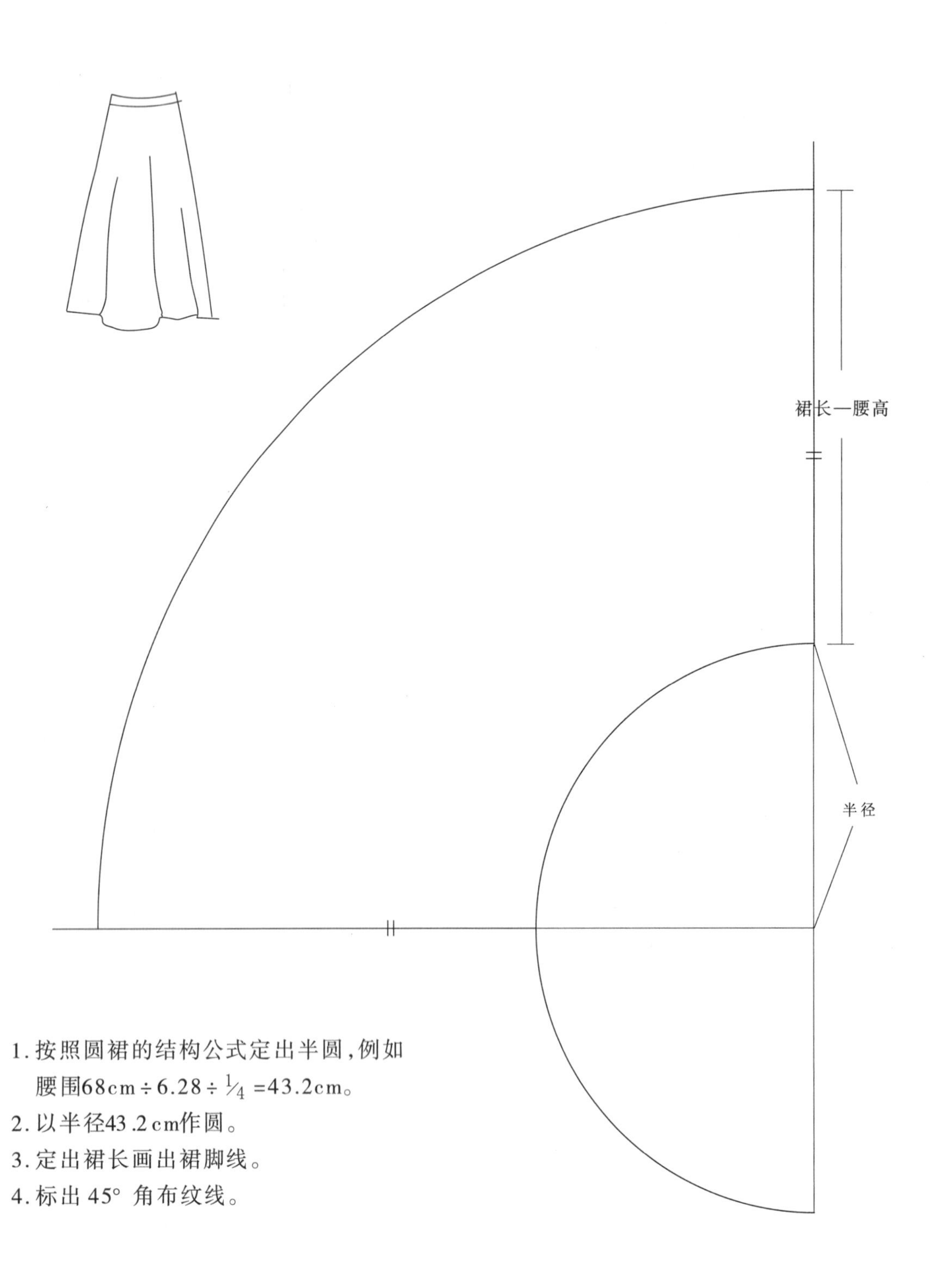

1. 按照圆裙的结构公式定出半圆，例如腰围68cm ÷ 6.28 ÷ $\frac{1}{4}$ =43.2cm。
2. 以半径43.2cm作圆。
3. 定出裙长画出裙脚线。
4. 标出 45° 角布纹线。

第4节C 圆裙的变化——手帕裙

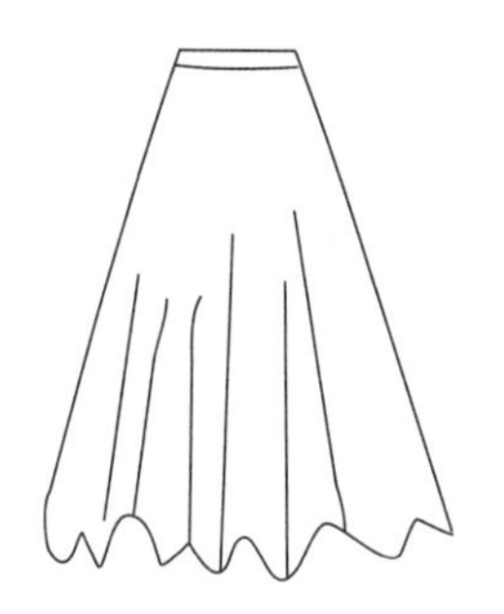

手帕裙大致同整圆的圆裙，拉链一般装在后中或左侧。

图 1

1. 用一张2.5倍裙长的纸,相对折。
2. 根据圆裙的结构$r = W/2\pi$算出圆的半径,以交叉点做圆心，画出腰围线。
3. 从腰口线量出长度。
4. 打开纸样标出对位符号和布纹线。

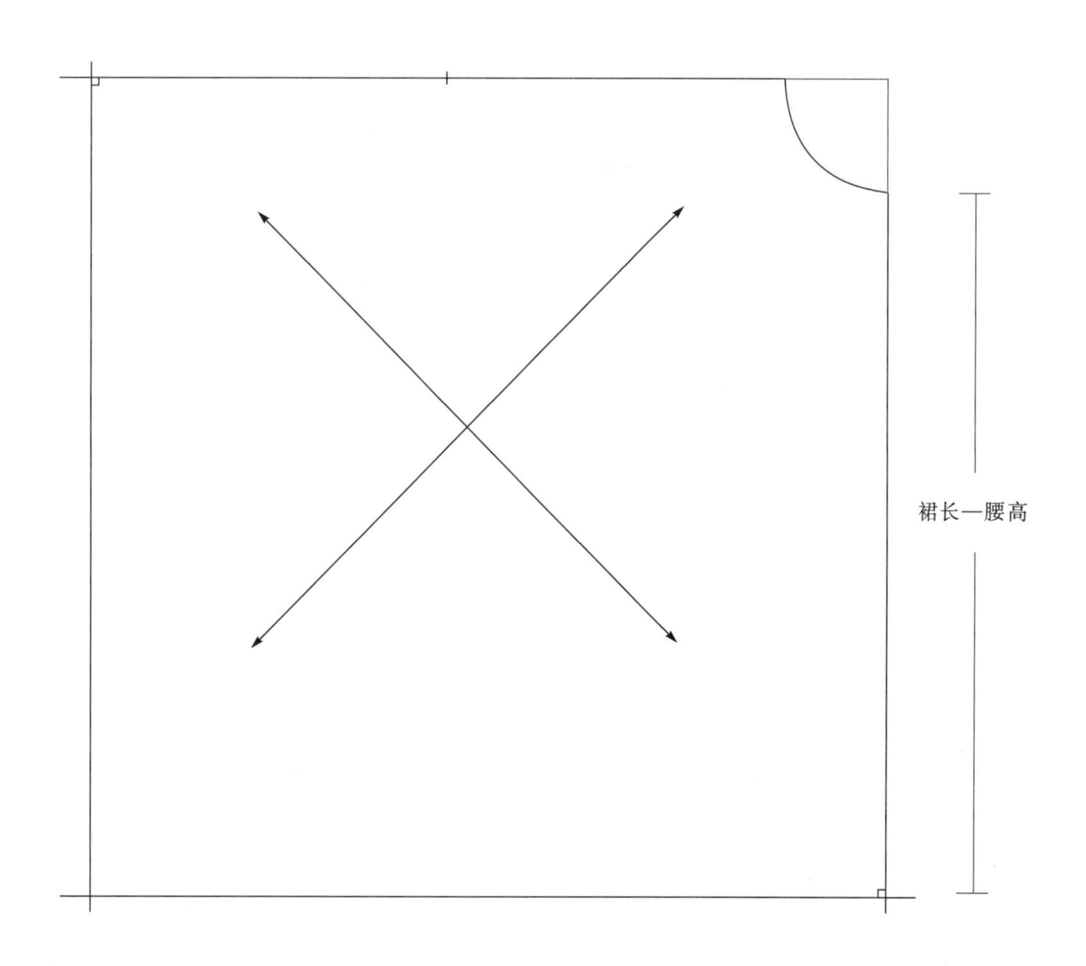

第5节　节裙的结构原理

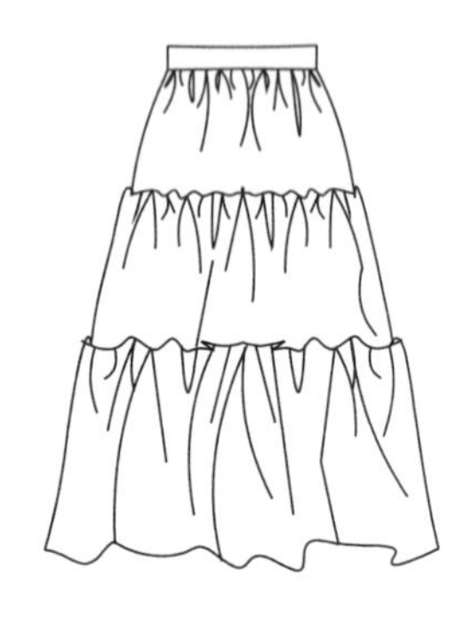

节裙一般以二节三节拼接而成，有横向或直向或45° 角拼接等，无固定形式，视个人的设计风格习惯。

假设纸样设计尺寸
160/66A
后中长　68cm
腰　围　68cm

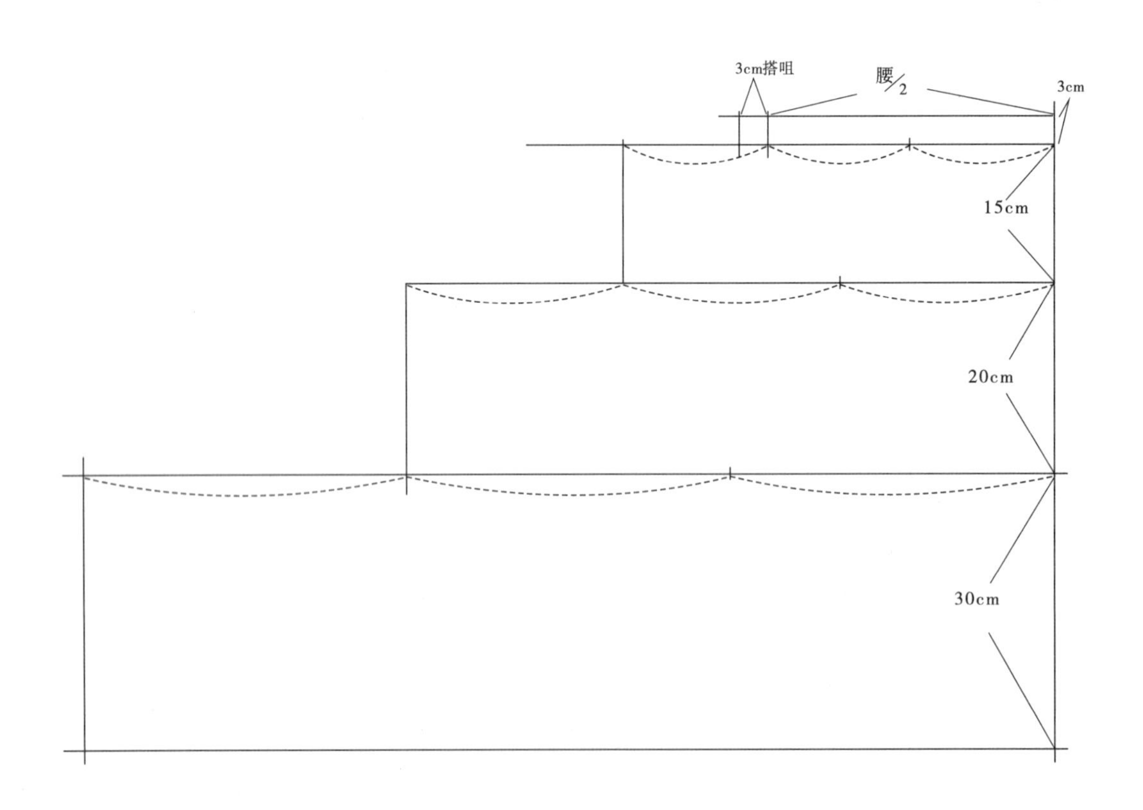

第四章

裤子

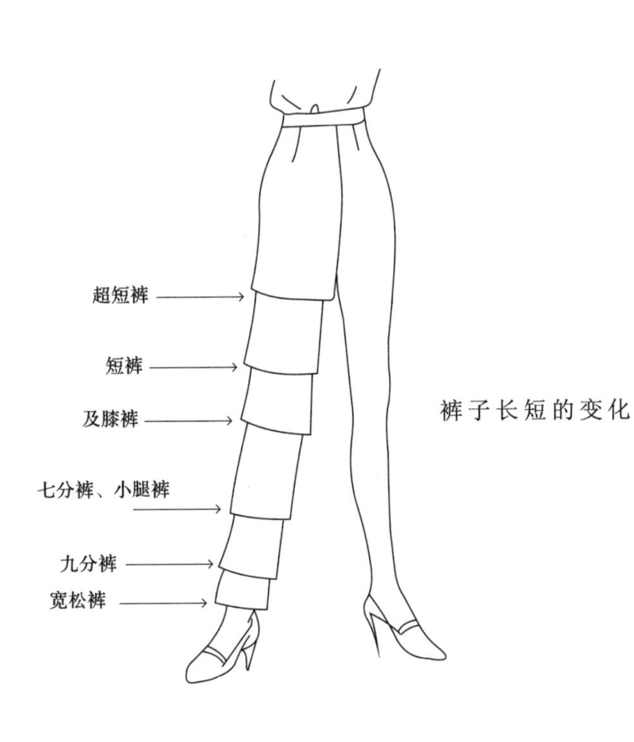

裤子长短的变化

裤子是下装的主要服装品类之一，春夏秋冬四季皆宜，裤子的品种式样很多，它可以是短裤、长裤，也可以是合体的、宽松的，裤子的长度和名称随季节的变化而变化。

裤子的基本轮廓线及结构点的说明

图 1

图 1 主要辅助线

图 2 主要轮廓线和结构点

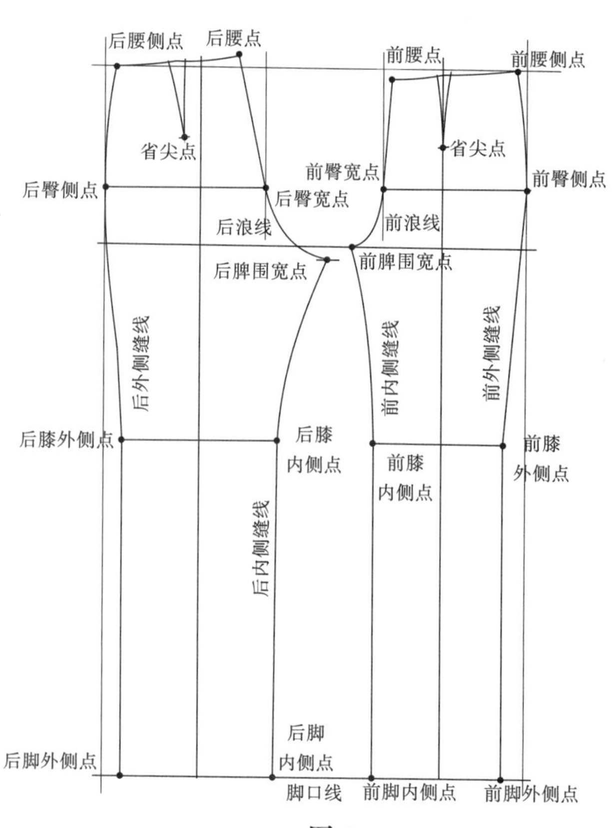

图 2

第1节　裤子基础纸样的结构原理

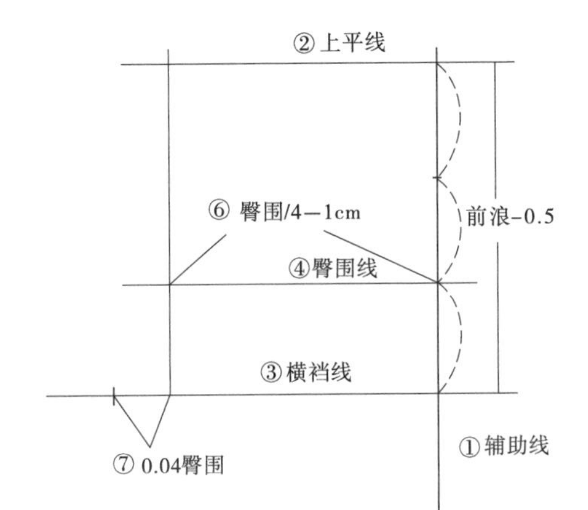

图 1

假设纸样设计尺寸

160/66A

外长	104cm
腰围	68cm
臀围	93cm
膝围	45.5cm
脚围	45.5cm
前浪	26.5cm
后浪	36cm

图 1

1. 作一直线为前侧缝辅助线。
2. 与侧缝辅助线垂直画出上平线。
3. 上平线下量前浪-0.5cm(直裆深）作出横裆线。
4. 取直裆深的1/3为臀围线(坐围线)。
5. 上平线下量外长尺寸，作出脚围线。
6. 臀围线上量臀围/4-1cm为前臀围宽。
7. 横裆线前臀围宽0.04臀围作出前小裆宽。

裤子基础纸样的结构原理

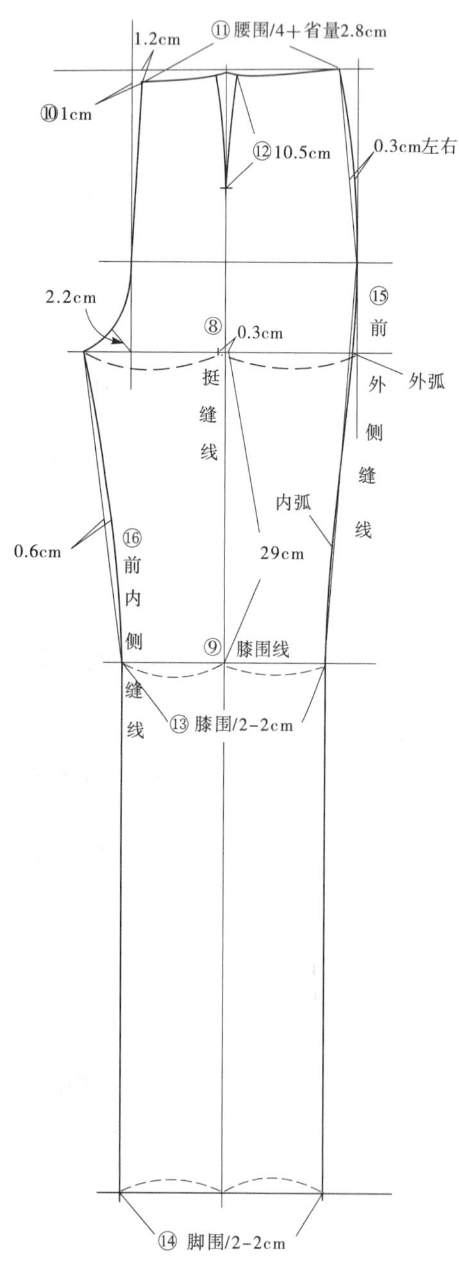

图 2

图 2

8. 取前横裆的1/2偏侧0.3cm垂直作出挺缝线（烫迹线）。
9. 横裆线下29cm与横裆线平行画出膝围线。
10. 前中上平线落低1.2cm劈门1cm为前中腰点，前中腰点曲线连接至前小裆宽点。
11. 前中腰点出量腰围/4+省2.8cm作出前侧腰点，曲线画出腰口线，曲线连接前臀外侧点。
12. 以挺缝线为省中线作出前腰省，省长10.5cm省宽2.8cm。
13. 膝围线上量膝围/2−2cm为前膝围宽。
14. 脚围线上量膝围/2−2cm为前脚围宽。
15. 前臀外侧点曲线连接前膝围外侧点直线连接前脚围外侧点，为前外侧缝线。
16. 前小裆宽点曲线连接前膝围内侧点，直线连接前脚围内侧点，为前内侧缝线。

裤子基础纸样的结构原理

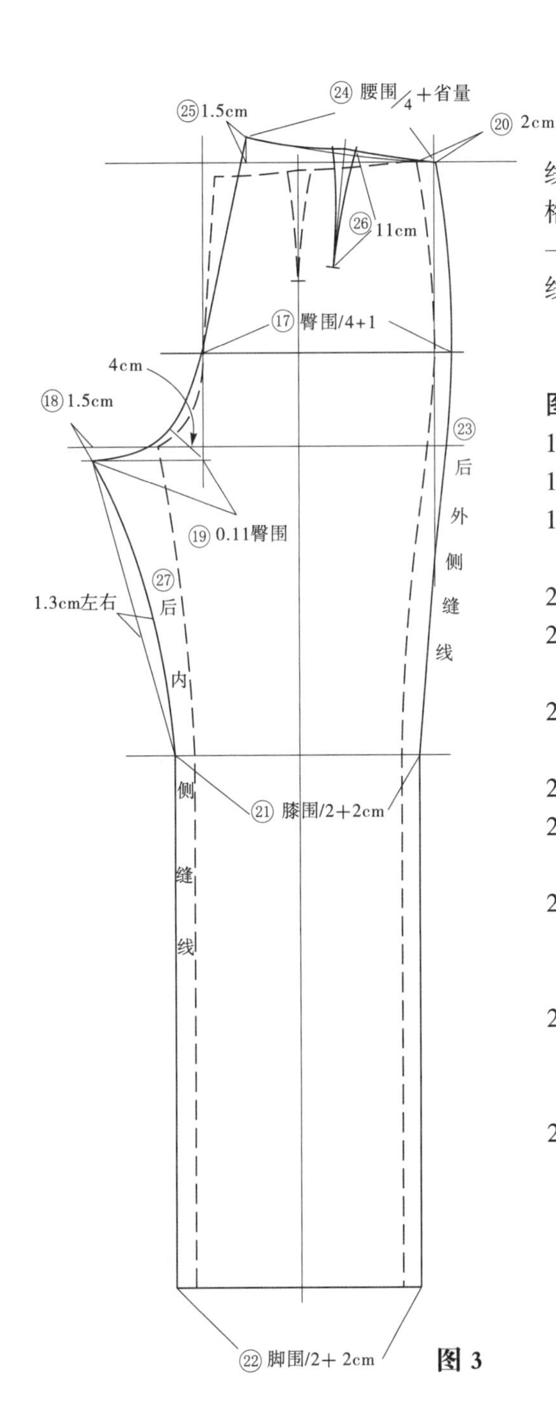

图 3

后片外侧缝线可以完全依势于前片侧缝线，那样成型后的裤子，外侧缝线无论是对格对条，还是正常的拼缝（因为前后的弧线一致），都能取得很好的效果。(虚线为前片线)

图 3

17. 臀围线上量臀围/4+1cm为后臀围宽。
18. 横裆线低落1.5cm为落裆线。
19. 横裆线后臀围宽处量0.11臀围作出后大裆宽。
20. 前腰侧点出2cm作后腰侧点。
21. 膝围线上量膝围/2+2cm以挺缝线为中点两边平分作出后膝围宽。
22. 脚围线上量膝围/2+2cm以挺缝线为中点两边平分作出后脚围宽。
23. 平行前外侧缝线画出后外侧缝线。
24. 后腰侧点量腰围/4+省量2.8cm作出后腰围大。
25. 后腰围大处垂直起翘1.5cm，直线连接至后臀围宽点，曲线连接至后大裆宽点，后起翘点曲线连接后外侧点画出后腰口线。
26. 取后腰口线的1/2中点偏侧0.5cm为后腰省中心线，并作出后腰省，省长11.5cm省宽2.8cm。
27. 后大裆宽点曲线连接至后膝围内侧点，直线连接至后脚围内侧点。

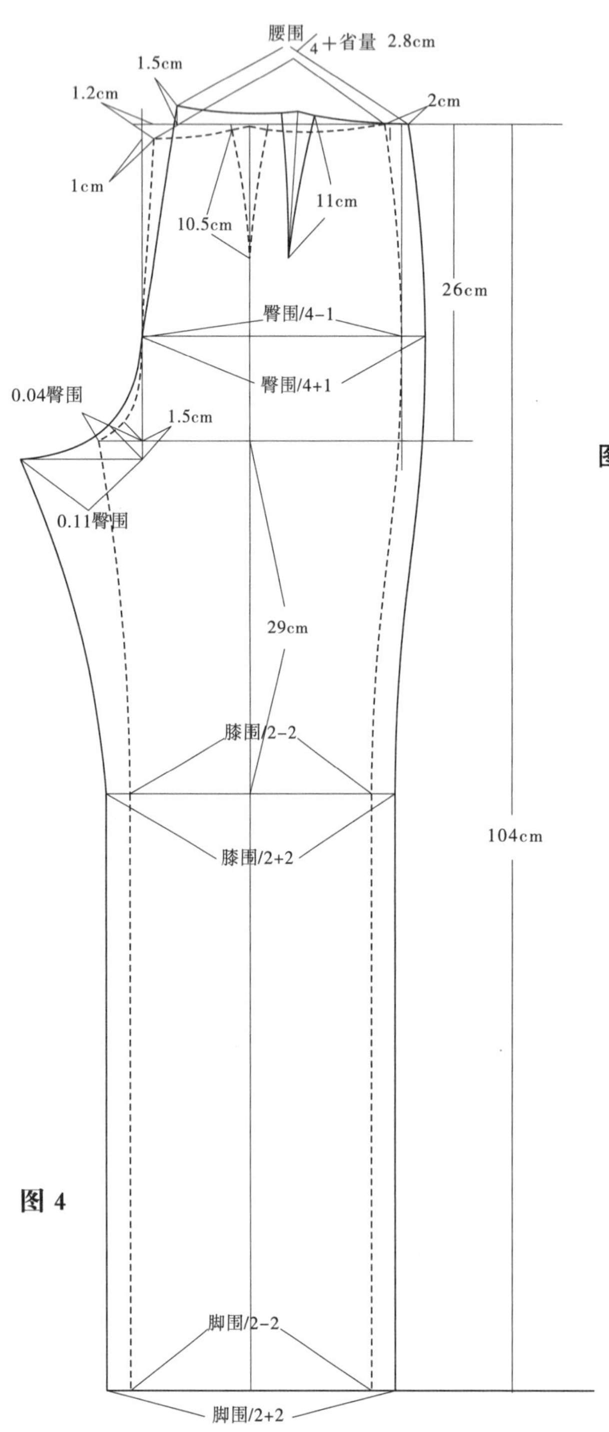

图 4

图 4 前后裤片的完成图
虚线为前片

裤子基础纸样的结构原理

1. 腰省

腰省分布于裤子的前后，前片以烫挺缝线和不烫挺缝线来划分，后片以有袋或无袋来区分，如有袋，先确定袋位，再确定省位位置，前片一般一个省，后片一般为1个或2个，均以对称形式出现，省的长度在9.5cm~11cm之间，省量控制在1.5~3.5cm之间，一个省可以变化成几个小省，1个省省量就大些，两个省省量就小些。

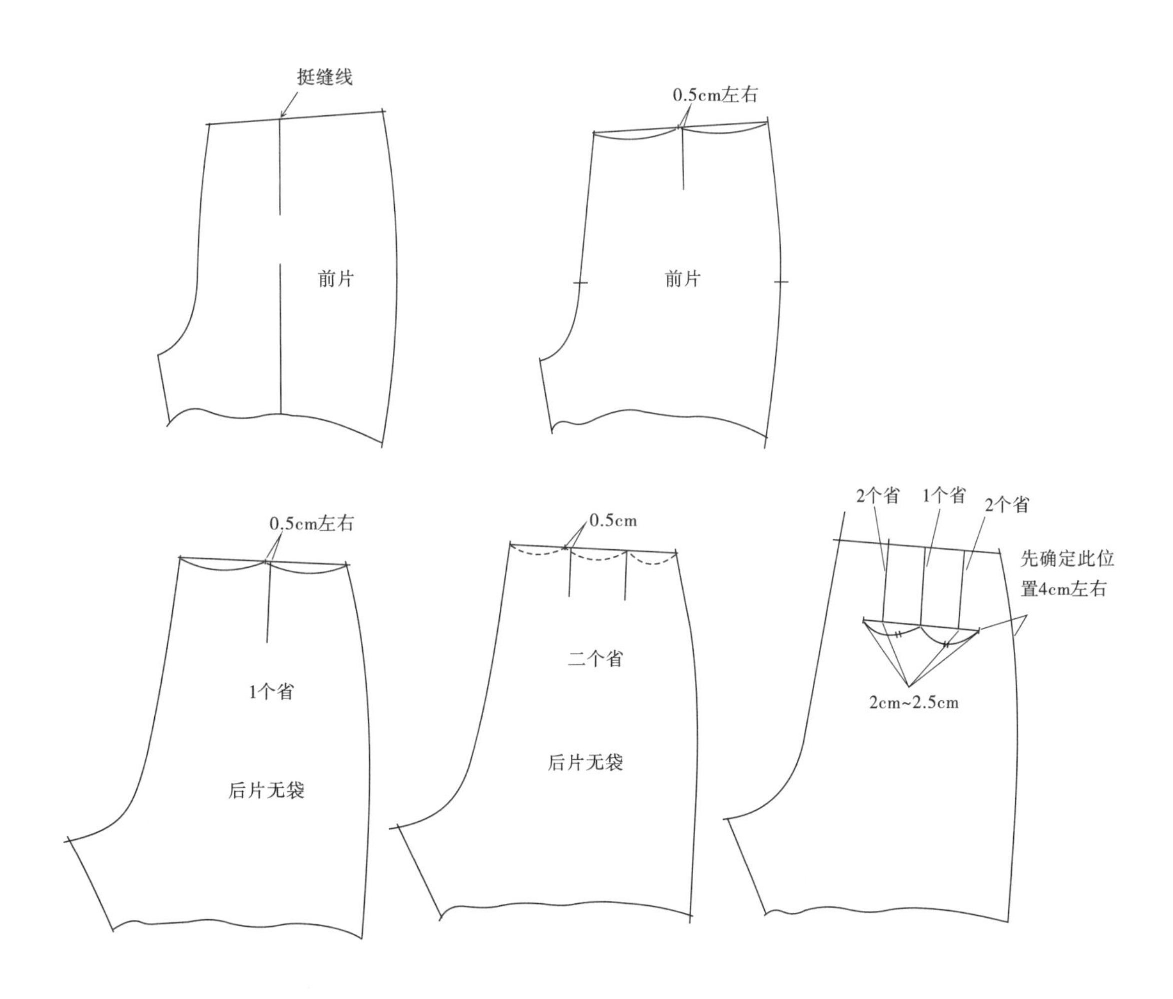

裤子基础纸样的结构原理

根据人体臀部的结构特征，腰以下的腰省，处理成外弧形。

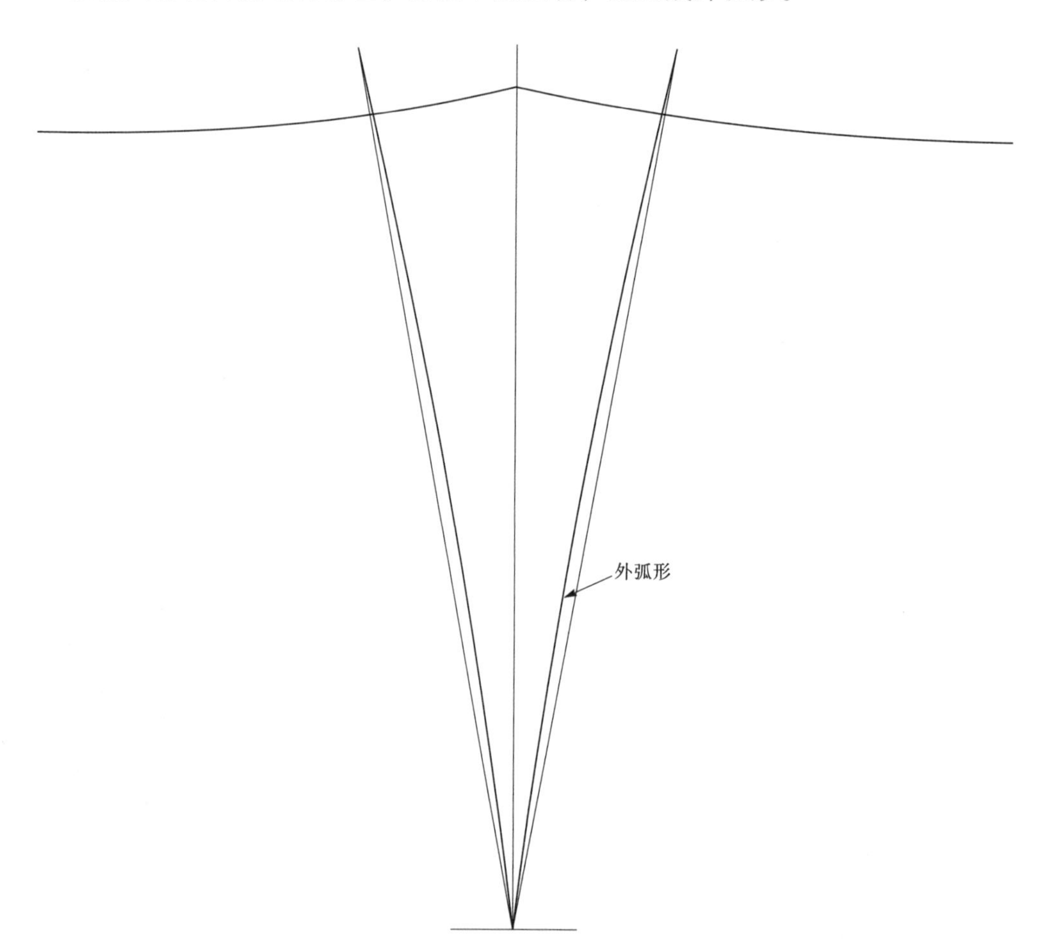

2. 腰褶

腰褶一般分布于裤子的前片，由腰省转换而成，褶数为1个或2个，甚至3个以上，均以对称的形式出现，褶量以款式而定，如阴阳褶，褶量就比较大，一般在4~5cm左右，如顺风褶，褶量就小一些，一般在2~2.5cm。

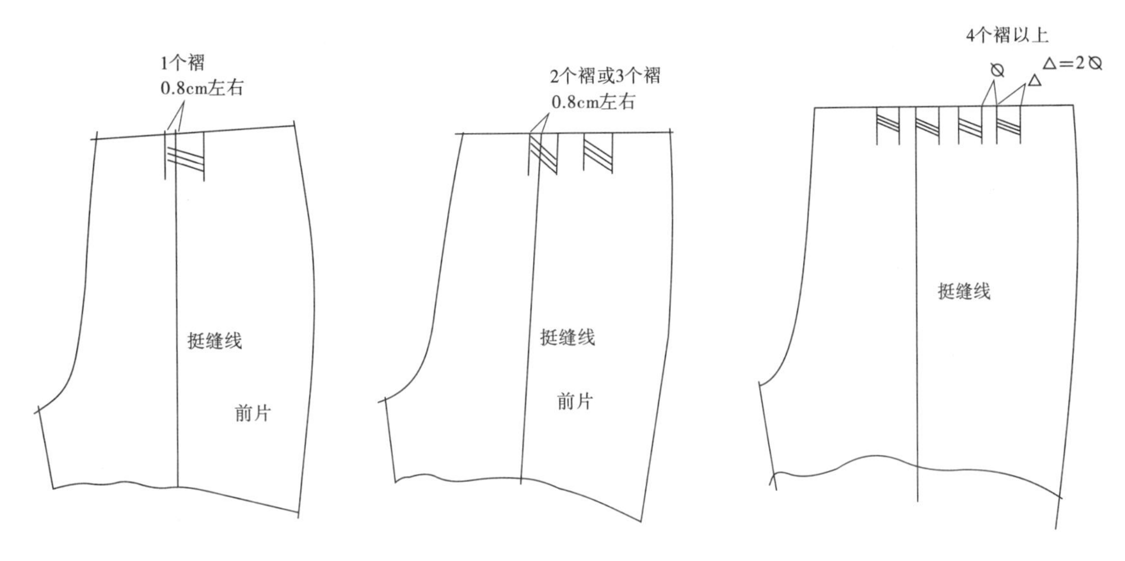

3.腰口线的变化

在裤子的基础纸样中，裤子的腰口线是以标准的人体束腰位置来确定，一般低于人体腰节1.2厘米左右，因此在进行高腰裤子设计时要加上这一差数。随着各种款式的特点或变化，往往束腰位置有所变化，贴身合体的低腰裤子束腰位置低于基础腰口线，而高腰裤子的束腰位置则高于基础腰口线。所以当标准的基础腰口线确定后，腰头的宽窄设计是任意的。

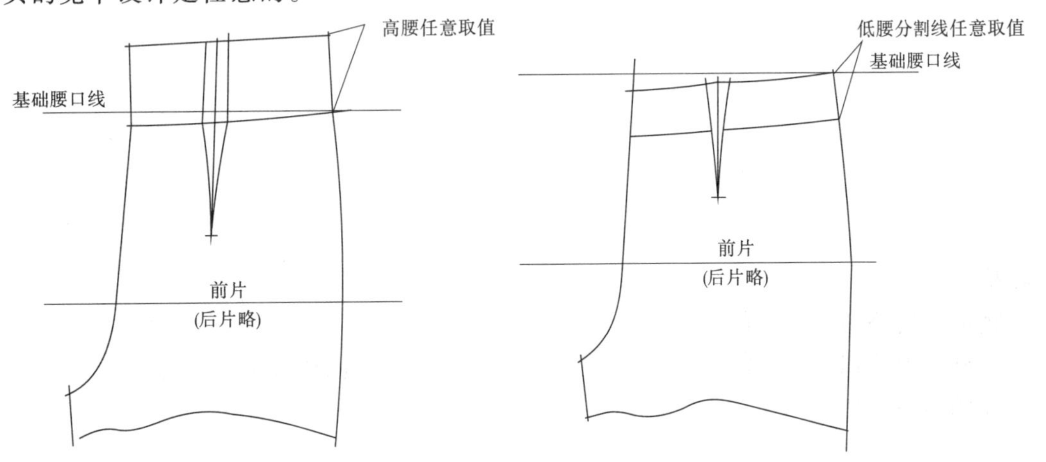

4.门襟与底襟

盖住拉链的布称为门襟(又称拉链贴)，托住拉链的布称为底襟(又称拉链牌)。

门襟一般为单层，宽度为2.8cm。

底襟一般为双层，宽度为3cm。

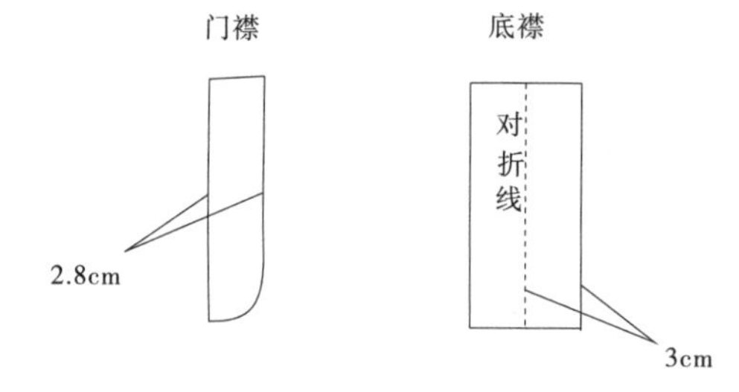

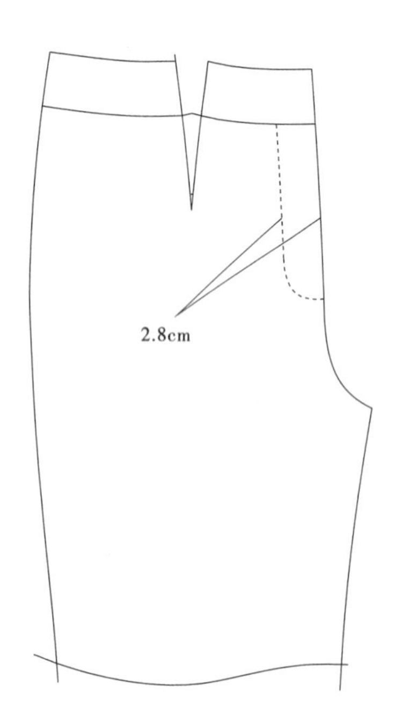

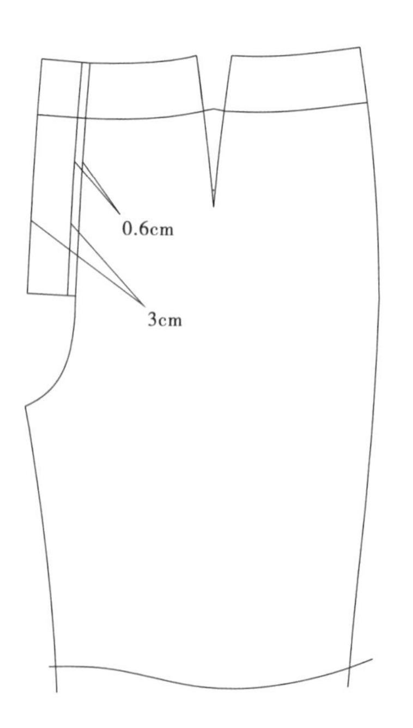

裤子基础到纸样

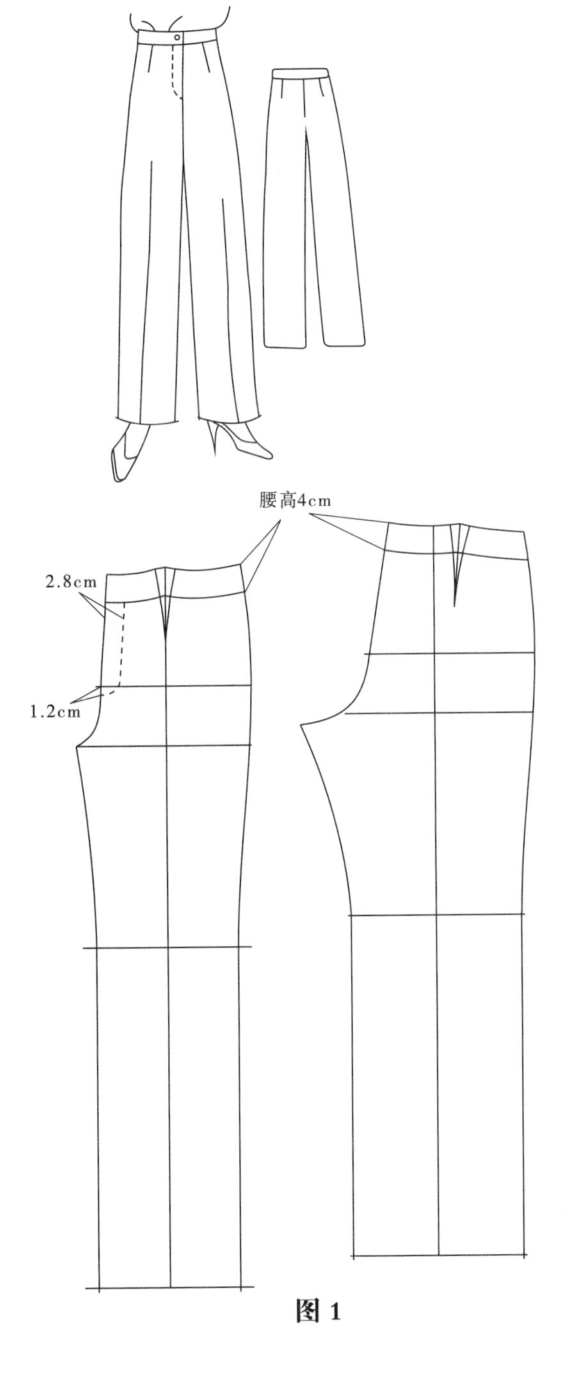

图 1

假设纸样设计尺寸
160/66A
外长 104cm
腰围 68cm
臀围 93cm
膝围 45.5cm
脚围 45.5cm
前浪 26.5cm
后浪 36cm

图 1

1. 用一张大小若干的纸复制基础纸样。
2. 平行基础腰口线4cm画出腰高。
3. 平行前中线2.8cm画出门襟宽。

裤子基础到纸样

图 2

4. 复制前后片纸样，前后腰头纸样，门底襟纸样。
5. 缝份的加放请参考缝份与贴边一节。
6. 布纹线请参考布纹线的确定一节。

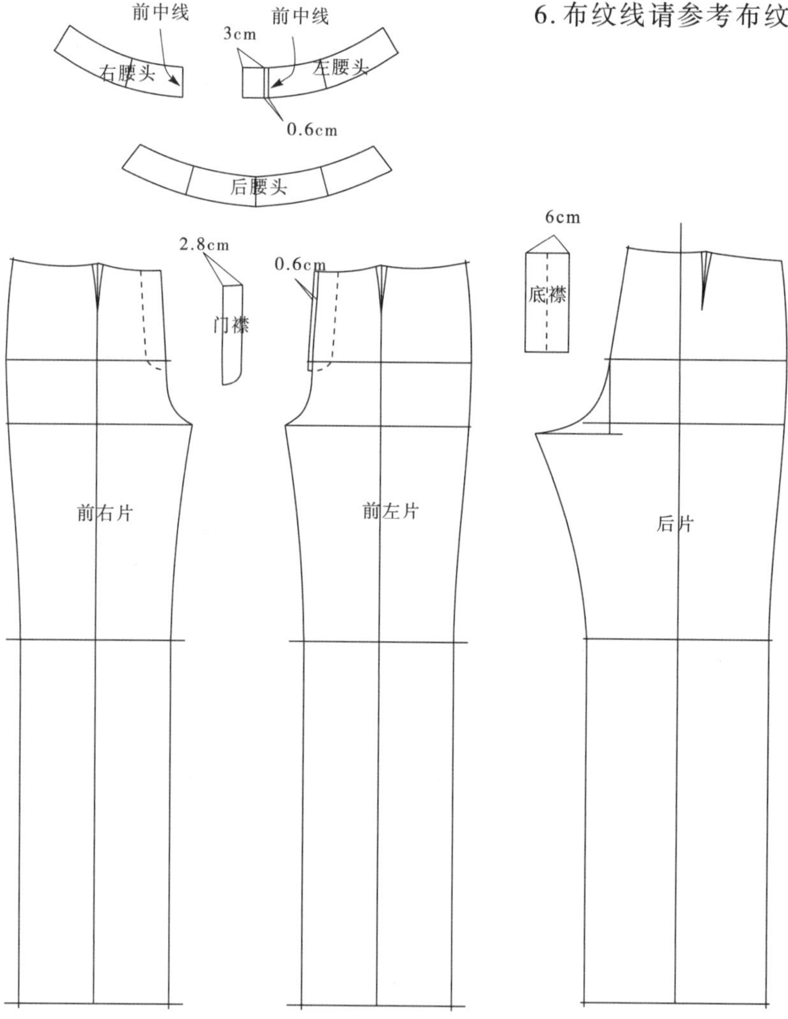

图 2

第2节A 裤子的变化——宽脚高腰裤

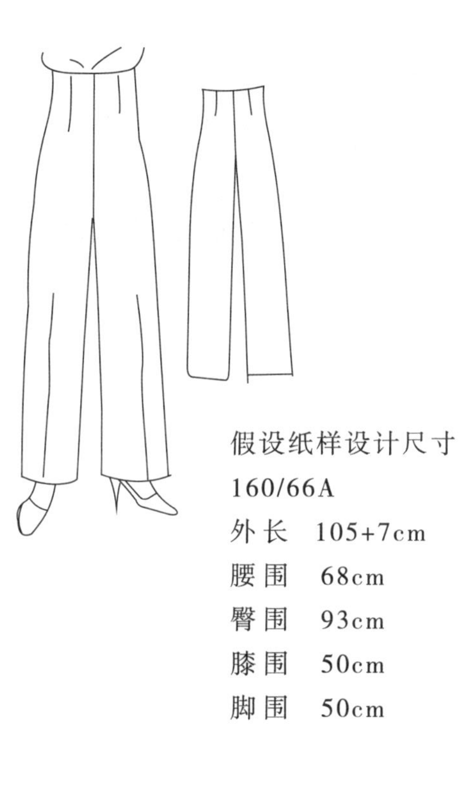

假设纸样设计尺寸
160/66A
外长 105+7cm
腰围 68cm
臀围 93cm
膝围 50cm
脚围 50cm

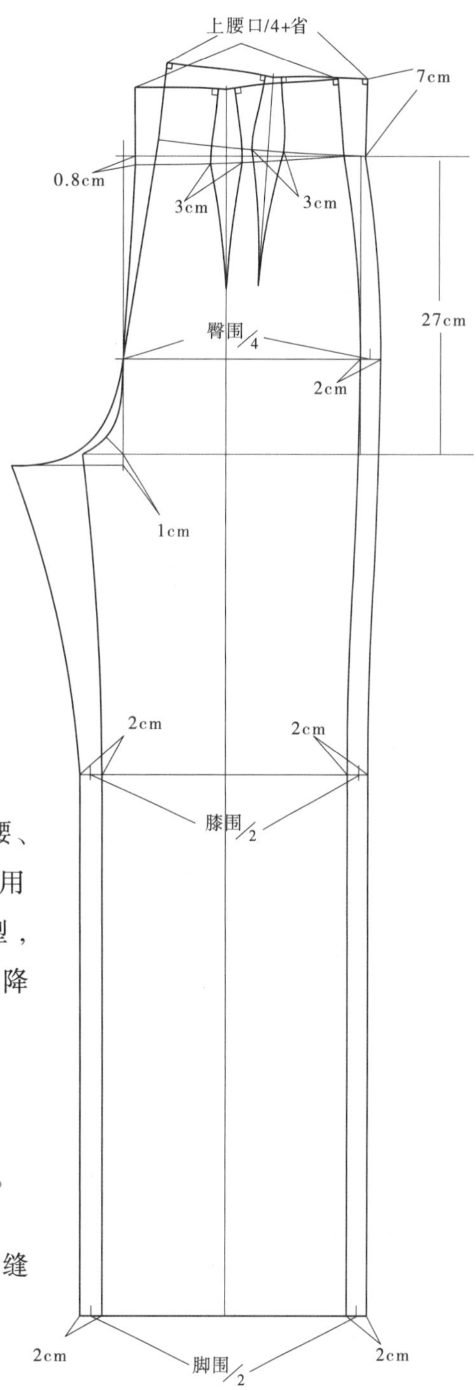

裤子的腰头变化同裙腰一样，可作高腰、正腰、低腰的变化，但是裙子比较简单，不用基础纸样也可以直接画出高腰或者低腰造型，而裤子的低腰设计需要在基础纸样上(正腰)降低。

1. 用一张大小若干的纸复制基础纸样。
2. 调整直裆深为27cm，前中腰点低落0.8cm。
3. 画出前后高腰7cm。
4. 调整膝围尺寸和脚围尺寸，画顺前后外侧缝线和前后内侧缝线。

第2节B 裤子的变化——锥形裤（直腰）

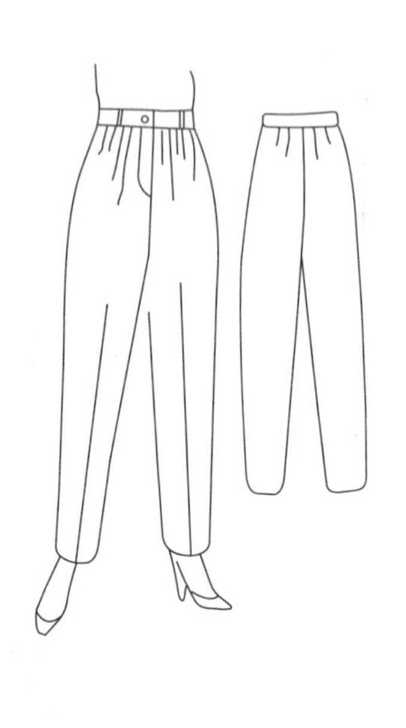

假设纸样设计尺寸
160/66A

外长	98cm
腰围	68cm
臀围(基)	93cm
膝围(基）	44cm
脚围	36cm

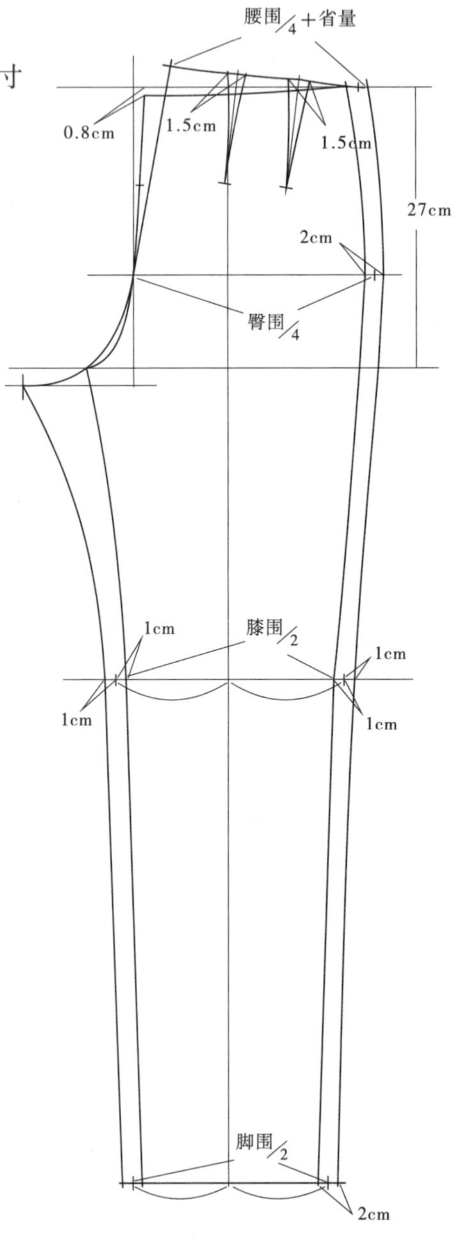

前片多褶的裤子一般臀围处比较宽松，所以这类裤子的直裆深比贴臀的合体裤直裆深要长1～2cm左右。

图1

1. 用一张大小若干的纸复制基础纸样。
2. 调整直裆深为27cm。
3. 调整前中腰点为0.8cm。
4. 把后片的腰省一分为二。
5. 调整膝围尺寸和脚围尺寸，画顺前后内，外侧缝线。

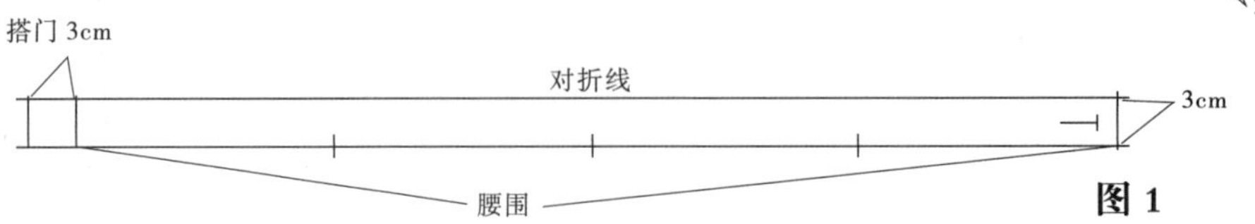

图 1

裤子的变化——锥形裤（直腰）

图 2

6. 展开前挺缝线。
7. 用另一张纸复制纸样。

图 3

8. 调整新的挺缝线。
9. 画出褶裥位置。
10. 标出褶裥的倒向符号。

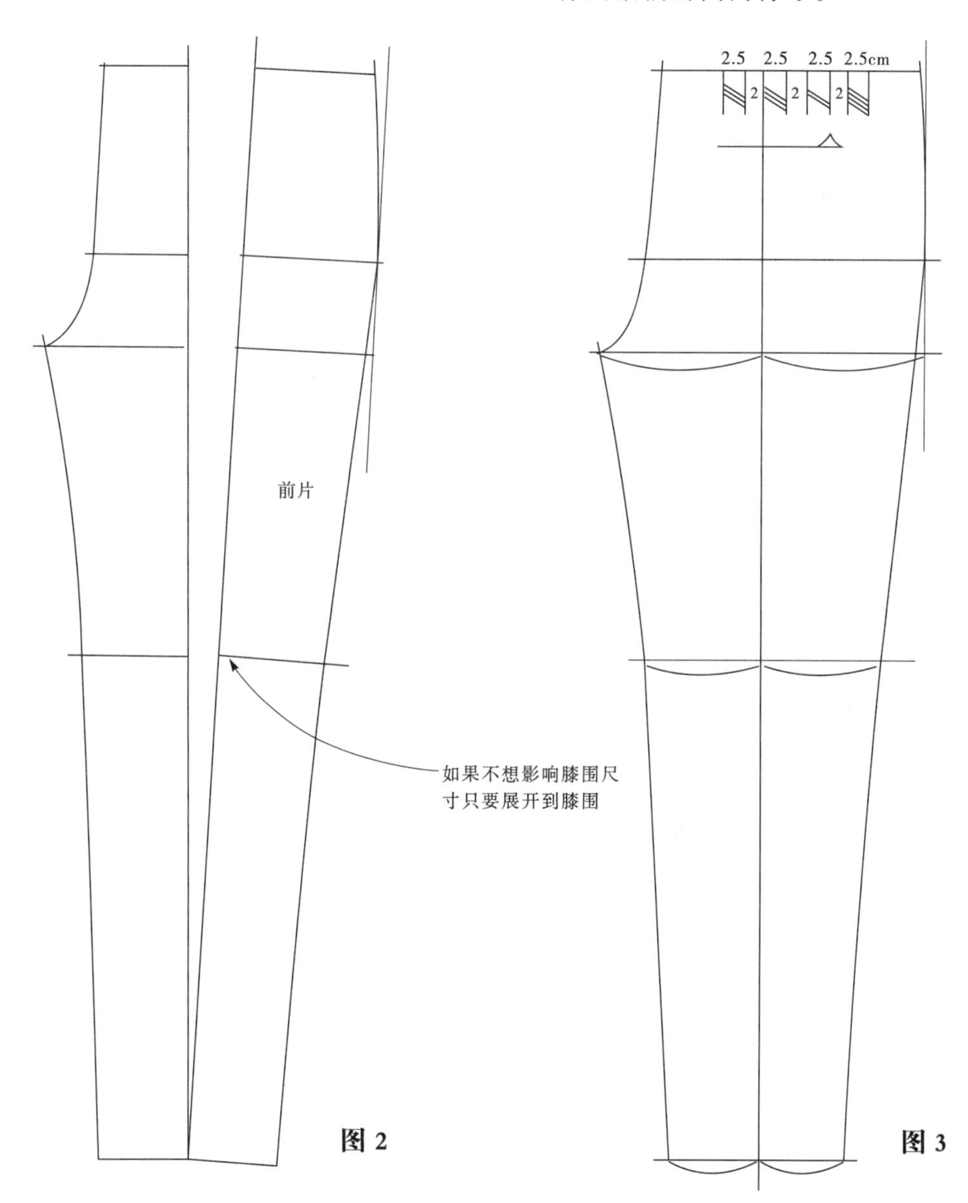

图 2　　图 3

第2节C 裤子的变化——喇叭裤（正腰）

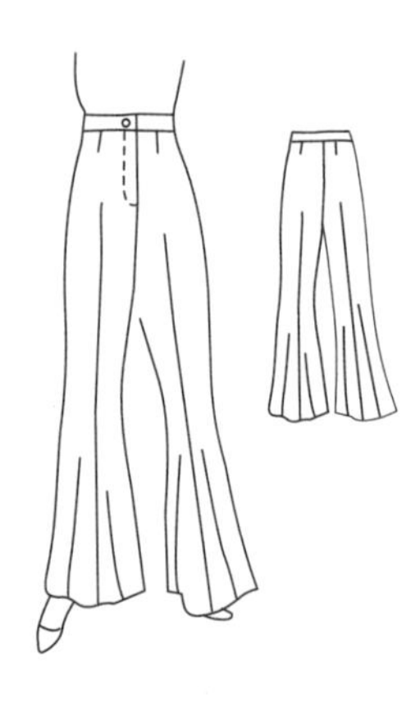

假设纸样设计尺寸

160/66A

外长　104cm

腰围　68cm

臀围　93cm

膝围　40cm

脚围　56cm

1. 用一张大小若干的纸复制基础纸样。
2. 基础后落裆下0.5cm为新的落裆线。
3. 平行基础腰口线4cm画出腰高。
4. 平行前中线2.8cm画出门襟宽。
5. 基础膝围线上提高2~3cm为新的膝围线。
6. 调整膝围尺寸和脚围尺寸，画顺前后内，外侧缝线。

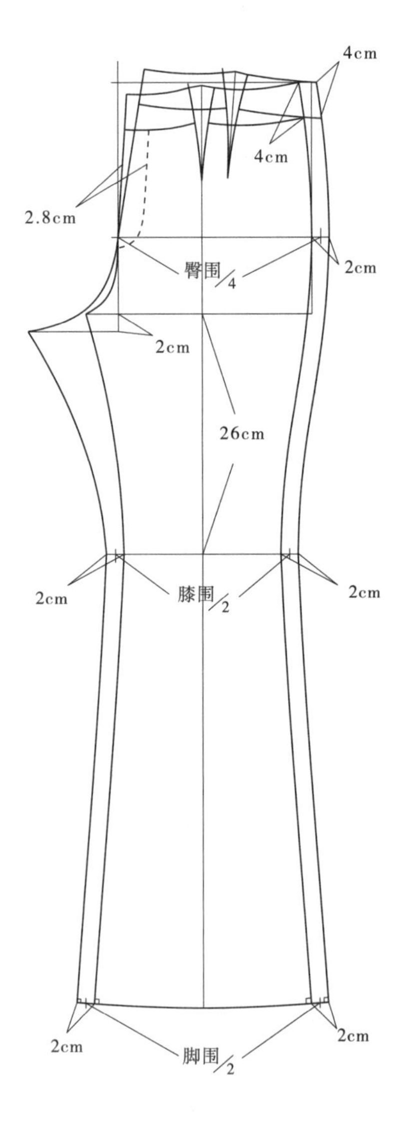

第2节D 裤子的变化——牛仔裤（低腰）

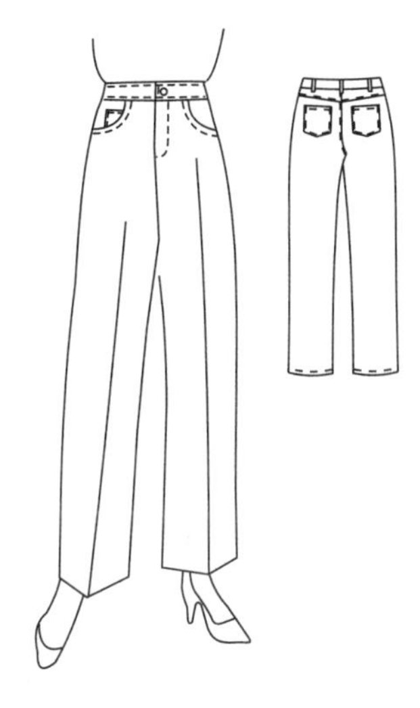

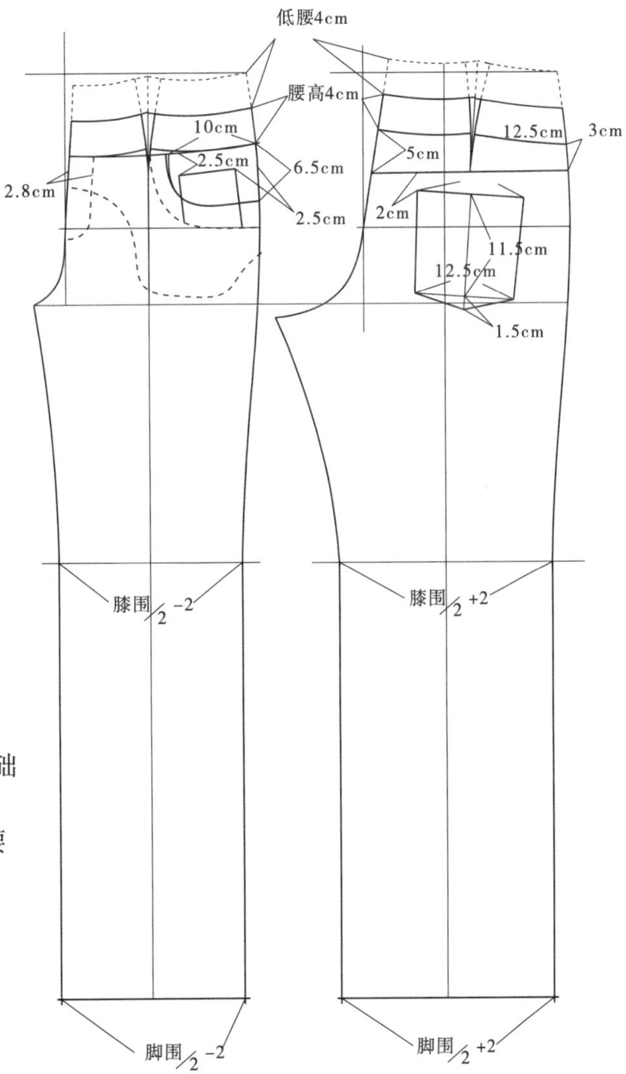

假设纸样设计尺寸

160/66A

外长　100cm

腰围　76cm

臀围　93cm

膝围　45.5cm

脚围　45.5cm

1. 用一张大小若干的纸复制基础纸样。
2. 平行基础腰口线4cm画出低腰腰口线。
3. 平行腰口线4cm画出腰高。
4. 前中线2.8cm画出门襟宽。
5. 画出前插袋、表袋和袋布。
6. 画出后机头。
7. 画出后贴袋。

第2节E　裤子的变化——短裤（低腰）

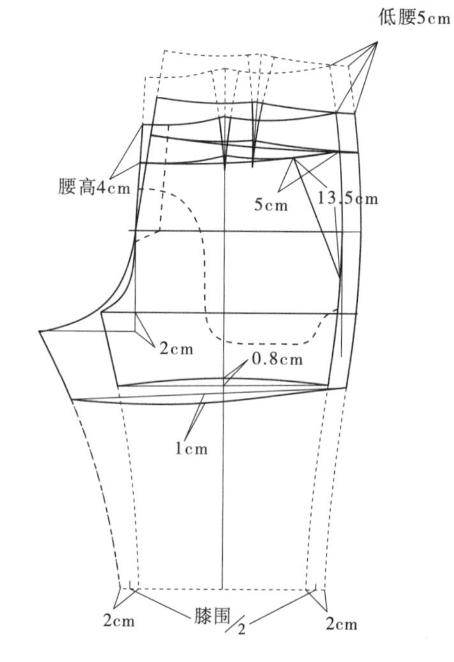

假设纸样设计尺寸

160/66A

外长　28.8cm

腰围　78cm

臀围　93cm

膝围　40cm

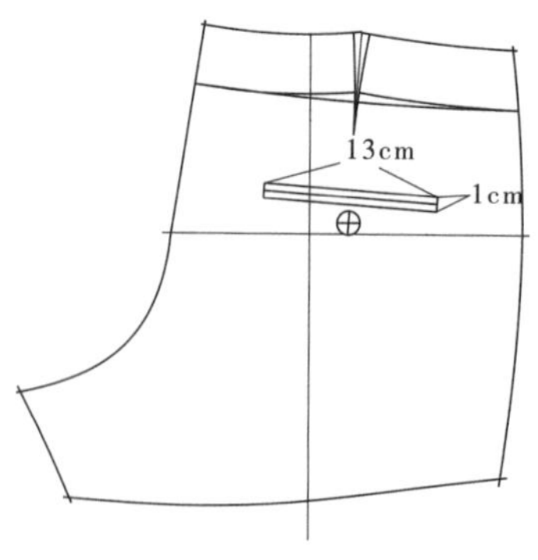

1. 复制裤子基础纸样。
2. 基础落裆线下0.5cm为新的落裆线。
3. 假设的膝围尺寸画出前后内外侧缝线。
4. 前内侧缝截取8cm画出前后脚口线。
5. 平行基础腰线5cm画出低腰口线。
6. 平行腰口线4cm画出腰高。
7. 画出前斜插袋口，袋布。
8. 画出前门襟宽。
9. 画出后双唇袋。

第2节F　裤子的变化——高腰灯笼裤

假设纸样设计尺寸

160/66A

外长　98+7cm

腰围　68cm

臀围　93cm

脚围　24cm

图 1

1. 用一张大小若干的纸复制基础纸样。
2. 调整后落裆线为0.8cm。
3. 画出高腰造型及前分割线。
4. 画出裤外长，作出前后内、外侧缝线。
5. 画出脚级。

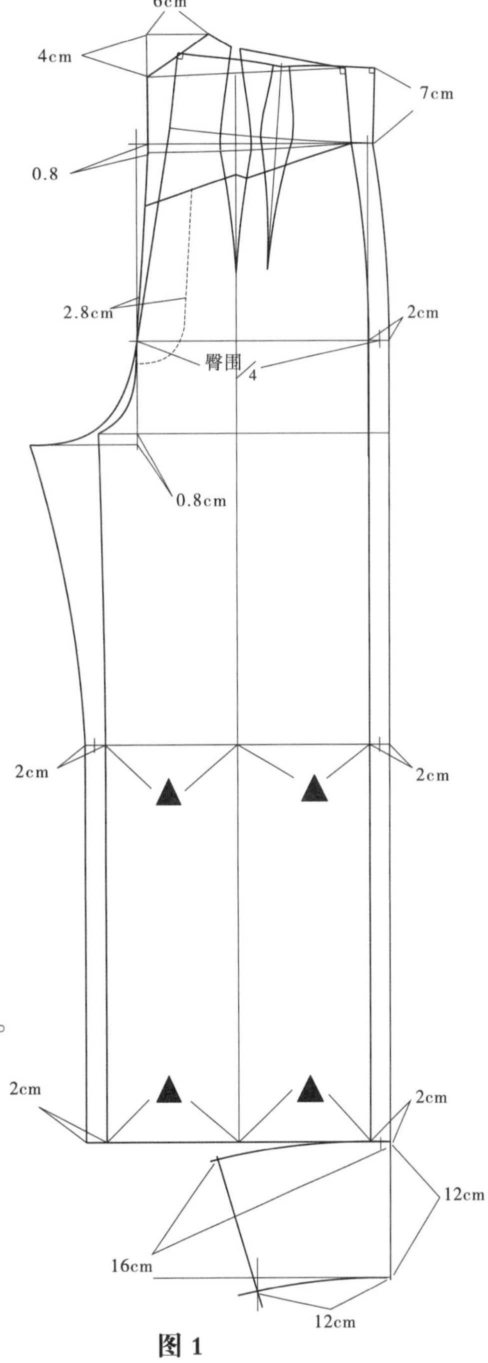

图 1

裤子的变化——高腰灯笼裤

图 2

6.合并侧缝线。

7.标出脚口缩褶符号及所有的对位符号。

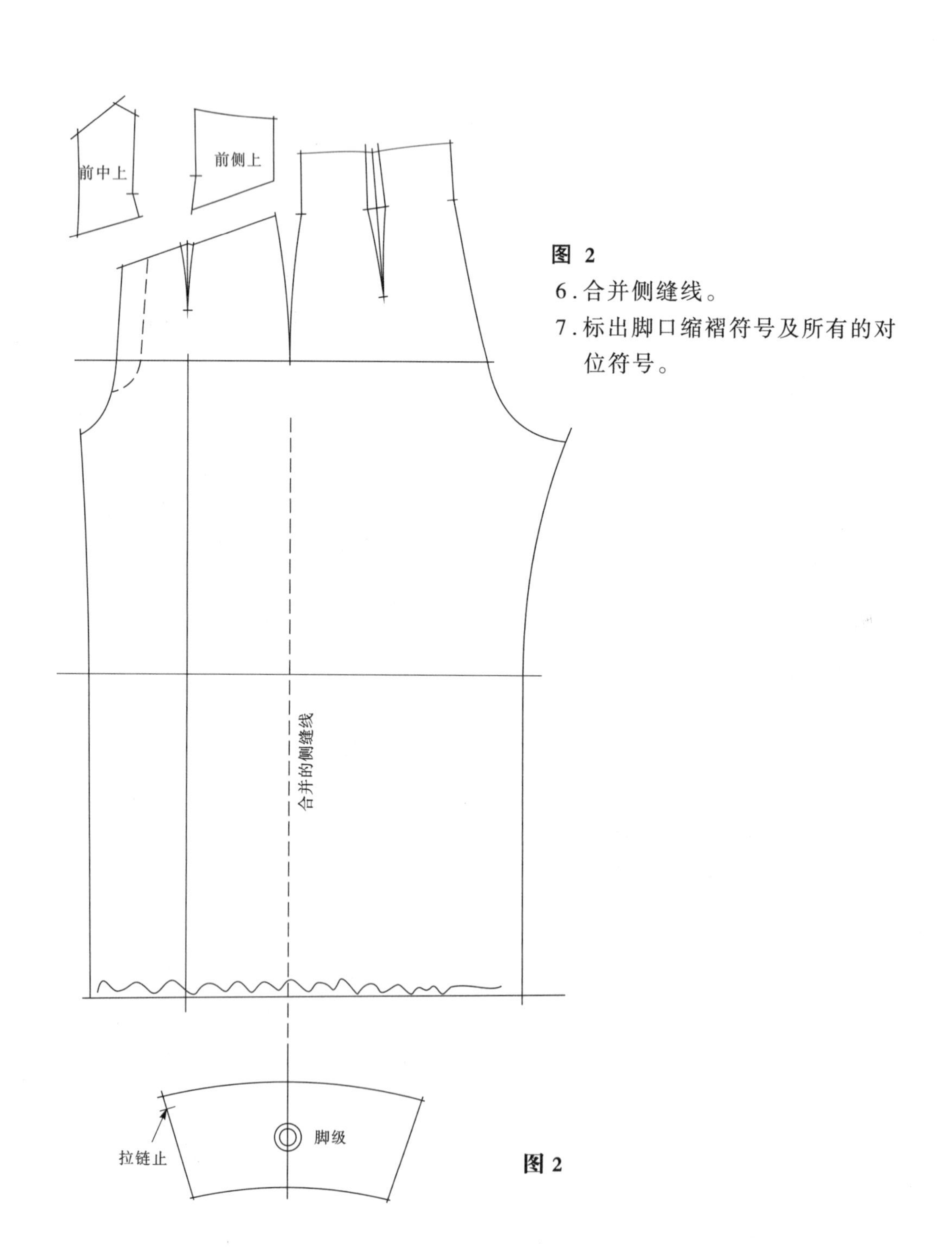

图 2

第2节G 裤子的变化——宽松式运动裤

假设纸样设计尺寸

160/66A

外长 104cm

腰围 64cm

臀围 98cm

膝围 48cm

脚围 48cm

图 1

1. 按基础裤子原理画出结构。
2. 确定侧袋14cm，画出袋布。

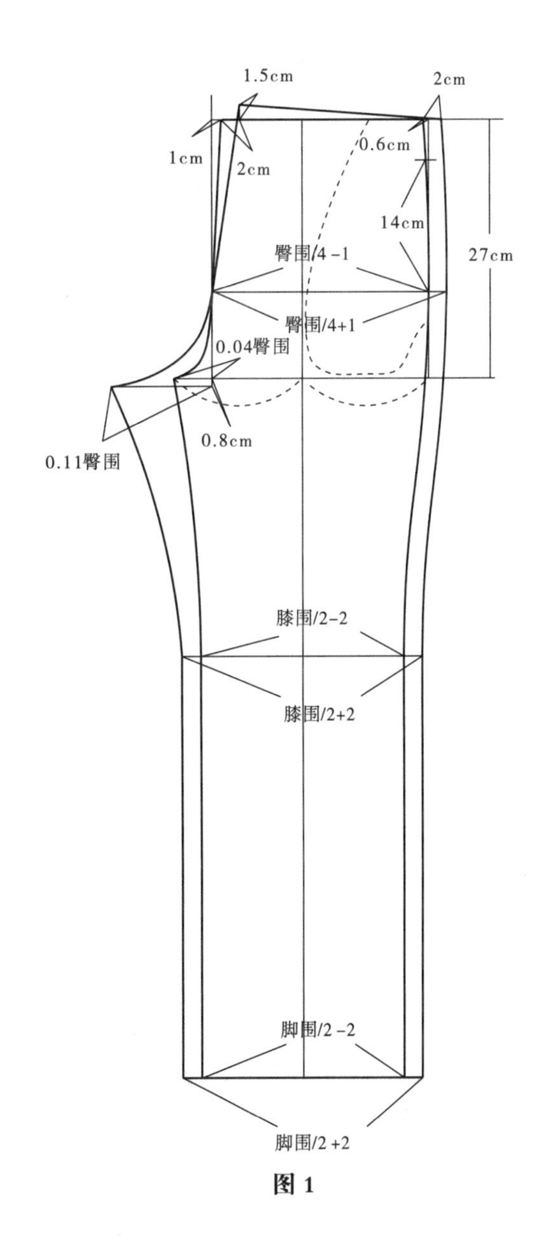

图 1

裤子的变化——宽松式运动裤

图 2

3. 复制前后片纸样，袋布纸样。

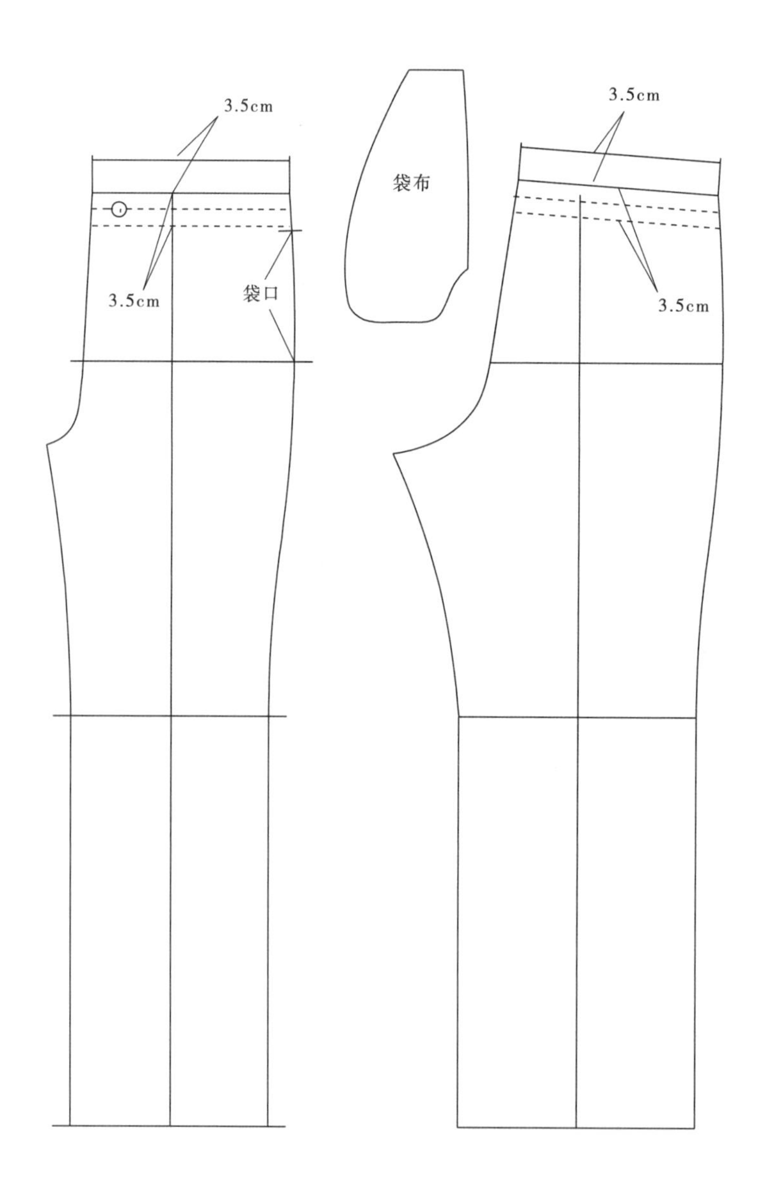

第3节 裙裤基础纸样的结构原理

裙裤从外观上看像一条裙子，实际上是一条分腿的裤子，裙裤和裤子的结构造型在横裆以上是基本相同的.但是裙裤前后浪总长比裤子的前后浪总长长2.5cm左右，裙裤同裤子一样，可作腰口线和长度的任何变化。

假设纸样设计尺寸

160/66A

外长 72cm

腰围 68cm

臀围 93cm

脚围 71cm

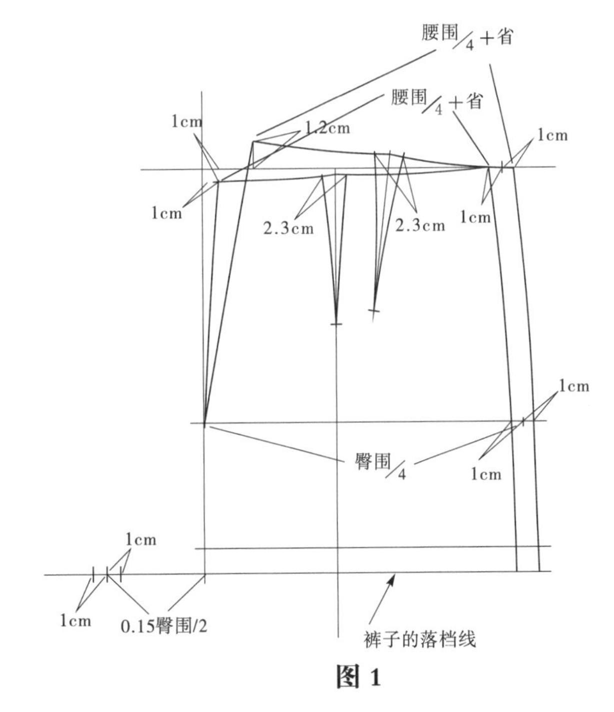

图 1

图 1

1. 用一张大小若干的纸复制裤子基础纸样落裆线以上的部位。
2. 在落裆线上量出0.15臀围/2的裆弯值。
3. 以0.15臀围/2的裆弯值前减1cm后加1cm分出前后裆弯。

图 2

4. 量出长度作出裙长线.

5. 画顺前后浪，并顺势作出垂直的内侧缝线。

6. 量出脚围尺寸画顺脚口线。

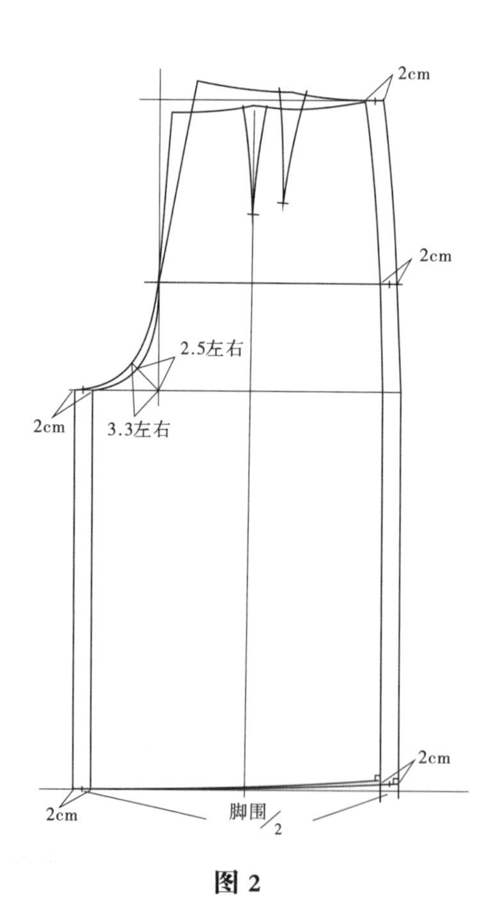

图 2

第4节　裙裤的变化（正腰）

假设纸样设计尺寸

160/66A

外长　72cm

腰围　68cm

臀围　93cm

脚围　71cm

图1

1. 用一张大小若干的纸复制裙裤的基础纸样。
2. 画出腰位的分割线4cm。

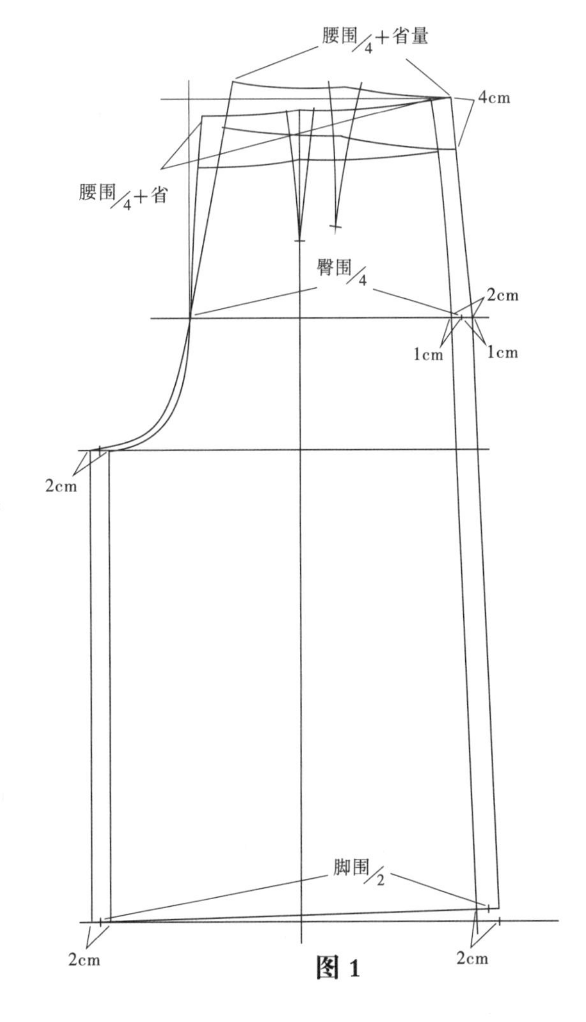

图1

裙裤的变化（正腰）

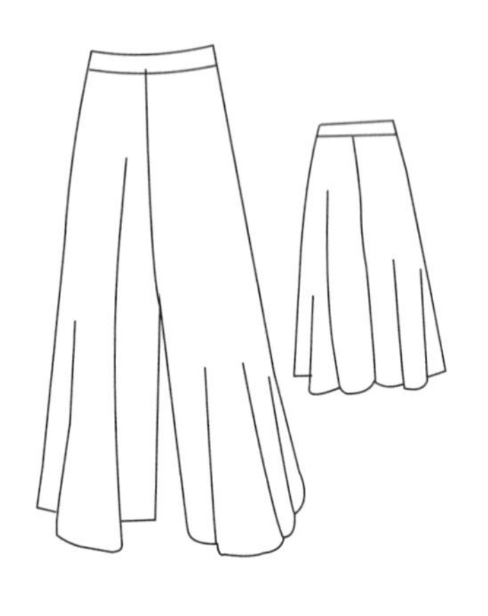

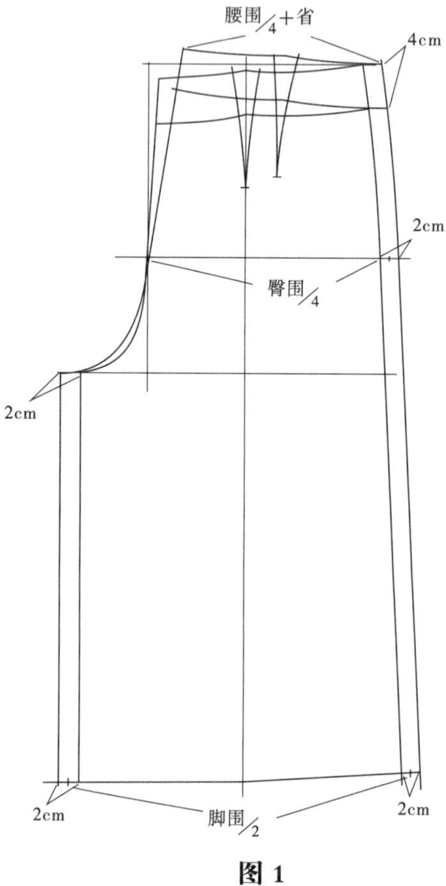

图 1

图 1

1. 用一张大小若干的纸复制基础纸样。
2. 画出腰位分割线4cm。

图 2

3. 用另一张纸复制纸样。
4. 沿挺缝线剪开重叠省道，用透明胶粘好。

图 3

5. 用另一张复制展开的纸样，并画顺腰口和脚口。
6. 标出对位符号及布纹线。

注：后片的展开方法同前片，故略。

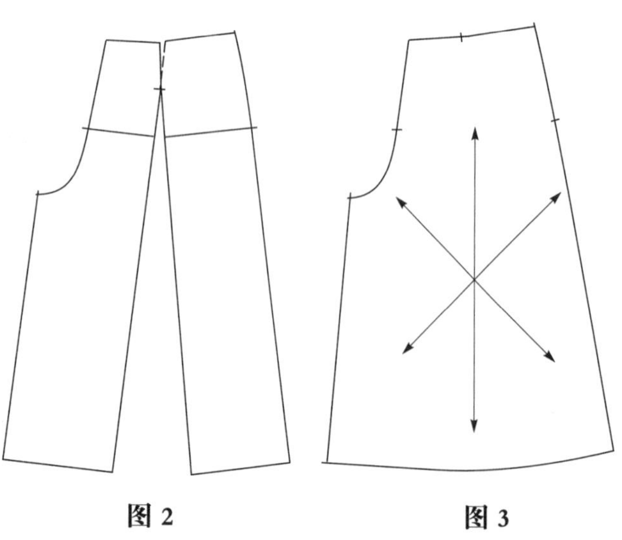

图 2　　图 3

第五章

衣身

服装的衣身是覆盖人体躯干的首要组成部分，任何上装都可从衣身基础纸样中变化而成。

此章节着重介绍衣身的结构原理，以及胸省、公主线、公主省和胸褶的原理与变化。

衣身的基本轮廓线和结构点的说明

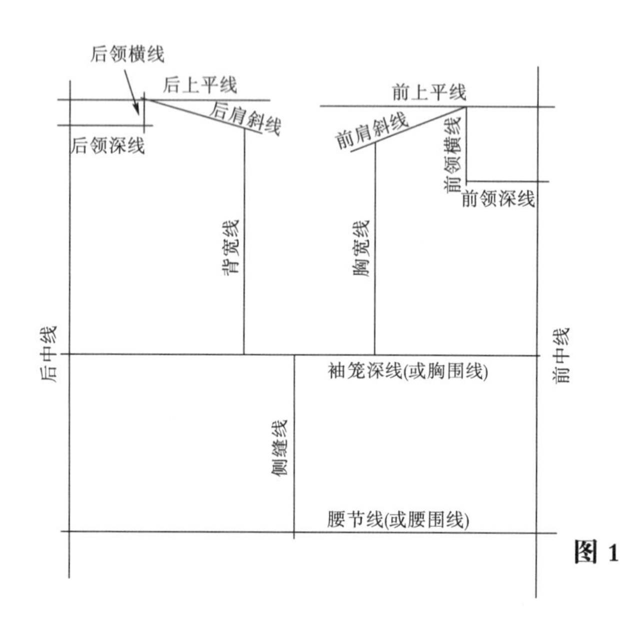

图 1

图 1 主要辅助线

图 2 主要轮廓线和结构点

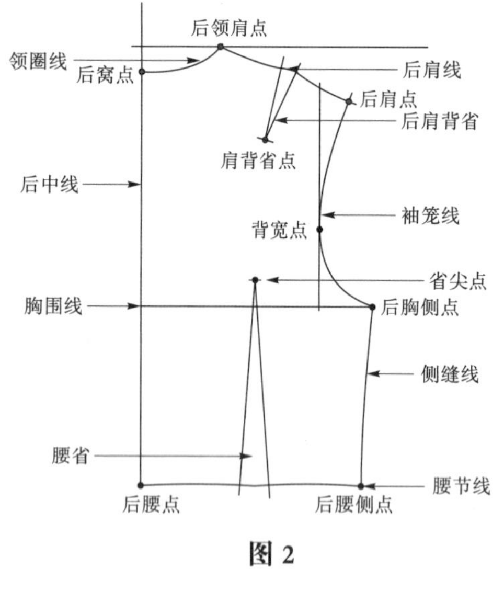

图 2

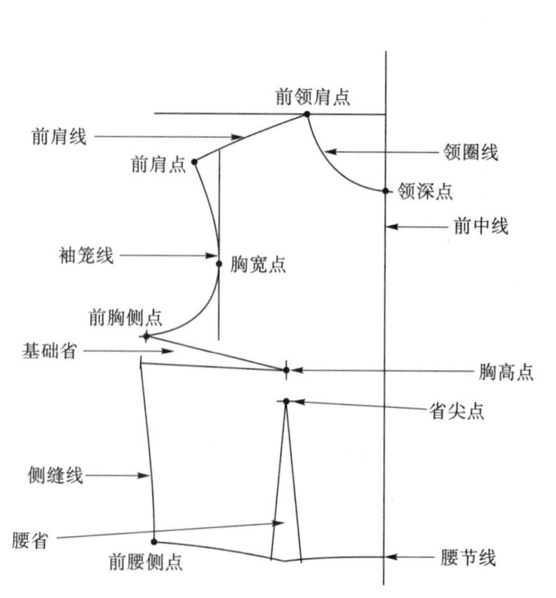

第1节　衣身基础纸样的结构原理

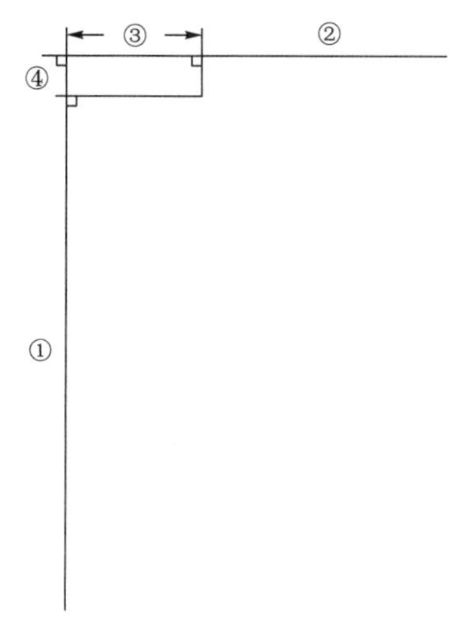

图 1

假设基础纸样尺寸
160/84A
胸 围　92cm
肩 宽　38.5cm
背 长　38cm
颈 围　38cm
说明：
　　不同的款式造型用不同的基础纸样，更多的基础纸样，参考基础纸样章节。

图 1

1.作一直线为后中线。
2.垂直于后中线为上平线。
3.后中上平线量0.2颈围-0.2作后领横宽。
4.后中上平线下2.3cm为后领深线。

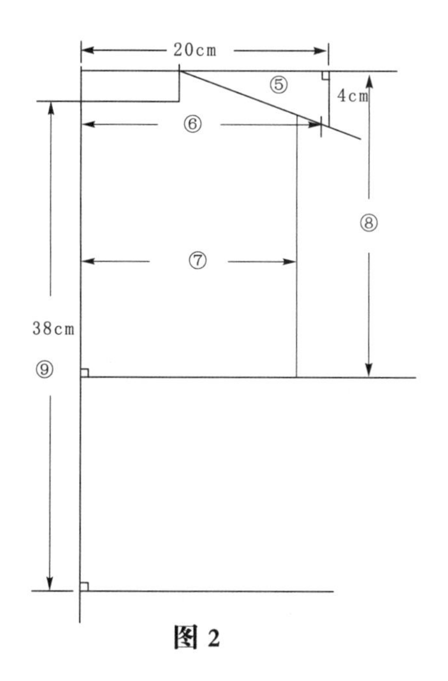

图 2

图 2

5.后中上平线处量20cm,垂直下量4cm,直线连接至后领横宽点作出后肩斜线。
6.后中水平量肩宽/2与后肩斜线相交，作出后肩宽。
7.后中平行量0.2胸围-1cm画出后背宽线。
8.后中上平线下量0.2胸围+6垂直作出袖笼深线。
9.后中后领深线下量背长38cm垂直作出腰节线。

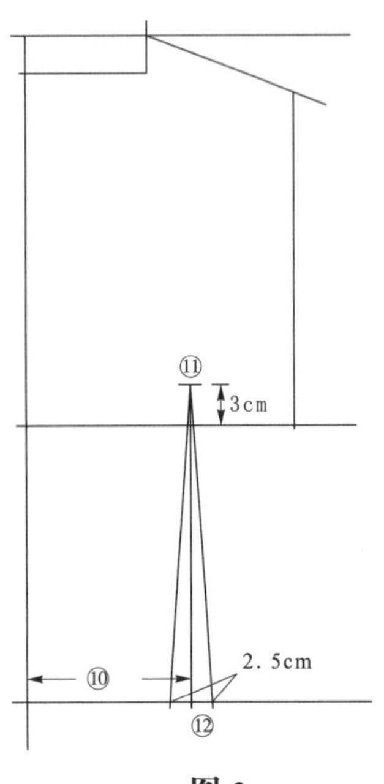

图 3

图 3

10. 后中线腰节处量10 cm为腰省中心点。
11. 袖笼深线上3cm为省长点。
12. 作出省量2.5cm连接省长点画出后腰省。

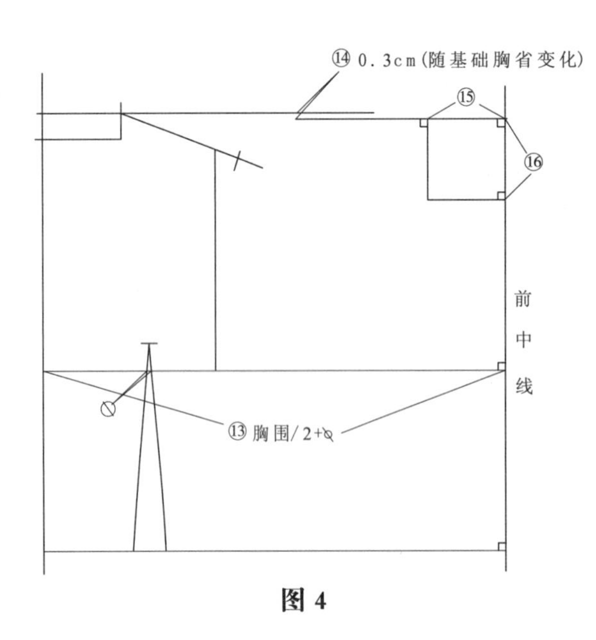

图 4

图 4

13. 袖笼深线后中处量胸围/2+φ垂直作出前中线。
14. 后上平线低落0.3cm（随基础胸省变化而变化）与前中线垂直画出前上平线。
15. 前中上平线量0.2颈围-0.7cm为前领横宽。
16. 前中上平线下量0.2颈围-0.2cm为领深线。

衣身基础纸样的结构原理

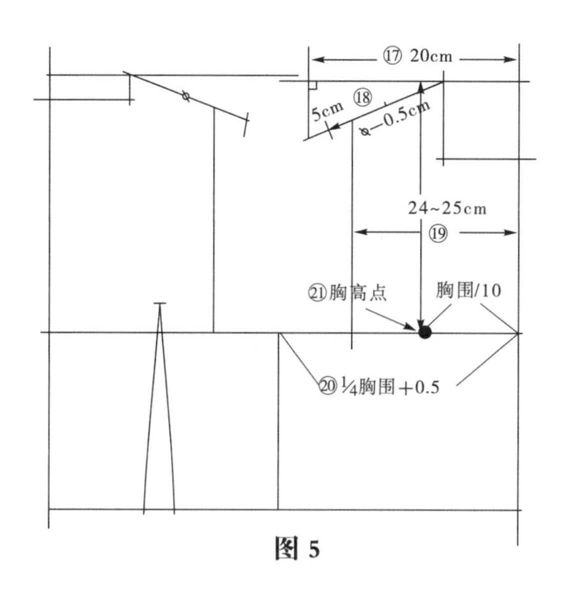

图 5

图 5

17. 前中上平线量20cm，20cm垂直下量5cm，直线连接至前领横宽点。
18. 后肩线长-0.5cm为前肩宽。
19. 平行前中线量0.2胸围-2cm作出前胸宽线。
20. 袖笼深前中线量胸围/4+0.5cm作出前后胸围分界点。
21. 上平线量24~25cm，前中量胸围/10两点相交为胸高点。

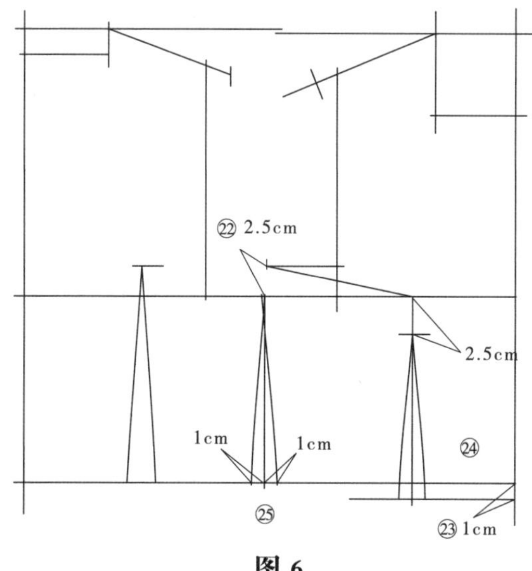

图 6

图 6

22. 袖笼深线胸围分界点向上垂直量2.5cm(可变量）作出基础胸省,并与胸高点连接。
23. 后腰节线下量1cm为前腰节线。
24. 以胸高点作垂线为前腰省中心线，并作出腰省，省尖离胸高点2.5cm省量2.5cm。
25. 胸围分界线前后各取1cm连接画顺侧缝线。

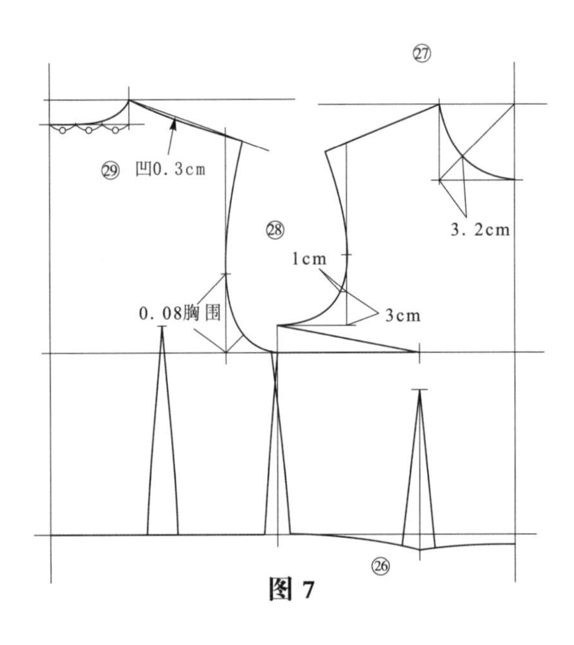

图 7

图 7

26.折叠前腰省画顺前腰节线。

27.画顺前后领圈线。

28.画顺前后袖笼弧线。

29.后肩线凹0.3cm并画顺。

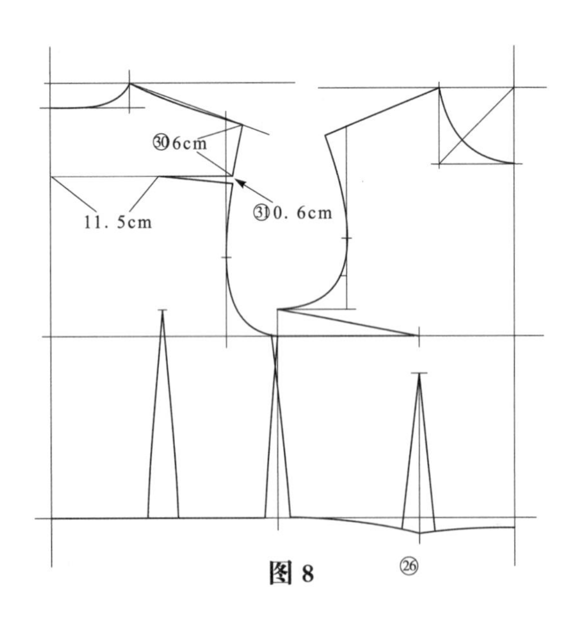

图 8

图 8

30.后肩点量6cm作水平线。

31.水平线后中量11.5cm为后袖笼省尖点，作出后袖笼省，省大0.6cm。

衣身基础纸样的结构原理

后肩缝线上的省道，称为肩背省，后肩缝线比前肩缝线长出的部分称肩缝溶位，通常合体的女装设计有肩背省，但有些女装没有设计肩背省，那么只有通过肩缝溶位来满足后胛骨隆起的需要，肩缝溶位的大小与面料的质地性能有关。面料质地较松疏的，溶位可多一些，面料质地较紧密的溶位相对就少一些。一般控制在0.5厘米至1.2厘米之间。

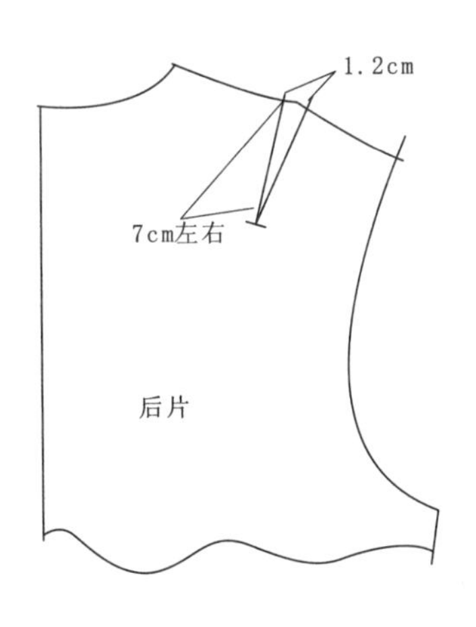

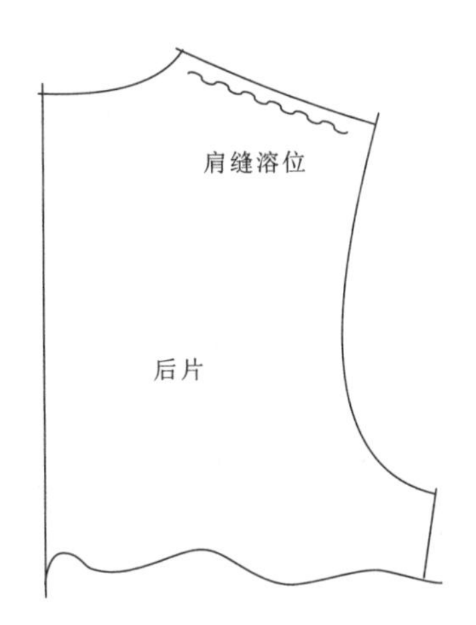

第2节　省道的表现形式

在衣片任一部位通过折叠合并到另一端得以消失的V形或近于V形的部分称之为省道，省道遍布服装的各个部位，如上衣、袖子、裤子、裙子等，同时省道还具有装饰性和功能性。

省道大致可分为锥形省、喇叭形省、冲头形省、弧形省和橄榄形省，如图：

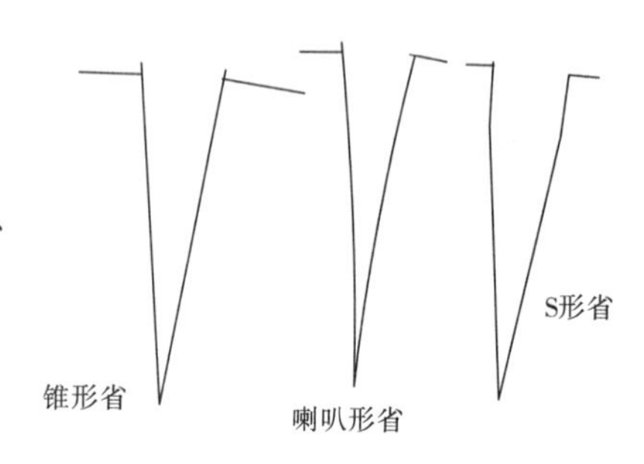

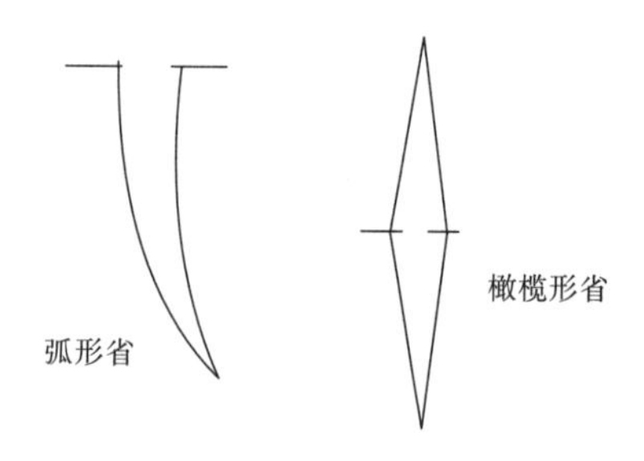

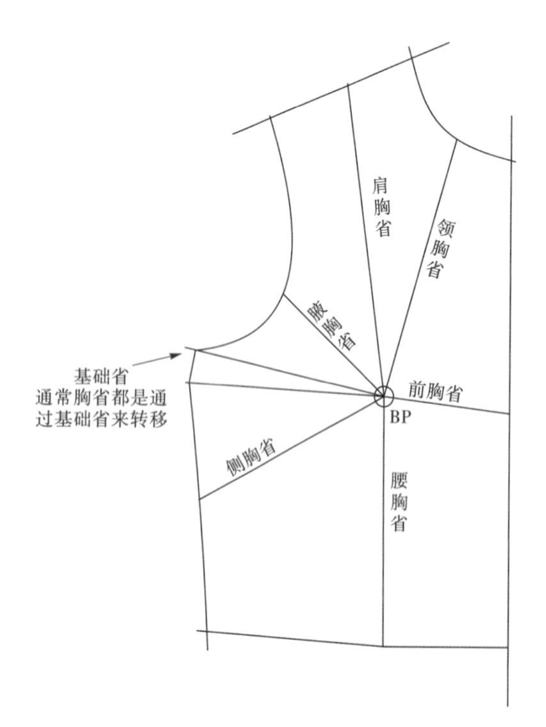

胸省的移位

围绕衣片胸高点的四周任一位置所收的省道称为胸省，省道的方法有两种，一种是旋转法，一种是剪叠法，如果转省用得很熟练的话，旋转法是又快又好，初学者还是从剪叠法开始比较容易掌握。

第2节A　腋胸省和腰胸省

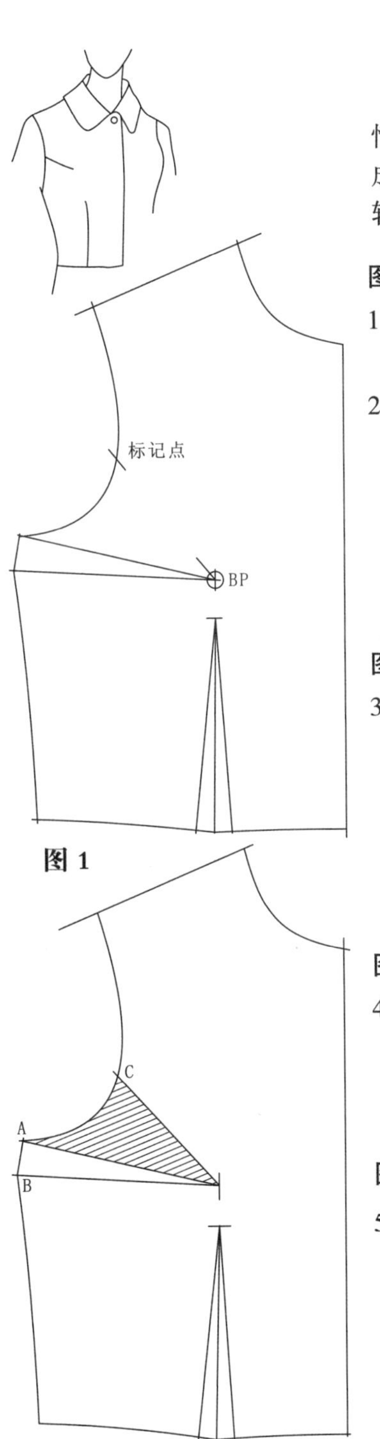

图 1

图 2

在合体的女装中，一般情况下前衣片由2个省道组成，其中1个是由基础胸省转换而成。

图 1

1. 复制有基础省的前片基础纸样。
2. 确定腋省的位置，腋胸省又名袖笼省，可在袖笼处任意作省，一般情况下确定在袖笼的⅓处。

图 2

3. 作标记点A、B、C点，C与BP点连接。用另外一张大小若干的纸复制图2阴影部分。

图 3

4. 把复制的阴影部分使A点与B重合，C点散开得到D点，用透明胶粘好。

图 4

5. 修正腋胸省，省尖离BP点3cm画好省道线，折叠CD两点用复描器作好记号松开省道，画顺纸样。

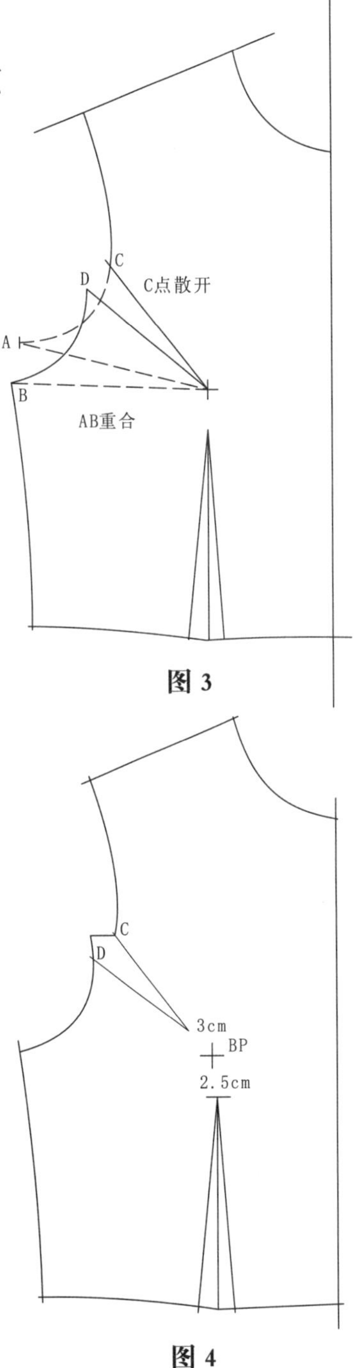

图 3

图 4

第2节B　侧胸省和腰胸省

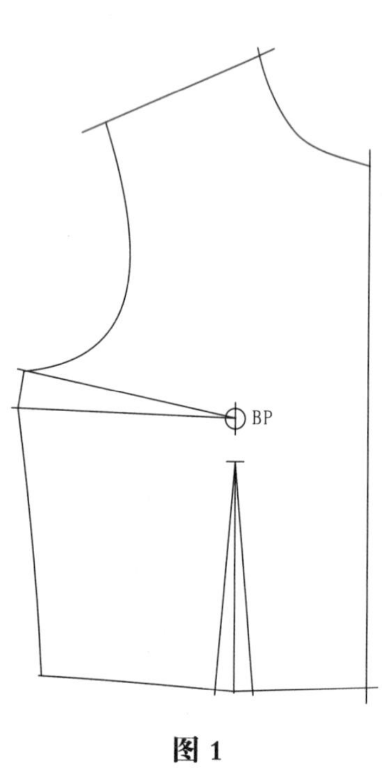

图 1

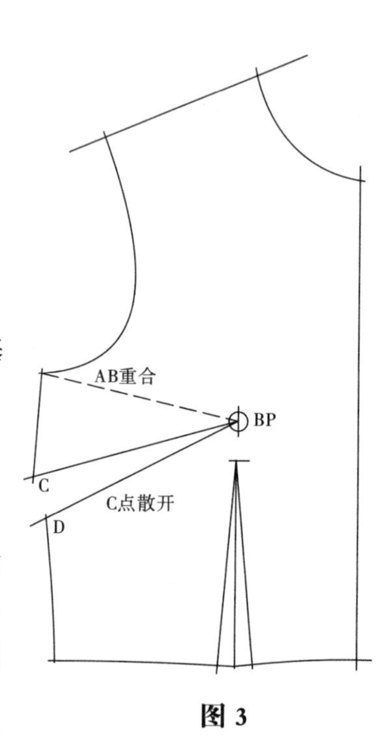

图 3

图 1

1. 复制有基础省的前片基础纸样。

图 2

2. 确定侧胸省的位置，可在侧骨处任一位置。一般情况侧胸省向BP下倾斜一些。
3. 作标记A、B、C点，C与BP点连接，用一张大小若干的纸复制图2阴影部分。

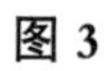

图 3

4. 把复制的阴影部分使A点与B点重合，C点散开得到D点，用透明胶粘好。

图 4

5. 修正侧胸省，省尖离BP 2.5cm画好省道线，折叠C、D两点用复描器作好记号，松开省道画顺纸样。

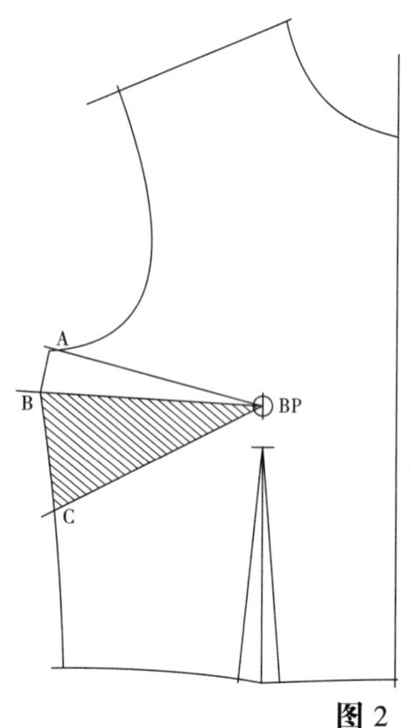

图 2

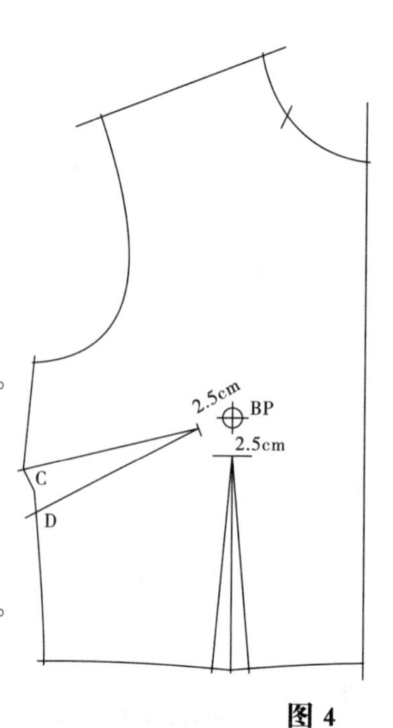

图 4

第2节C　基础省和腰胸省合二为一

基础省和腰省合二为一，此方法是前衣片只看见腰胸省，而基础省巧妙隐藏在当中。

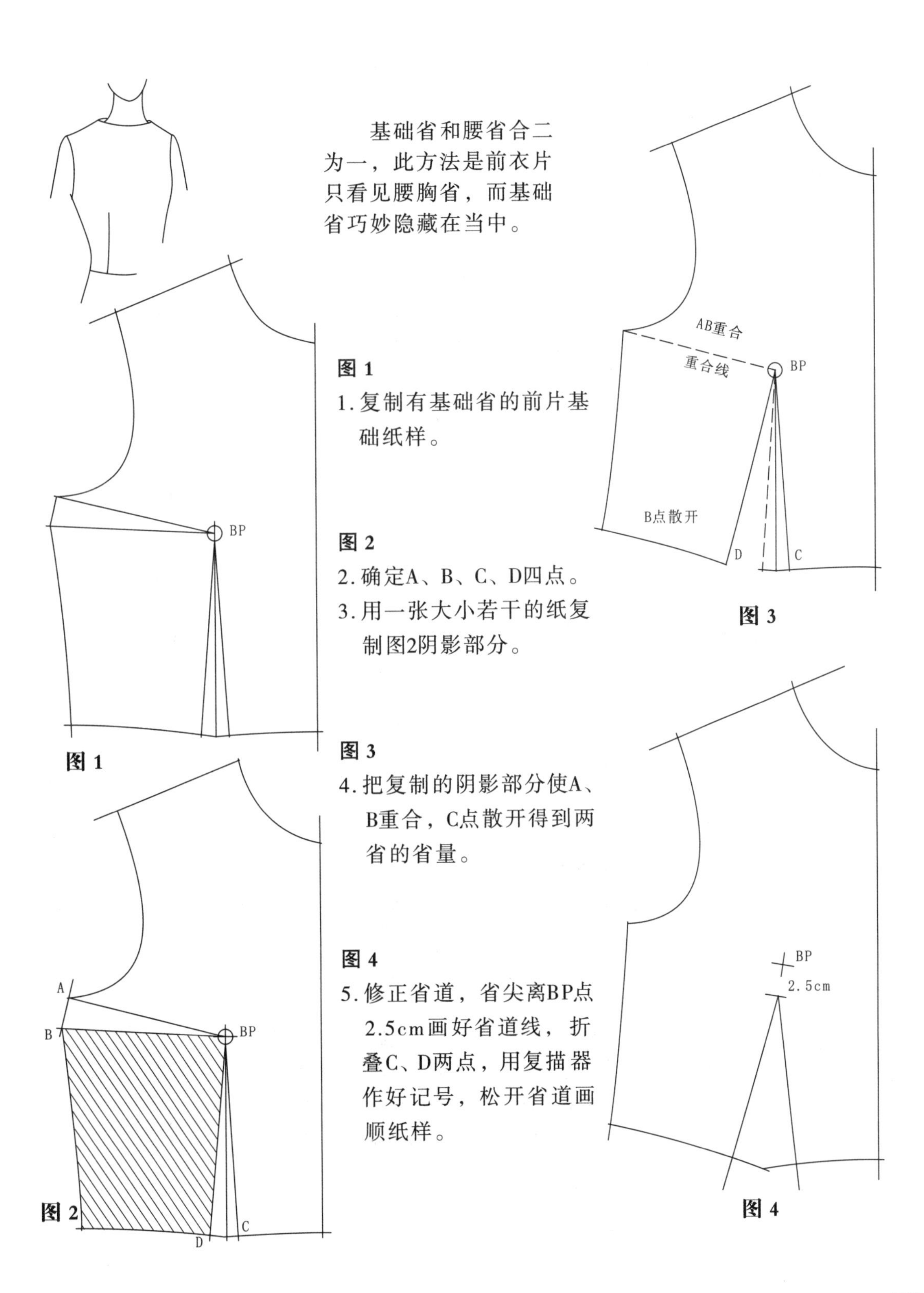

图 1

1.复制有基础省的前片基础纸样。

图 2

2.确定A、B、C、D四点。

3.用一张大小若干的纸复制图2阴影部分。

图 3

4.把复制的阴影部分使A、B重合，C点散开得到两省的省量。

图 4

5.修正省道，省尖离BP点2.5cm画好省道线，折叠C、D两点，用复描器作好记号，松开省道画顺纸样。

第2节D 基础省和腰胸省
二省转移在侧胸省

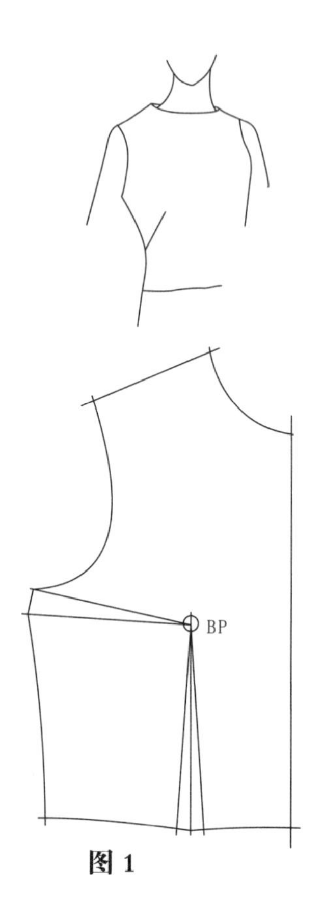

图 1

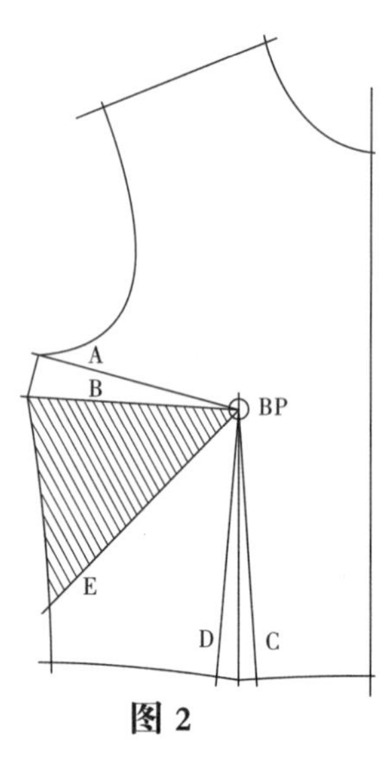

图 2

图 1

1. 复制有基础省的前片基础纸样。

图 2

2. 作出新省量的位置，确定A、B、C、D、E五个标点。
3. 用一张大小若干的纸复制图2的阴影部分。连接E点与BP点。

图 3

4. 把复制的阴影部分使A、B点重合，散开E，得到F点，用透明胶粘好。

图 4

5. 得到新的省量后，第二步，用另一张大小若干的纸复制图3的阴影部分。
6. 把复制的阴影部分使C、D两点重合，再散开F，得到新的省量，用透明胶粘好。

图 5

7. 修正省道、省尖离BP点2.5cm，画好省道线，折叠E、F两点，用复描器作好记号，松开省道，画顺纸样。

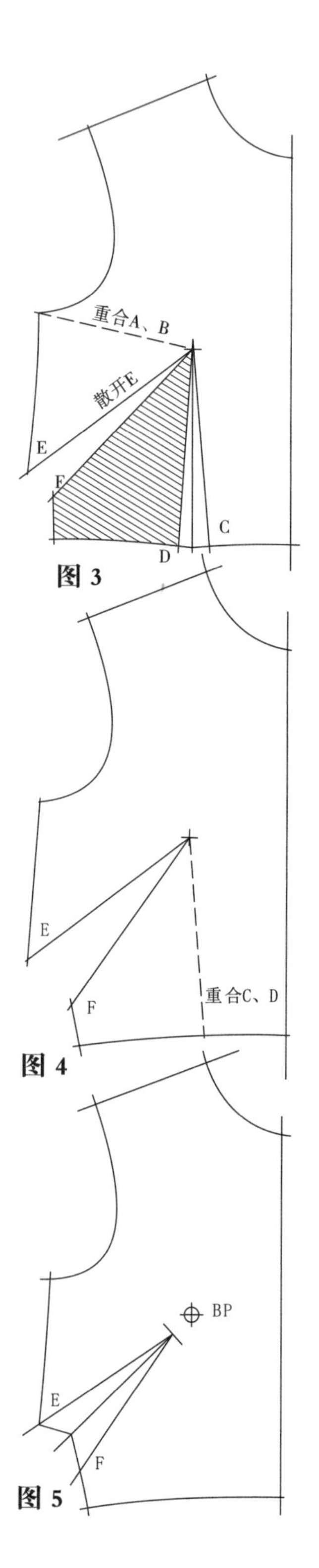

图 3

图 4

图 5

第2节E　肩胸省和腰胸省

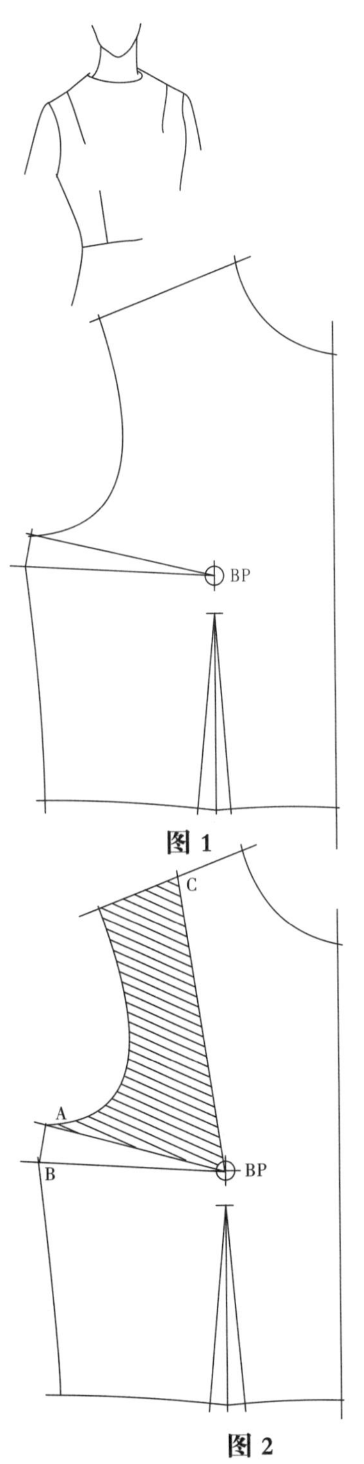

图 1

图 2

图 1

1. 复制有基础省的前片基础纸样。
2. 肩胸省可以设定在肩缝线上任意位置。

图 2

3. 作标记A、B、C点，C点与BP连接。用一张大小若干的纸复制图2的阴影部分。

图 3

4. 把复制的阴影部分使A点与B点重合，C点散开得到D点，用透明胶粘好。

图4

5. 修正肩胸省，省尖离BP点3cm，折叠C、D两点，用复描器作好记号，松开省道，画顺纸样。

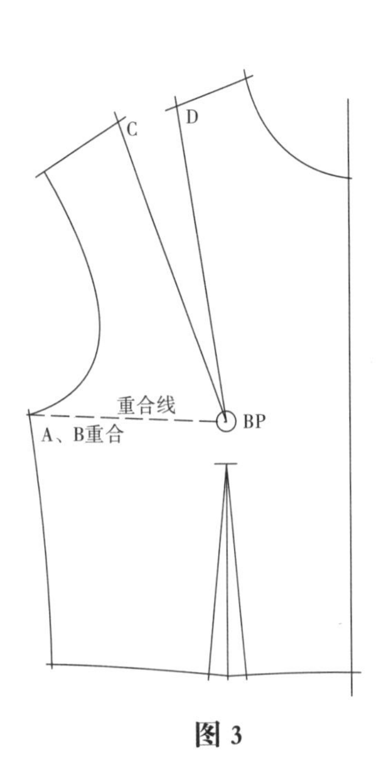

图 3

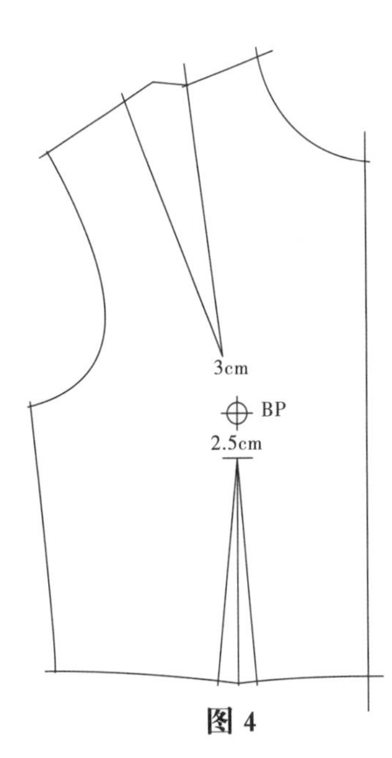

图 4

第2节F　领胸省和腰胸省

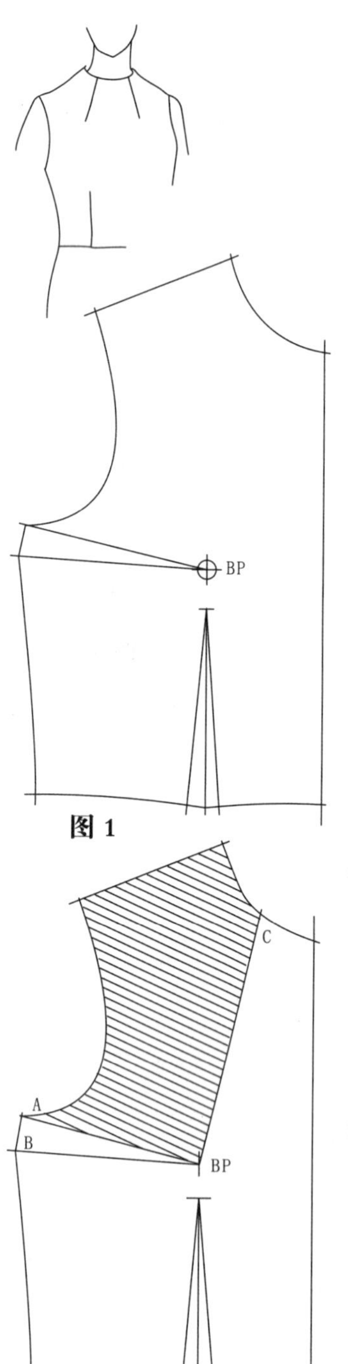

图 1

图 2

图 1

1. 复制有基础省的前片基础纸样。
2. 领胸省可以设定在领圈上任意位置。

图 2

3. 作标记点A、B、C点，C与BP点连接。用另外一张大小若干的纸复制图2阴影部分。

图 3

4. 把复制的阴影部分使A点与B点重合，C点散开得到D点，用透明胶粘好。

图 4

5. 修正领胸省、省尖离BP点4～6cm，具体根据省量的大小而定，折叠C、D两点，用复描器作好记号，松开省道画顺纸样。

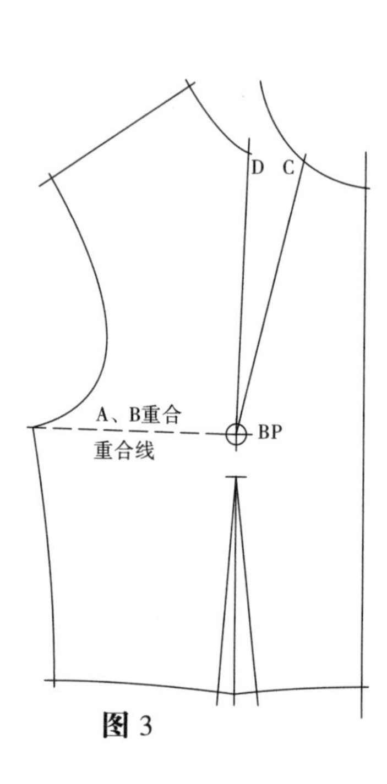

图 3

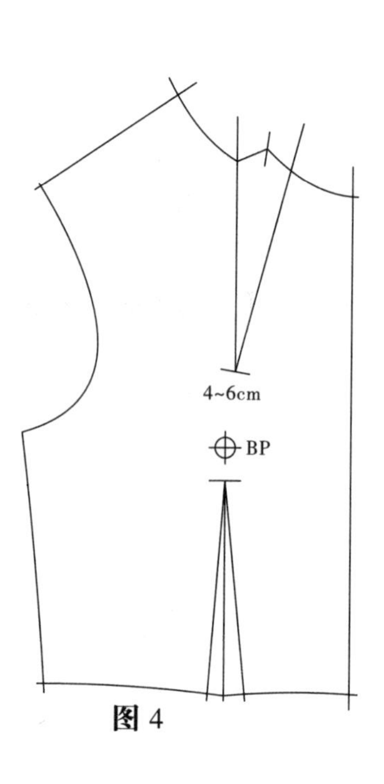

图 4

第2节G 前胸省和腰胸省

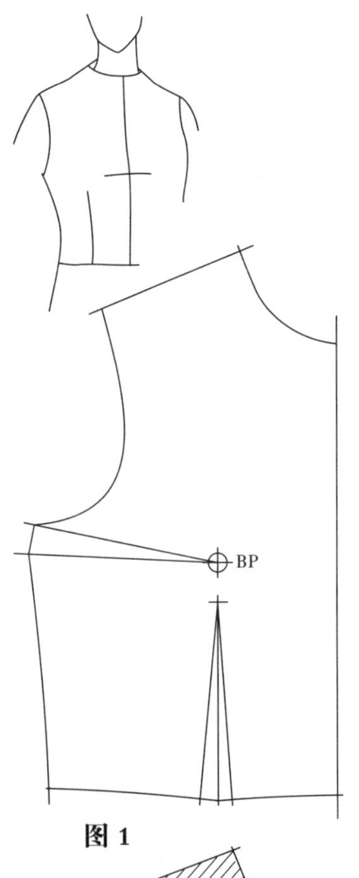

图 1

前胸省可在前中线上任一位置，具体可根据设计的效果而定。

图 1

1. 复制有基础省的前片基础纸样。

图 2

2. 作标记点A、B、C点，C点与BP点连接，用另外一张大小若干的纸复制图2中阴影部分。

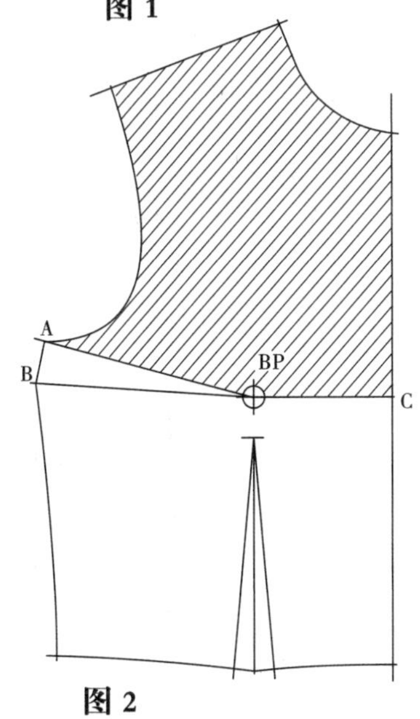

图 2

图 3

3. 把复制的阴影部分使A点与B点重合，C点散开得到D点，用透明胶粘好。

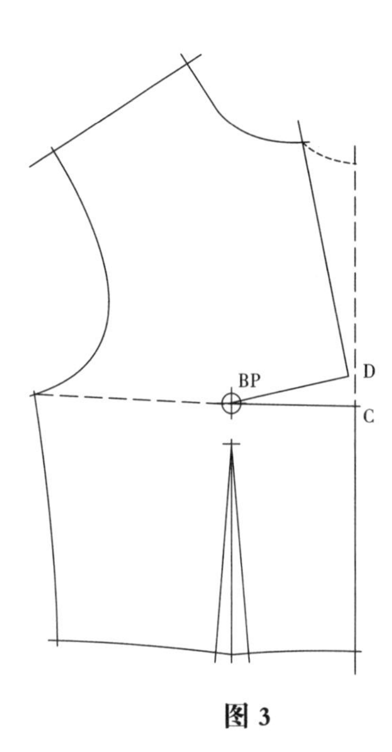

图 3

图 4

4. 修正前胸省，省尖离BP点 2.5cm，折叠C、D 两点，用复描器作好记号，松开省道，画顺纸样。

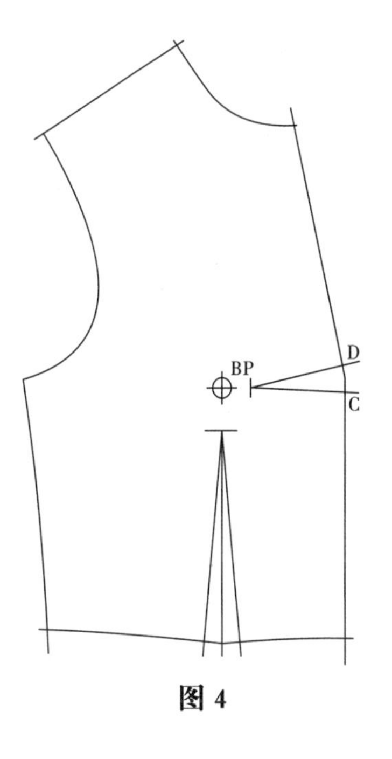

图 4

第2节H　两个腰胸省的移位方法

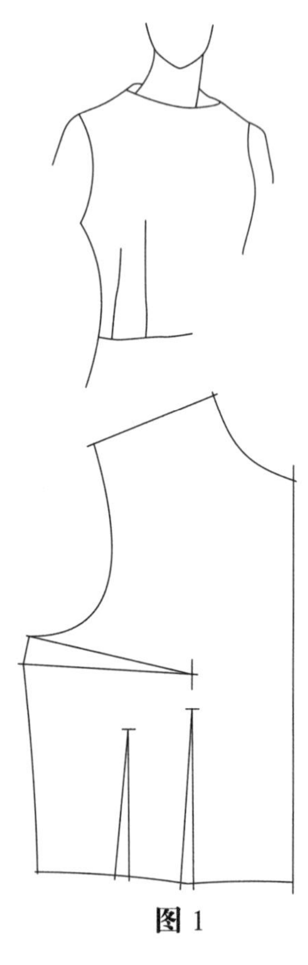

图 1

图 1

1. 复制前片有基础省的纸样，把原有的腰胸省的省量一分为二个省道。

图 2

2. 此省转移可分为两种方法，一种是把基础省的省量转移到两个腰胸省中，另一种是把基础省的省量转到离BP点最近的腰胸省中。(可参考本章第二节C)下面介绍第一种方法。
3. 把基础省一分为二，作出A、B、C、D、E、F、G7个点，用另一张大小若干的纸复制图2的阴影部分。

图 3

4. 把复制的阴影部分使A、B重合，D点散开，用透明胶粘好。

图 4

5. 第二步：连接BP点与另一省尖，复制图3阴影部分，使B′ E重合，G点散开。

图 5

6. 修正省道，靠近BP点的省道，省尖离BP2.5cm，折叠2个省道，C、D折叠，F、G折叠，用复描器作好记号，松开省道。画顺纸样。

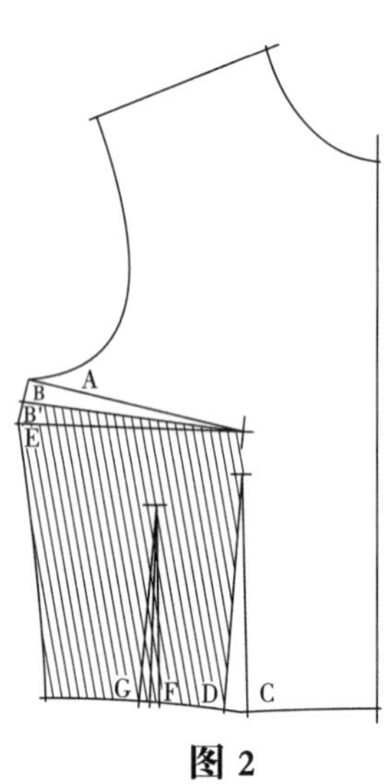

图 2

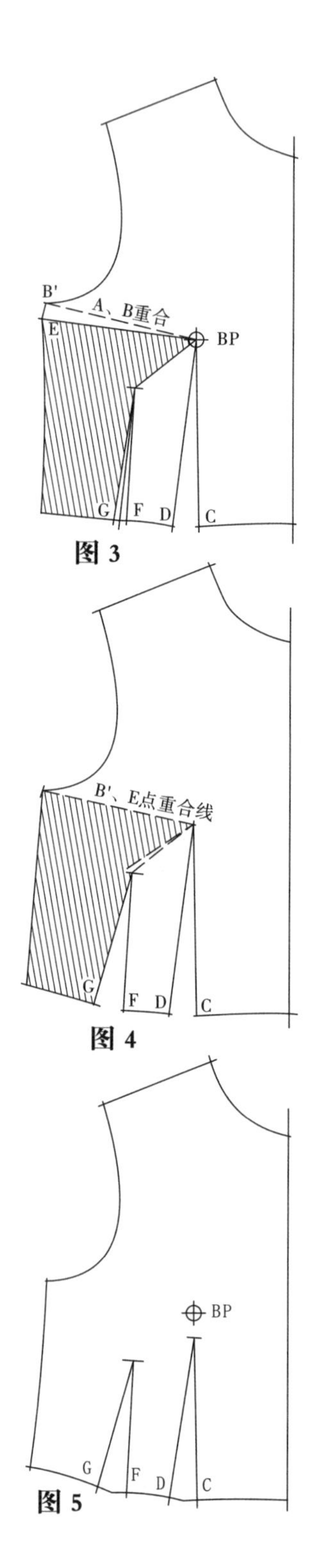

图 3

图 4

图 5

第2节l　两个侧胸省的移位方法

合体服装都有一个基础省和一个要胸省，一个省道也可分成几个小省，其中有些省道可设计成装饰省，装饰省可对设计师产生很大的创作空间。

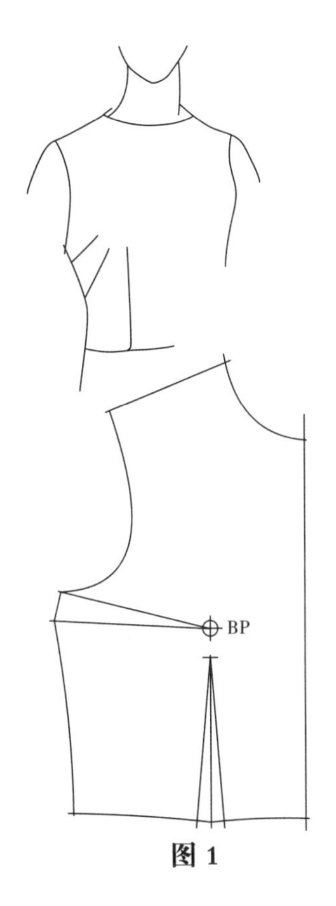

图 1

图 1

1. 复制前片有基础省的前片纸样。

图 2

2. 确定两个省道的位置，把基础省一分为二，作出A、B、B′、C、D、E6个标点。
3. 用一张大小若干的纸复制图2中的阴影部分。

图 3

4. 把复制的阴影部分使A、B两点重合，散开D点得到D'点，用透明胶粘好。
5. 第二步，确定E的省长与BP点连接，再用另外一张大小若干的纸，把图3的阴影部分复制。

图 4

6. B'与C重合，散开E点，得到E'点。

图 5

7. 修正省道，靠BP点的省道，省尖离BP 2.5cm，另外的省道，以设计效果而定长短。折叠2个省道，D与D' 折叠，E与E' 折叠，用复描器作好记号，松开省道画顺纸样。

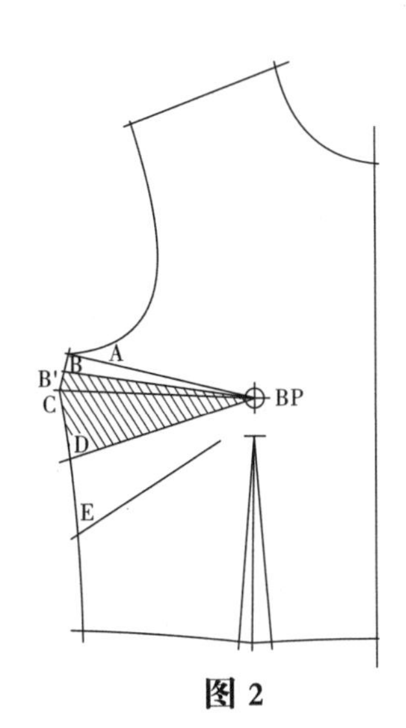

图 2

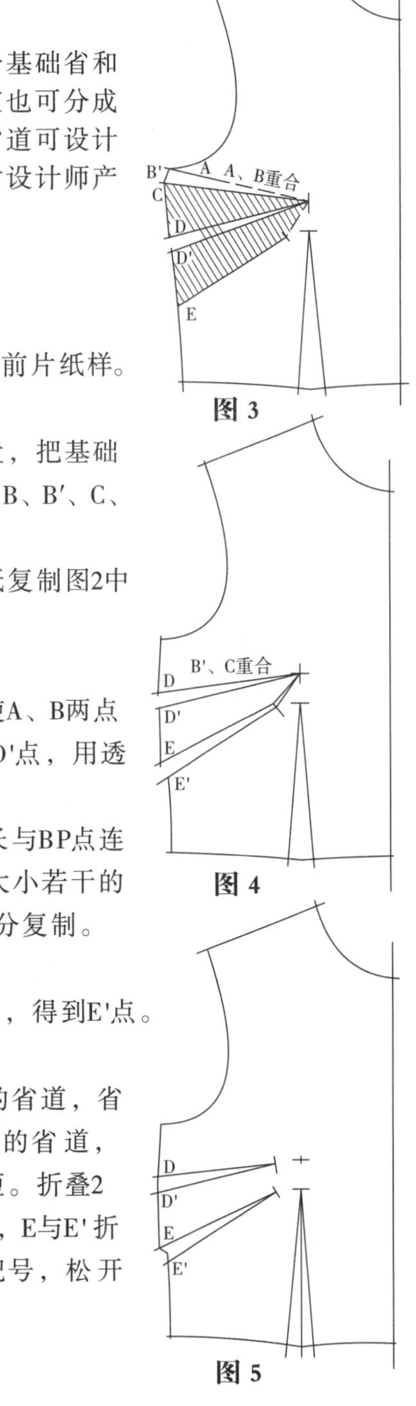

图 3

图 4

图 5

第2节J　两个腋胸省的移位方法

两个腋胸省的设计，因为上面省道离BP较远，所以只能设计为装饰省。

图 1

1. 复制前片有基础省的基础纸样。

图 2

2. 确定两个省道的位置，把基础省分为2个，标出A、B、B′、C、D、E6个标记，装饰省的省量小一些0.6～1cm左右,其余的省量转移到另一个省里。
3. 用一张大小若干的纸复制图2中的阴影部分。

图 3

4. 把复制的阴影部分使A、B两点重合，散开D点得到D'点，用透明胶粘好。
5. 第二步，用另一张大小若干的纸复制图3的阴影部分。

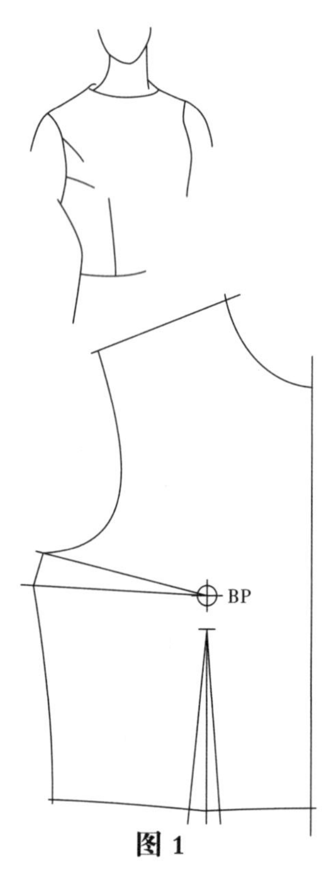

图 1

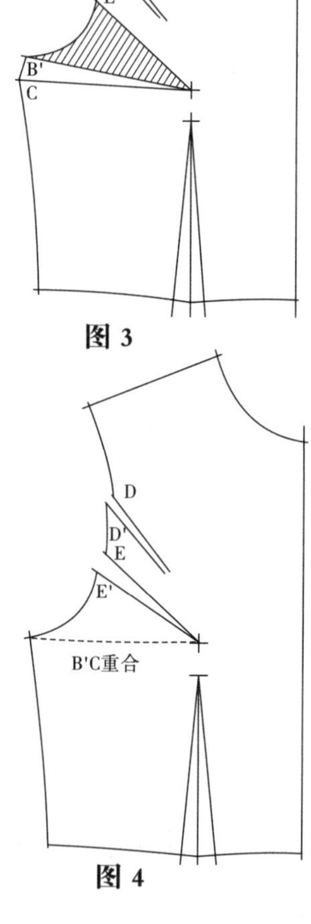

图 3

图 4

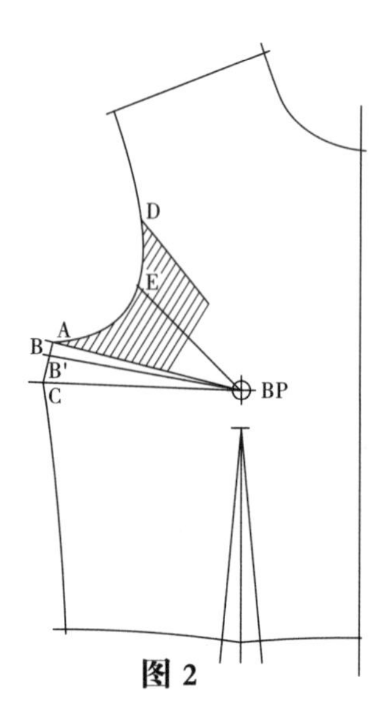

图 2

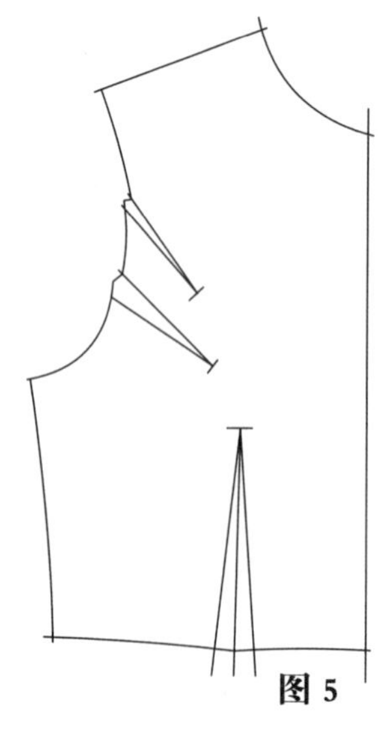
图 5

图 4

6. B'与C重合散开E得到E的省量，用透明胶粘好。

图 5

7. 修正省道，靠BP点的省道，省尖离BP 2.5cm，折叠2个省道，D与D'折叠，E与E'折叠，用复描器作好记号，松开省道，画顺纸样。

第2节K　后肩省的移位方法

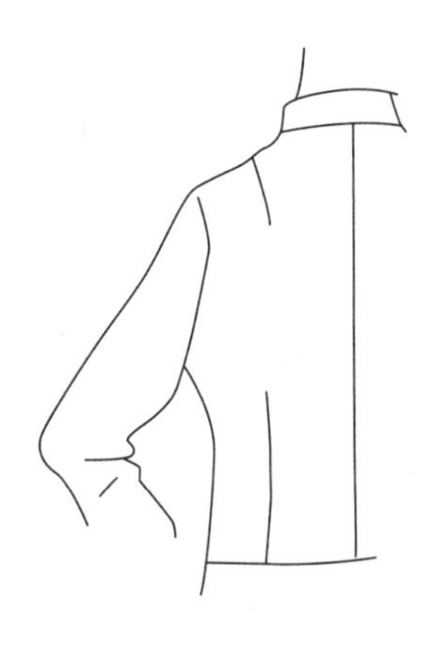

图 1

1. 复制有后袖笼省的后片基础纸样。
2. 确定后肩省的位置。

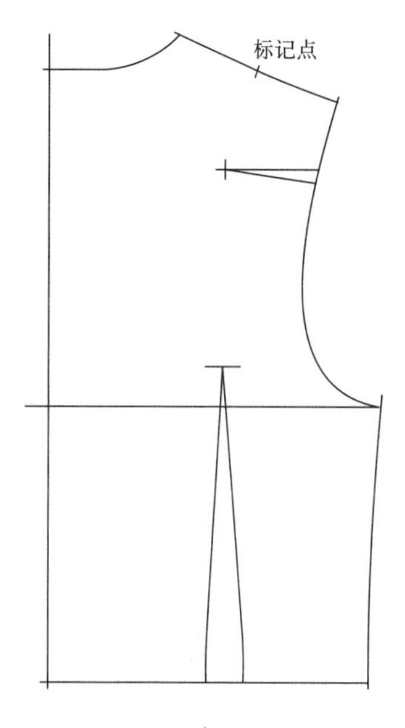

图 1

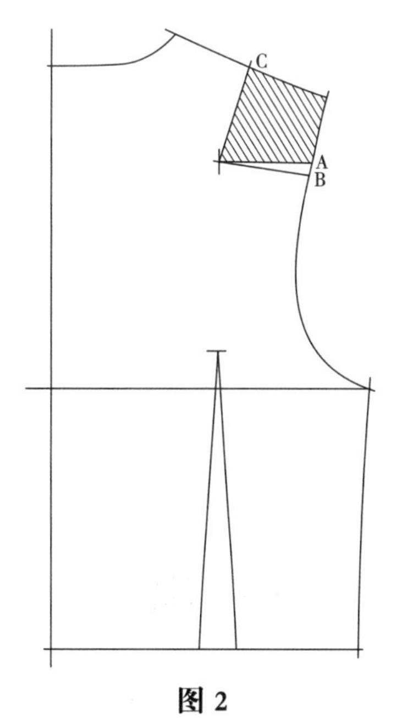

图 2

图 2

3. 作标记点A、B、C，C点与省尖点连接。
4. 用另一张大小若干的纸，复制阴影部分。

图 3

5. 把复制的阴影部分，使A点与B点重合，C点散开得到D点，用透明胶粘好。
6. 修正后肩省，折叠CD两点用复描器作好记号，松开省道，画顺纸样。

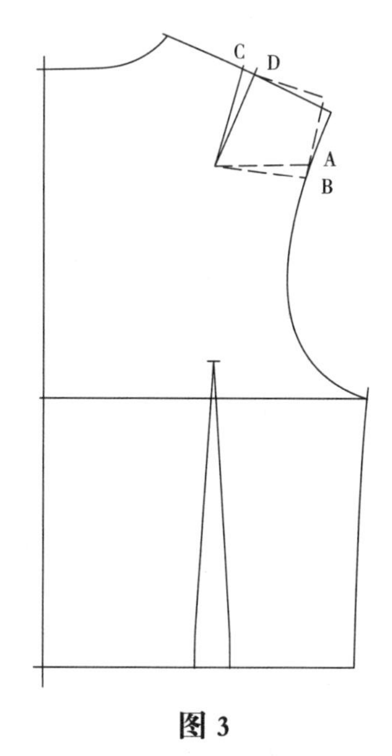

图 3

第2节L　后领省的移位方法

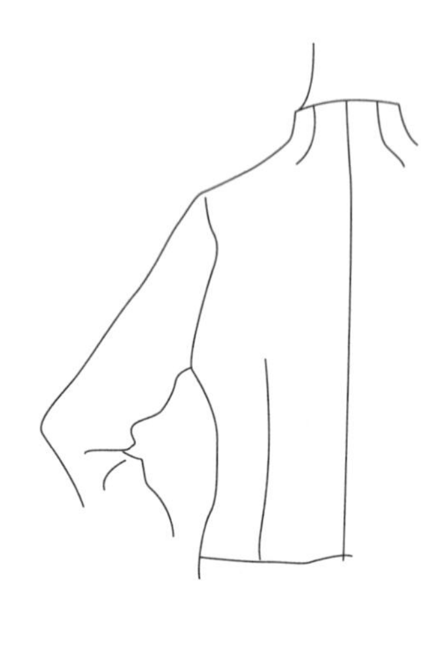

图 1

1. 复制有后袖笼省的后片基础纸样。
2. 确定后领省的位置。

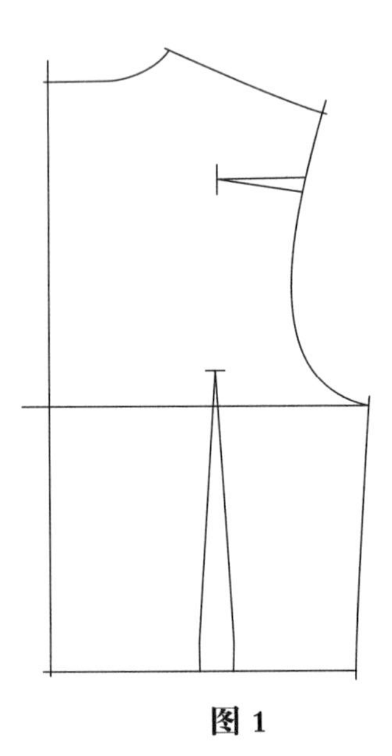

图 1

图 2

3. 作标记点A、B、C点。
4. 延长A点线，与C点延长线交接。
5. 用一张大小若干的纸复制图中阴影部分。

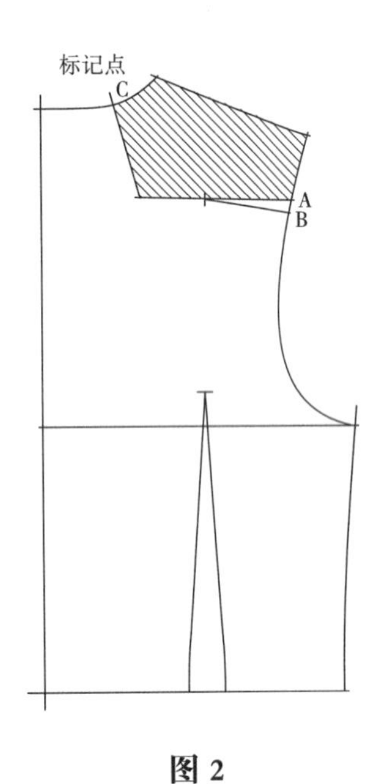

图 2

图 3

6. 把复制的阴影部分使A点与B点重合，C点散开得到D点，用透明胶粘好。
7. 修正后领省，折叠C、D两点用复描器作出记号，松开省道，画顺纸样。

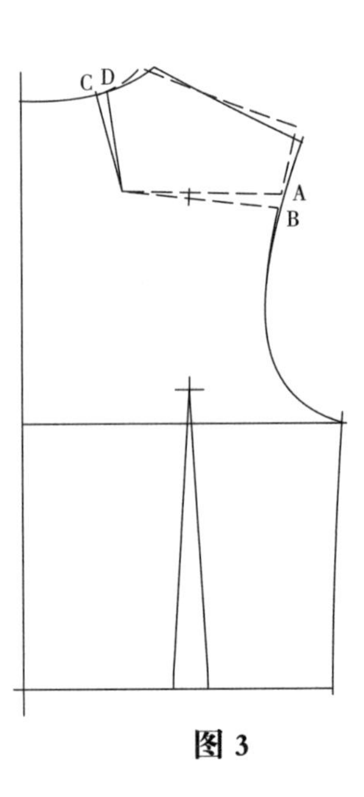

图 3

第3节　公主线与公主省

公主线与公主省是衣身的一个省道连接另一个省道的分割线或造型线，是比较常见的结构变化方法，公主线与公主省的结构特征是基本一致的，公主线是衣片分割开片的结构造型。而公主省是在公主线的基础上连片的结构造型。公主线和公主省的起点可在领圈线、肩缝线、袖笼线的任一位置。下面将介绍比较常见的几种方法。

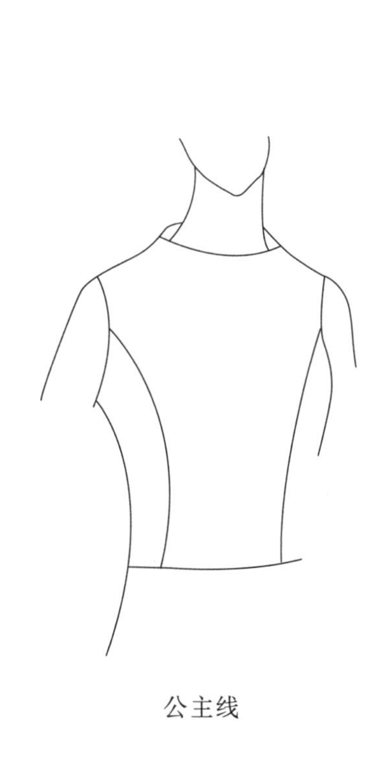

公主线

公主省

第3节A 领圈线上的公主线

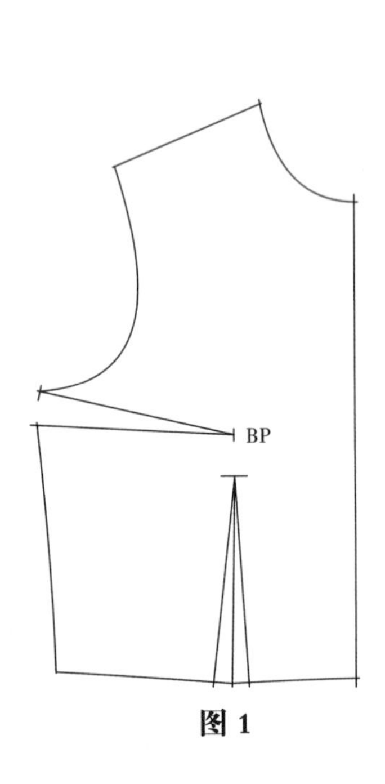

图 1

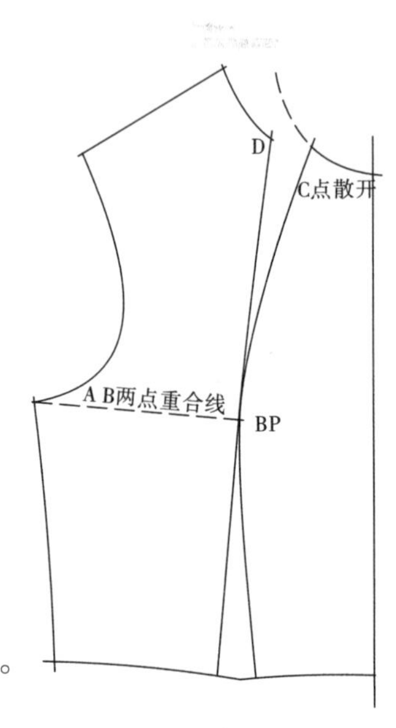

图 3

图 1

1. 复制有基础省的基础纸样。

图 2

2. 在领圈线作标记点C点，连接BP点，同时作出A、B两点。
3. 用一张大小若干的纸复制图2中的阴影部分。

图 3

4. 把复制的阴影部分使A点与B点重合，C点散开得到D点，用透明胶粘好。
5. 画顺BP点处如图3虚线部位，以BP点作对位标记。

图 4

6. 分离两片纸样

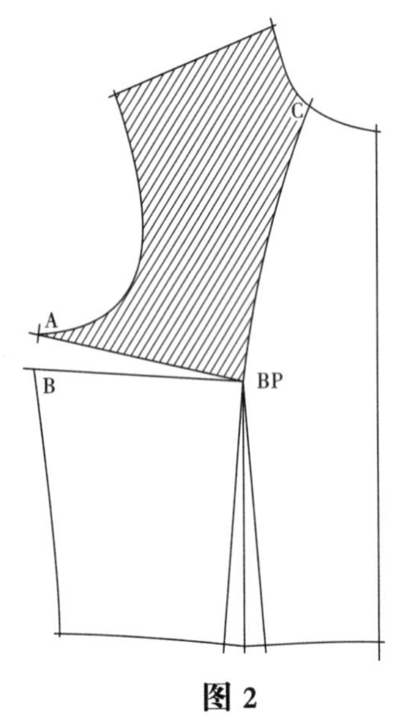

图 2

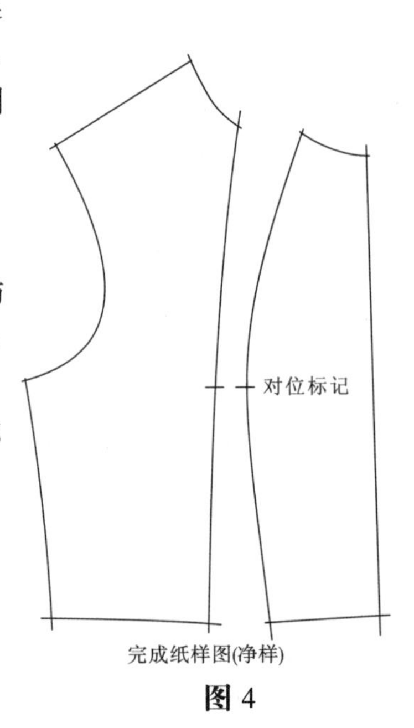

完成纸样图(净样)

图 4

第3节B　前肩缝线上的公主线

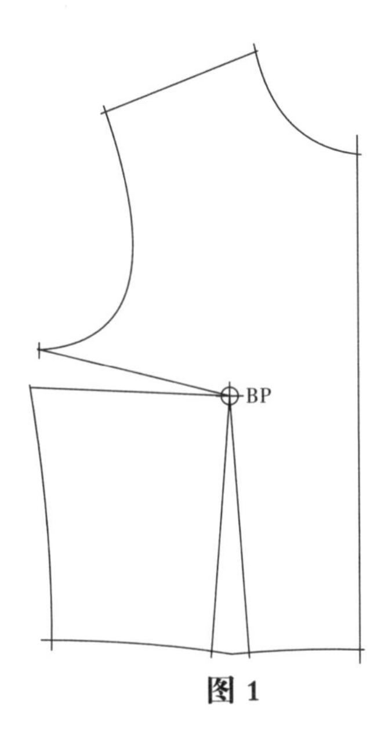

图 1

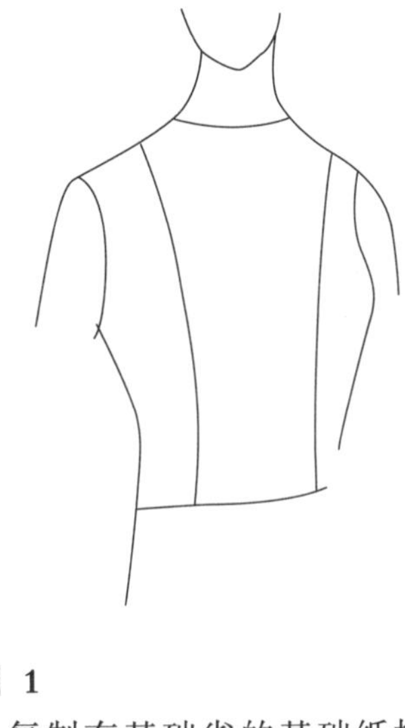

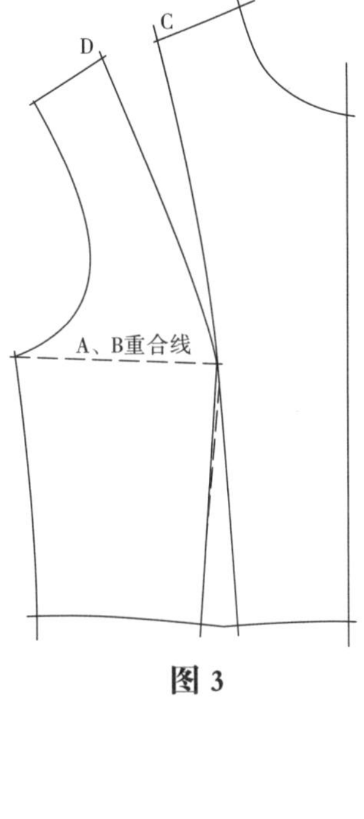

图 3

图 1

1. 复制有基础省的基础纸样。

图 2

2. 在肩缝上离领窝点6.5cm处作标记点C点，连接BP点，并同时作出AB两点。
3. 用另一张大小若干的纸复制图2的阴影部分。

图 3

4. 把复制的阴影部分使A点与B点重合，散开C点得到D点，用透明胶粘好。
5. 画顺侧片BP点处，如图3虚线所示，以BP点作对位标记。

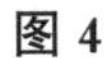

图 4

6. 复制分离纸样。

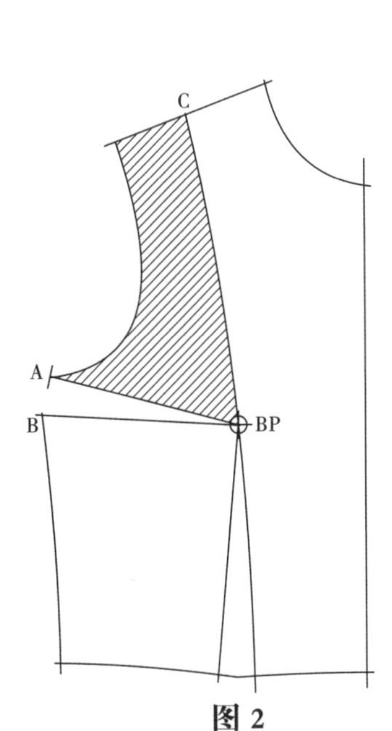

图 2

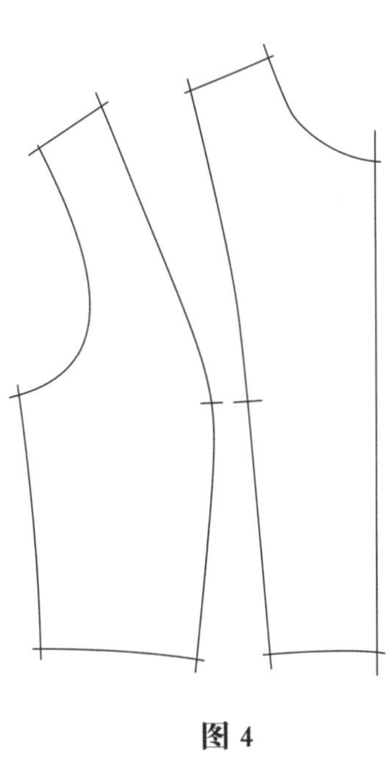

图 4

第3节C　前袖笼线上的公主线

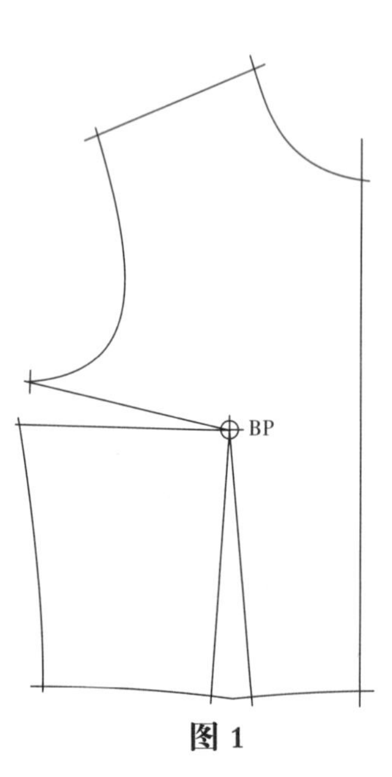

图 1

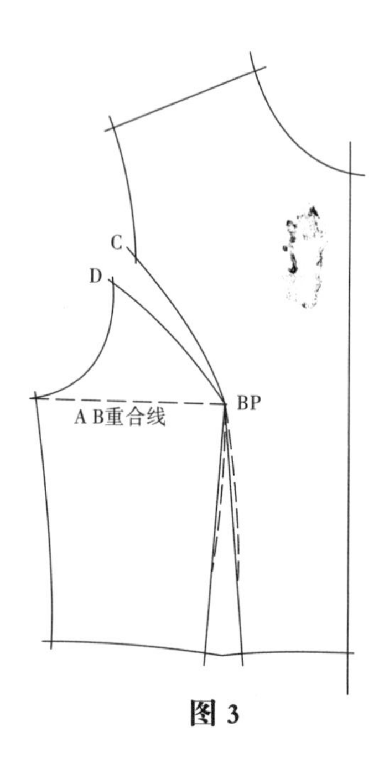

图 3

图 1

1. 用一张纸复制有基础省的基础纸样。

图 2

2. 在袖笼处作标记C点与BP点连接，并同时作出A、B两点。
3. 用另一张大小若干的纸复制图2的阴影部分。

图 3

4. 把复制的阴影部分使A点与B点重合，散开C点得到D点，用透明胶粘好。
5. 画顺BP点处，如图3虚线示。

图 4

6. 复制分离纸样，并标出对位符号。

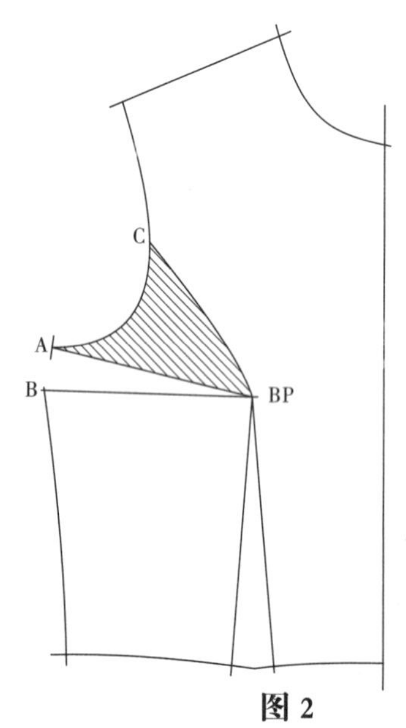

图 2

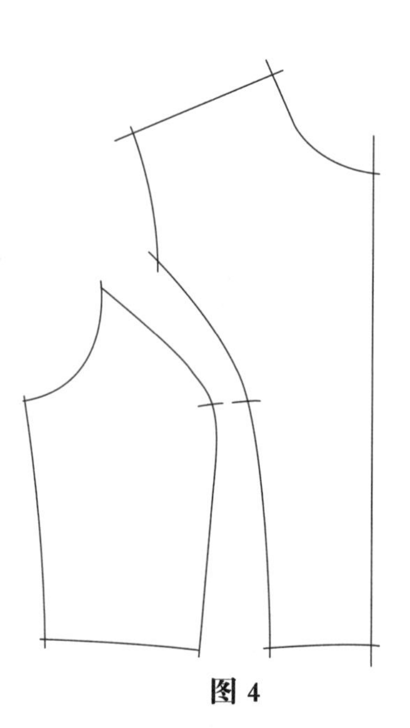

图 4

第3节D 前片有小胸省的公主线

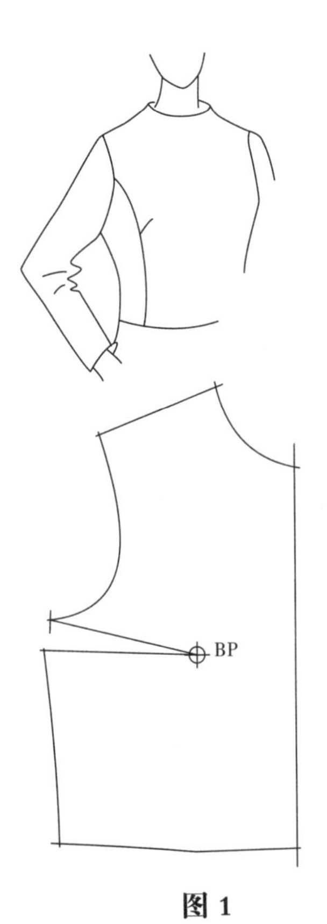

图 1

一般来说，公主线总是经过胸高点，省量消失在缝线中。要使设计的公主线离胸高点较远，而又合体的服装，那么只有在公主线上加一小胸省。

图 1

1. 复制有基础省的基础纸样。

图 2

2. 折叠基础省，画出腰胸省，如图2。

图 3

3. 松开基础省，画出小胸省位置，并与BP连接。

图 4

4. 合并前侧片位置的基础省。
5. 用一块大小若干的纸复制图3的阴影部分，合并基础省，得到新的省量，用透明胶粘好。

图 5

6. 画出小胸省长度，省尖离BP点2.5cm并折叠小胸省用齿轮作出记号，松开小胸省，画顺纸样。
7. 分离两片纸样，以合并的基础省线作对位标记。

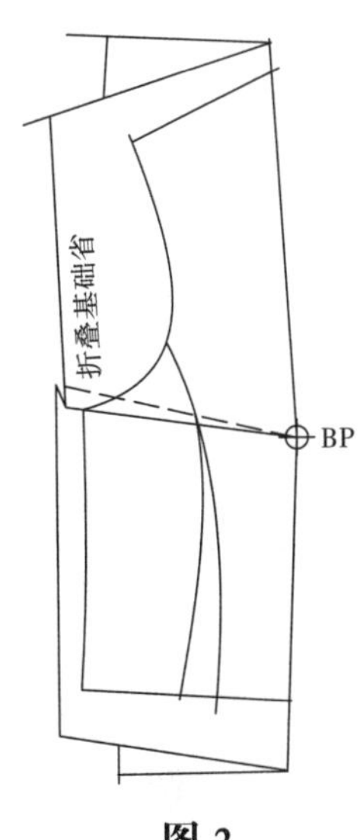

图 2

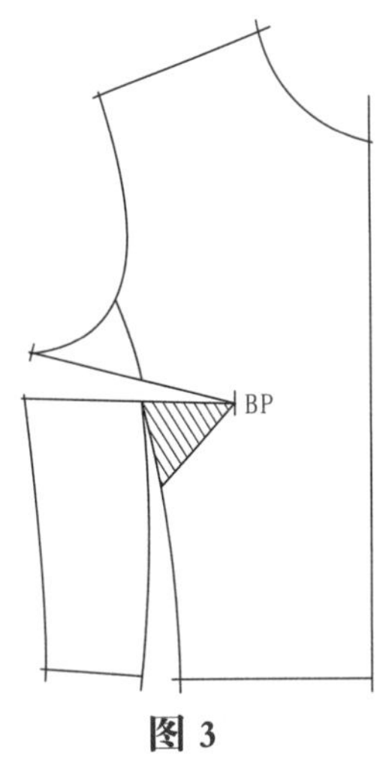

图 3

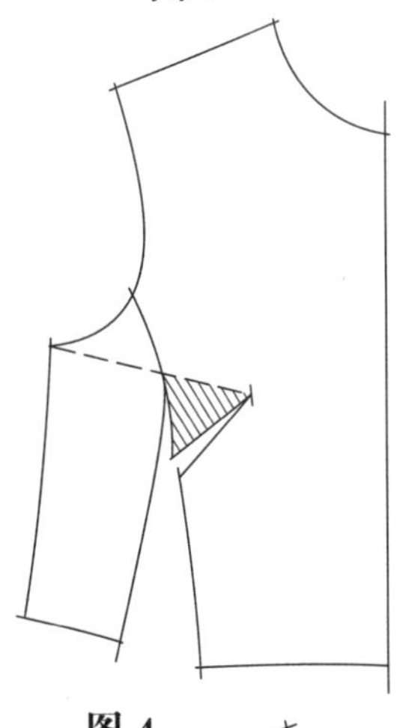

图 4

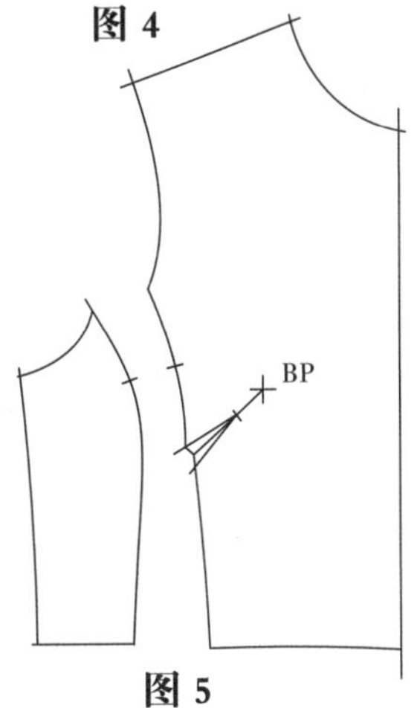

图 5

第3节E 后肩缝线上的公主线

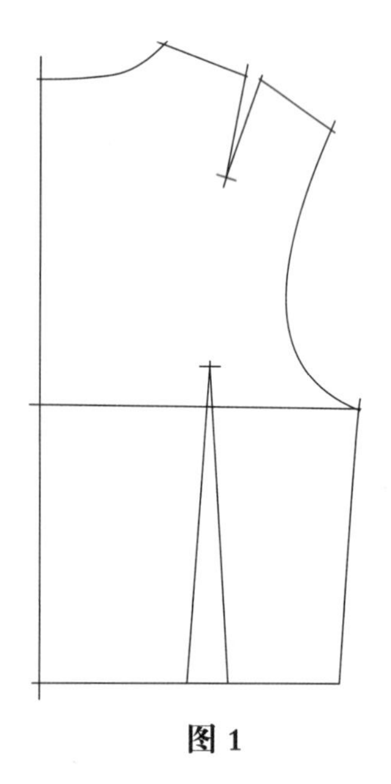

图 1

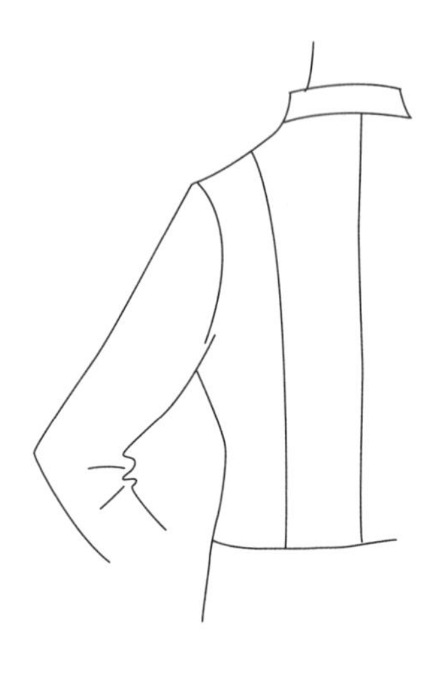

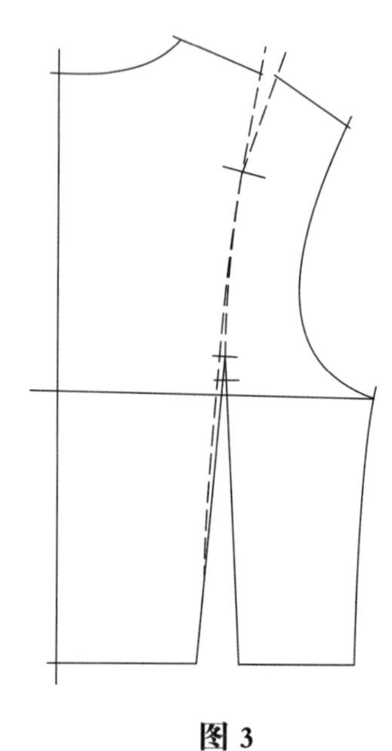

图 3

图 1

1. 复制有后肩省和后腰省的后片基础纸样。

图 2

2. 连接两个省尖点。如图2虚线所示。

图 3

3. 画顺两点之间的连接线。靠近后中的线流畅自然，另一条依势画出。

图 4

4. 在胸围线作好双刀眼标记，复制分离两片纸样。

注：所有样片、前片一般用单刀眼标记后片一般用双刀眼标记(双刀眼间距1cm）以便区分。

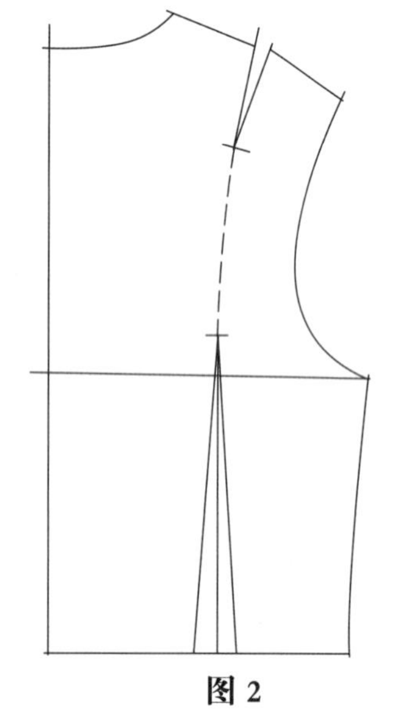

图 2

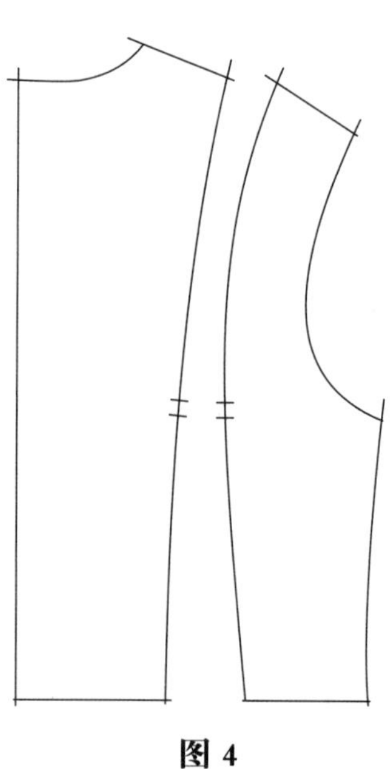

图 4

第3节F 后袖笼线上的公主线

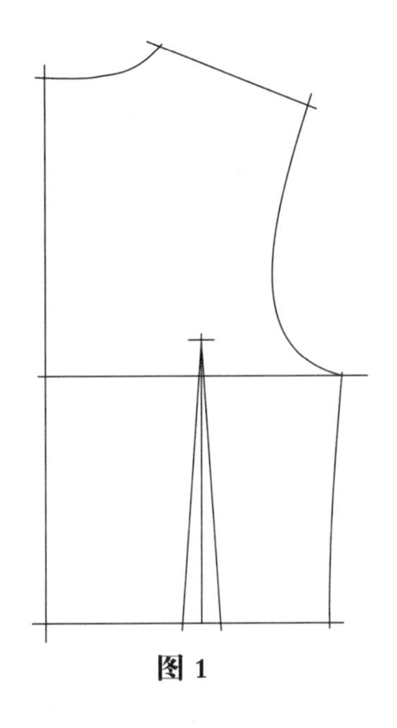
图 1

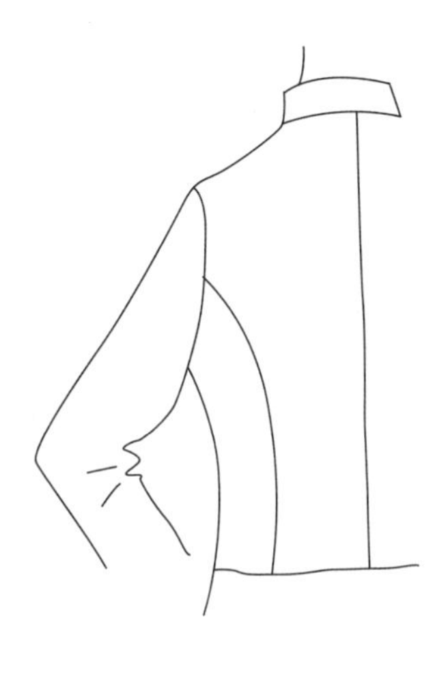

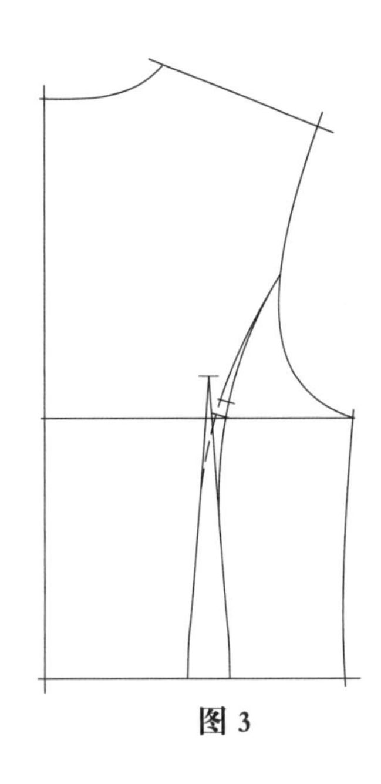
图 3

图 1

1. 复制有后腰省的基础纸样。

图 2

2. 确定在袖笼线的公主线位置点。

图 3

3. 用弧线连接省与公主线标点并画顺。
4. 在胸围线位置作好双刀眼对位记号。

图 4

5. 复制分离两片纸样。

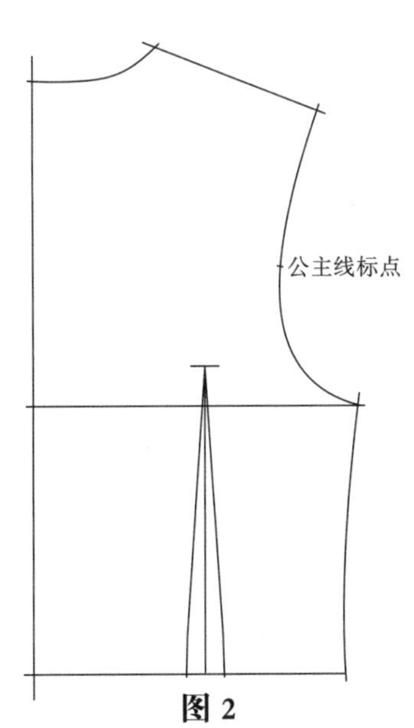

图 2

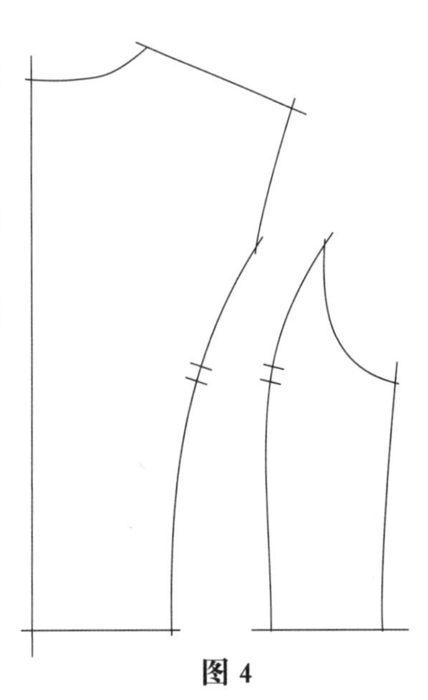
图 4

第3节G　前肩缝线上的公主省

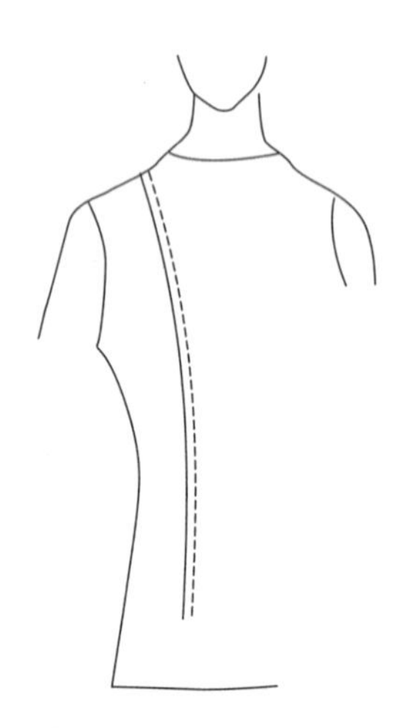

公主省是女装省道表现形式之一，公主省一般用于坐围线以下较长的服装。

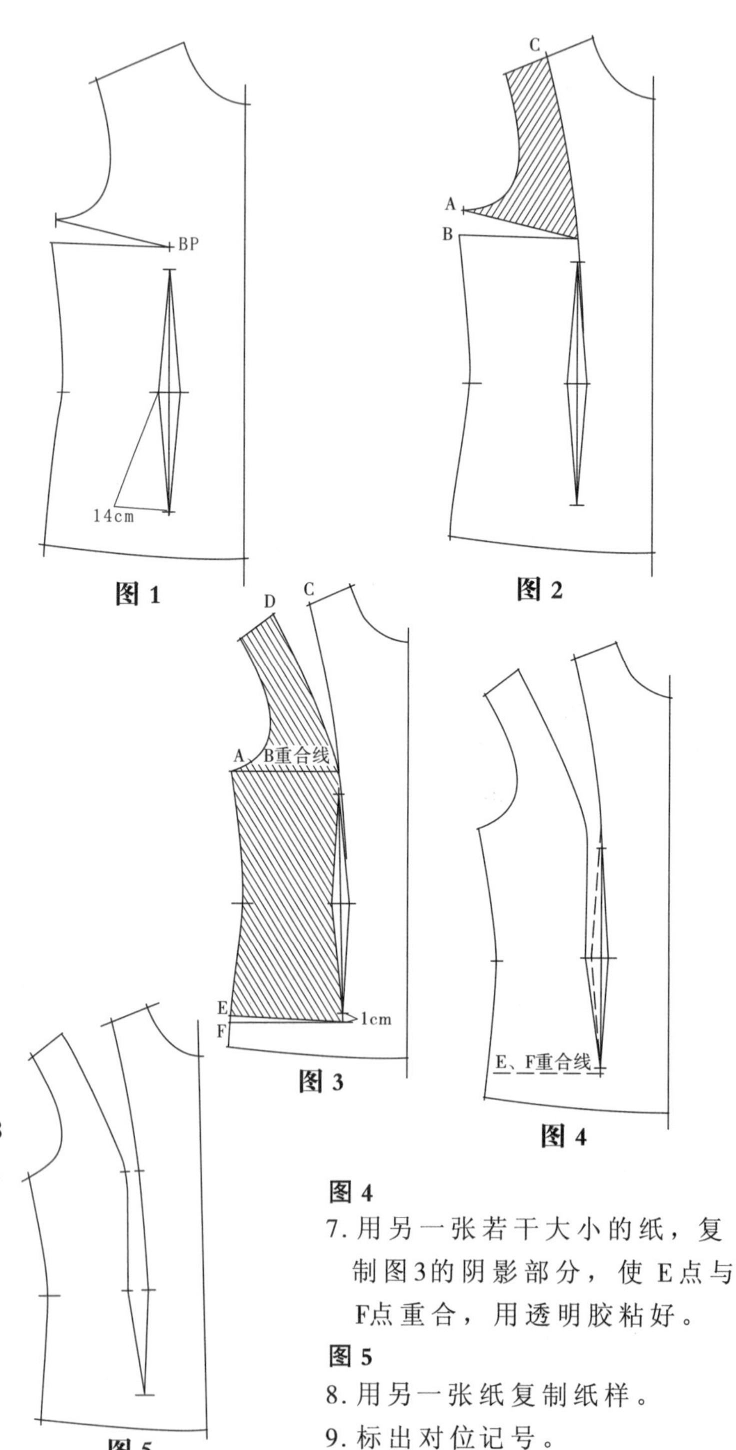

图 1

1. 复制前片有基础省的基础纸样。

图 2

2. 在肩缝上离领窝点6.5cm处作标记点C点，并同时作出A、B两点，C点与BP点连接。
3. 用另一张若干大小的纸复制图2的阴影部分。

图 3

4. 把复制的阴影部分使A点与B点重合，散开C点得到D点，用透明胶粘好。
5. 画顺腰省省尖与BP点处，如图虚线示。
6. 腰省尖下1cm与侧缝连接作一省道，省大0.5cm，同时标出E、F两点。

图 4

7. 用另一张若干大小的纸，复制图3的阴影部分，使E点与F点重合，用透明胶粘好。

图 5

8. 用另一张纸复制纸样。
9. 标出对位记号。

第3节H　前袖笼线上的公主省

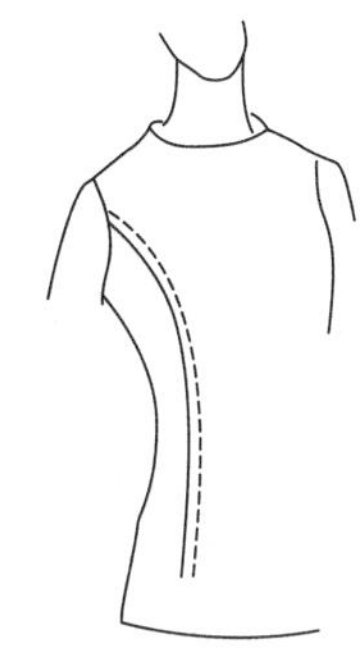

图 1

1. 用一张纸复制前片有基础省的基础纸样。

图 2

2. 在袖笼处作标记C点，并同时作出A、B两点，C点与BP点连接。
3. 用另一张若干大小的纸复制图2的阴影部分。

图 3

4. 把复制的阴影部分使A点与B点重合，散开C点得到D点，用透明胶粘好。
5. 画顺腰省省尖与BP点处，如图3虚线示。
6. 腰省省尖下1cm与侧缝连接作一省道，省大0.5cm，同时标出E、F两点。

图 4

7. 用另一张若干大小的纸复制图3的阴影部分，使E点与F点重合，用透明胶粘好。

图 5

8. 用另一张纸复制纸样。
9. 标出对位记号。

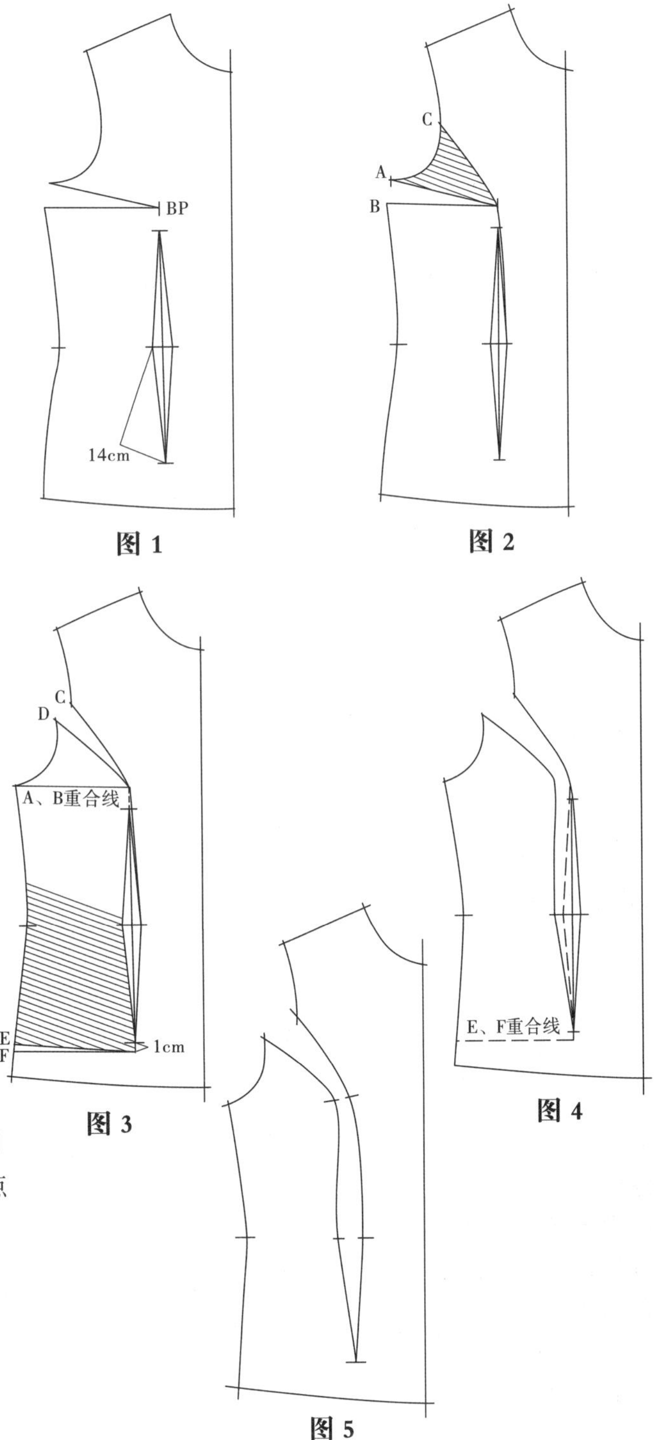

第3节| 后肩缝线上的公主省

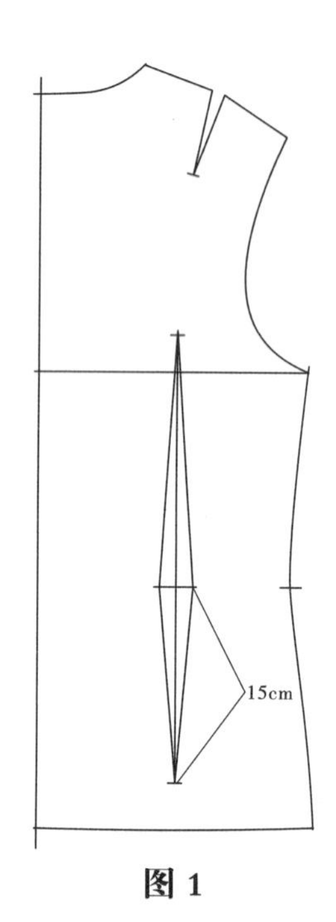

图 1

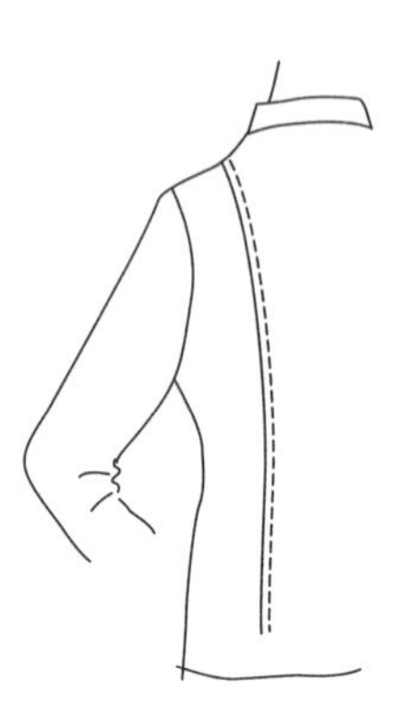

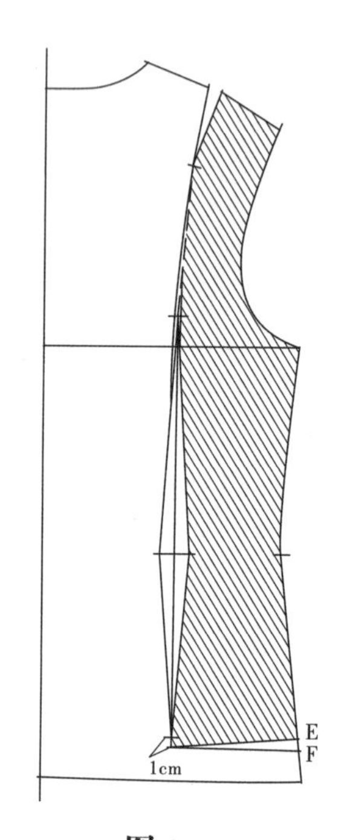

图 2

图 1

1. 复制有后肩省和后腰省的后片基础纸样。

图 2

2. 连接两个省尖点。
3. 画顺两省尖的连接线，靠近后中的线流畅自然，另一条依势画出。
4. 腰省尖下1cm与侧缝连接作一省道，省大0.5cm，同时标出E、F两点。

图 3

5. 复制图2的阴影部分，使E点与F点重合，用透明胶粘好。

图 4

6. 用另一张纸复制纸样。
7. 标出对位记号。

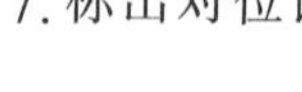

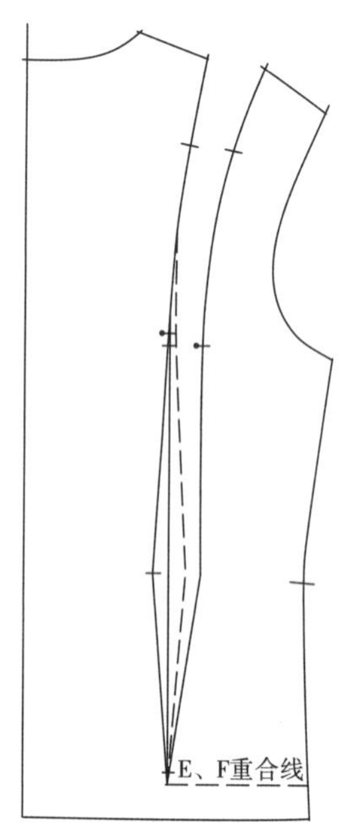

图 3

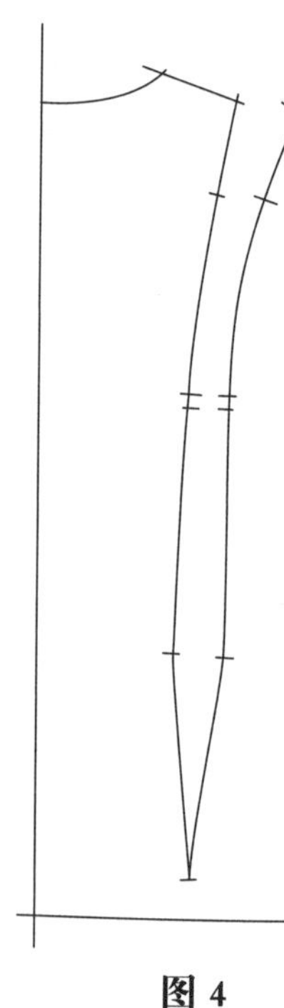

图 4

第3节J　后袖笼线上的公主省

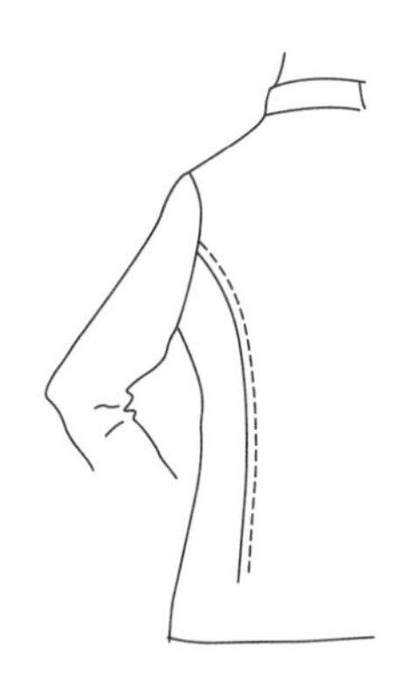

图 1

1. 复制有后腰省的后片基础纸样。
2. 确定在袖笼线上的公主线位置点C点。
3. 用弧线连接C点与省尖并画顺。

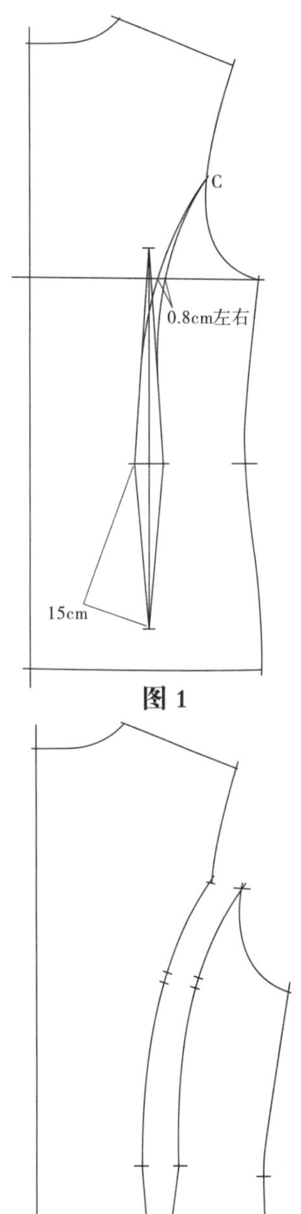

图 1

图 2

4. 标出后片双刀眼对位记号。
5. 腰省尖下1cm与侧缝连接作一省道，省大0.5cm，同时标出E、F两点。

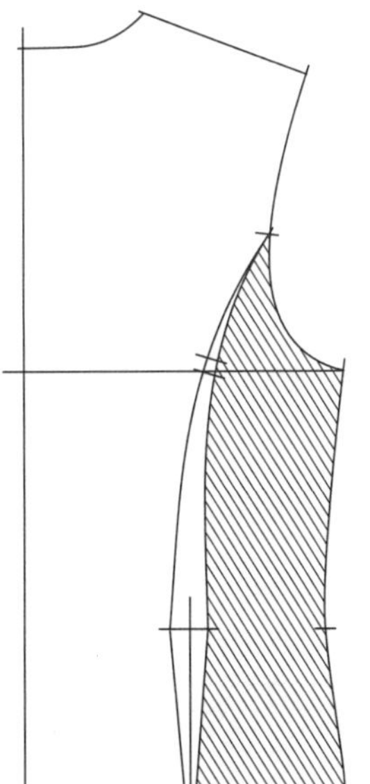
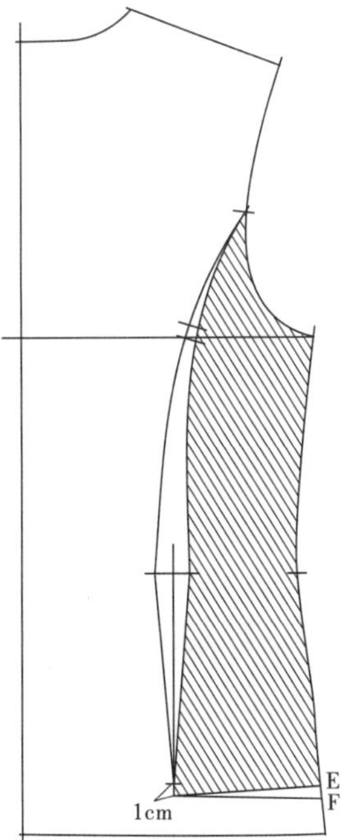

图 2

图 3

6. 用一张若干大小的纸复制图2的阴影部分，使E点与F点重合，用透明胶粘好。
7. 用另一张纸复制纸样。
8. 标出对位记号。

图 3

第4节　褶裥的表现形式

褶裥与省道一样也是女装常见的结构形式，根据褶的结构特点，基本可把它分为两类，即细褶和宽褶。

细褶其特点是成群而分布集中，又以无明显倒向的形式出现，所以又称抽褶或缩褶。

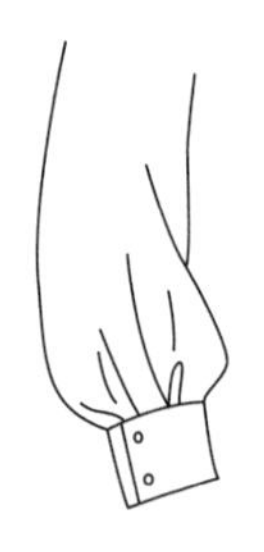

宽褶的特点是以褶数多少不等，但分布有一定的规则。又以明显倒向的形式出现，另外宽褶可组合成内工字褶、外工字褶、顺风褶、折叠或褶裥等多种形式。

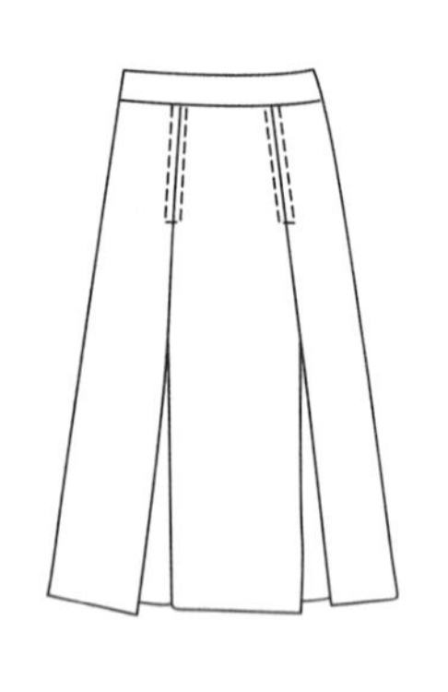
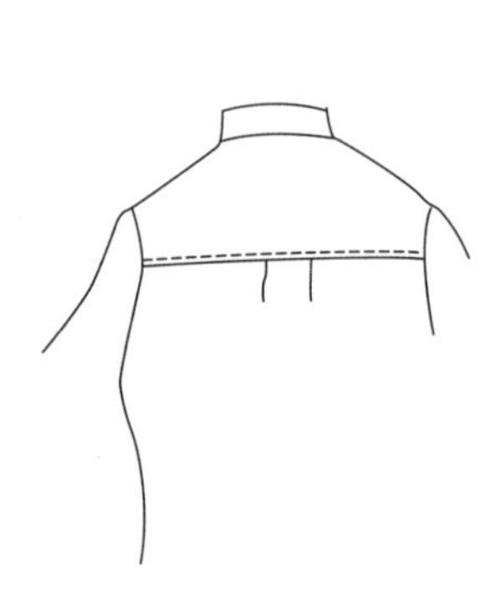
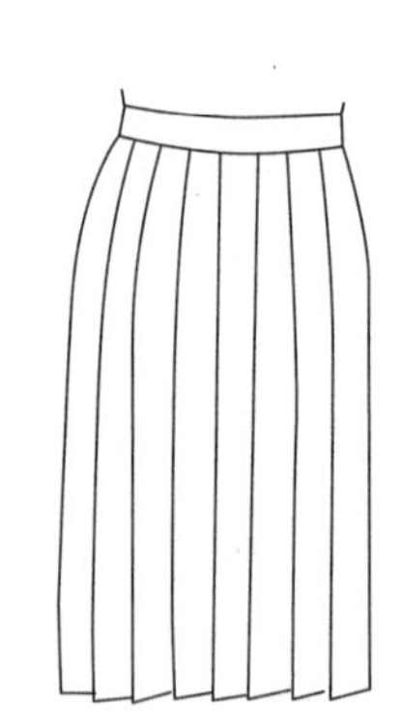

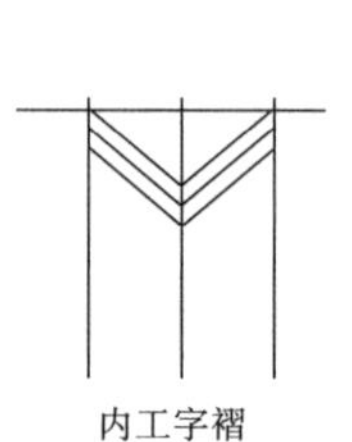
内工字褶

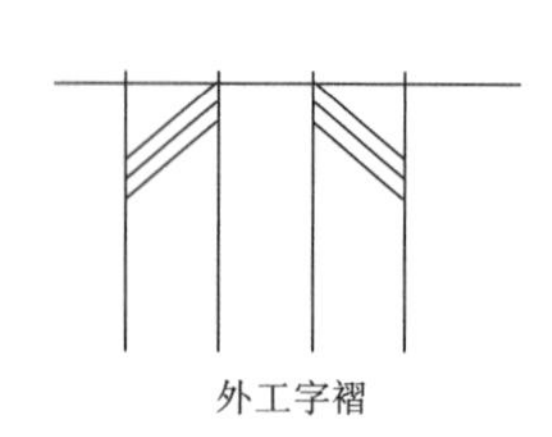
外工字褶

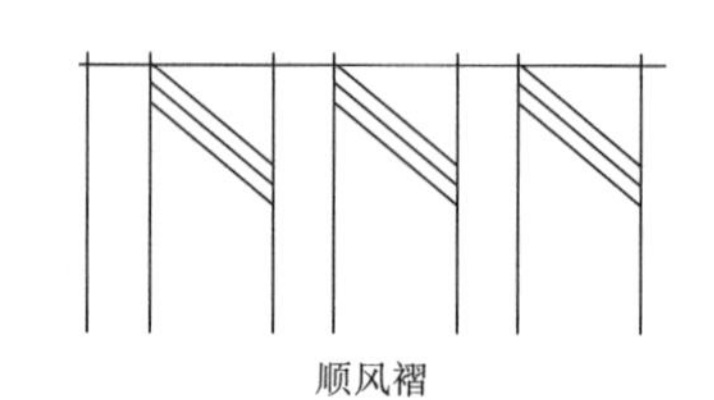
顺风褶

第4节A　细褶在衣片领圈的纸样变化

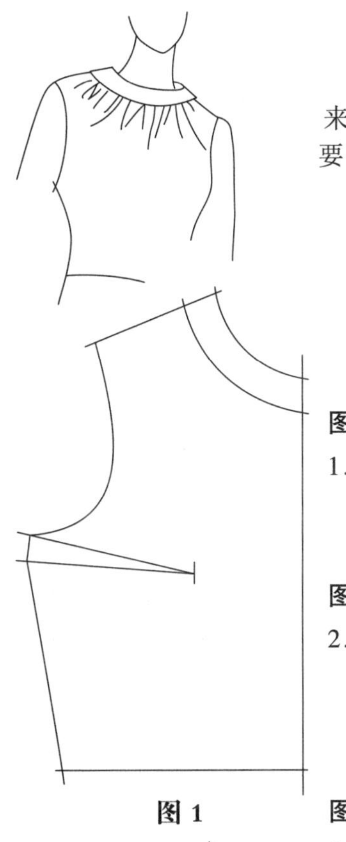

同胸省一样，上衣的褶量一般是通过基础省的省量来得到，但基础省的省量很难满足褶量的需求，那么就要通过切展，从而满足所需的褶量。

图 1

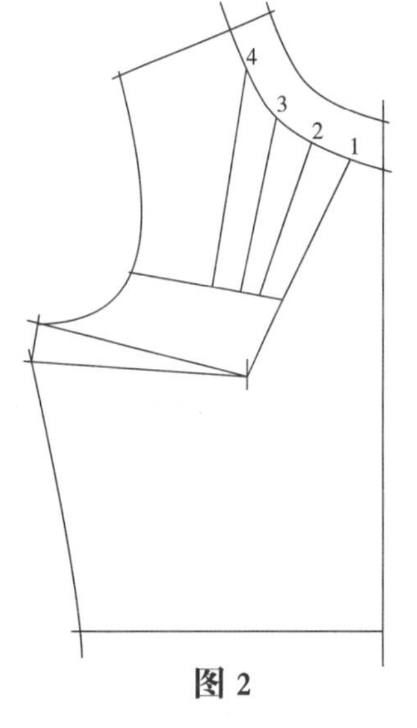

图 2

图 1

1. 根据款式画好基础纸样。

图 2

2. 在纸样上标出展开的记号，并用数字注明。

图 3

3. 展开纸样并画顺纸样，如图虚线示。

图 4

4. 用另一张纸复制分离纸样，并标出缩褶符号。

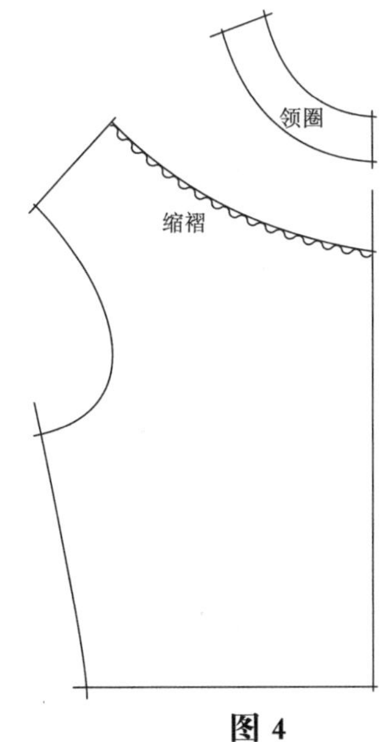

图 4

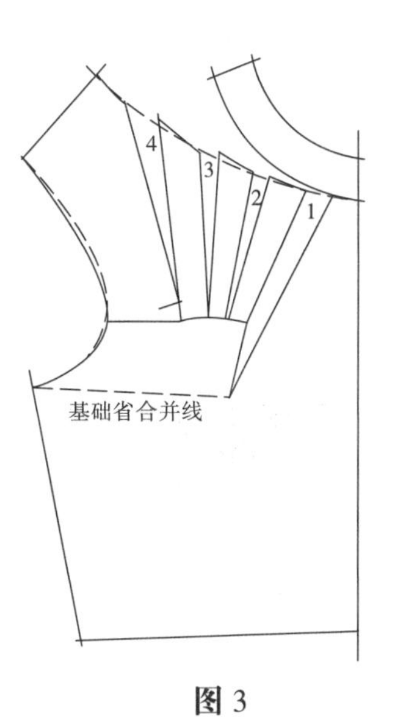

图 3

第4节B　细褶在衣片腋部的纸样变化

在上衣片缩褶的设计中，切展线的间距是由线条的数量来决定的，线条越少，线的间距就越大，当然，首先要确定面料的性能和所完成缩褶量的长短多少而定。

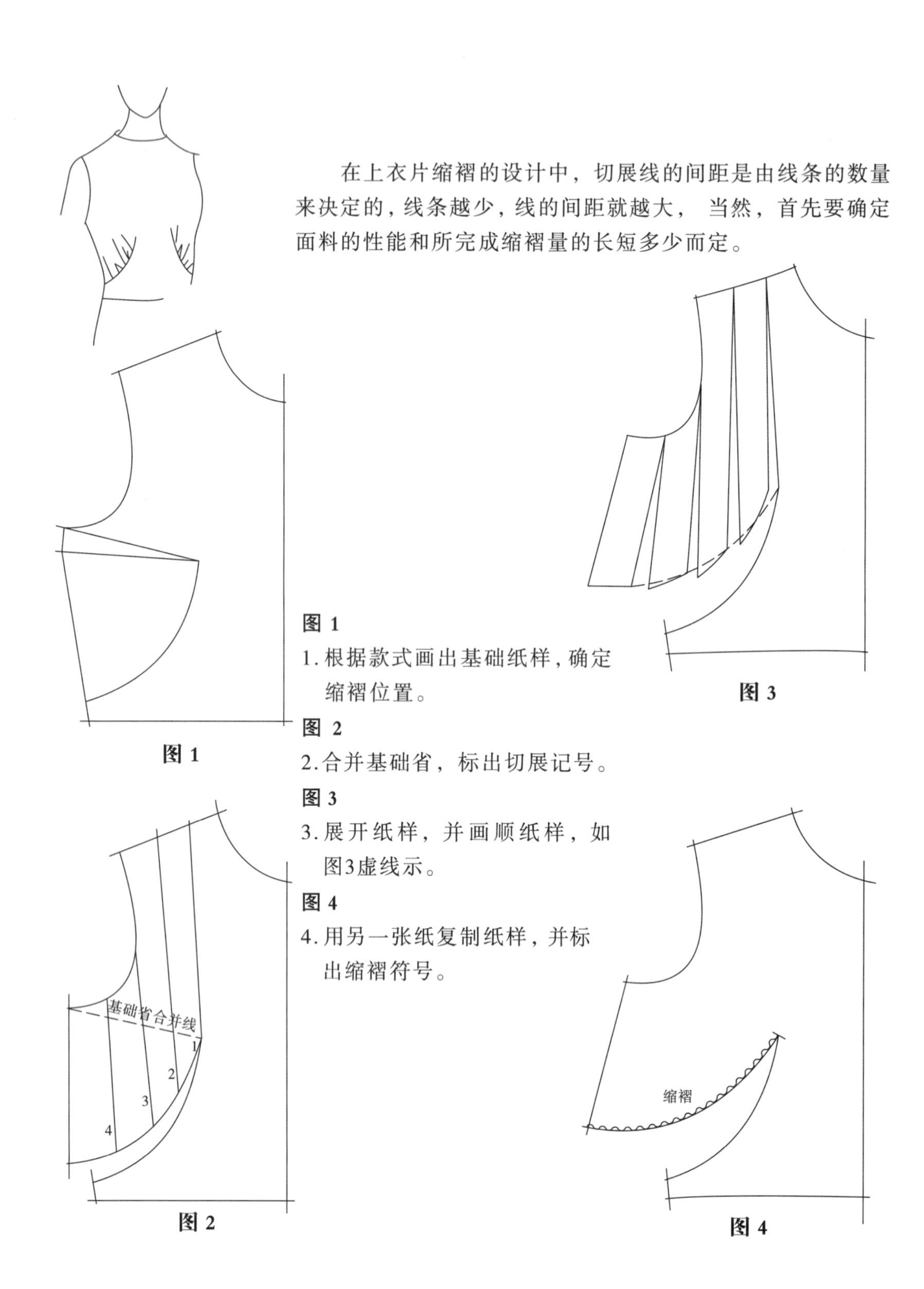

图 1

图 2

图 3

图 4

图 1

1. 根据款式画出基础纸样，确定缩褶位置。

图 2

2. 合并基础省，标出切展记号。

图 3

3. 展开纸样，并画顺纸样，如图3虚线示。

图 4

4. 用另一张纸复制纸样，并标出缩褶符号。

第4节C　细褶在衣片前中的纸样变化

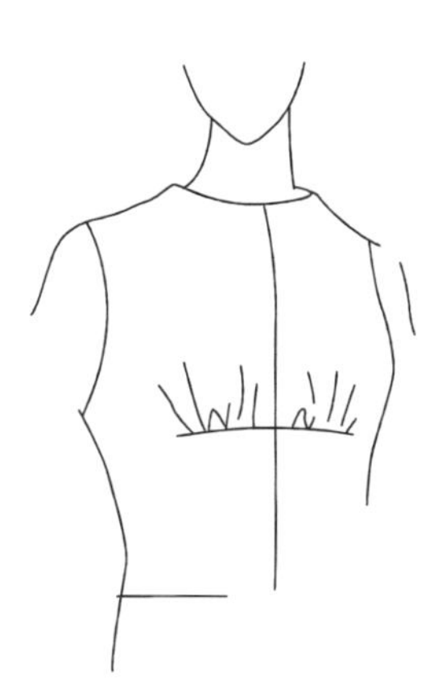

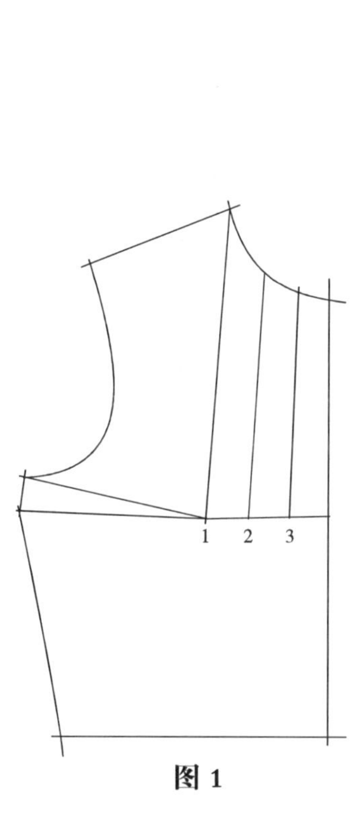

图 1

图 1

1. 画好基础纸样，标出要切展的分割线。

图 2

2. 合并基础省，展开纸样，并画顺纸样，如图虚线示。

图 3

3. 用另一张纸复制纸样并标出缩褶符号。

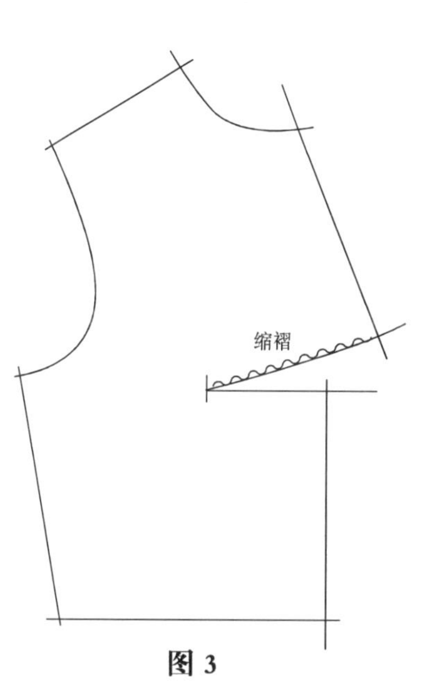

图 3

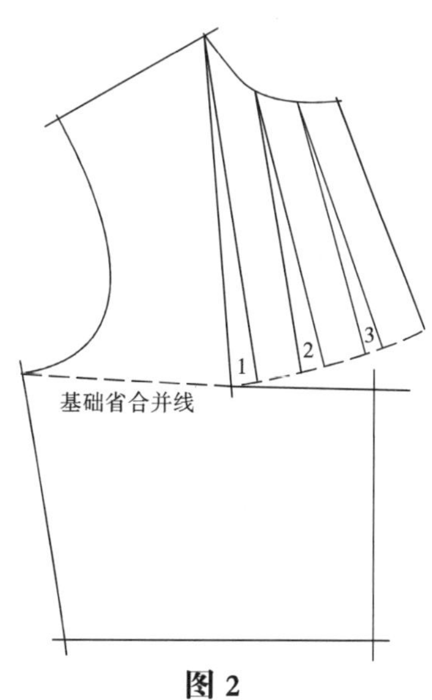

图 2

第4节D　细褶在衣片腰部的纸样变化

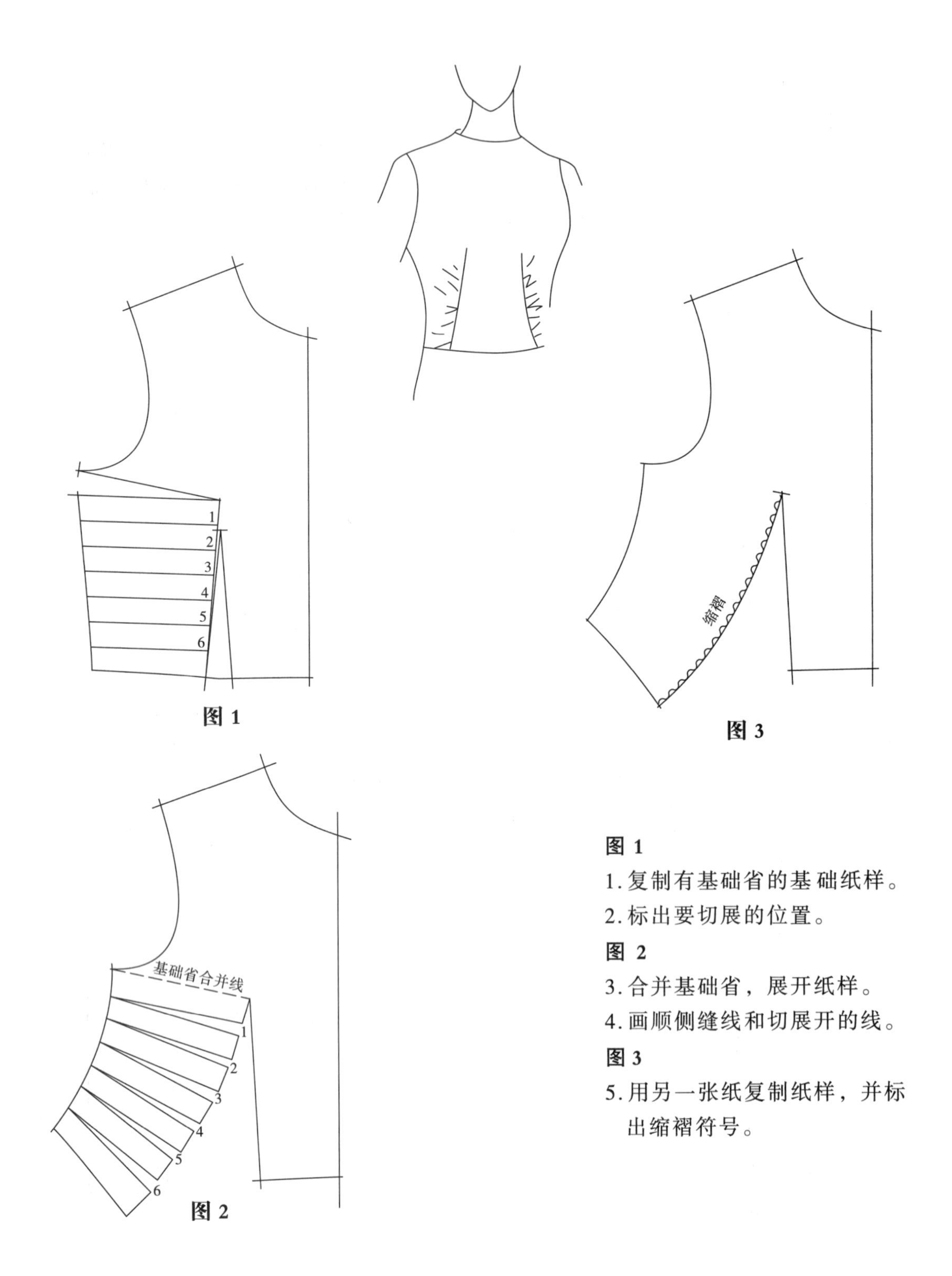

图 1

图 3

图 2

图 1

1.复制有基础省的基础纸样。

2.标出要切展的位置。

图 2

3.合并基础省，展开纸样。

4.画顺侧缝线和切展开的线。

图 3

5.用另一张纸复制纸样，并标出缩褶符号。

第4节E 细褶在衣片肩部的纸样变化

从以上的款式中可以看到，如果设计的缩褶位置不在胸围线附近，分割线就不要切展到胸围线以下，以免影响胸围尺寸的大小。

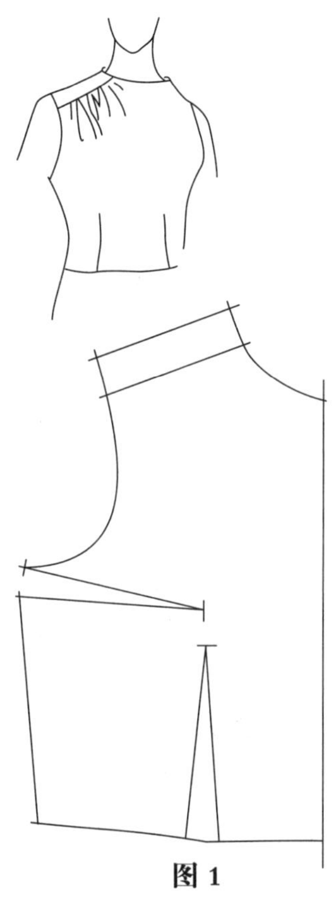

图 1

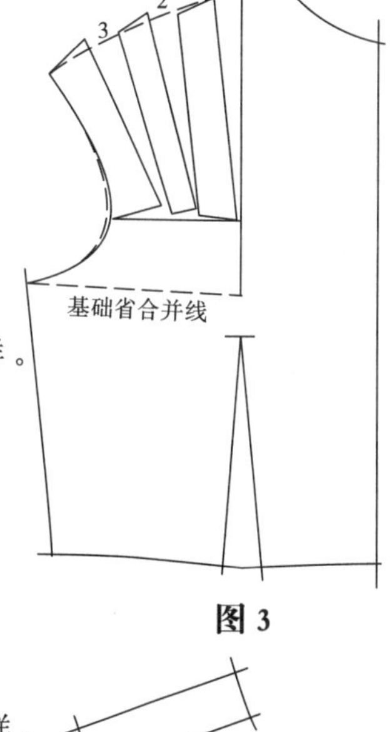

图 3

图 1

1. 复制有基础省的基础纸样。

图 2

2. 标出要切展的记号。

图 3

3. 合并基础省展开纸样。
4. 画顺纸样，如图虚线。

图 4

5. 用另一张纸复制分 离纸样，并标出缩褶符号。

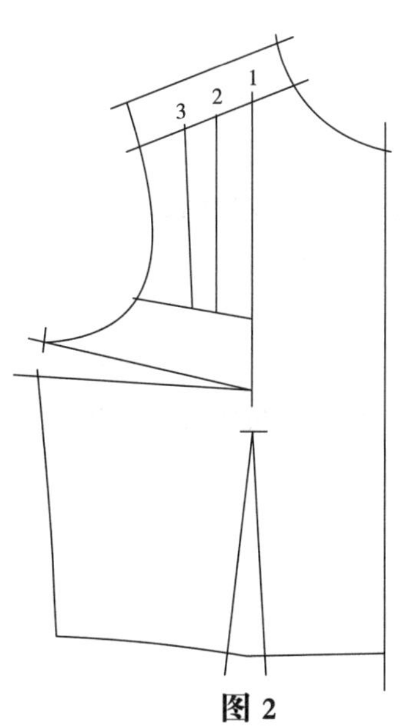

图 2

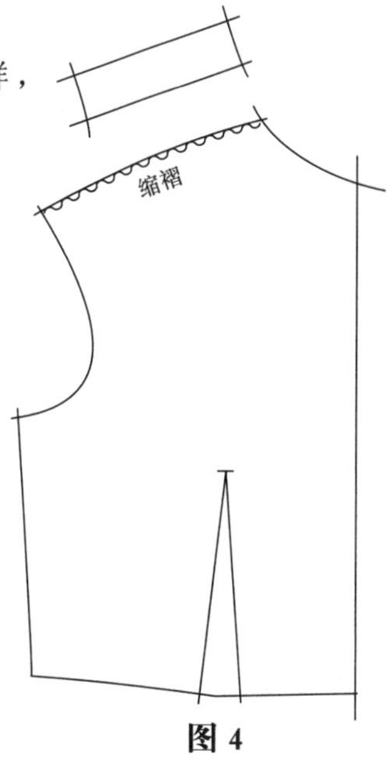

图 4

第4节F　宽褶在衣片肩部的纸样变化

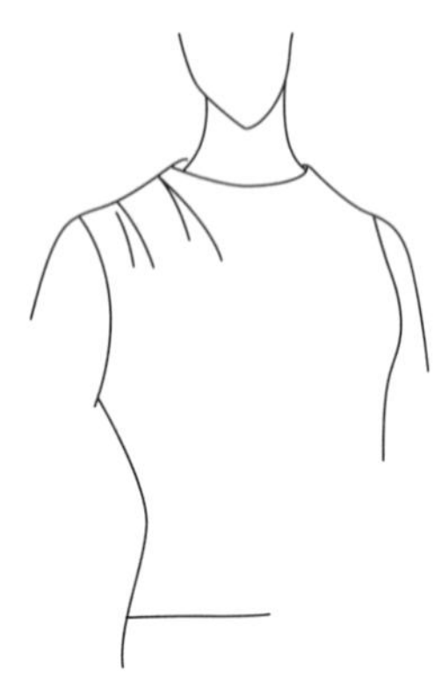

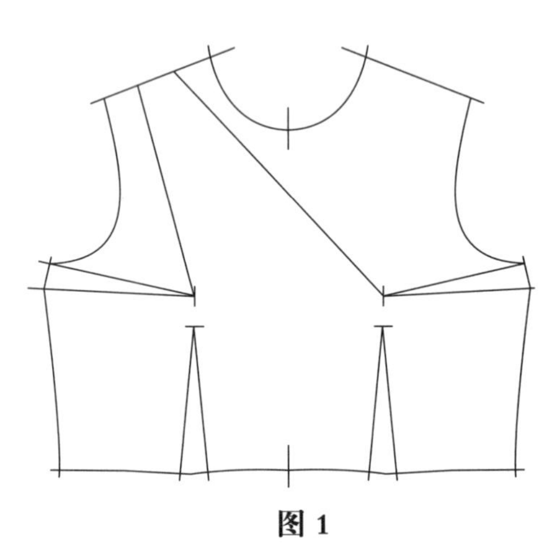

图 1

宽褶的纸样转移根据款式造型的需要，首先，考虑把基础省的省量转移，如果不行，那么只能平移展开纸样，展开的褶量可设计成折裥、褶裥等各种形式。下面将讨论这几种褶裥的结构变化。

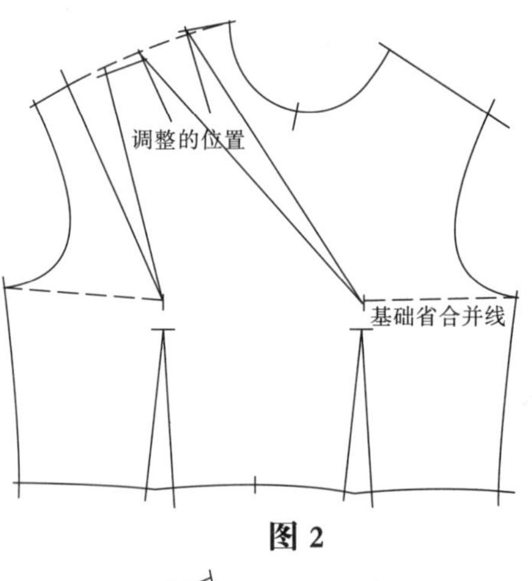

图 2

此款为单侧工字褶造型。

图 1

1. 复制有基础省的基础纸样(前整幅)。
2. 标出要展开的标记点并与BP点连接。

图 2

3. 合并基础省得到新的省量。
4. 如果褶的位置不在理想的位置，可重新调整其位置。
5. 折叠工字褶，画顺肩缝线。

图 3

6. 用另一张纸复制纸样，标出工字褶的倒向符号。

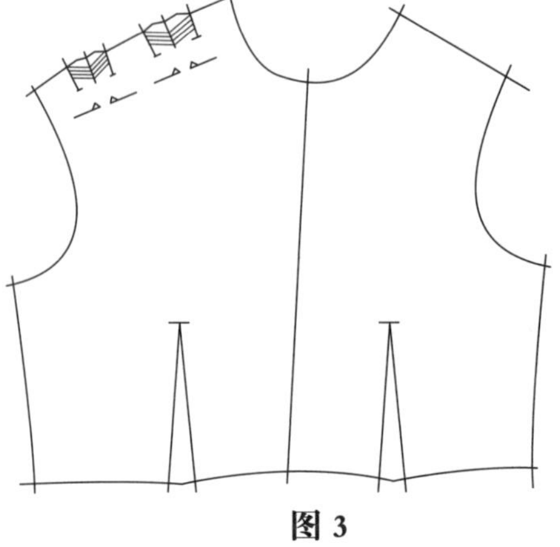

图 3

第4节G 宽褶在衣片侧缝的纸样变化

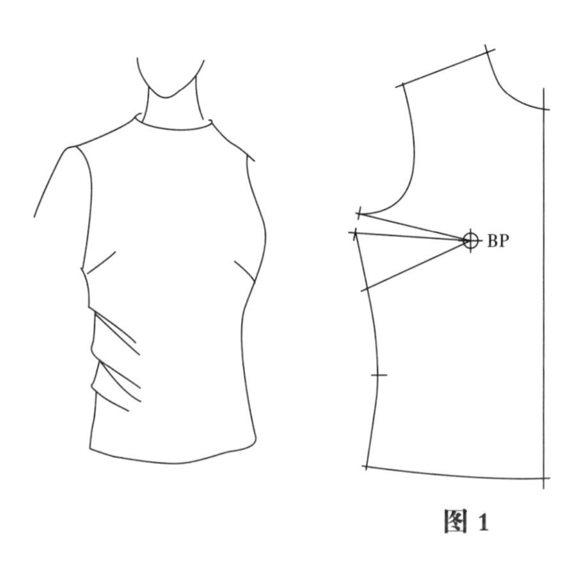

图 1

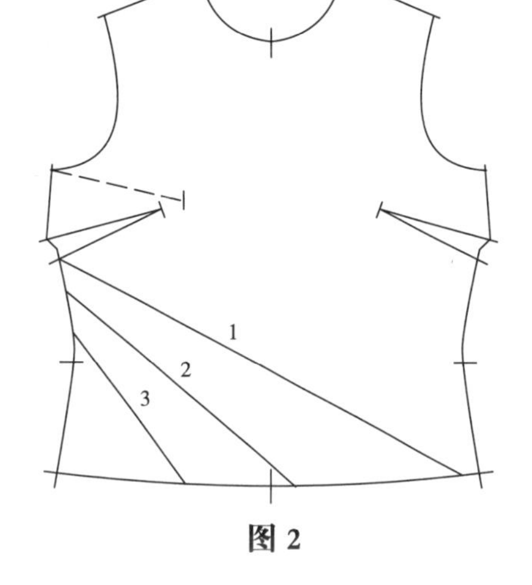

图 2

图 1

1. 画好有基础省的全身基础纸样。作出侧胸省的位置与BP点连接。

图 2

2. 转移基础省得到侧胸省，复制另一边前片纸样，并标出要切展的记号。

图 3

3. 展开纸样用透明胶粘好。
4. 向上折叠纸样，并修正，画顺脚围线。

图 4

5. 用另一张纸复制纸样，标出顺风褶倒向符号。

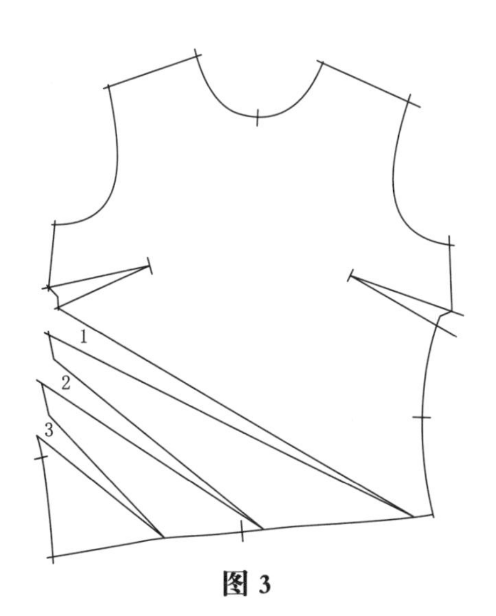

图 3

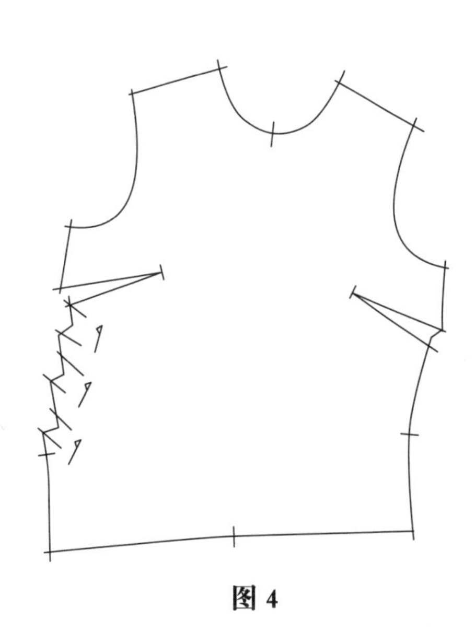

图 4

第4节H　宽褶在衣片前中的纸样变化

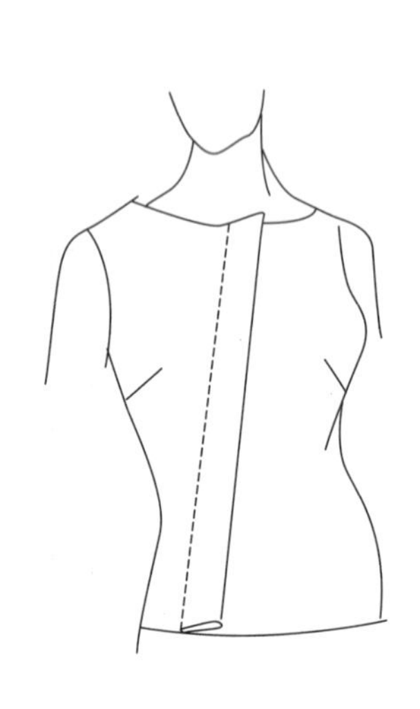

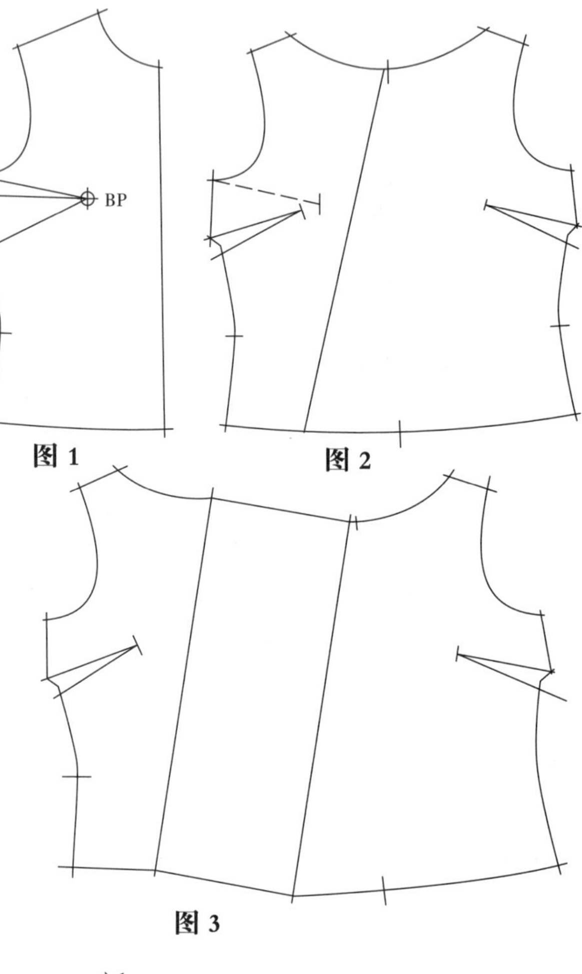

图 1　　图 2

图 3

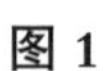

图 1

1. 画好有基础省的全身基础纸样，作出侧胸省的位置与BP点连接。

图 2

2. 转移基础省得到侧胸省，复制另一边前片纸样，并标出要切展的记号。

图 3

3. 平行展开纸样。
4. 折叠纸样，并修正，画顺褶裥位领圈和脚围线。

图 4

5. 用另一张纸复制纸样，并标出褶子的倒向符号。

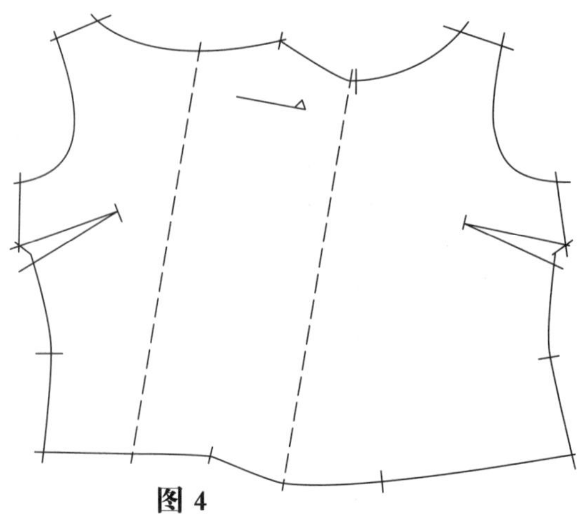

图 4

第4节丨 宽褶在上衣片的纸样变化

图1　此款为顺风褶造型

1.画好有基础省的基础纸样。

图2

2.画出叠门线、筒宽位置和要展开的分割线记号。

图3

3.找出其中一条离BP点最近的分割线，把基础省转移进去。

图4

4.平面展开分割线，展开的量是褶距的二倍。

5.折叠褶位并画顺如图虚线示。

图5

6.用另一张纸复制纸样，标出顺风褶符号。

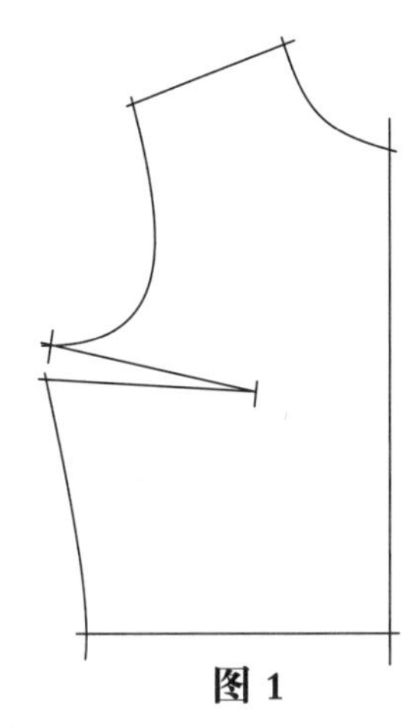

图 1

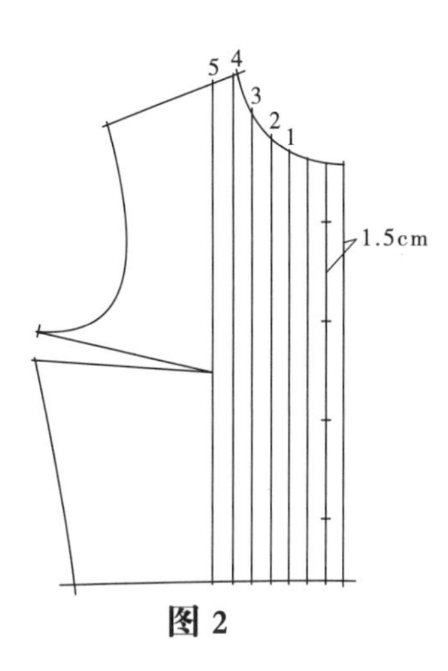

图 2

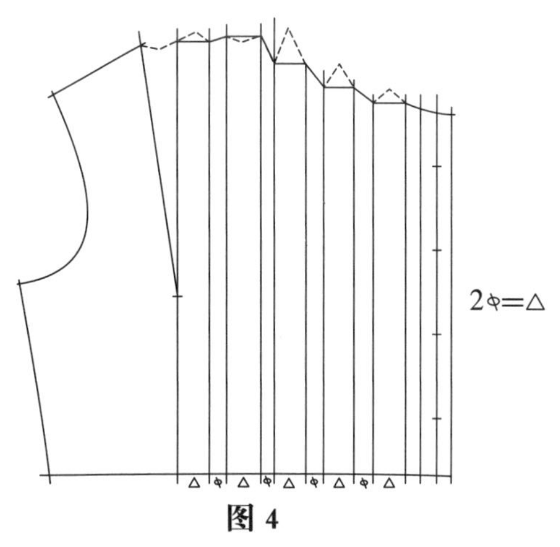

图 4

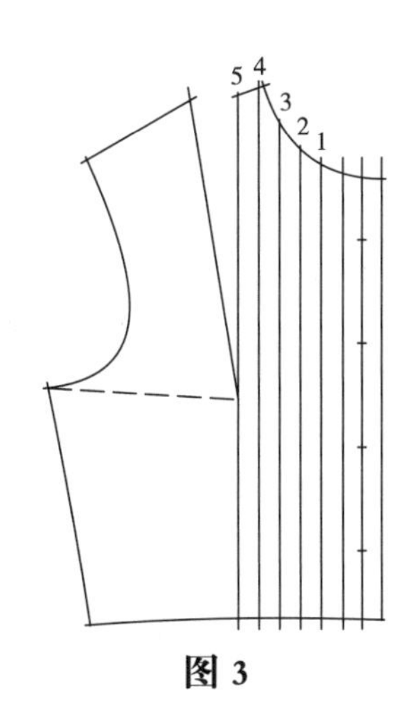

图 3

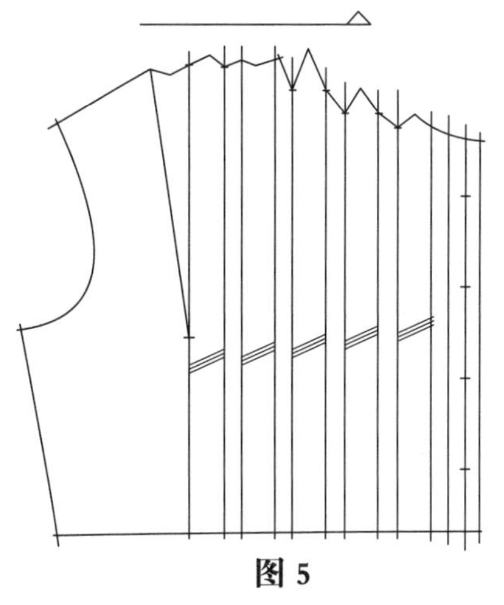

图 5

第六章

领子

领子在设计中虽然占服装的局部，却是服装的显著部件，同时这个部位决定着服装造型的格调和风格。

在多彩多姿的衣领变化中，衣领大致可分为无领、坦领、立领、翻驳领等。

第1节A　无领子的领圈变化——圆领、方形领

无领是指既无领座又无翻领，只在领圈线上变化的领型。

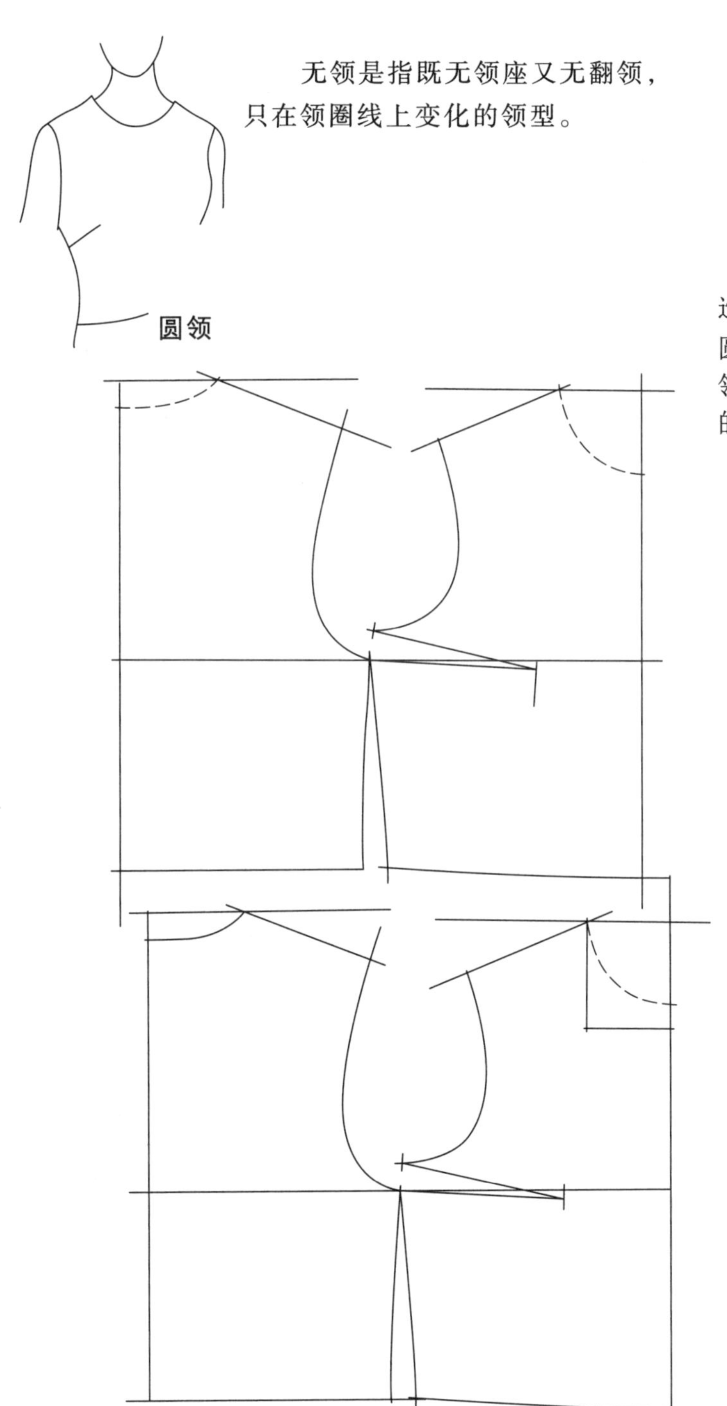

圆领

圆领在服装中是比较常见造型，多用于T恤、连衣裙等，圆领可根据设计的要求，领横、领深都可调节变化。如基础纸样的领圈就是标准的圆领造型。

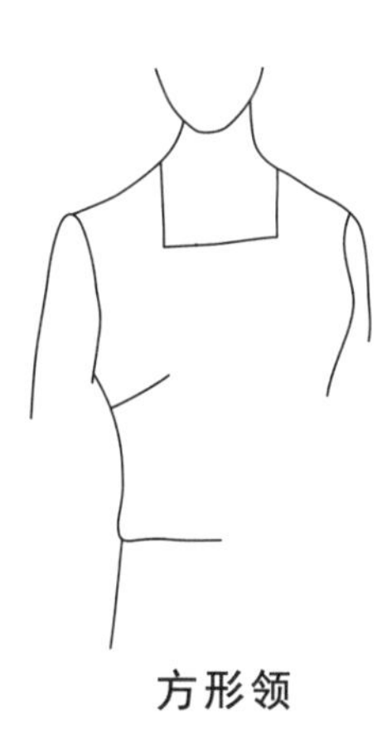

方形领

第1节B 无领子的领圈变化——一字领、V形领

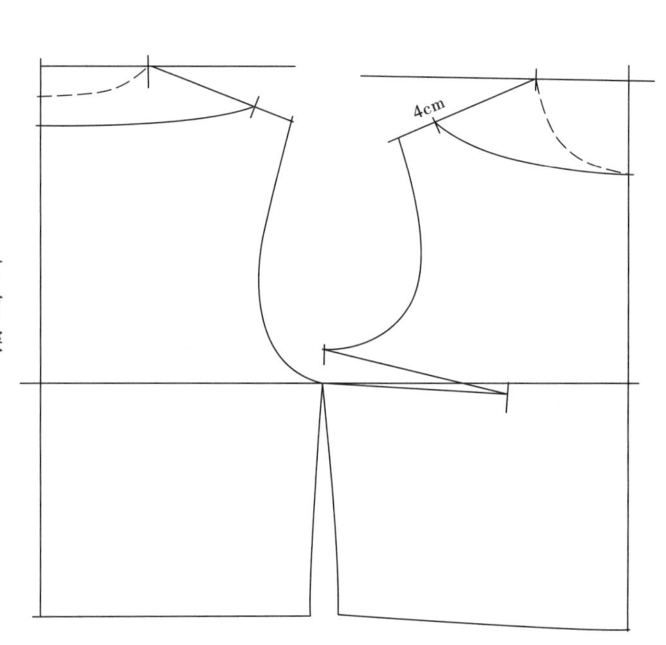

一字领

在前后领横处同时开大到需要的数值。前领深保持不变，后领深随数值的变化而变化。

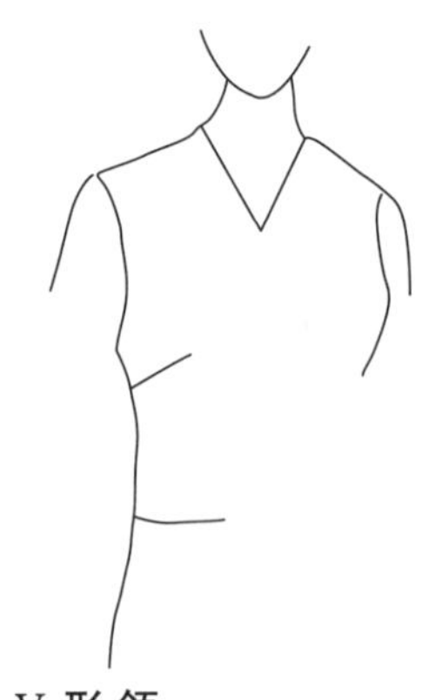

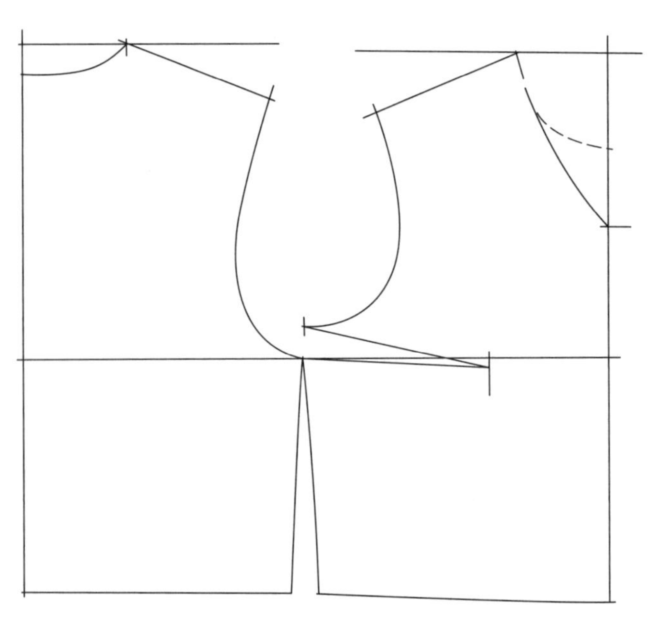

V形领

V形领一般只需把前领深开深或根据设计V形的大小而变化。

第2节　坦领的结构原理

坦领具有翻领的特点，但坦领的领座很低，通常在1cm以下。低领座的造型使外围线平贴在肩部，领面平整、成型的坦领，轻快、活泼。

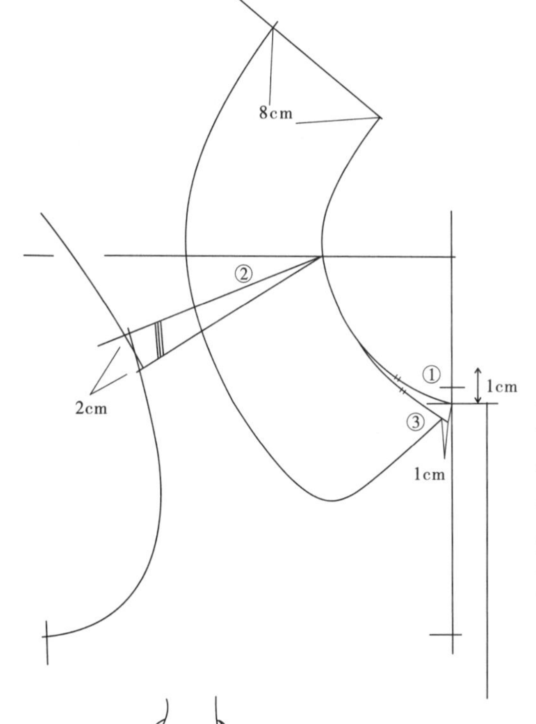

1. 复制基础纸样，纸样前领深开深1cm。
2. 重叠前后肩缝线袖笼位2cm。
3. 前领深处量出1cm。
4. 确定领高及前领边线并划顺领子。

翻领的平面效果(结构图)与立体效果(在人体上)往往有差异，尤其是翻领较宽的领子外围线不是过紧就是过松，一般情况下，都应该用坯布在人台上试效果，其一检验领子的成型立体效果，其二检验领子外围线的松紧程度。如有需要可在肩缝处附近剪开或折叠。

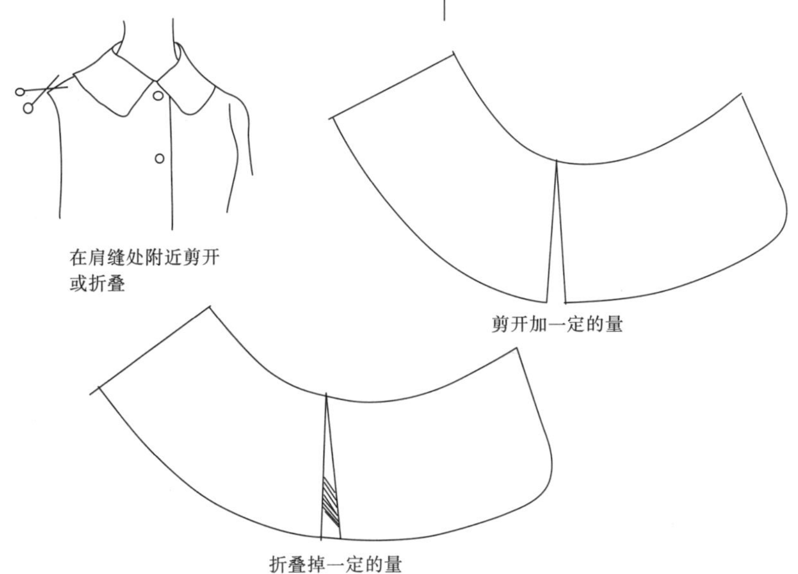

第2节A 坦领的变化——海军领

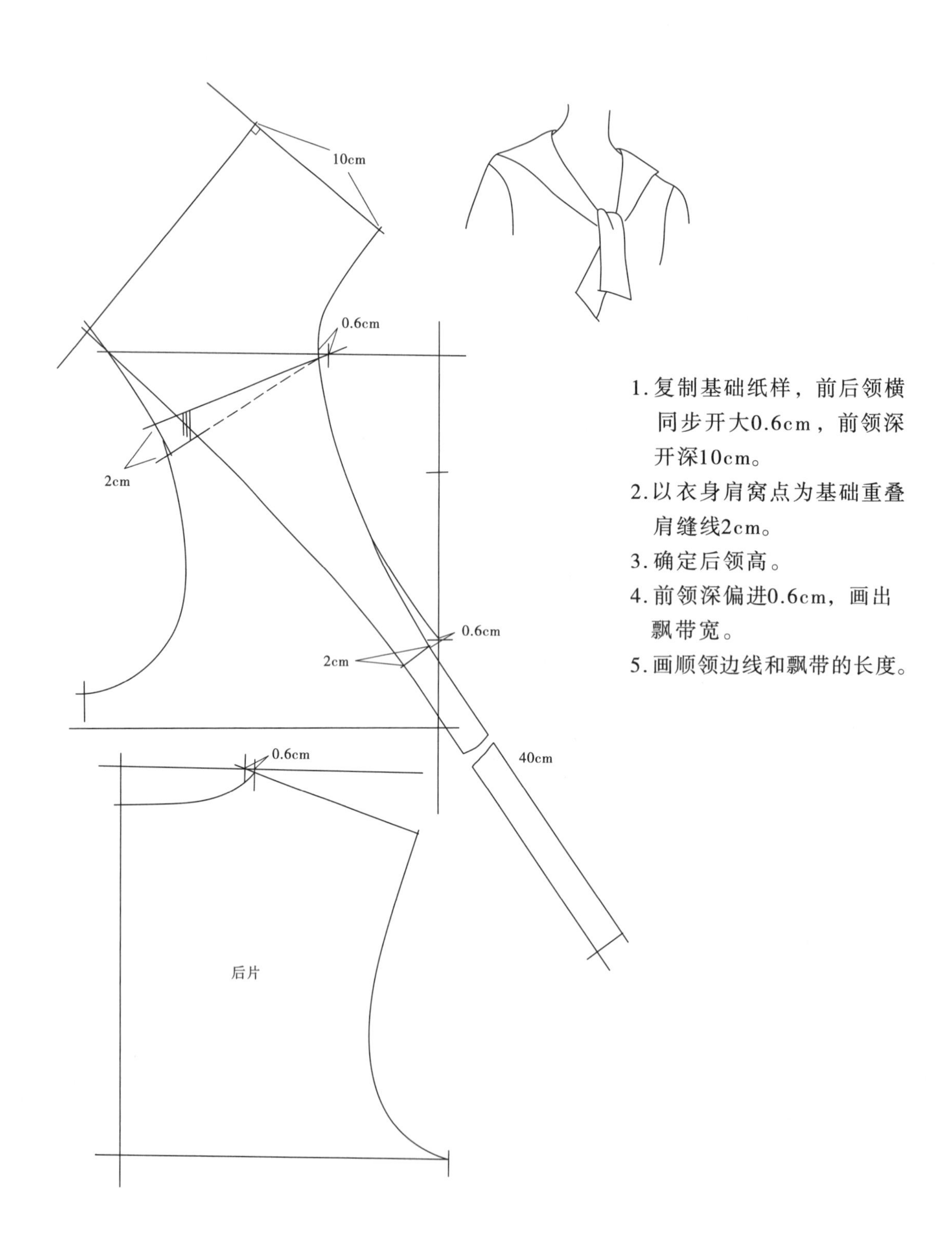

1. 复制基础纸样，前后领横同步开大0.6cm，前领深开深10cm。
2. 以衣身肩窝点为基础重叠肩缝线2cm。
3. 确定后领高。
4. 前领深偏进0.6cm，画出飘带宽。
5. 画顺领边线和飘带的长度。

第2节B　坦领的变化——荷叶领

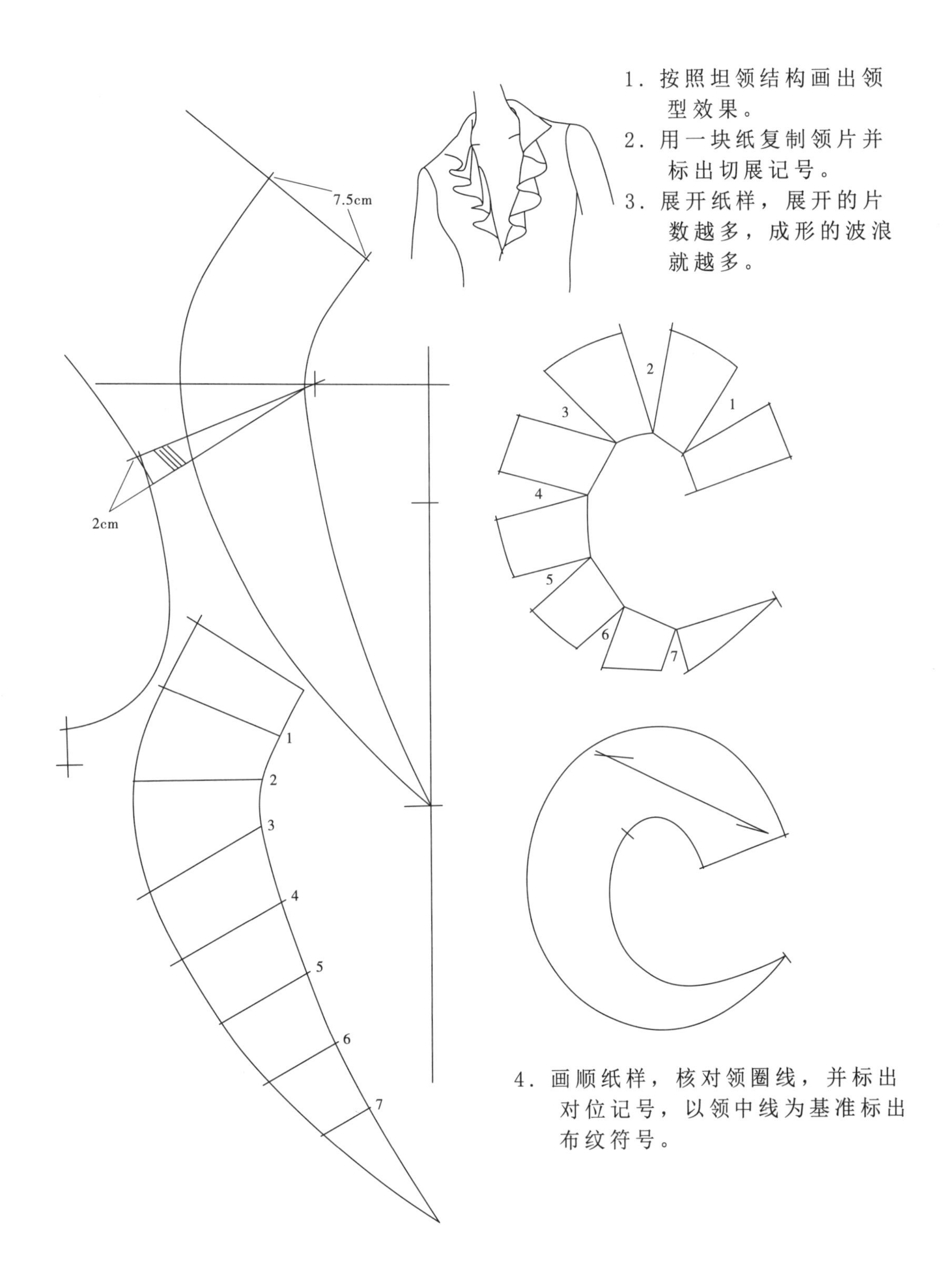

1. 按照坦领结构画出领型效果。
2. 用一块纸复制领片并标出切展记号。
3. 展开纸样，展开的片数越多，成形的波浪就越多。
4. 画顺纸样，核对领圈线，并标出对位记号，以领中线为基准标出布纹符号。

第3节　立领的结构原理

立领是指无翻领只有领座的领，立领开口可设计前中、后中或偏左偏右，在基础领圈上配置的立领，这种立领称为基础立领。

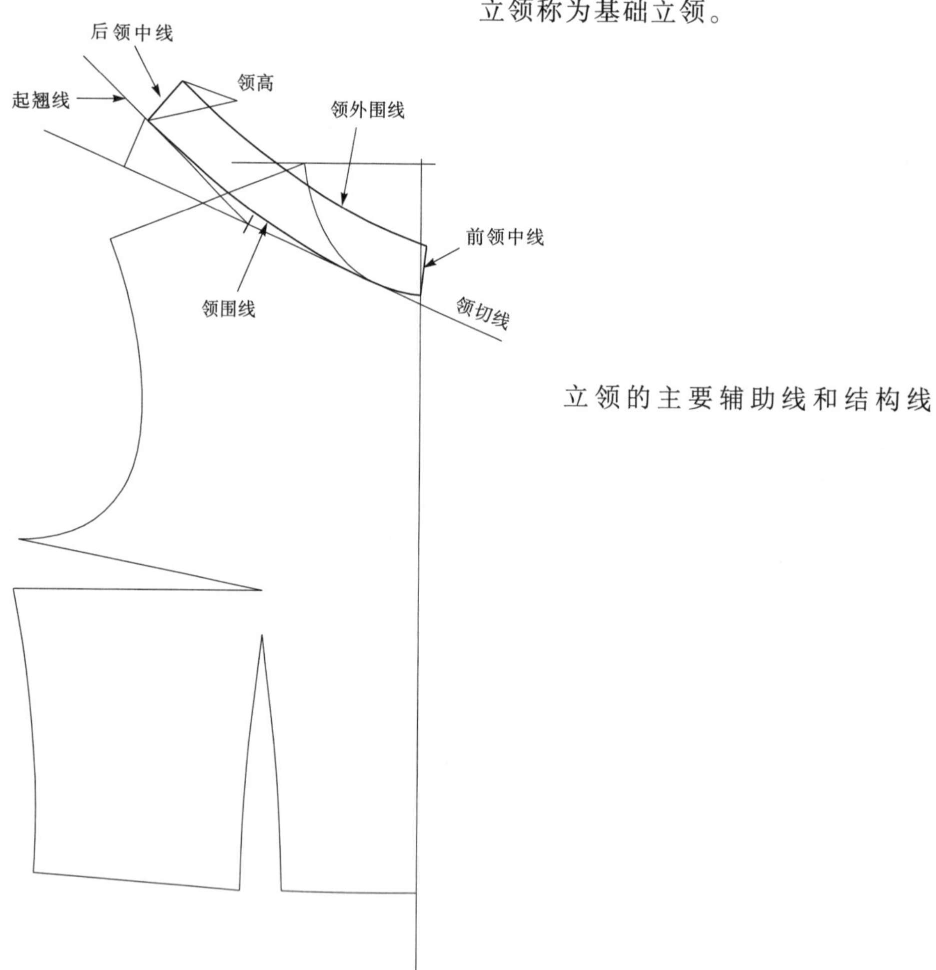

立领的主要辅助线和结构线

立领的结构原理

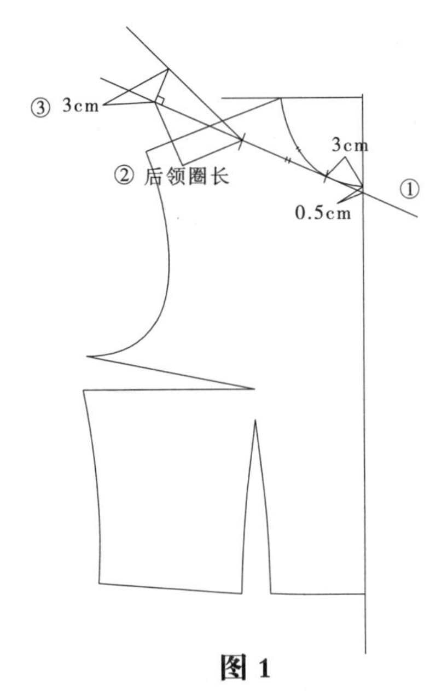

图 1

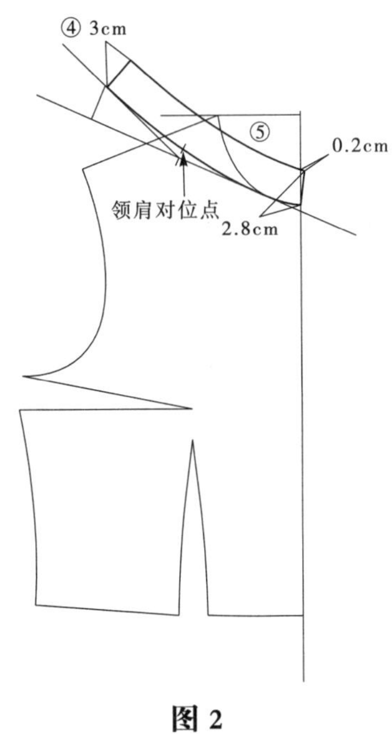

图 2

图 1

1. 前领深下落0.5cm，领圈线上量3cm两点连接画出领切线。
2. 量前后领圈尺寸，确定领肩对位点。
3. 在领切线上垂直3cm作出领翘势。

图 2

4. 画顺领圈线，调整领肩对位点，量出后领圈长确定后中领高。
5. 确定前领中线，画顺领外围线。

立领的结构原理

通过前面的内容我们知道，影响领外围线的因素是由领圈线的翘势来决定，领围线的翘式越大，领外围线就越短，则越贴近脖颈，呈合体状，反之则成不合体状松身造型。

通过纸样展开和折叠，可以看到领外围线长短和翘势的变化。

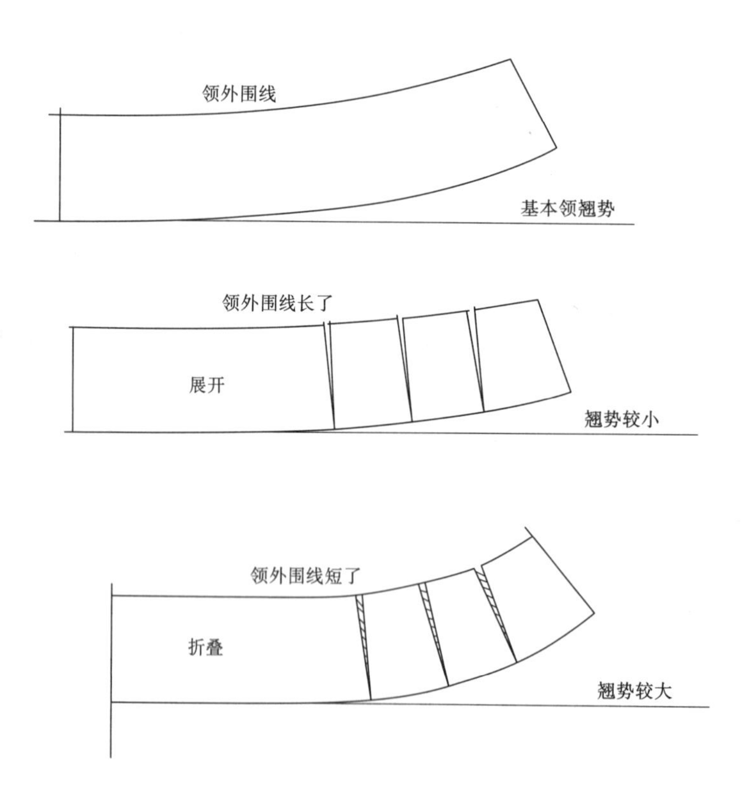

立领的结构原理

前面讲解了基础纸样，领圈无变化的立领结构，下面来了解领横、领深变化的立领。

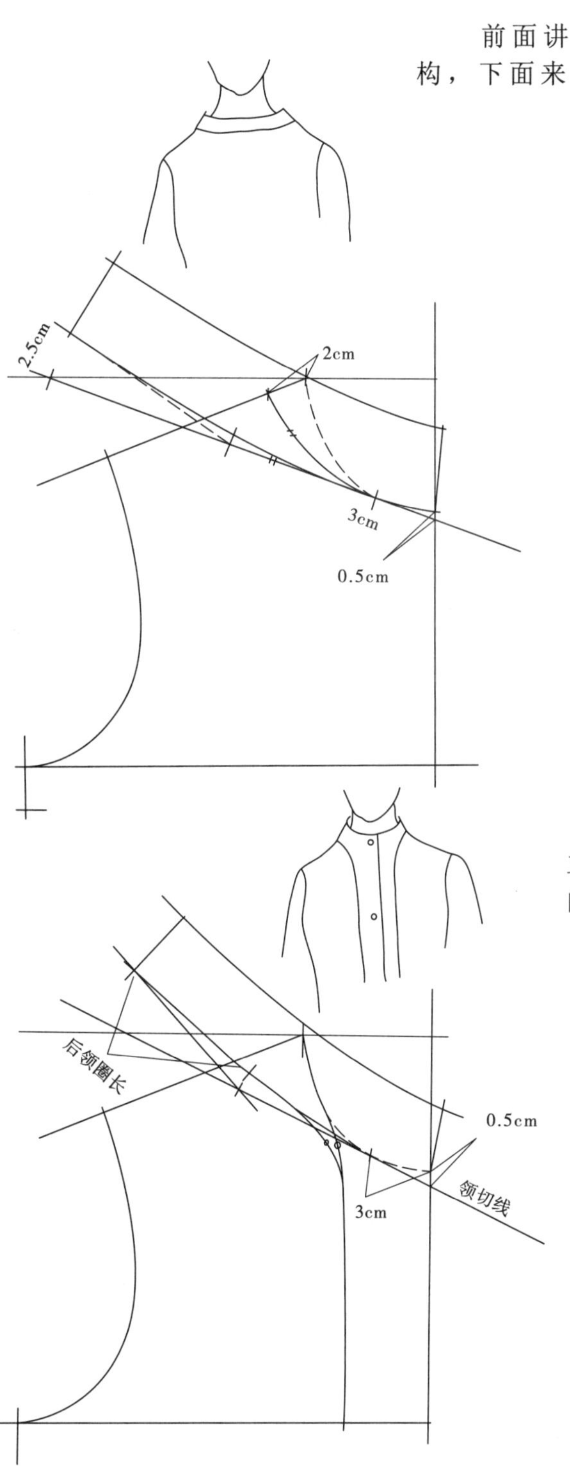

领深不变，领横开大2cm：

1. 离中线3cm作出领切线，并作出前领圈长、后领圈长记号。
2. 作出翘势，划顺领圈线。
3. 依次定出后领中线、领外围线。

领横不变，领深作任意变化：

首先可以把它看成一个标准领圈立领。其次才考虑它只是分割线分割的关系，方法同标准领圈立领一样。

第3节A 立领的变化——两用立领、松身U型立领

两用立领作法基本上按基础立领。

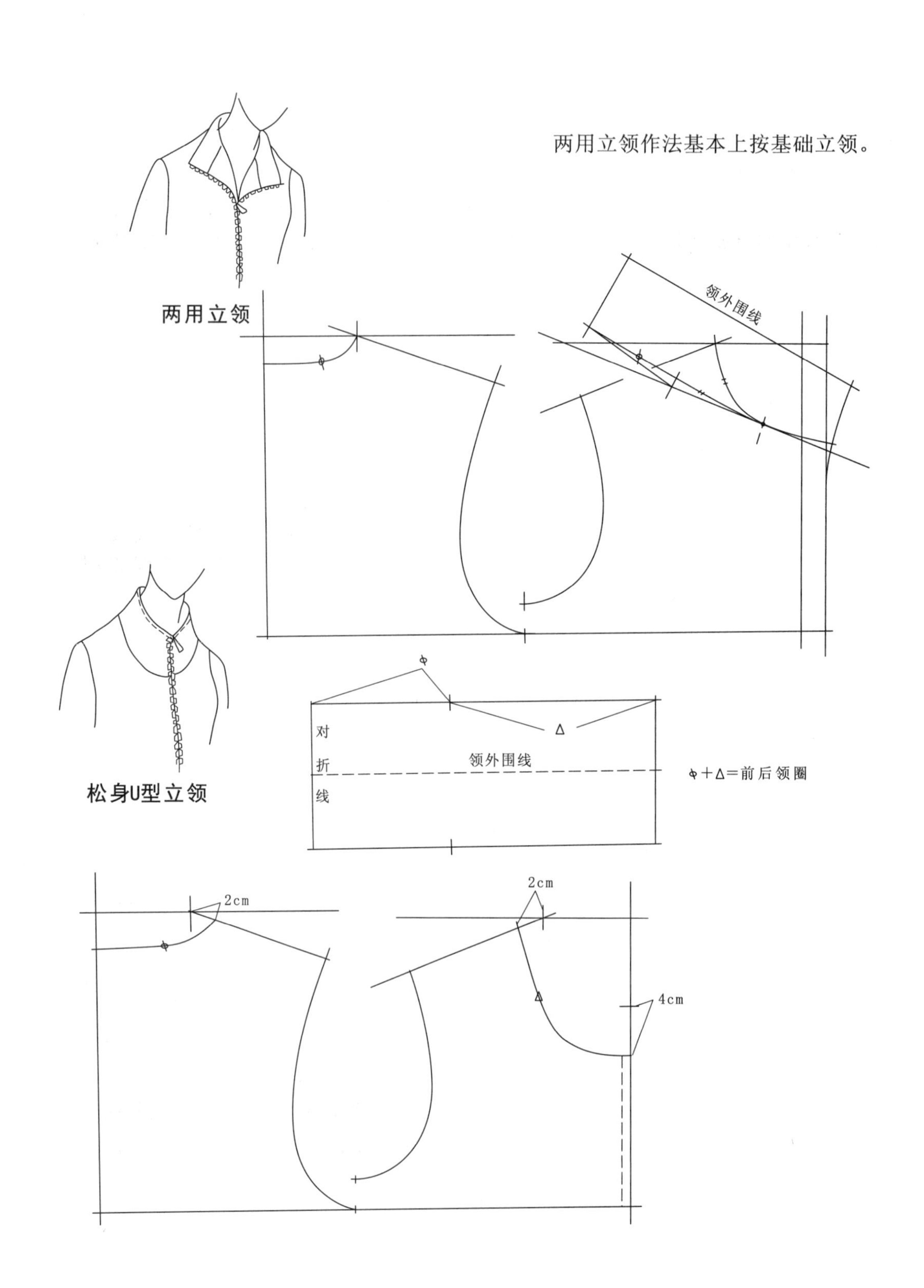

立领的变化——
两用立领、松身U型立领

领子一般由领面、领底组成，正常情况下领面、领底都要加衬。立领领面、领底的布纹线可直或横或45° 斜裁。

从以上两款我们可以看到这两款的领外围线与前面几款的外围线明显不同，前几款的领外围线都是弧形，而这两款的外围线是很直的，根据这种情况，可以把领外围线设计为双口。

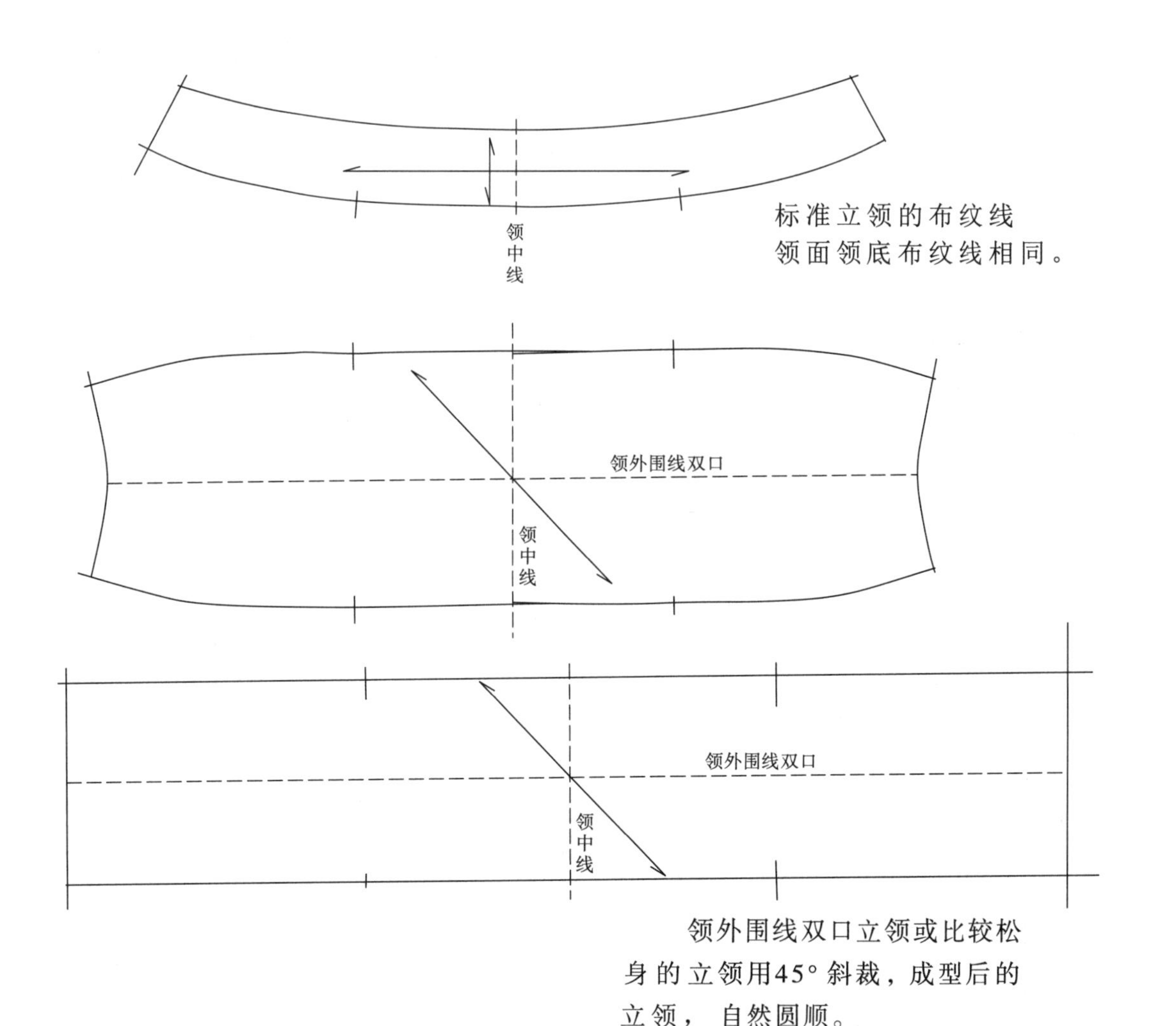

标准立领的布纹线
领面领底布纹线相同。

领外围线双口立领或比较松身的立领用45° 斜裁，成型后的立领，自然圆顺。

第3节B 立领的变化——连身立领

在基础纸样上，连身立领，领横和领高可作任意变化。

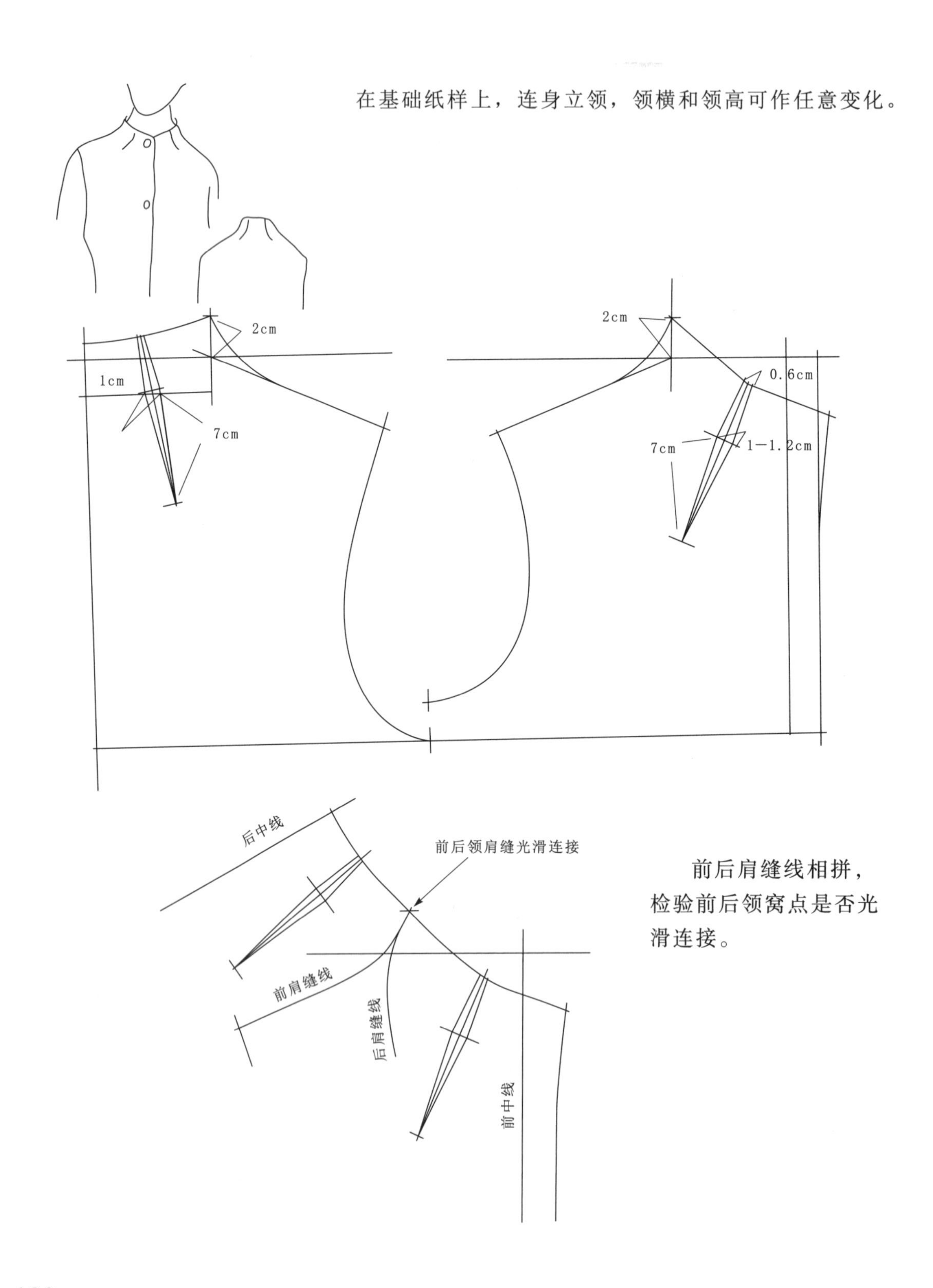

前后肩缝线相拼，检验前后领窝点是否光滑连接。

立领的变化——连身立领

在基础立领结构上作相应变化。

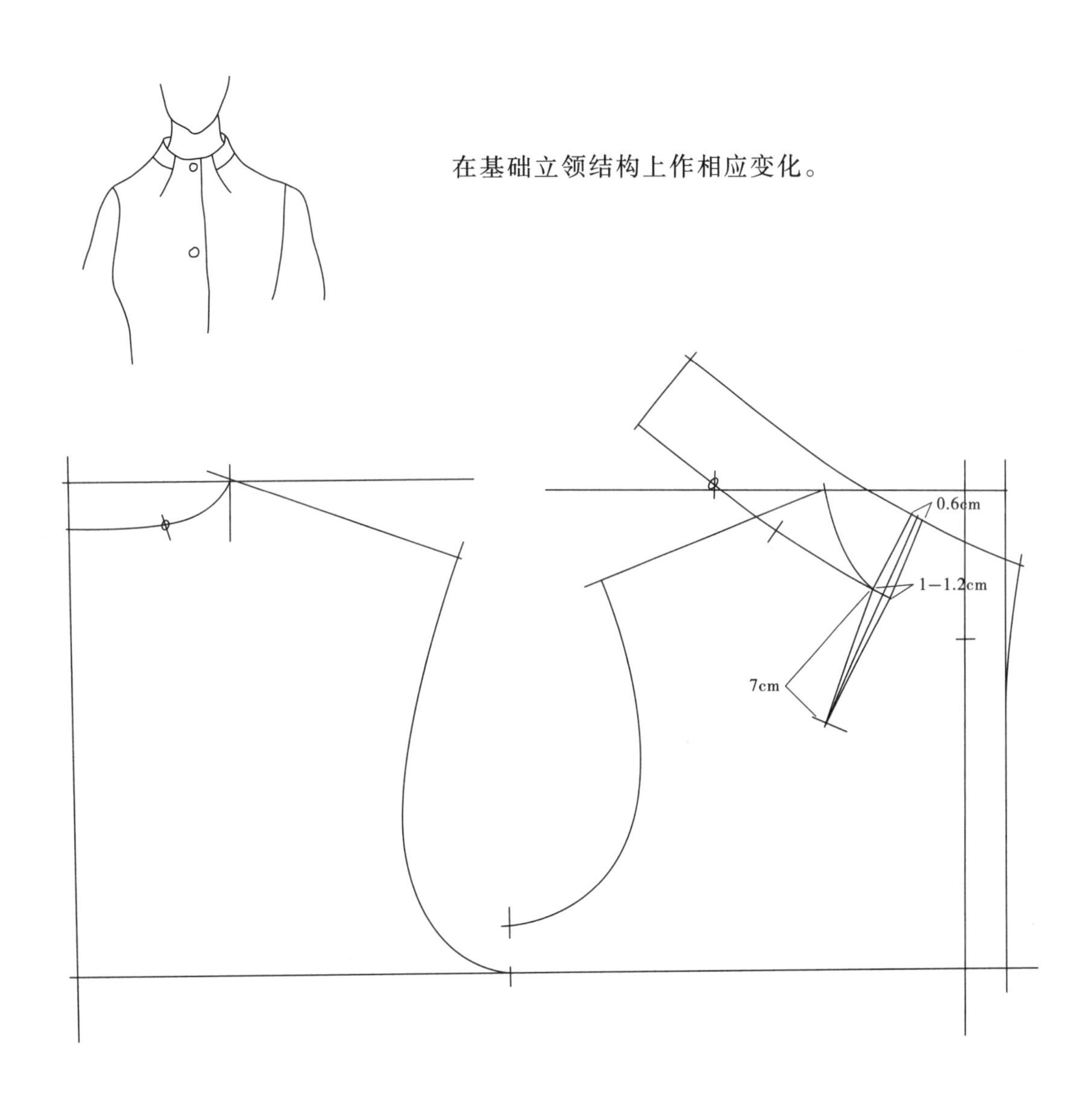

第4节　翻领的结构原理

具有领座的领统称翻领，翻领有连领脚和断领脚之分，任何一种翻领都可做成连领脚或断领脚。首先来分析连领脚翻驳领的结构原理。

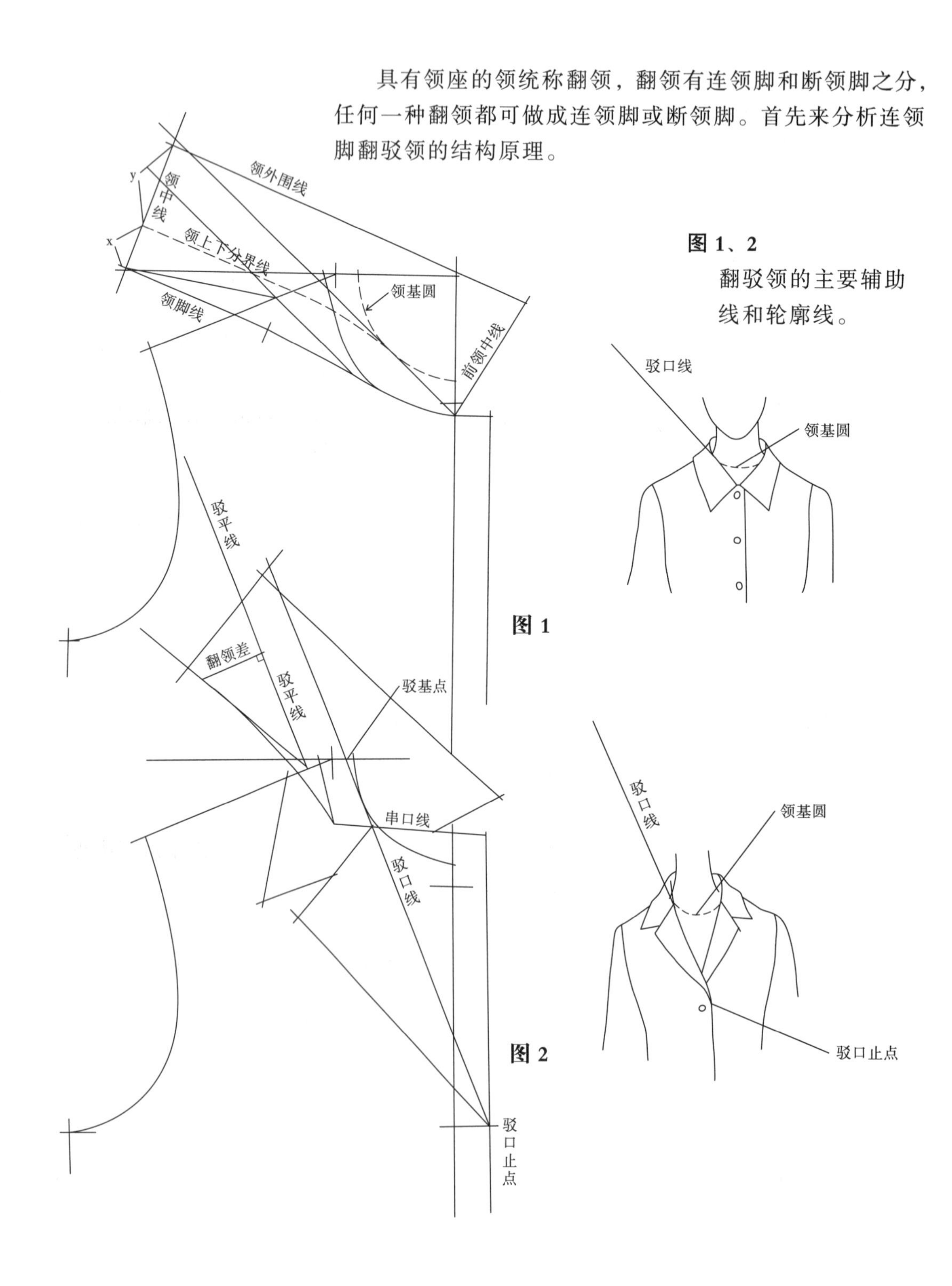

图 1

图 2

图 1、2
翻驳领的主要辅助线和轮廓线。

翻领的结构原理

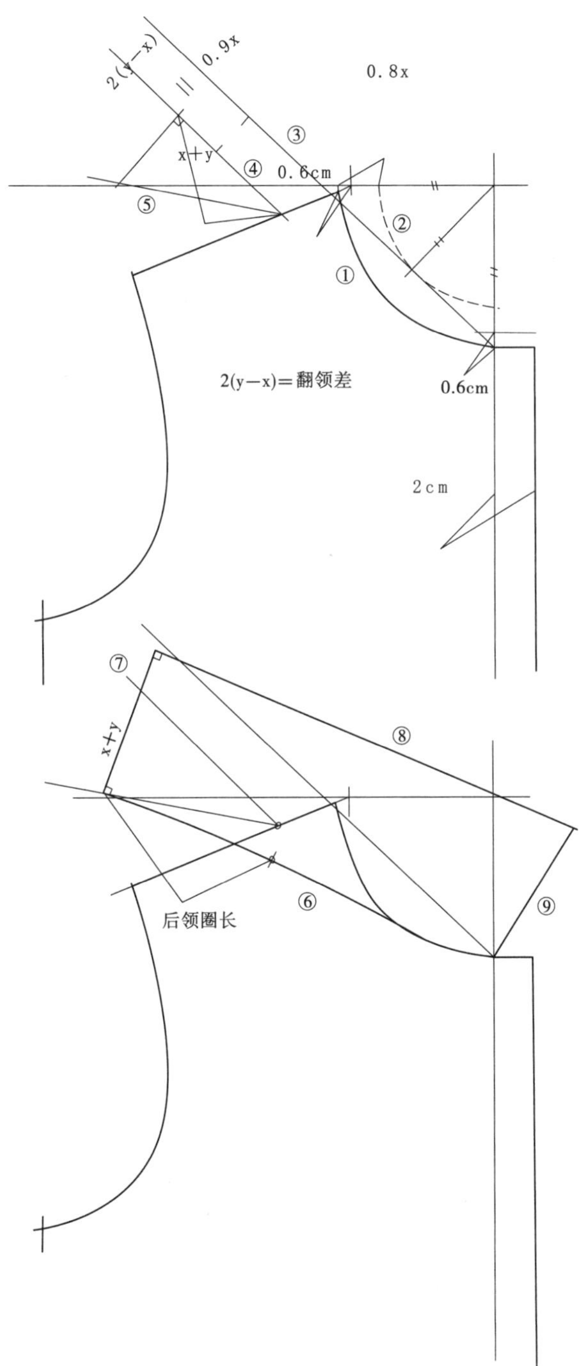

关门领结构设计

假设尺寸

y表示上领　y=5cm

x表示下领　x=3cm

1. 复制基础纸样，领横开大0.6cm，前领深挖深0.6cm。
2. 上平线肩窝点量0.8x作领基圆。
3. 驳口点与领基圆相切为驳口线。
4. 0.9x作出驳平线与驳口线平行。
5. 量出领高x+y，确定翻领差2(y−x)。

6. 标出领肩对位点，确定后领中点并画顺领脚线。
7. 作出后中领高x+y。
8. 画出领外围线。
9. 确定前领中线。

翻领的结构原理

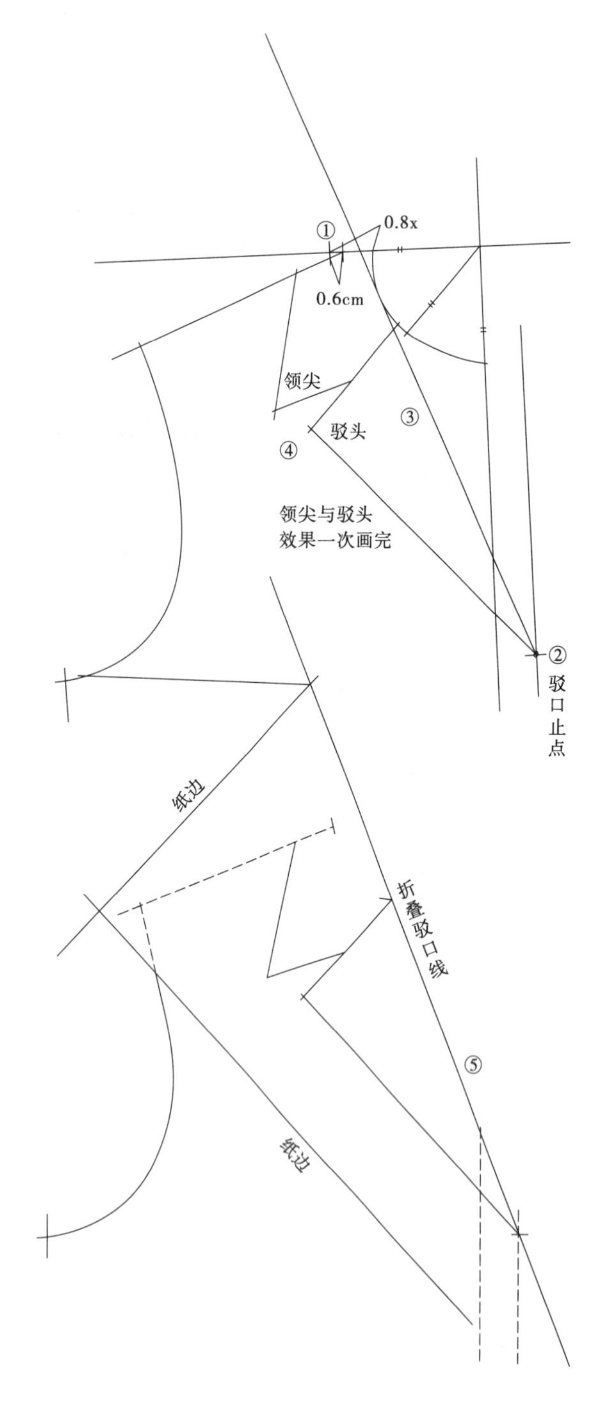

开门领结构设计

假设尺寸

y表示上领　y=4.5cm

x表示下领　x=3cm

1. 复制基础纸样，领横开大0.6cm量0.8x，作出领基圆。
2. 确定驳口止点。
3. 与领基圆相切画出驳口线。
4. 根据款式画出驳头宽、串口线、领尖的翻驳效果。
5. 折叠驳口线复制，驳头宽、串口线、领尖。

翻领的结构原理

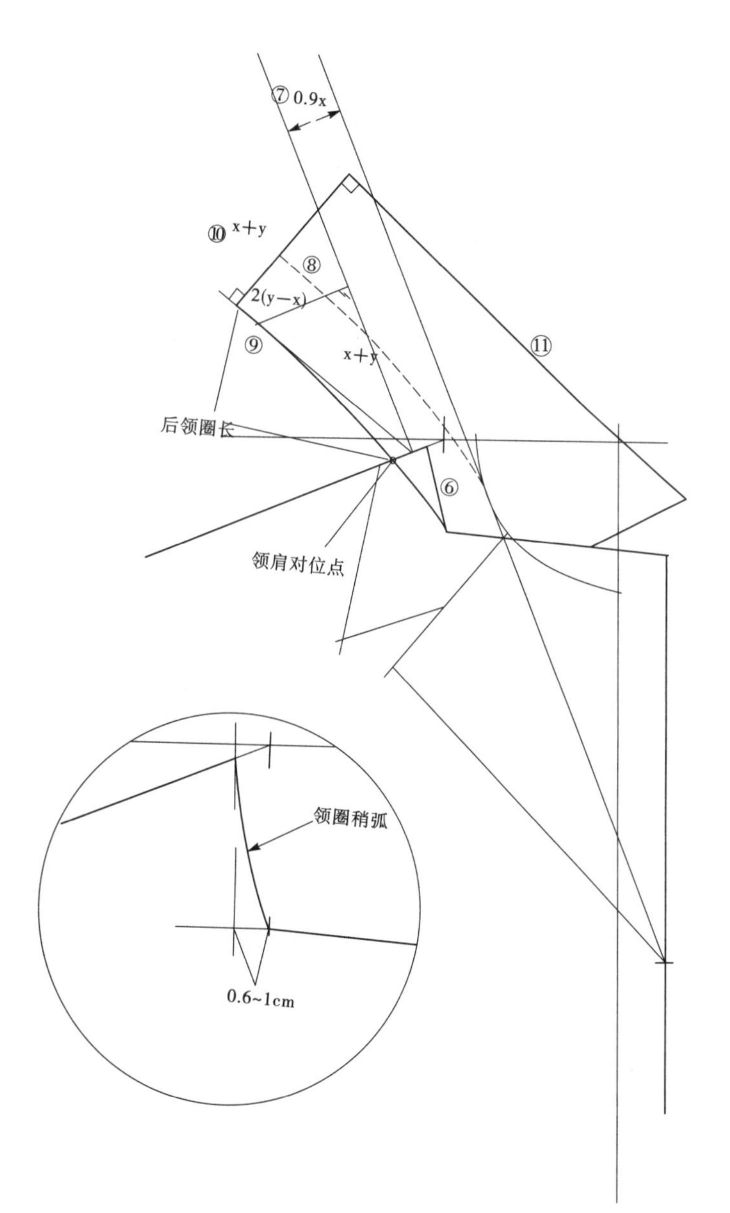

6. 前领口与串口线相连。
7. 平行驳口线0.9x画出驳平线。
8. 驳平线肩点处外量x+y确定翻领差2(y-x)。
9. 画顺领脚线并确定领肩对位点、后领中点。
10. 确定后中领高x+y。
11. 依次确定领外围线、前领角线。

翻领的结构原理

在翻驳领的结构中，我们看到它的驳口线总是过领基圆切线，那么怎样来确定变化中领圈的领基圆。

其一，前领深大于领横的领基圆可如图1确定。

其二，当前领深小于领横的领基圆可照图2确定。

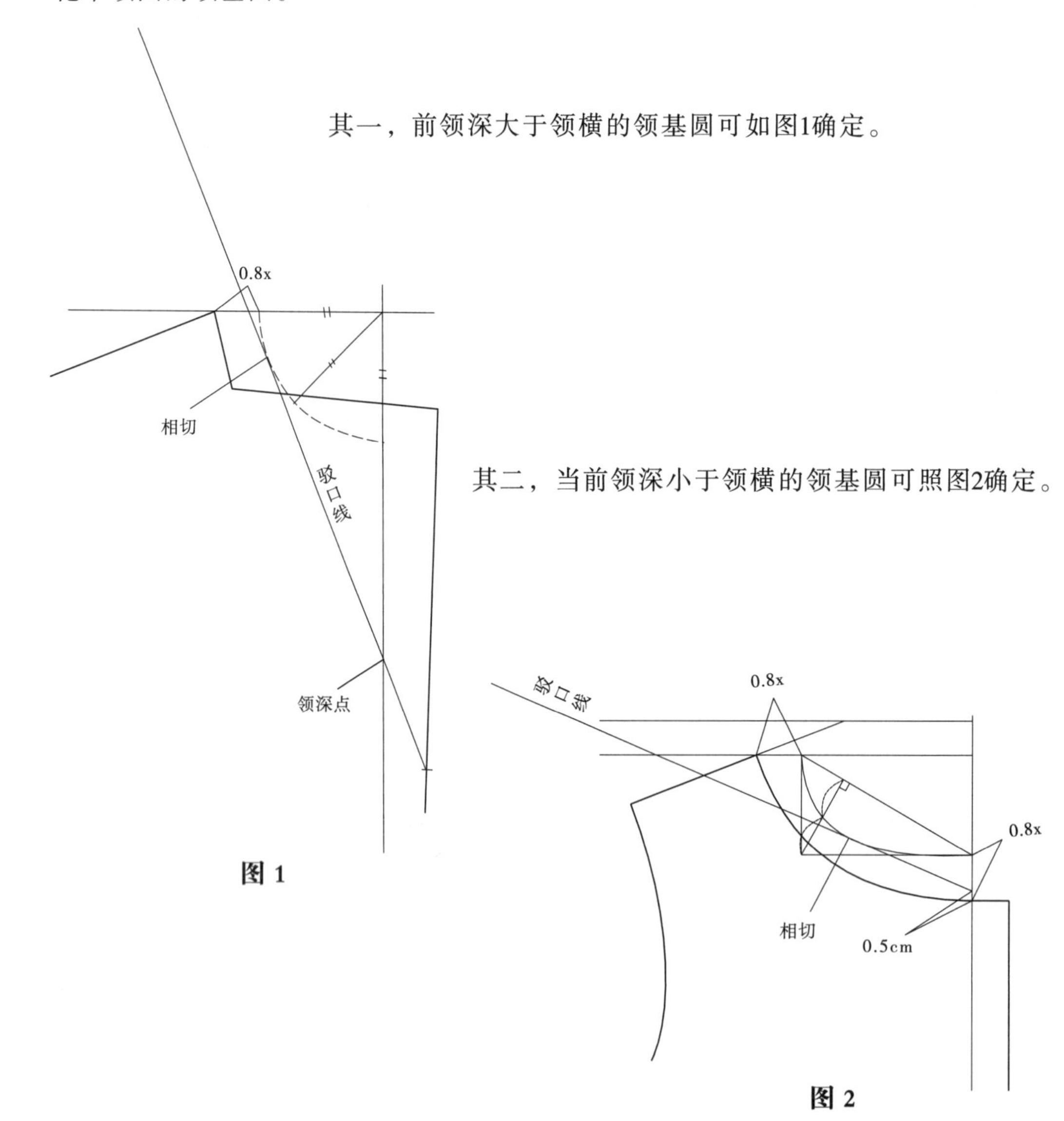

图 1

图 2

翻领的结构原理

翻领与翻驳位的损耗加放

领子是由领面与领底组成，通常翻驳领领面比领底多出0.3～0.8左右，才能满足领子自然翻出贴服。同样道理，翻驳位是挂面和同片组成。所以翻驳位相应的加出0.3cm左右。当然，加出的翻领与翻驳位的损耗量在缝制时，要把损耗量溶掉，否则加出的损耗量无意义。

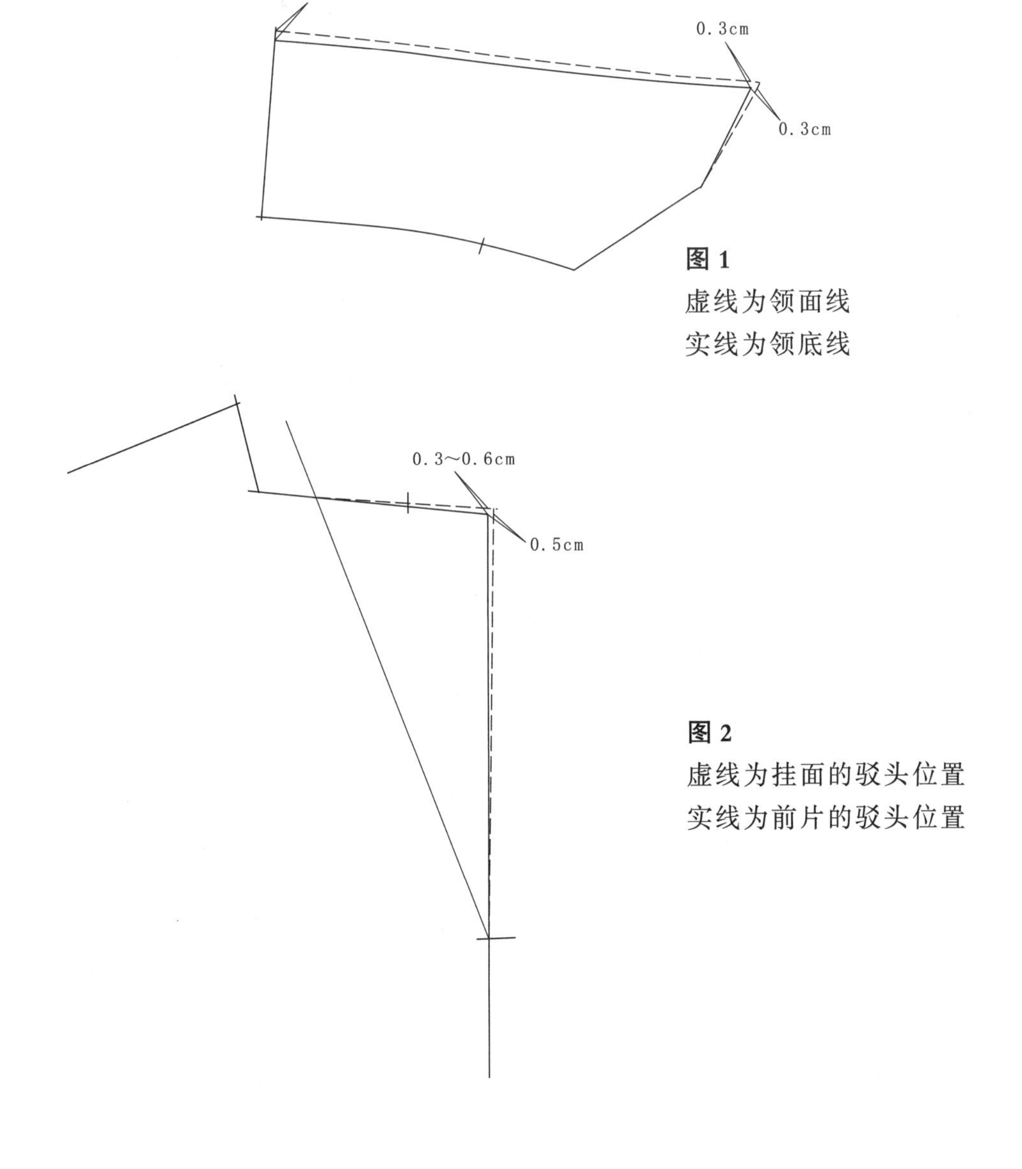

图 1
虚线为领面线
实线为领底线

图 2
虚线为挂面的驳头位置
实线为前片的驳头位置

第4节A　翻领的变化——平驳头西装领

西装领是翻领的一种，西装领有它特有的驳头和领缺角，和两者连成接缝的串口。是应用最广泛的一种领子。

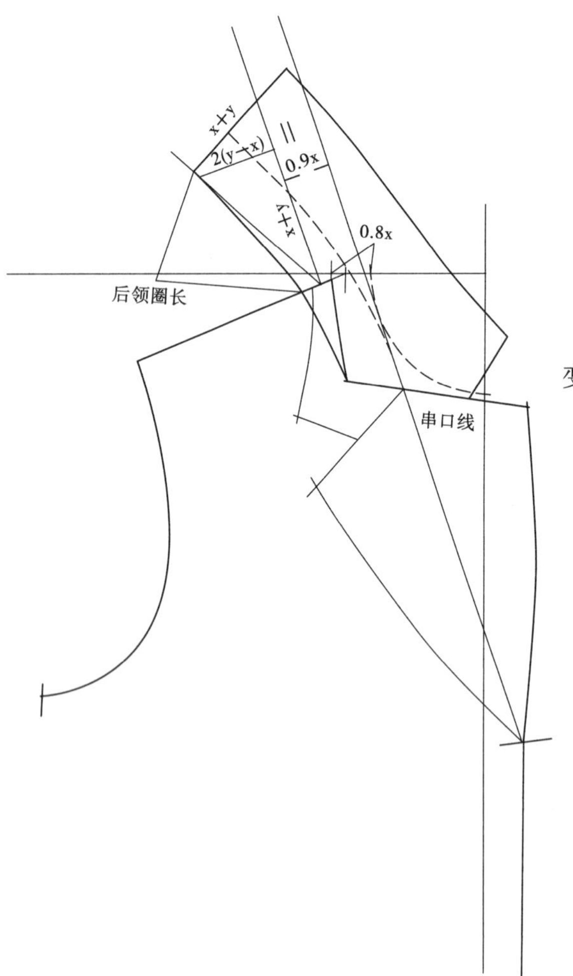

y=4.5cm

x=3cm

左图款为按翻驳领结构进行调节变化而成平驳头西装领。

第4节B　翻领的变化——枪驳头西装领

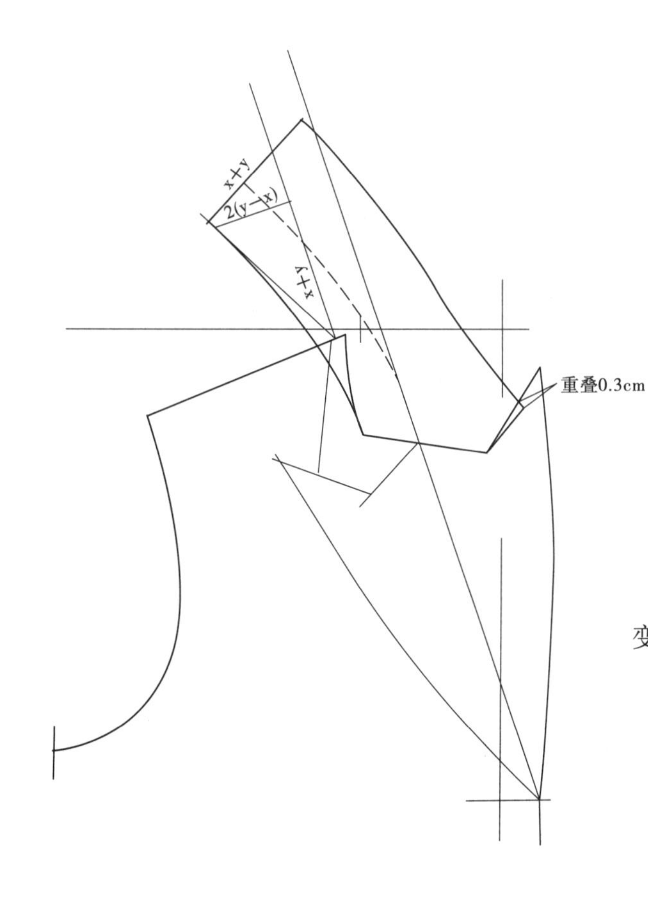

y=4.5cm

x=3cm

左图款为按翻驳领结构进行调节变化而成枪驳头西装领。

第4节C　翻领的变化——叠驳领

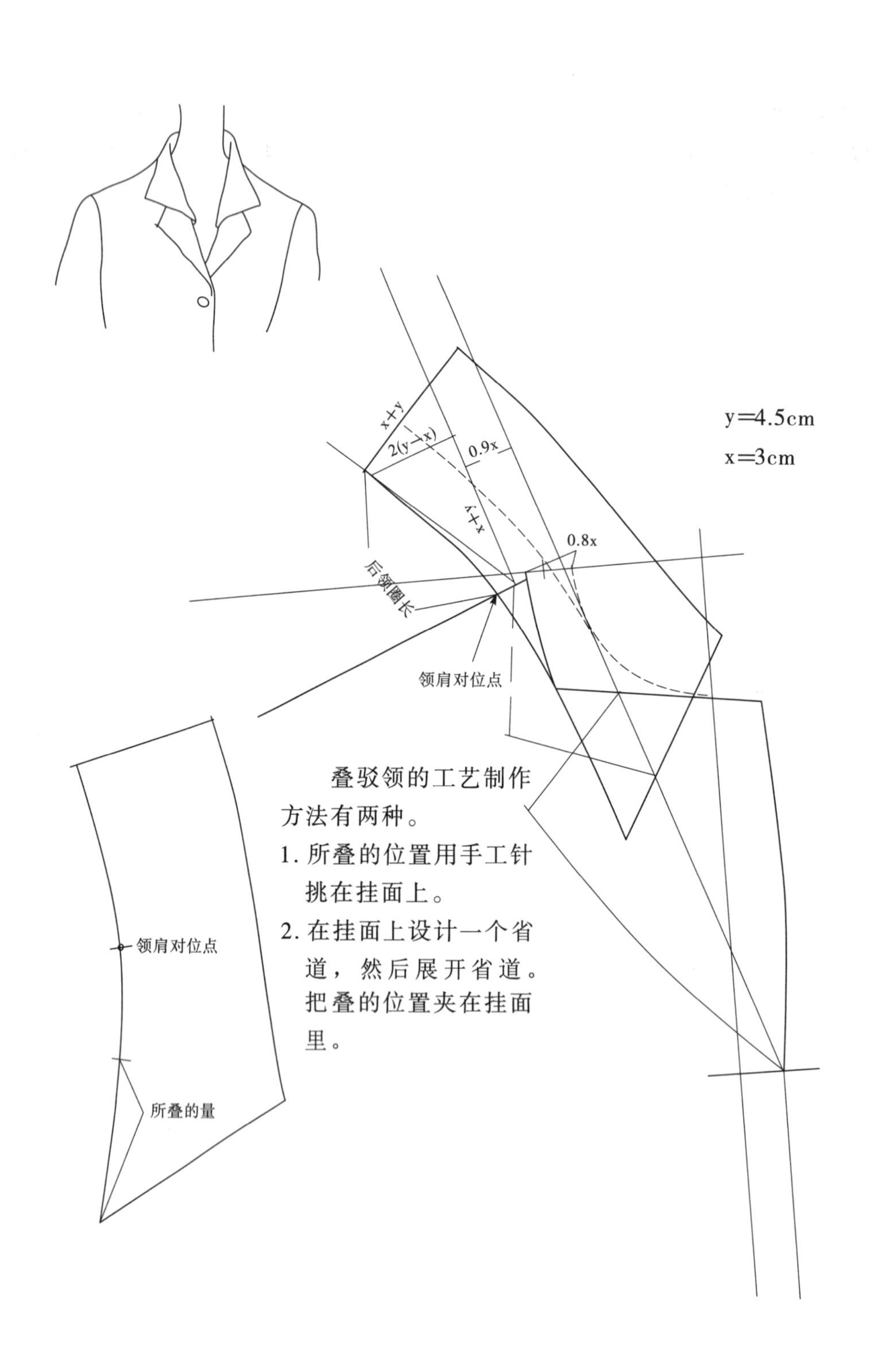

叠驳领的工艺制作方法有两种。

1. 所叠的位置用手工针挑在挂面上。
2. 在挂面上设计一个省道，然后展开省道。把叠的位置夹在挂面里。

第5节　装领脚的结构原理

首先，装领脚的结构必须建立在连领脚结构基础上，然后进行分解，才能得到装领脚的翻领，常见的方法有两种，其一完全从领上下分界线断开，如衬衫领、中山装领，其二，离分界线1cm左右处断开。

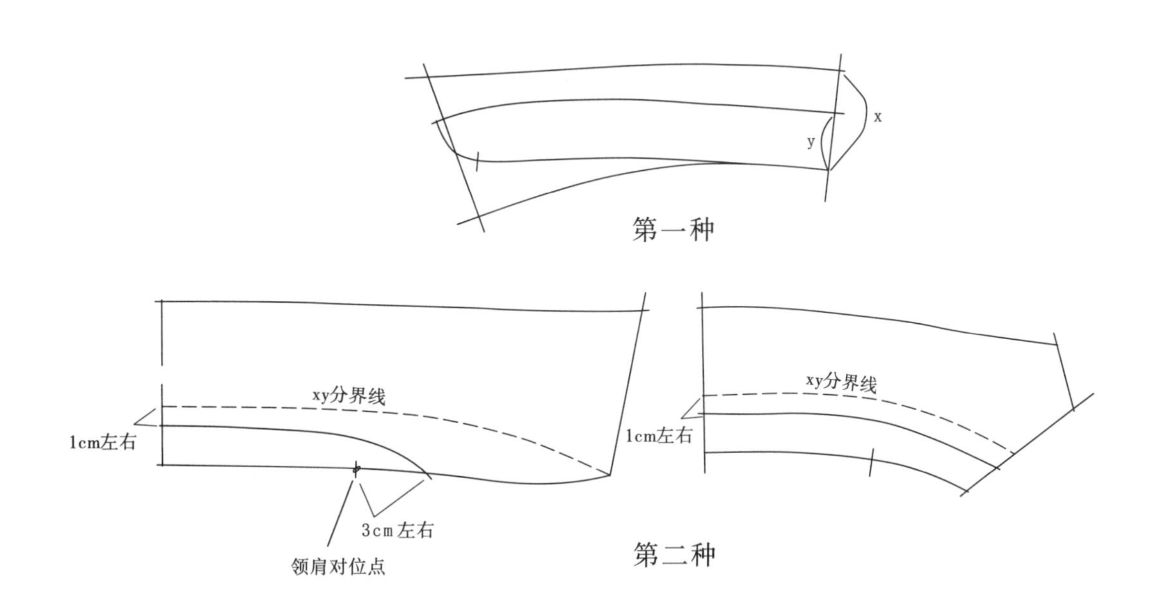

装领脚的结构原理

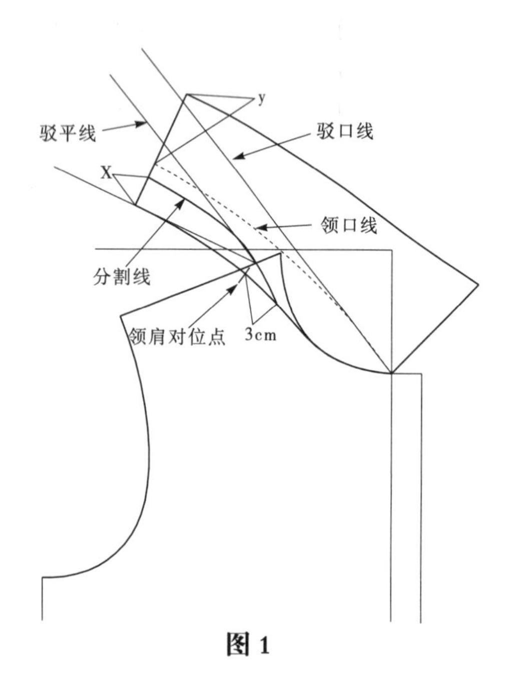

图 1

图 1

1.建立连领脚结构，沿领口线1cm画出领脚分割线。

图 2

2.领脚变形。

图 3

3.翻领变形。

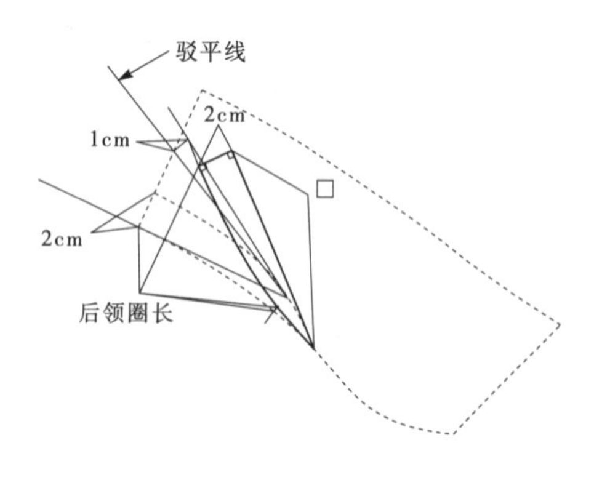

图 2

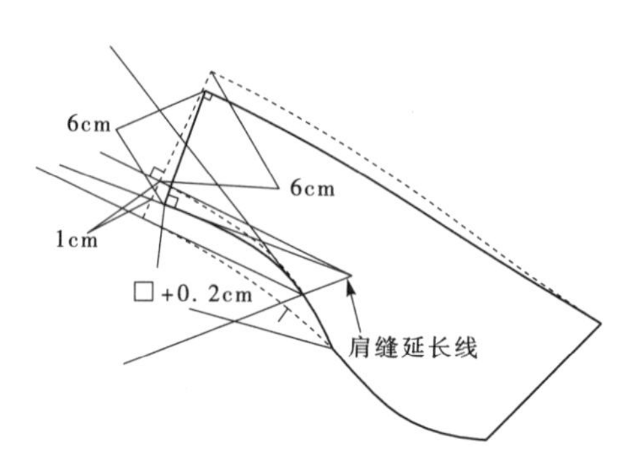

图 3

第6节　翻领驳口线的变化

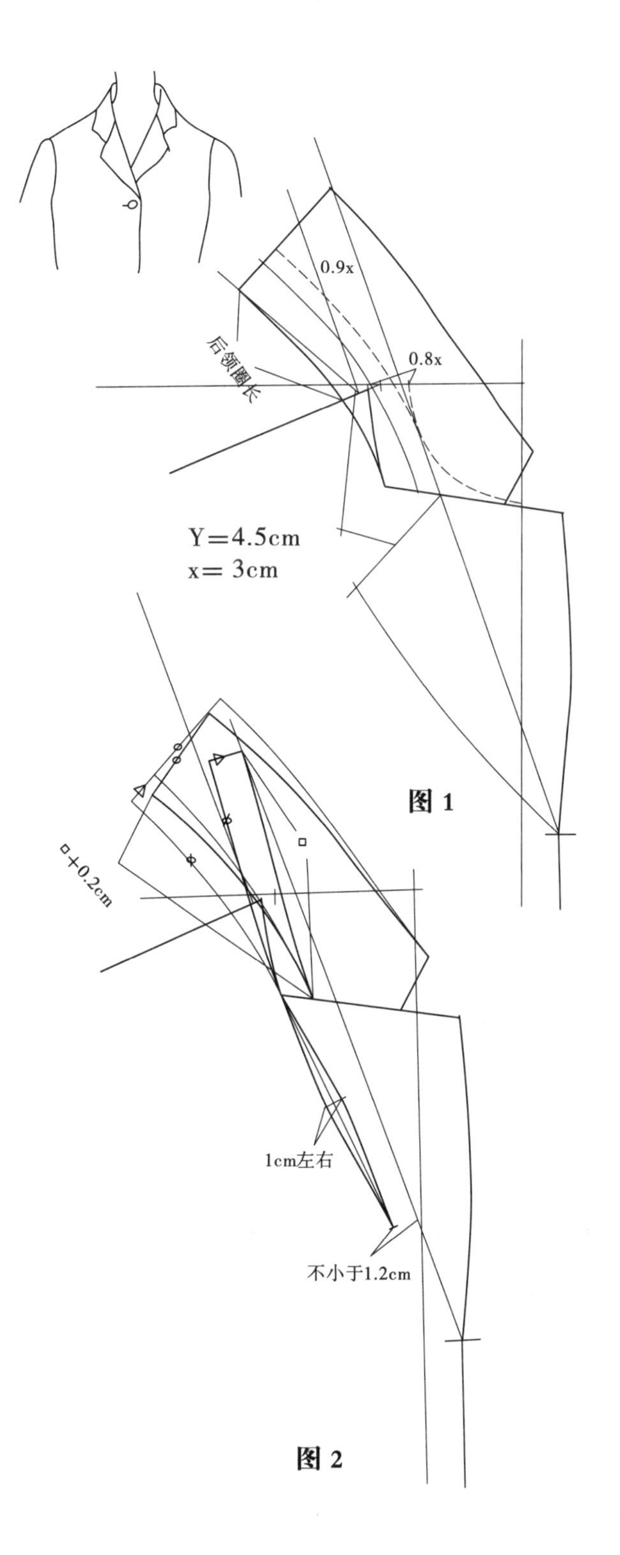

从前面的款式中我们可以看到它们的驳口线都是直的，如何把驳口线处理成弧形。那么就要通过收省把驳口线处理成弧形。

图 1

按照翻领结构画出连领脚结构。

图 2

按照断领脚结构画出上下级领子，然后在前领圈与串口线交接处设计一省道。

翻领驳口线的变化

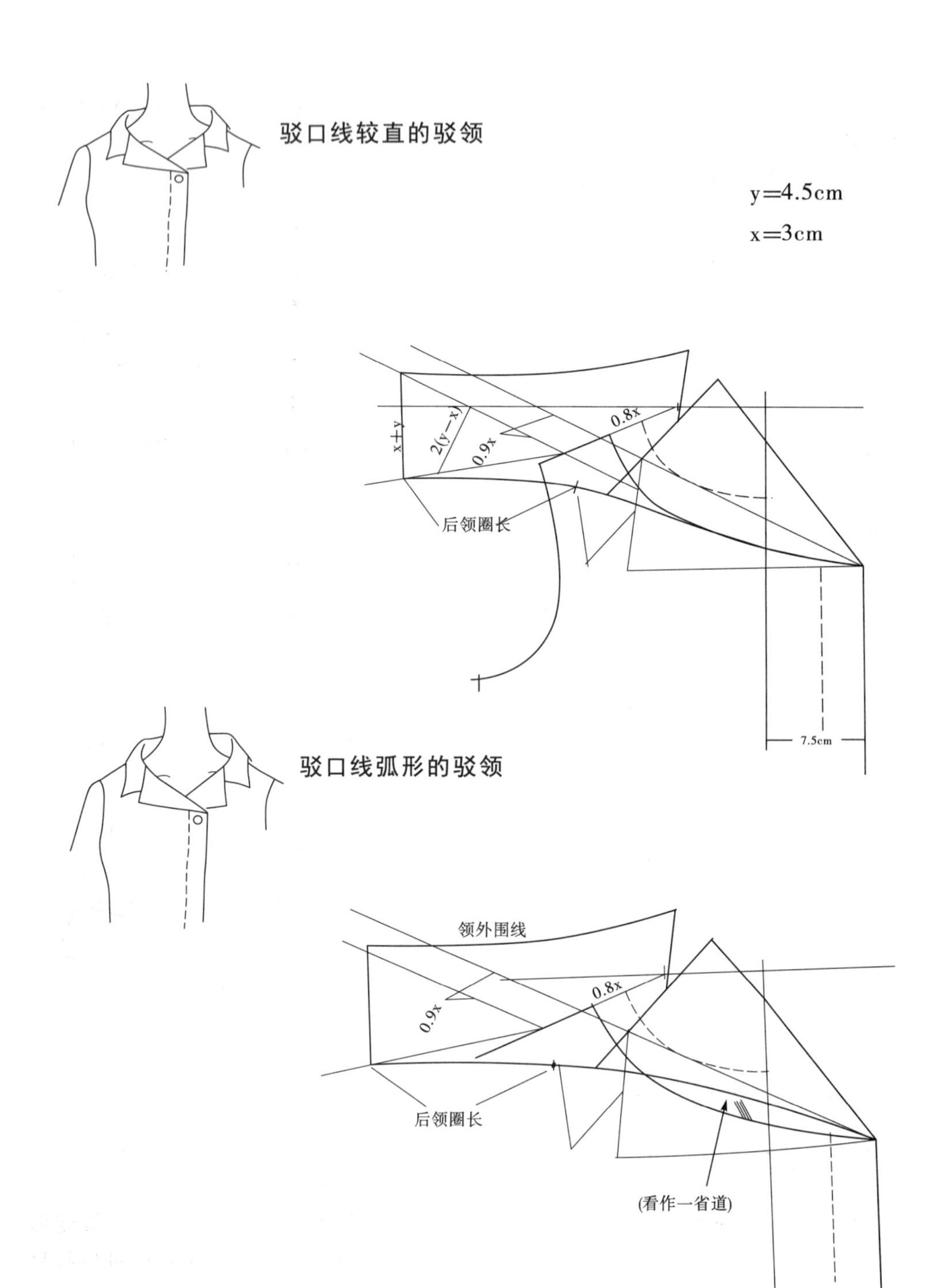

驳口线较直的驳领
y=4.5cm
x=3cm
x+y
2(y−x)
0.9x
0.8x
后领圈长
7.5cm
驳口线弧形的驳领
领外围线
0.9x
0.8x
后领圈长
(看作一省道)

第7节　衬衫领、中山装领

衬衫领、中山装领是完全的上下级领型结构，可用立领结构，又可用翻领结构。

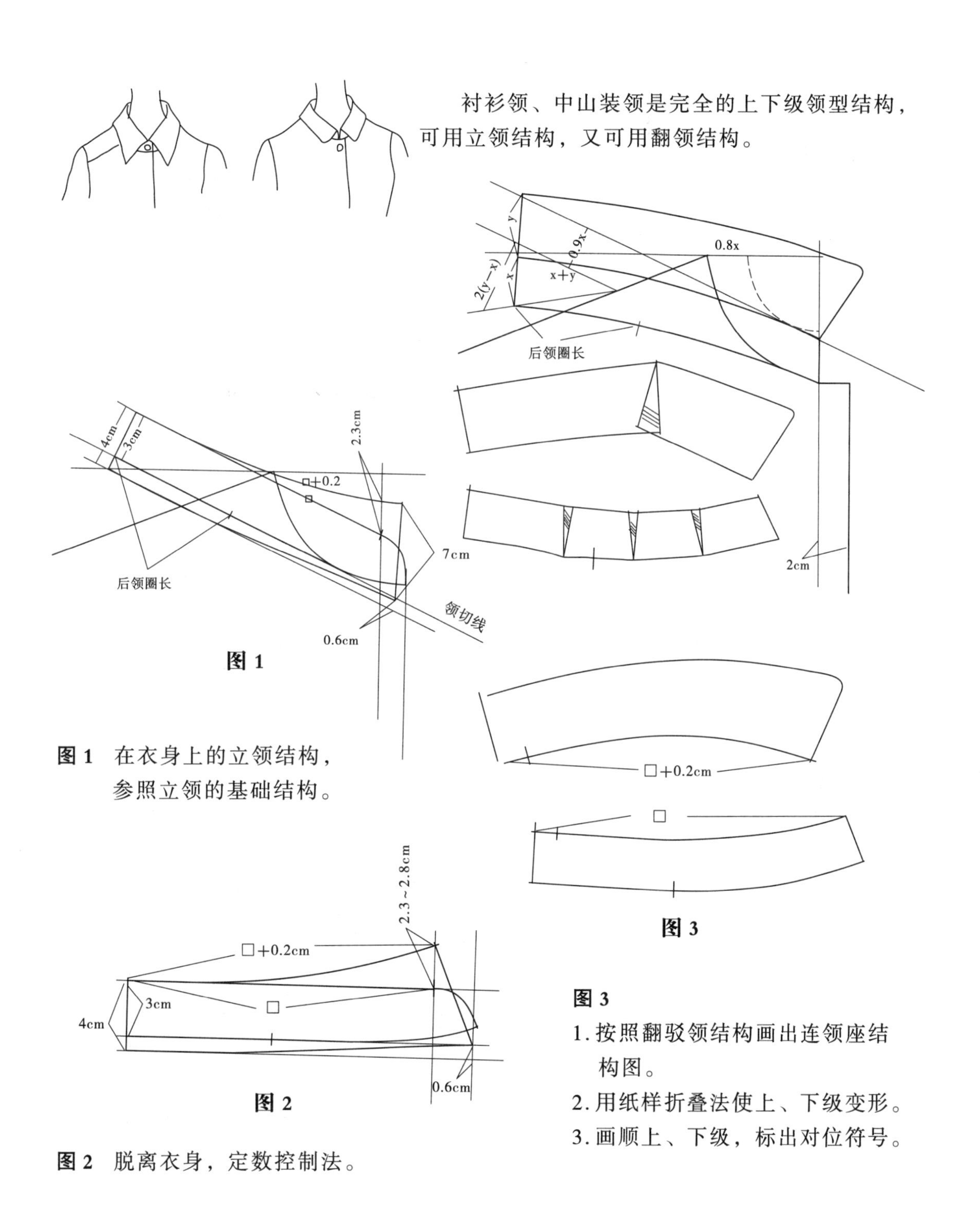

图 1

图 3

图 2

图 1　在衣身上的立领结构，参照立领的基础结构。

图 2　脱离衣身，定数控制法。

图 3

1. 按照翻驳领结构画出连领座结构图。
2. 用纸样折叠法使上、下级变形。
3. 画顺上、下级，标出对位符号。

第8节　连领青果领的变化

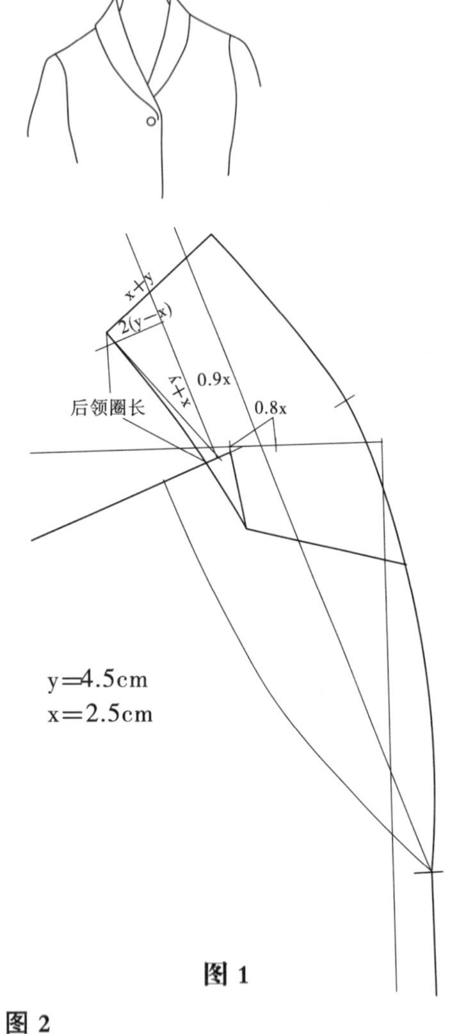

图 1

连领也是一种翻领，基本具备了翻驳领的结构特征，它的领子通常与挂面连在一起。

图 1

1. 按照翻驳领结构画出连领结构图。

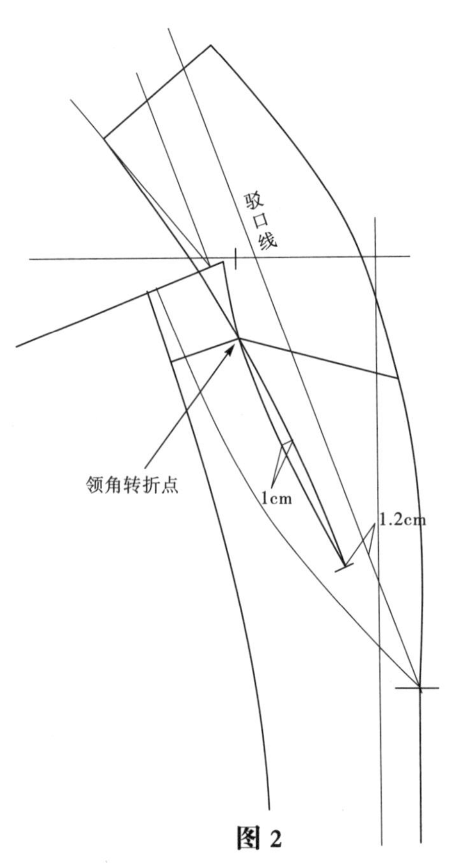

图 2

图 2

2. 以领角转折点为基准顺弧画出领省、省尖离驳口线1.2cm。
3. 确定挂面位置大小，以领角转折点为基点画出分割线。

连领青果领的变化

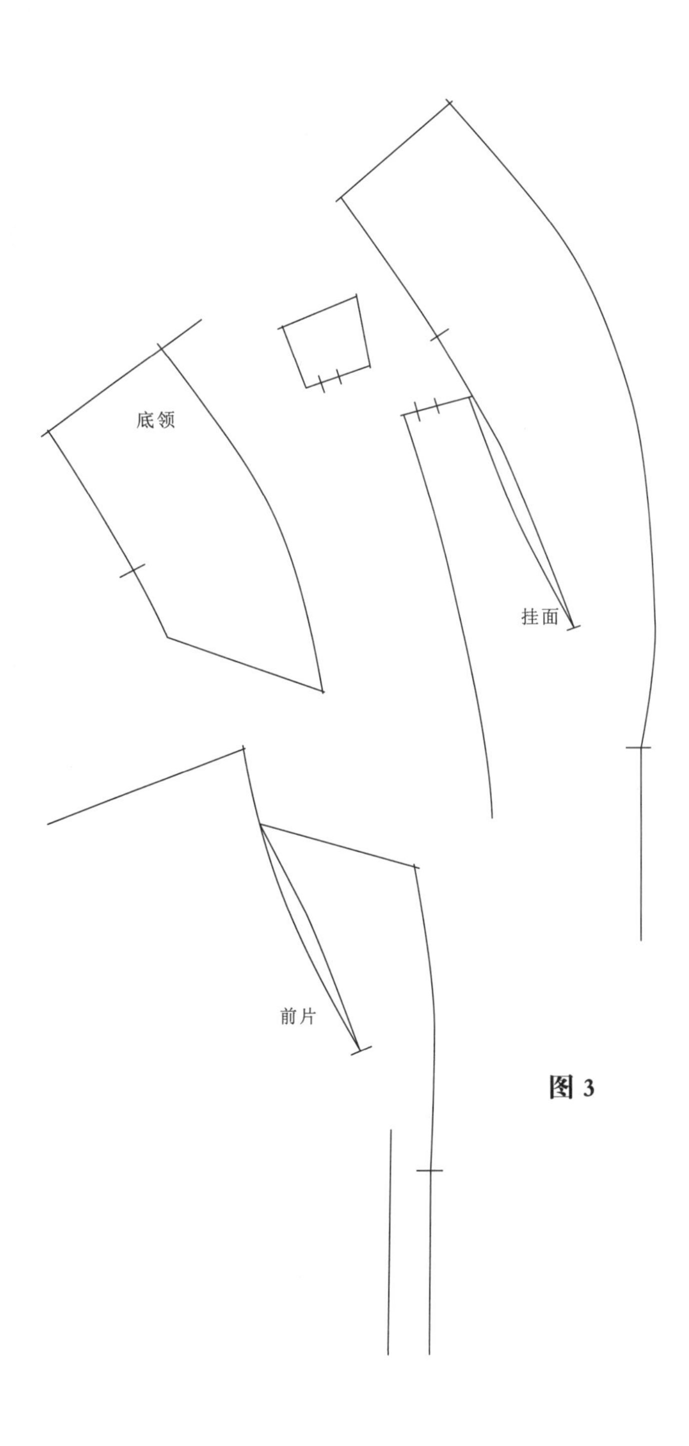

图 3

图 3

4. 分离纸样，挂面连领加出损耗。

   损耗加放，请参阅本章第四节翻领与翻驳位的损耗加放。

5. 标出所有的对位记号。

连领青果领的变化

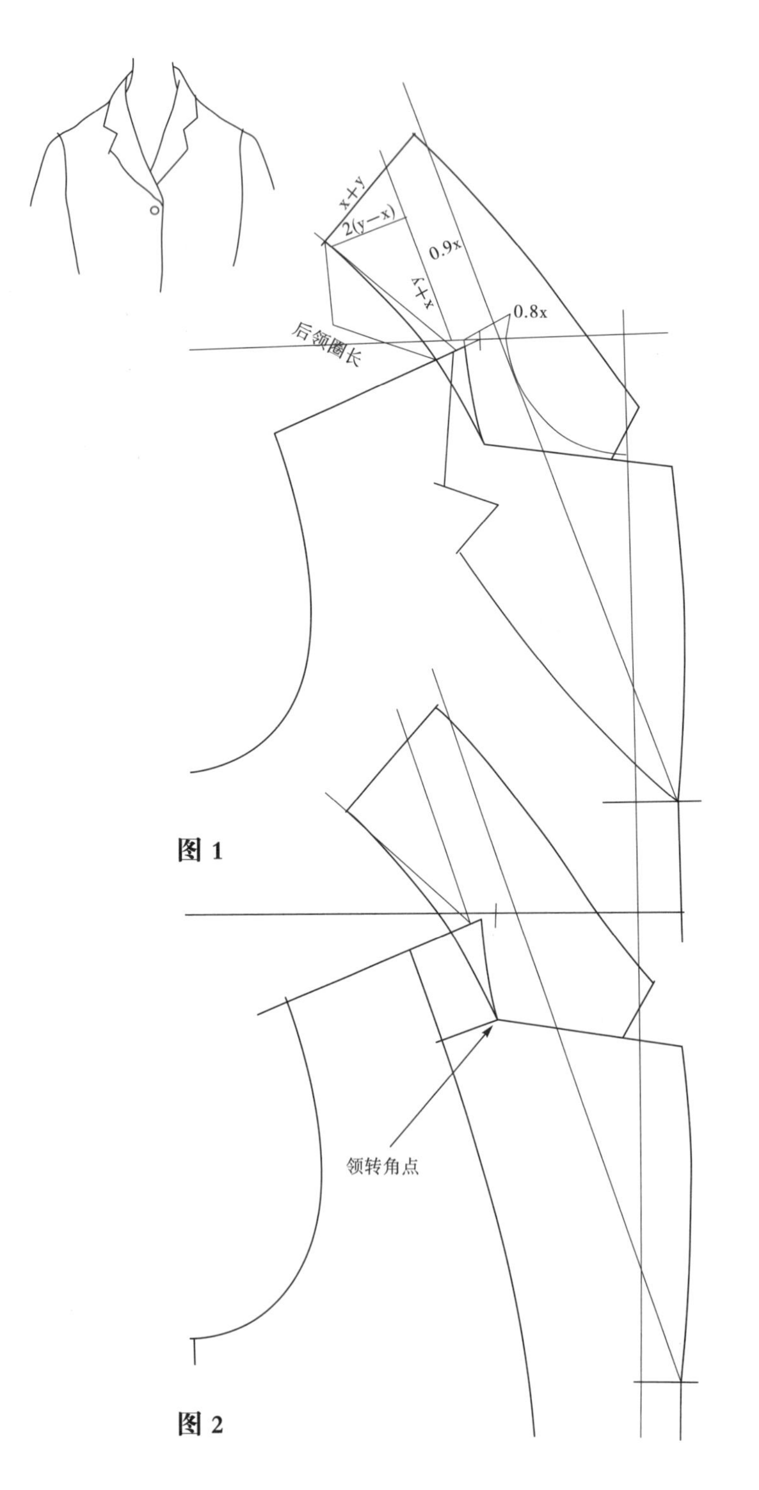

图 1

图 2

y=4.5cm
X=3cm

图 1

1. 按照翻驳领结构画出连领结构图。

图 2

2. 画出挂面位置。
3. 确定领转角点并画出分割线。

连领青果领的变化

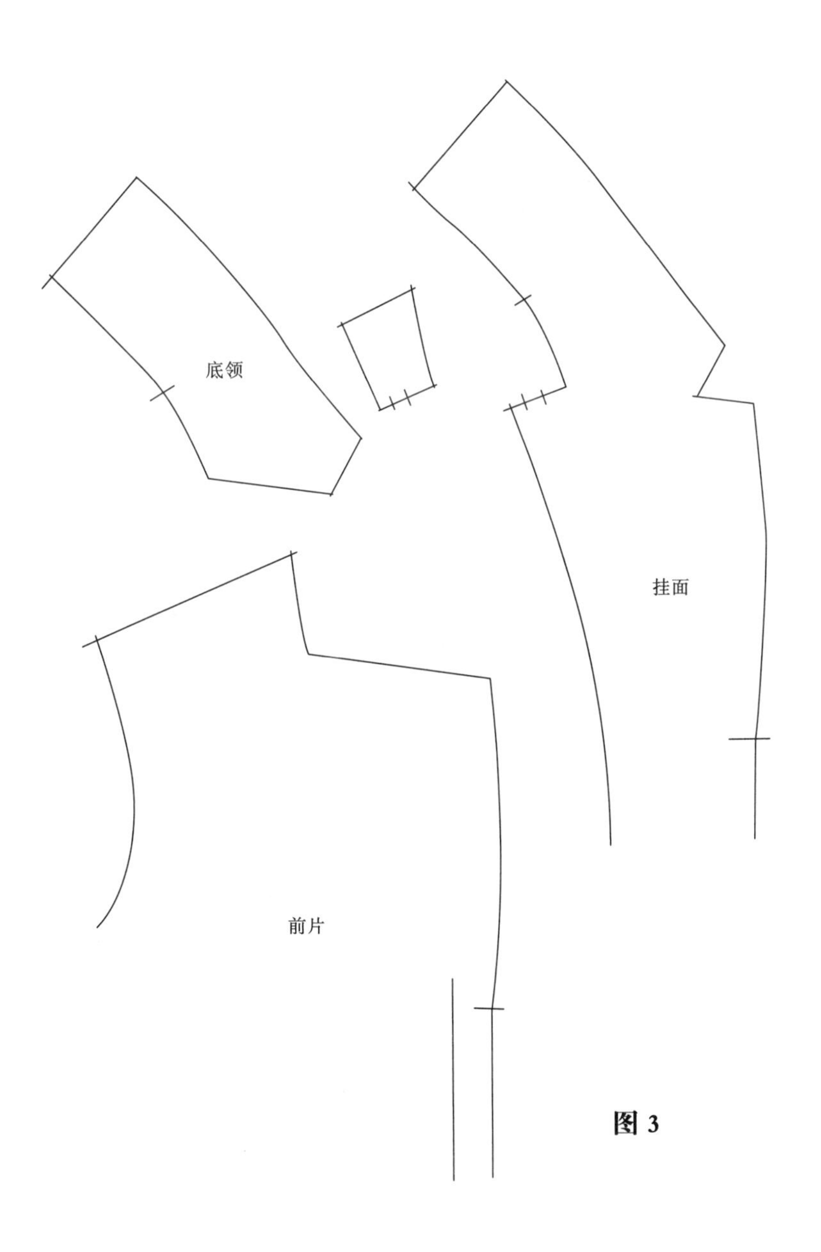

图 3

图 3

4. 分离纸样，挂面连领加出损耗。损耗加放，请参阅本章第四节翻领与翻驳位的加放。
5. 标出所出的对位记号。

第9节A　其他领——垂领

垂领包括荡领和环领，但它们的结构特征是一样的，只不过是以面料厚薄的特性来形成是环状或荡状。

图 1

1. 画好有基础省的基础纸样，并根据款式要求画好小肩宽。

图 2

2. 转移基础省，并展开所需要的量。

图 3

3. 以前中线为基准画出上平线，顺势画出前领贴。

图 4

4. 前片与领贴拼接，画出翻折线。

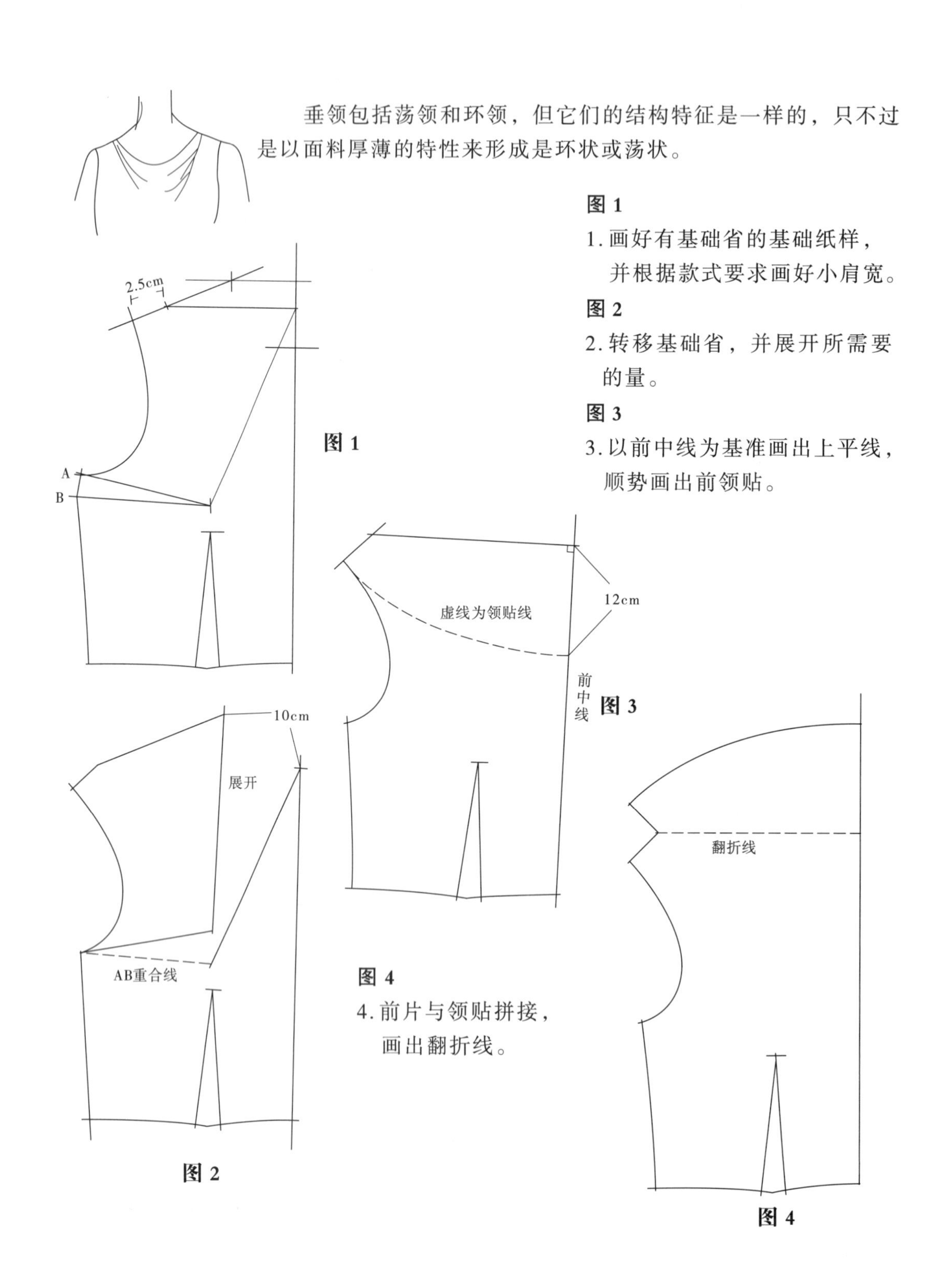

第9节B　其他领——连帽

帽子具有御寒和装饰两大功能，帽子可连可脱，下面我们讨论帽子的结构方式。

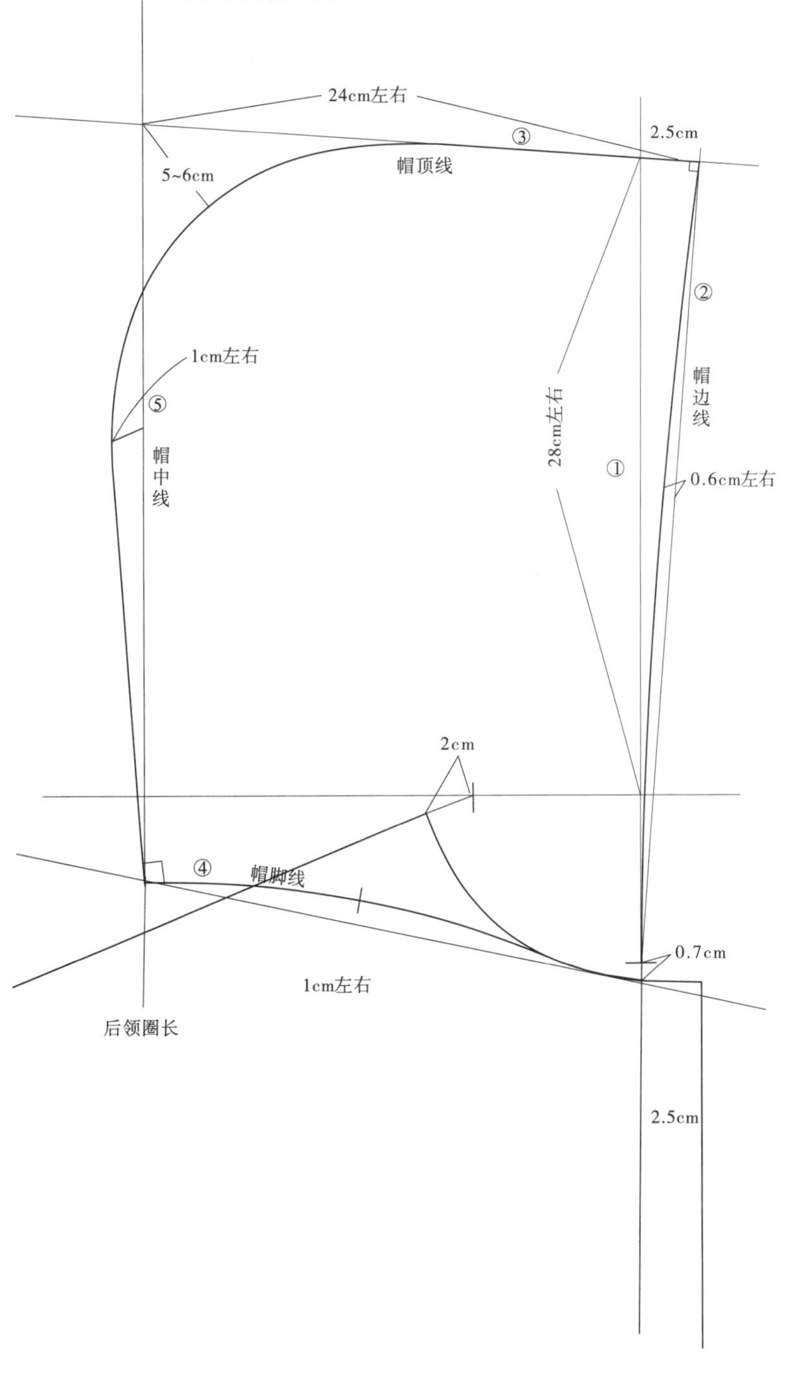

首先在基础纸样上前后领横开大2cm，领深开深0.7cm。

1. 延长前中线为帽边辅助线。
2. 确定帽边线。
3. 以帽边线为基准画出帽顶线。
4. 过领圈切线，并画顺帽角线。
5. 确定帽中线。
6. 画顺帽子的帽边线、帽顶线、帽中线、帽脚线。

第七章

袖子

袖子是服装构成的一部分，袖子的基础结构大致分为两大类，即圆装袖和联身袖。袖子的式样造型很多，从宽松到合体，从装袖到连身袖，从长到短，不管那一种袖子，基本上都可从基础结构中变化而成。

袖子的基本轮廓及结构点的说明

图 1 主要辅助线
图 2 主要轮廓线和结构点

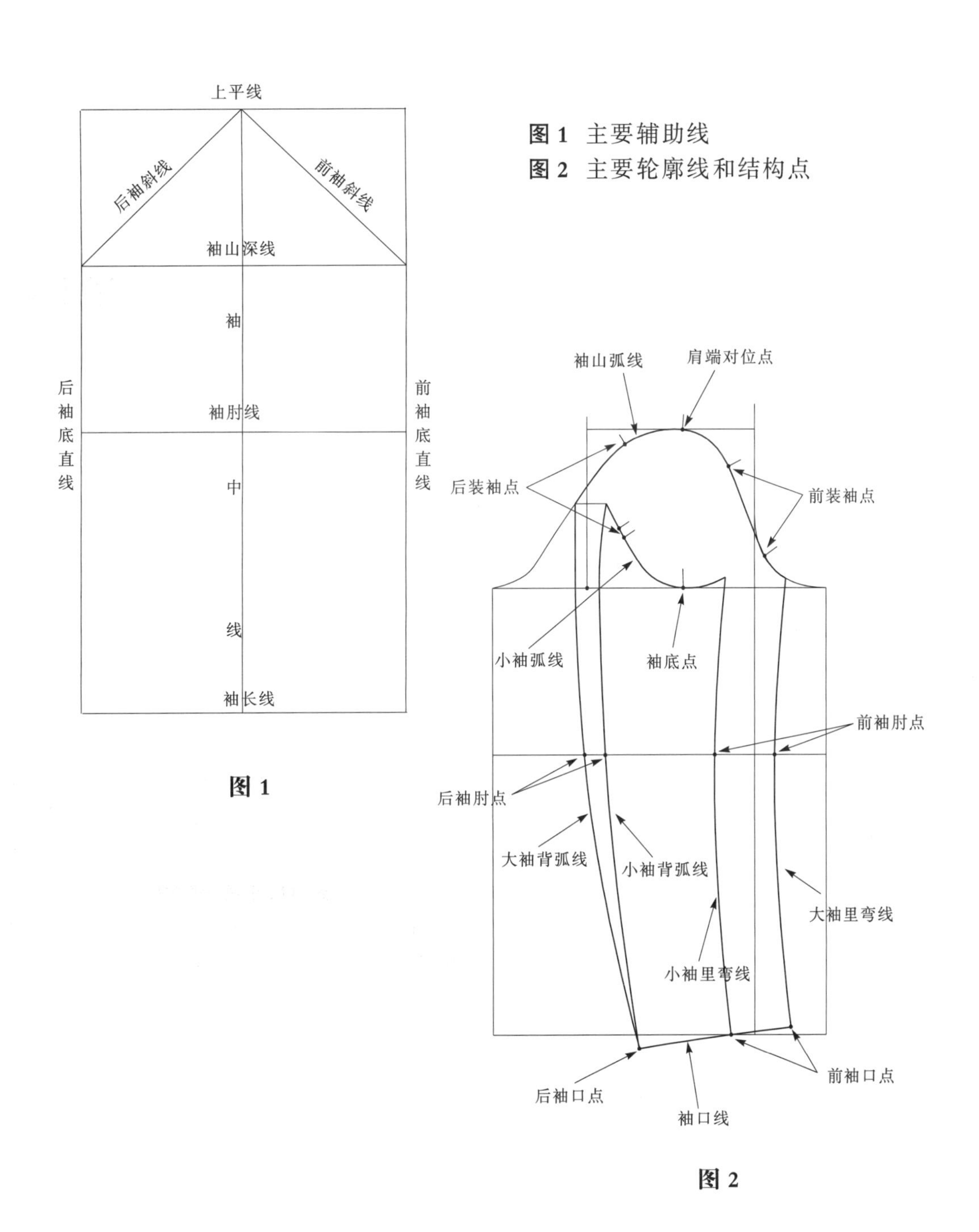

图 1

图 2

袖子结构原理的说明

一、袖山高与袖型

袖山高是指上平线至袖山深线的高度，袖型是指袖子的宽松到合体的袖子外型，我们知道袖子的袖山是装配在衣身袖笼上，如图1，因此袖子的袖山弧线的来源依据就是衣身袖笼AH，如图2。纵观袖子的基础结构造型，无非为宽松、适体到合体三种造型，宽松型造型常用于衬衫、连衣裙等服装，适体型结构常用于茄克衫、春秋衫等服装，合体型结构常用于西服、大衣类等服装。

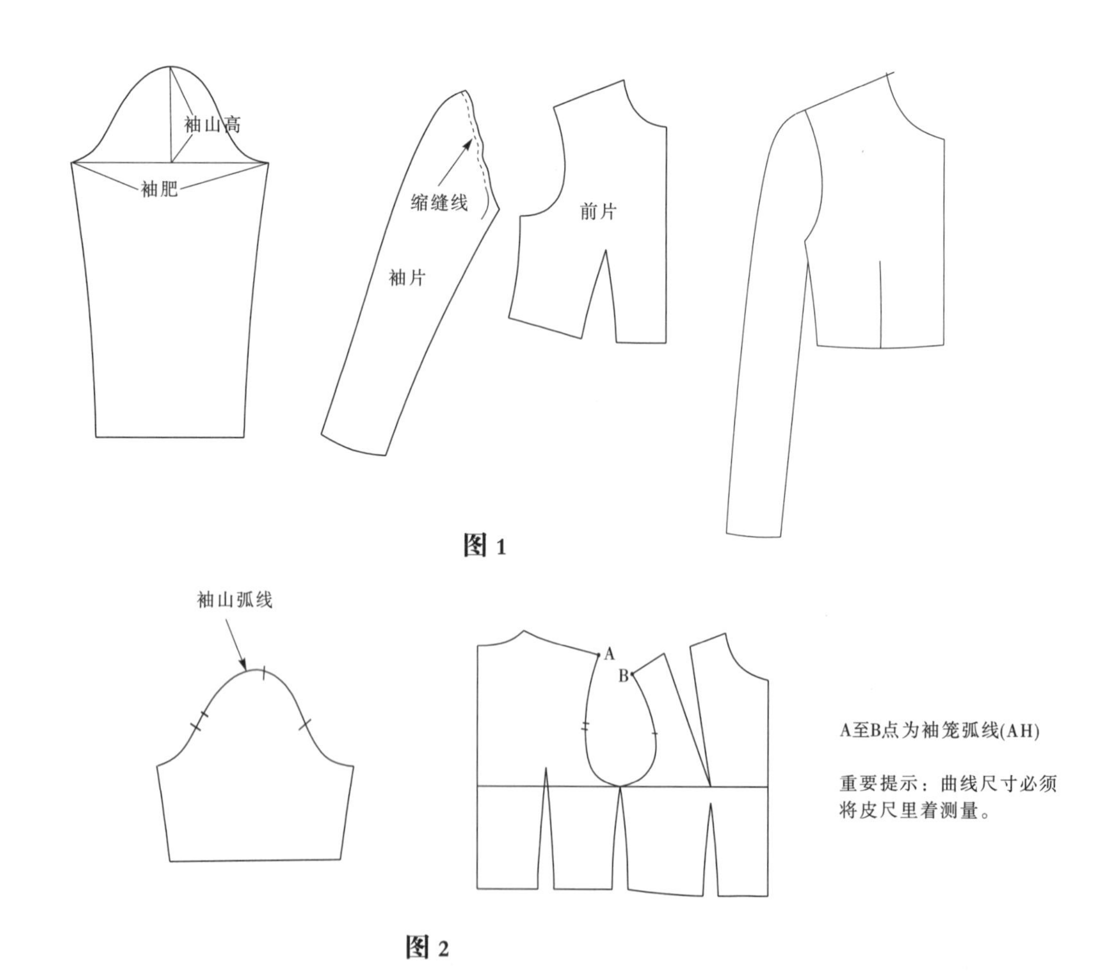

图 1

图 2

袖子结构原理的说明

二、袖山高与袖肥

袖子的宽松和合体是由袖肥和袖山高来决定，在AH相等的情况下，袖肥越大，侧袖山越低，从而便于手臂活动，袖子呈宽松型，反之袖肥越小，则袖山越高，从而袖子的成型效果越好，但不利于手臂活动，袖子呈合体型。

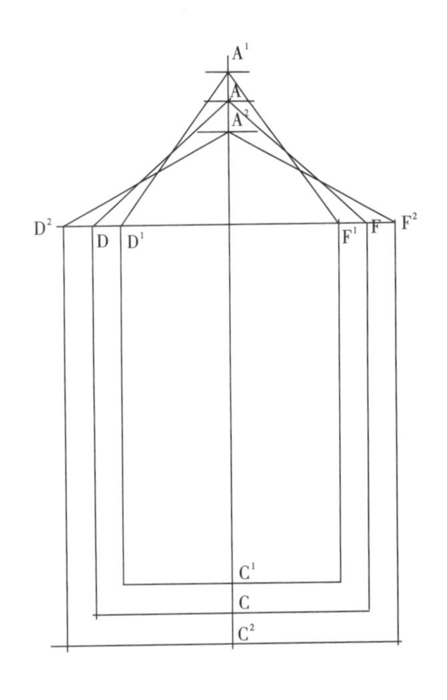

AC 袖长
AF 前袖斜线
AD 后袖斜线
DF 袖肥

三、袖笼弧长与袖肥的确定

袖山高与袖肥的结构依据是袖笼弧长(AH)，那么如何确定袖笼弧长就成了制约袖子成型的关键因素。根据实际经验证明，袖笼弧长应控制在胸围/2为宜。同样道理，正因为有了袖肥的大小才能袖笼弧长得出袖山的高度。袖肥尺寸应控制为宽松(0.2胸围+1.5cm)×2左右，适体0.2胸围×2左右，合体（0.2胸围−1.5cm)×2左右。

第1节 袖子的结构原理——一片式直袖

一片式直袖属结构简单的袖型，多用于衬衫类的上装。

假设设计尺寸

袖笼弧长(AH)	44.5cm
袖长	58.5cm
袖肥	32cm

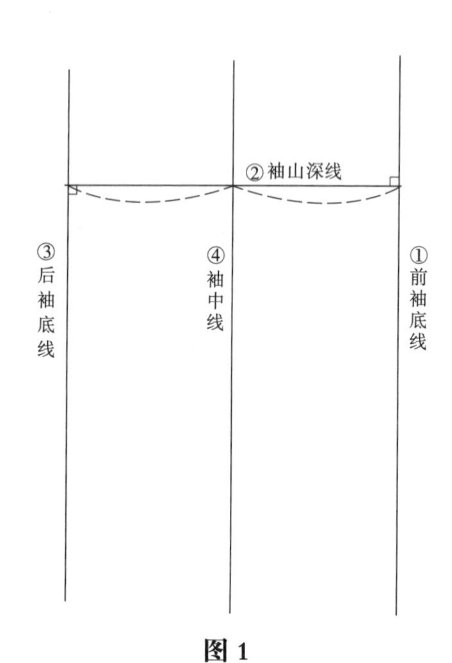

图 1

图 2

图 1

1. 作一水平线为前袖底线。
2. 与前袖底线垂直，作出袖山深线。
3. 平行前袖底线或垂直袖山深线为后袖底线。
4. 取袖肥的中心点作出袖中线。

图 2

5. 量AH/2-0.5cm后袖底袖肥处与上平袖中线相交作出后袖山斜线。
6. 量AH/2-0.5cm前袖底袖肥处与上平袖中线相交作出前袖山斜线。
7. 与袖肥线垂直作出上平线。
8. 上平线下量袖长作出袖口线。

袖子的结构原理——一片式直袖

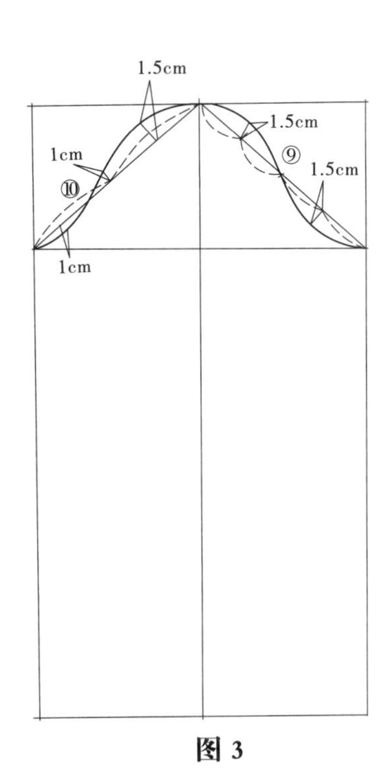

图 3

图 3

9. 前袖山斜线分成四等份，上端出1.5cm，下端进1.5cm，连接各点画出前袖山弧线。
10. 后袖山斜线分成二等份，上端出1.5cm中心出1cm,下端进1cm，连接各点画出后袖山弧线。

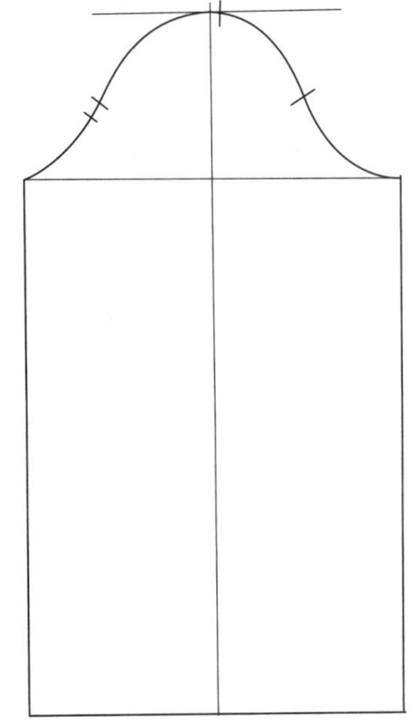

一片直袖完成图

图 4

图 4

11. 标出前后对位记号。为区分前后，前标单刀眼对位记号，后标双刀眼对位记号。

第2节　袖子的结构原理——一片式合体袖

一片式合体袖结构严谨，成型效果自然弯曲贴身，它的结构完成依赖衣身袖笼。

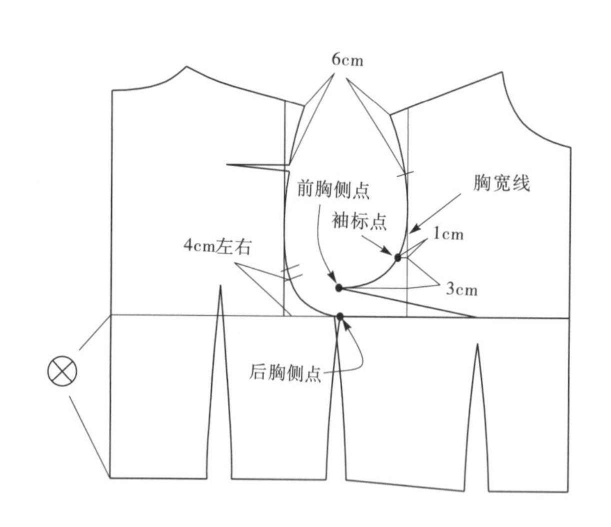

图 1

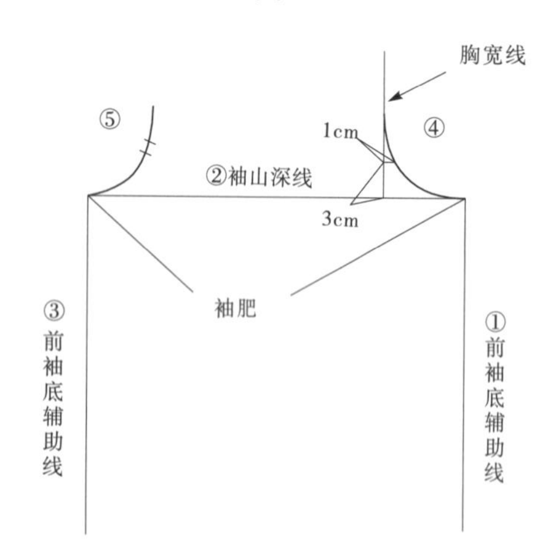

图 2

假设设计尺寸

袖笼弧长(AH)	46cm
袖长	59cm
袖肥	33cm
袖口	24.5cm

图 1

画袖子结构之前在前后袖笼弧线上标出前后对位记号，尤其前袖标点甚为重要，稍有不符就会影响袖子的整体效果。

图 2

1. 作一直线为前袖底辅助线。
2. 与前袖底辅助线垂直为袖山深线。
3. 袖山深线上量袖肥33cm与袖山深线垂直作出后袖底辅助线。
4. 复制前胸侧点、前袖笼弧线、前胸宽线、袖标点。
5. 复制后胸侧点、后袖笼弧线、后对位点。

袖子的结构原理——一片式合体袖

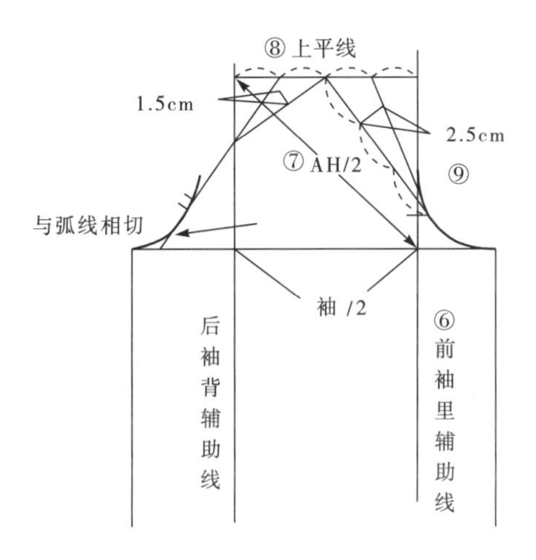

图 3

图 3
6. 袖山深前袖里辅助线量袖肥/2平行作出后袖背辅助线。
7. 前袖里辅助线袖山深处量AH/2与后袖背辅助线相交作出上平线。
8. 上平线分成四等份，取等份与后弧线相连。
9. 前袖标点与上平线相连。

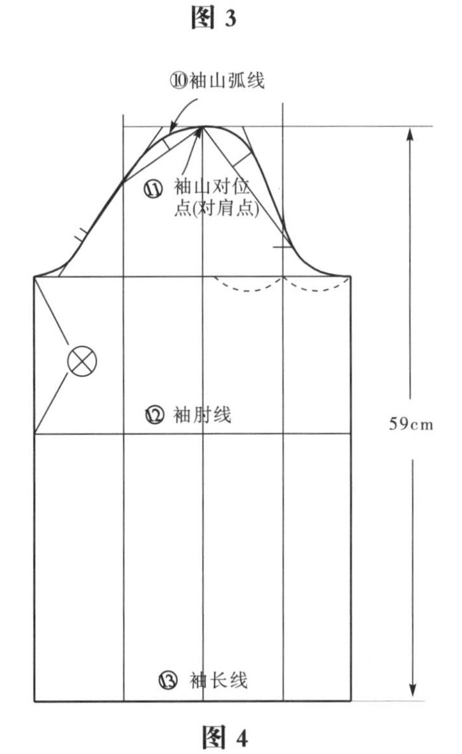

图 4

图 4
10. 曲线连接各点画出袖山弧线。
11. 测量出袖山对位点作垂线。
12. 量取衣身袖笼深的长度垂直前袖底辅助线作出袖肘线。
13. 上平线处量袖长尺寸作出袖长线。

袖子的结构原理——一片式合体袖

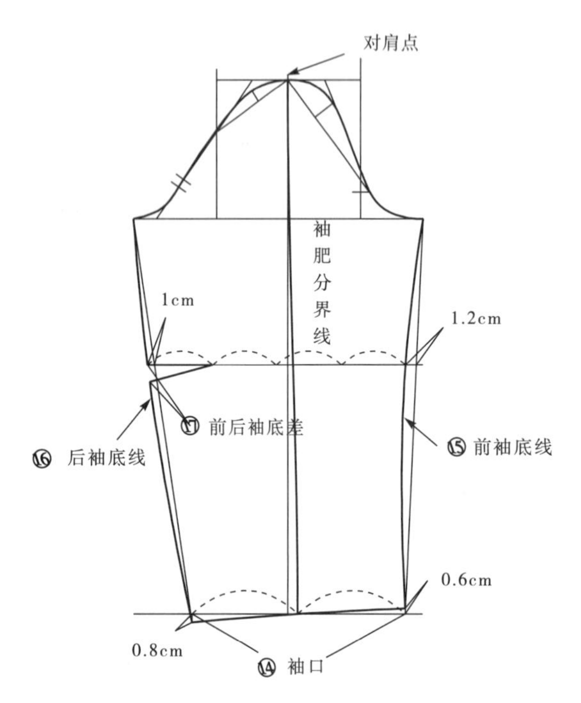

图 5

图 5

14. 袖山垂线偏前1.5cm作出袖肥分界线，袖肥分界线处为中心量出袖口尺寸24.5cm，前低落0.6cm后起翘0.8cm，曲线连接画出袖口线。
15. 前袖口点连接前袖底点，袖肘处进1.2cm画出前袖底线。
16. 后袖口点连接后袖底点，袖肘处出1cm画出后袖底线。
17. 袖肘宽分成四等份，取一等份用前后袖底线的差作出袖肘省，并画顺。

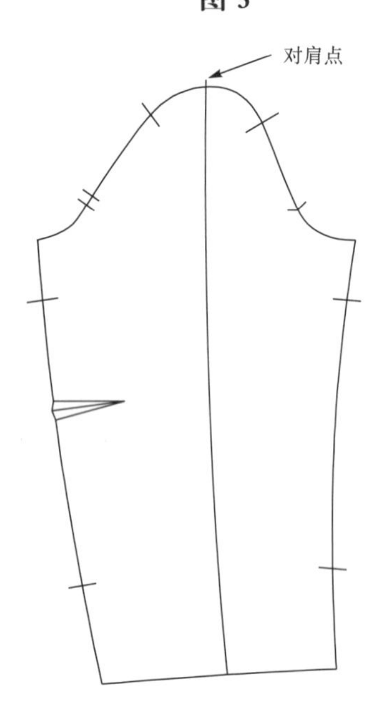

图 6

图 6

18. 标出所有的对位记号。

袖子的结构原理——一片式合体袖

图 7

19. 以胸围线与袖肥线重叠，前袖山弧线与前袖笼弧线袖标点至胸侧点完全吻合。

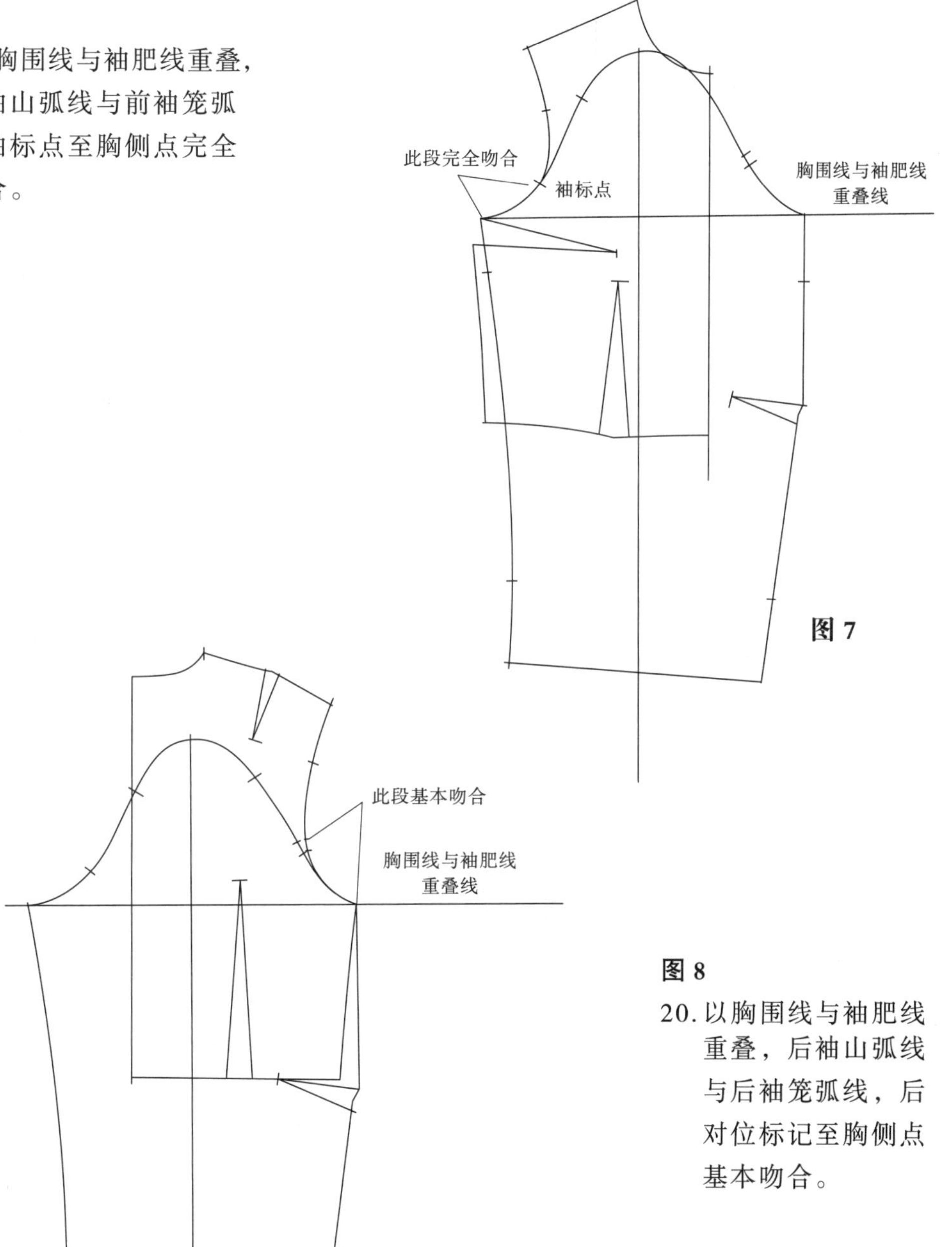

图 8

20. 以胸围线与袖肥线重叠，后袖山弧线与后袖笼弧线，后对位标记至胸侧点基本吻合。

袖子的结构原理——一片式合体袖

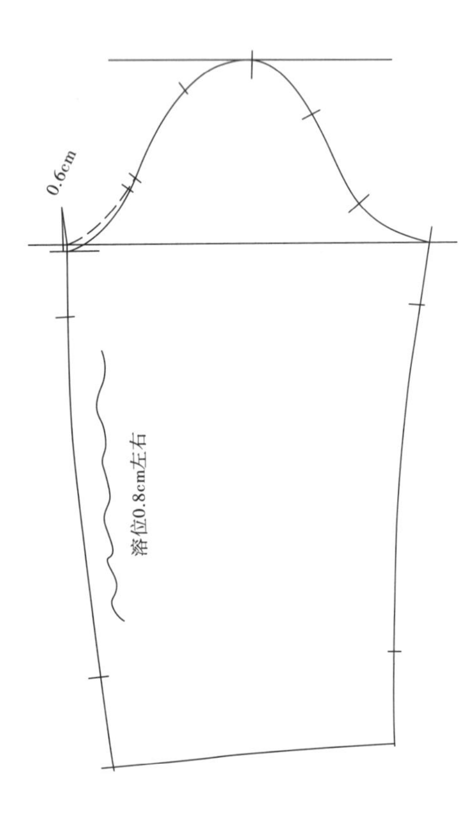

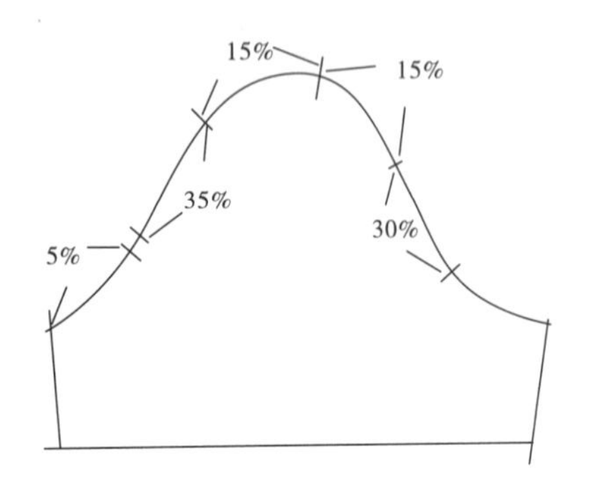

一、袖肘省分析

通过以上我们对合体袖的了解，发现前袖底线与后袖底线的差可以设计袖肘省来完成，如果不设计袖肘省，那么如何才能解决前后袖底线的差，同前后肩缝一样，袖肘省也可以通过溶位来达到袖肘省效果，当然溶位的大小以布料的性能来决定。一般情况下溶位在0.8cm左右，下面来介绍袖肘省的溶位设计。

1. 在确定袖肥时，先低落0.6cm再复制衣身的后袖笼弧线。
2. 标出溶位记号以及对位标记。

二、袖山溶位及分布

经实际经验证明，袖山溶位的相关因素有以下几个。

1. 袖笼弧长、袖笼越深则袖山弧线也越长，那么它的袖山溶位就越多，所以在相同条件下，袖笼弧长与袖山溶位成正比。
2. 子口倒向，子口倒向决定里外差。如子口倒向衣袖，那么溶位就多些，如果子口倒向衣身，则不溶位，甚至出现负溶位。
3. 布料性能：如有的面料性能需要的溶位多些，而有的面料则不能有太多的溶位。

   根据实际的工作经验，在正常情况下合体袖溶位控制在2~3.5cm。

   具体分配如图所示。

第3节　袖子的结构原理——两片式合体袖

两片式合体袖是由一片式合体袖转变而来，通过大小袖的分片设计所得到的结构造型更加完美，服贴。

假设设计尺寸

袖笼弧长(AH)	46cm
袖长	59cm
袖肥	33cm
袖口	24.5cm

图 1

先按一片式合体袖原理画出袖山高、袖肥、袖肘线、袖长线。

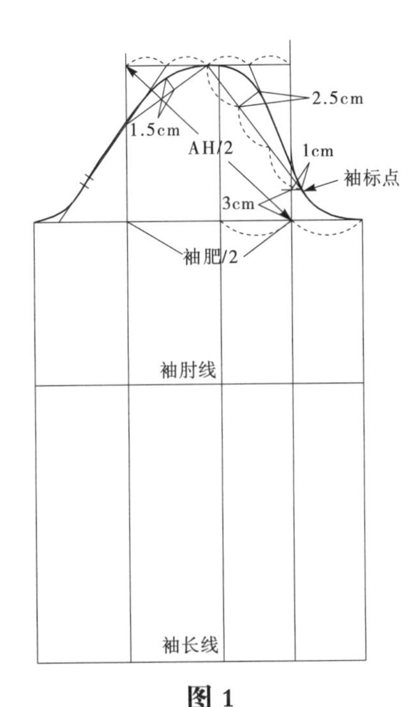

图 1

图 2

1. 前袖里弯线袖肥处同时进出3cm确定前袖片分割线。
2. 后袖里弯线同时进出1.2cm，确定后袖片分割线。
3. 在分割线偏进0.7cm与袖肥线连接。
4. 以前后袖里弯线为中点折叠纸样复制前后弧线或复制衣身的前后袖笼弧线。

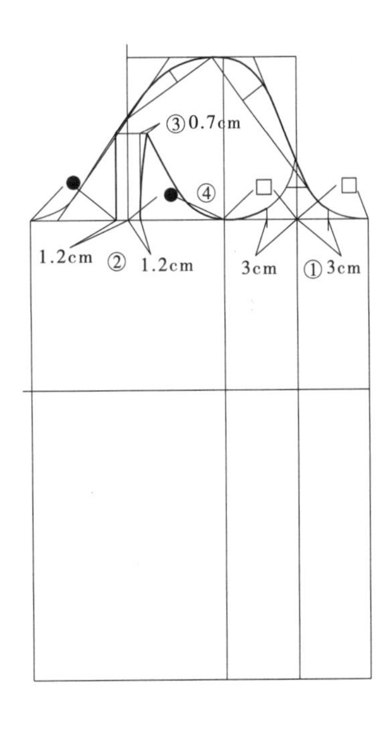

图 2

袖子的结构原理——两片式合体袖

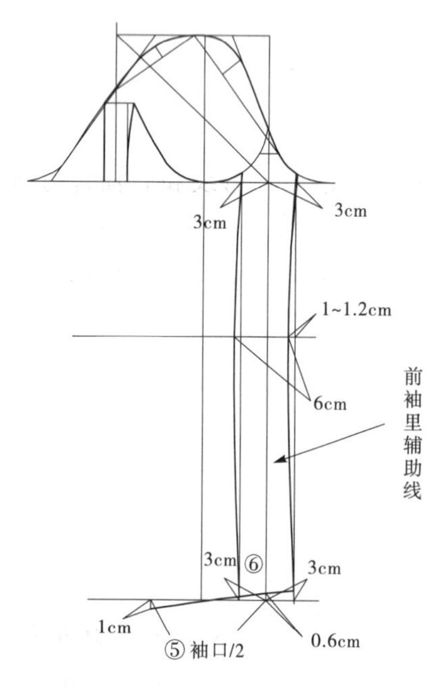

图 3

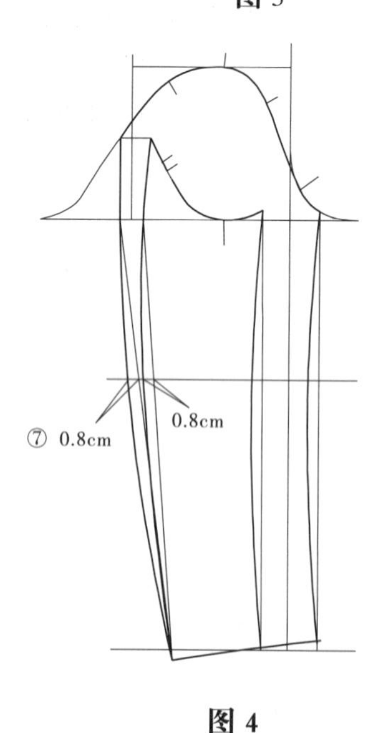

图 4

图 3

5. 以前袖里辅助线为基线，在袖长线上量袖口/2前低落0.6cm后起翘1cm曲线连接画出袖口线。
6. 前袖口点同时进出3cm，与袖肥处连接，袖肘处进1~1.2cm曲线画出前袖里弯线。

图 4

7. 后袖口点与袖肥处连接，袖肘处同时出0.8cm左右曲线连接画出后袖背弯线。
8. 根据前后袖笼弧线对位标记标出对位记号。

袖子的结构原理——两片式合体袖

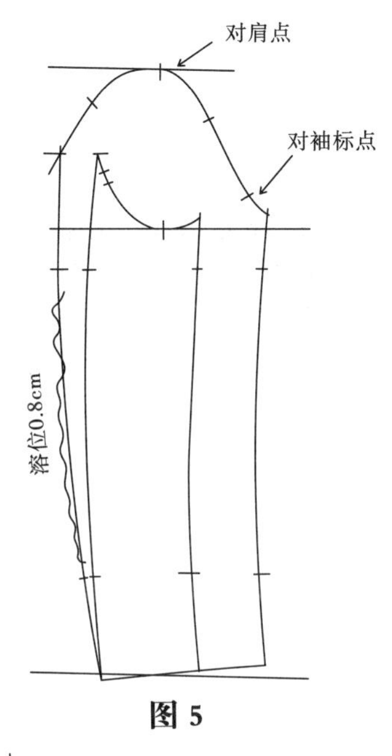

图 5

图 5

9. 标出前袖里弯线和后袖背弯线的对位记号，并标出后袖背线溶位符号，溶位控制在 0.8cm 左右。

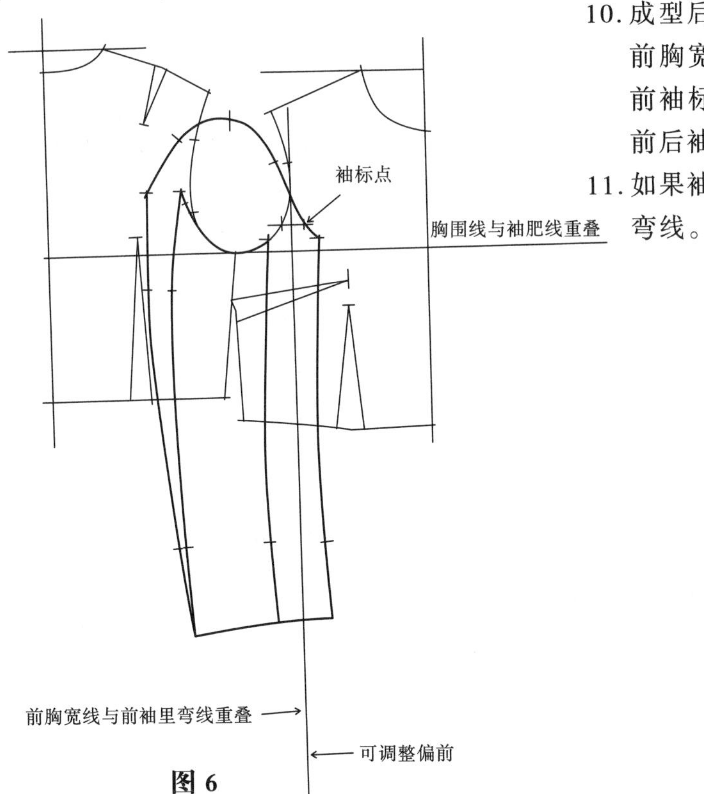

图 6

图 6

10. 成型后的胸围线与袖肥重叠，前胸宽线与前袖里弯线重叠，前袖标点与后双对位标记点。前后袖笼弧线完全吻合。
11. 如果袖型要偏前可调整前袖里弯线。

两片式合体袖——袖偏量与袖偏省

女装两片式合体袖为了使袖缝不外露，通常前后袖缝都设计偏袖。前偏袖量一般在3cm左右，后偏量一般在1.2～2cm之间。如图1所示。

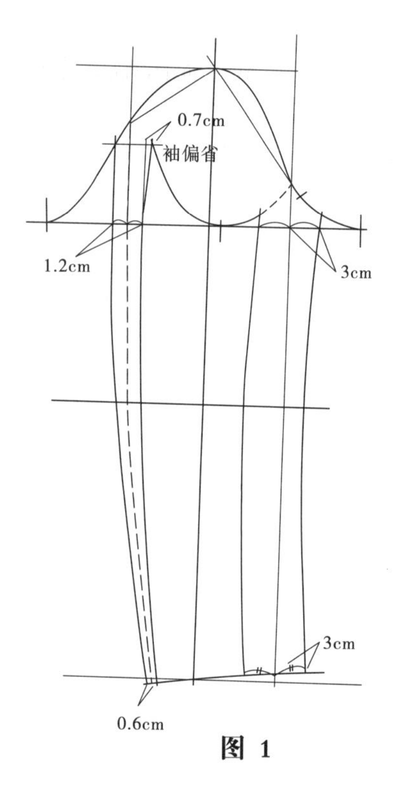

图 1

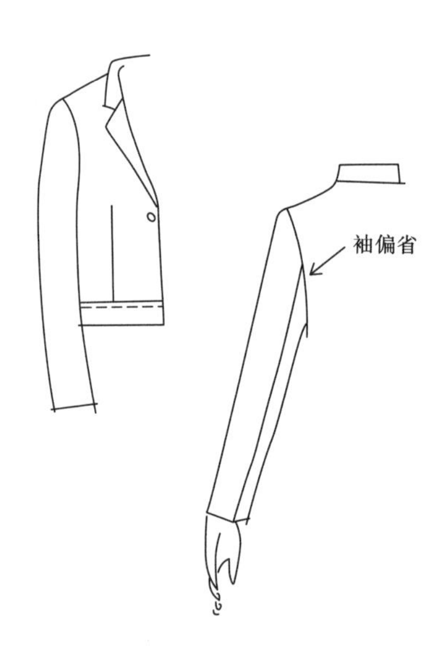

对于两片式合体袖因其结构严谨合体，稍有不慎就达不到理想的效果，因人体手臂在静态的情况下，稍稍向前弯曲，要使后袖偏线符合这一形态，就要插入袖偏省。

两片式合体袖——袖偏量与袖偏省

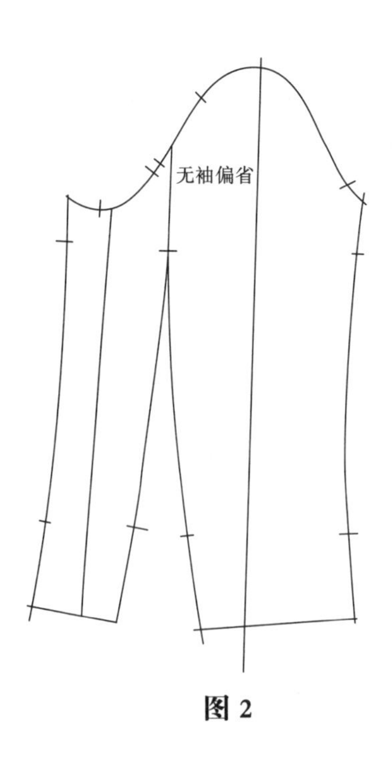

图 2

从图2我们可以看到袖山弧线至袖肥处无袖偏省，大小袖片相拼比较平整，无袖偏省袖子成型后很容易出现窝式。而图3插入袖偏省，小袖的弧线完全符合人体的形态，成型效果自然流畅。

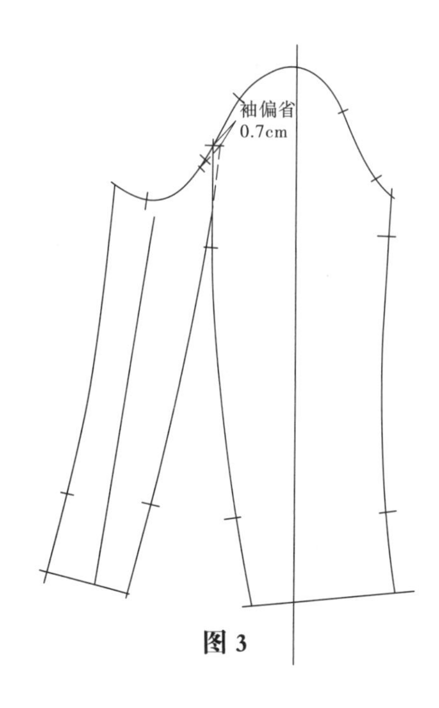

图 3

第4节A 袖子的变化——女衬衫袖

女衬衫袖属于低袖山宽松式结构，一般有一个合体的袖克夫。

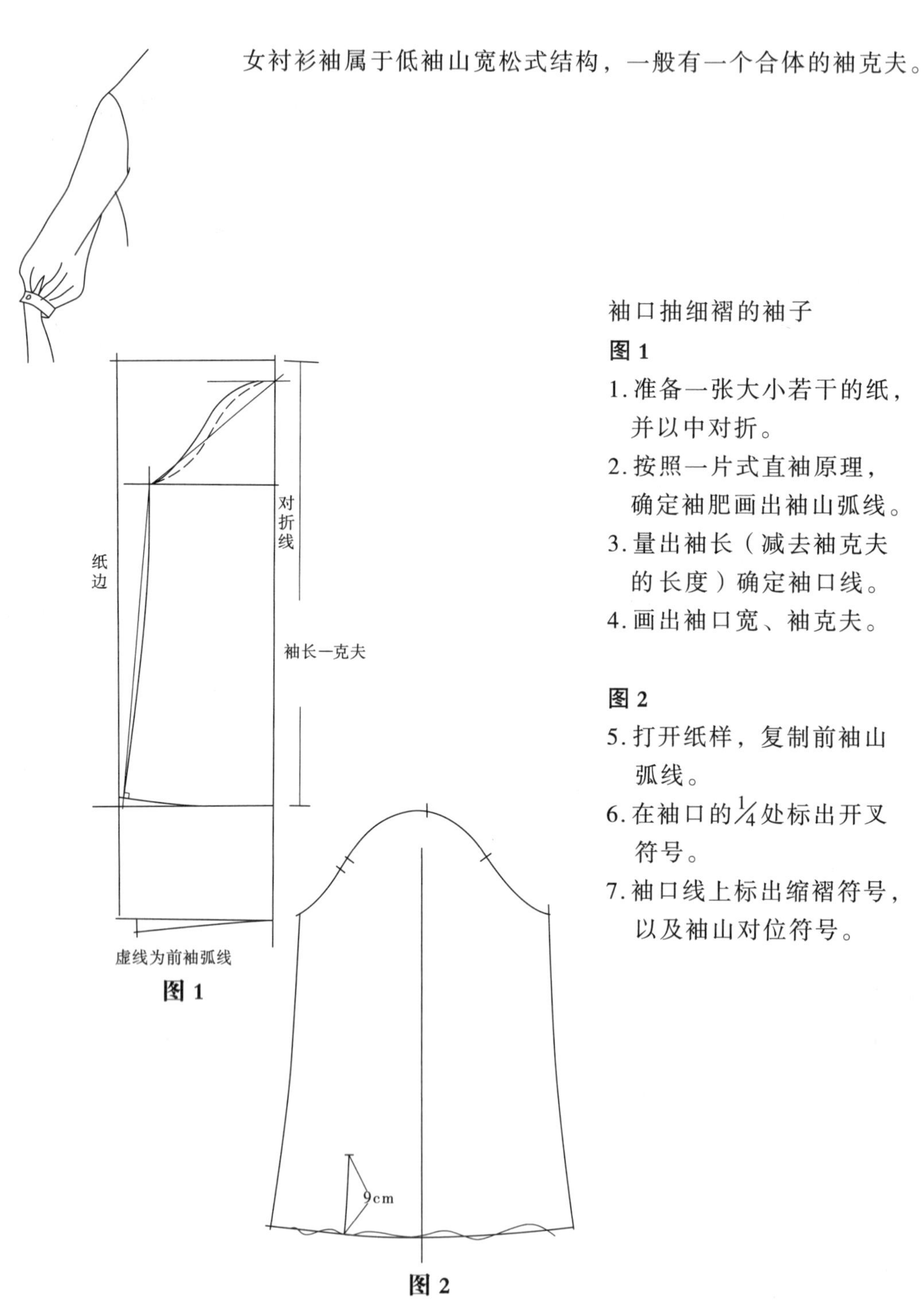

图 1

图 2

袖口抽细褶的袖子

图 1

1. 准备一张大小若干的纸，并以中对折。
2. 按照一片式直袖原理，确定袖肥画出袖山弧线。
3. 量出袖长（减去袖克夫的长度）确定袖口线。
4. 画出袖口宽、袖克夫。

图 2

5. 打开纸样，复制前袖山弧线。
6. 在袖口的¼处标出开叉符号。
7. 袖口线上标出缩褶符号，以及袖山对位符号。

袖子的变化——女衬衫袖

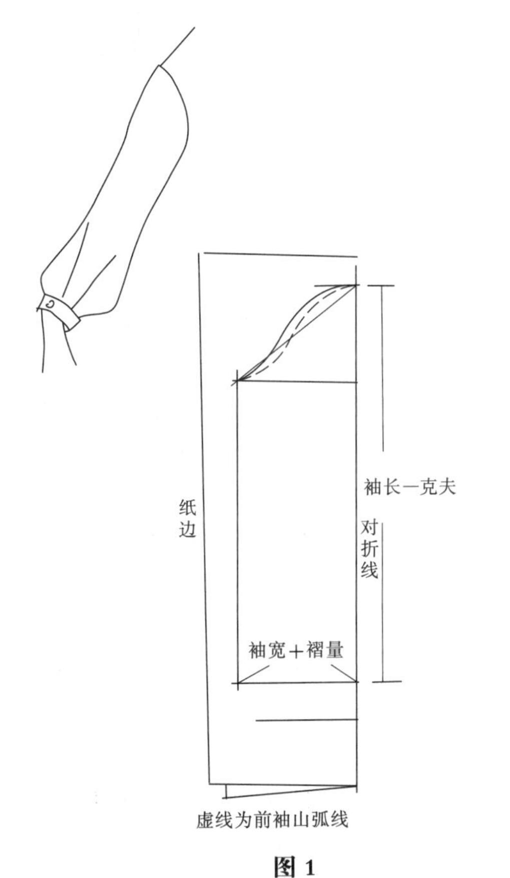

图 1

图 1

1. 准备一张大小若干的纸，以中对折。
2. 按照一片式直袖原理，确定袖肥，画出袖山弧线。
3. 量出袖长（减去袖克夫的长度），确定袖口线。
4. 量出袖宽尺寸，画出袖口宽（袖口宽+褶量）。

图 2

5. 打开纸样，复制前袖弧线。
6. 画出袖叉位置（参考本章袖叉克夫一节）。
7. 画出褶距及褶量。
8. 折叠褶位，画出袖口弧线，前凸低凹0.5cm。

图 3

9. 画顺袖口弧线。
10. 画出褶位倒向符号及袖山对位符号。

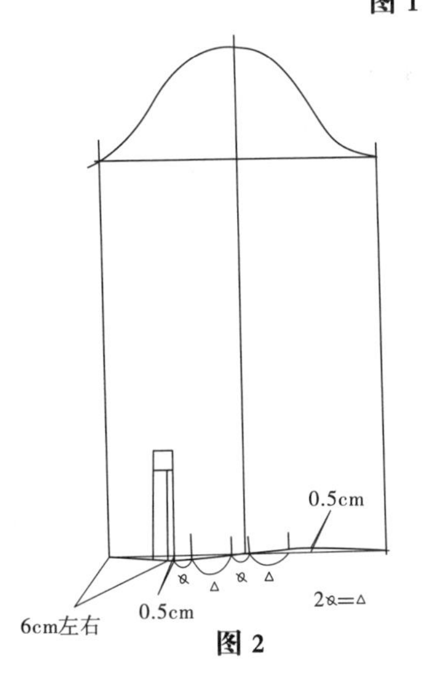

图 2

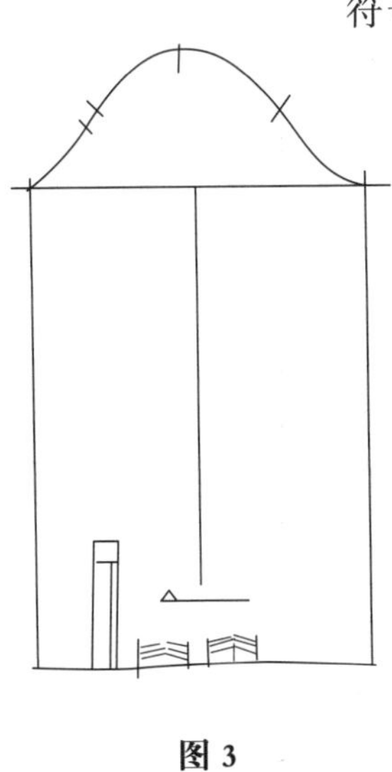

图 3

第4节B　袖子的变化——袖衩与袖克夫、袖级

袖克夫和袖级有明显的区分，女衬衫袖克夫通常是长方形且一片对折而成，袖级是在合体袖上断开而成，广泛用于各种服装。

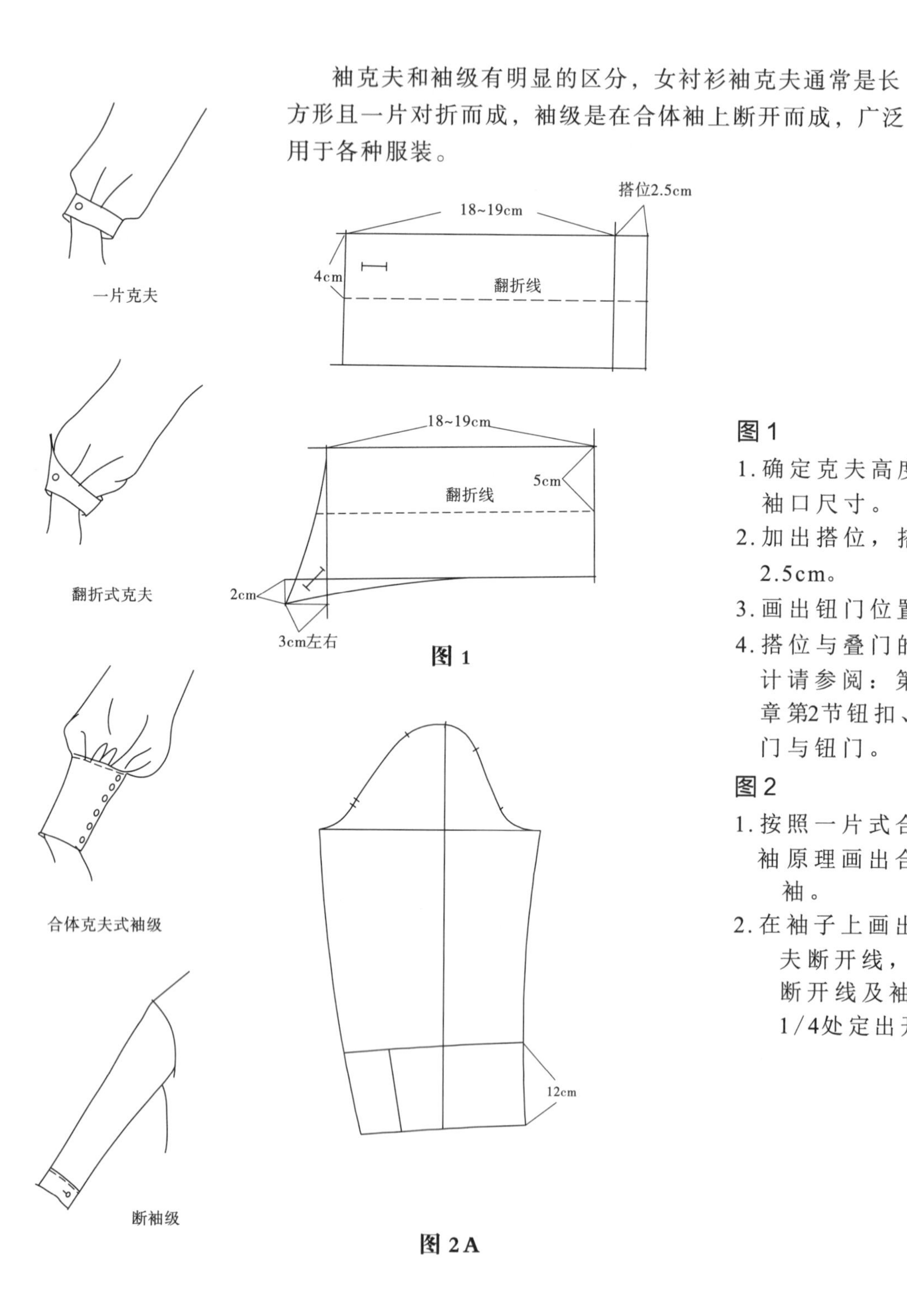

图 1

图 2A

图1

1. 确定克夫高度和袖口尺寸。
2. 加出搭位，搭位2.5cm。
3. 画出钮门位置。
4. 搭位与叠门的设计请参阅：第八章第2节钮扣、叠门与钮门。

图2

1. 按照一片式合体袖原理画出合体袖。
2. 在袖子上画出克夫断开线，并在断开线及袖口的1/4处定出开衩位。

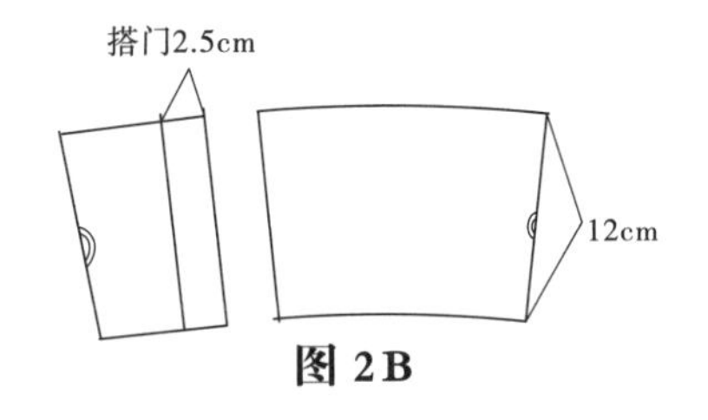

图 2B

3. 分离克夫纸样，并在左边加搭位。
4. 合并袖克夫底缝，并画出钮位位置。

注：搭位与钮门的设计可参考第八章第2节钮扣、叠门与钮门。

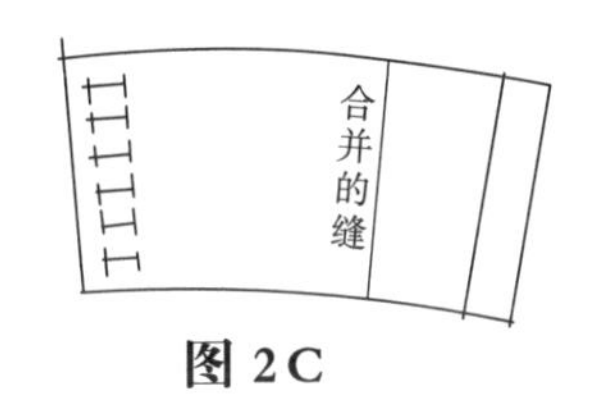

图 2C

图 3 袖级的取法同图2一样

1. 按合体袖结构画出合体袖。
2. 在袖子上画出袖级断开线。
3. 合并袖底缝，并画顺。

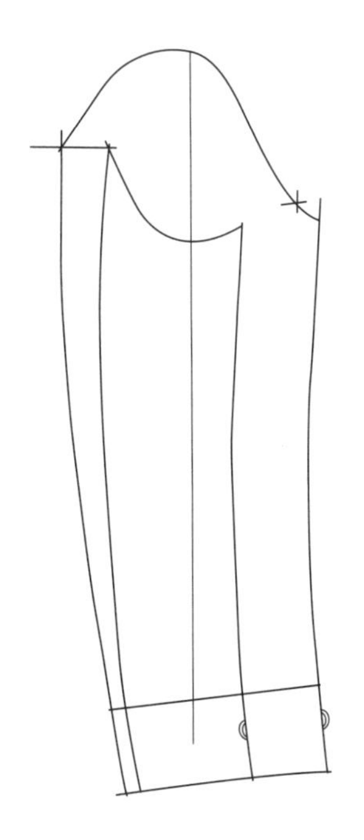
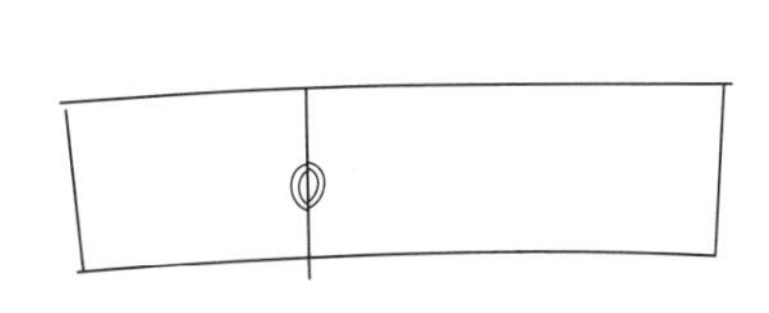
图 3

袖子的变化——袖衩与袖克夫、袖级

女式衬衫袖，袖衩分为两类，一种称为一字衩。另一种基本同男衬衫的袖衩，俗称宽衩。一字衩的衩高在7cm左右，袖衩条的宽度0.6cm左右，宽衩的衩高在9~10cm左右，袖衩分为宽衩条和一字袖衩条，宽衩条一般在2~2.3cm之间，一字袖衩条宽一般在0.6~1cm之间。

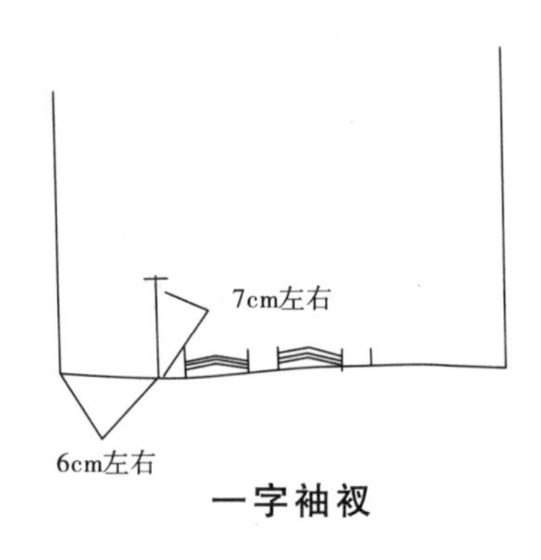

一字袖衩

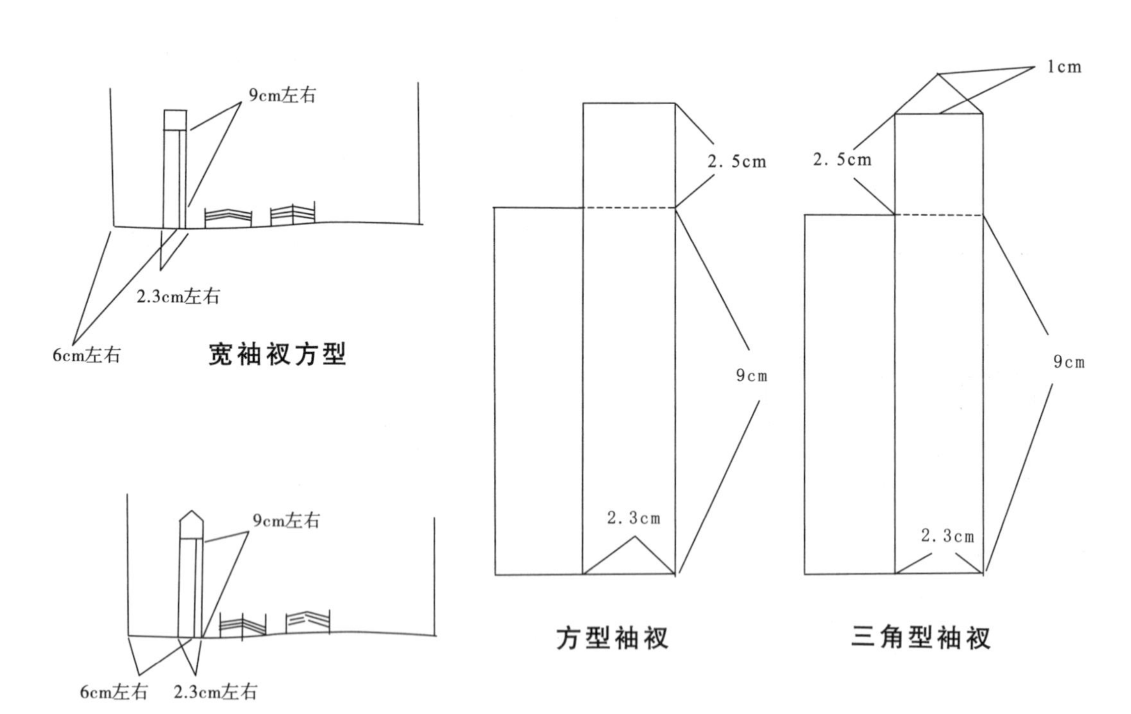

宽袖衩方型

方型袖衩

三角型袖衩

宽袖衩三角型

第4节C　袖子的变化——只有袖背缝的一片式合体袖

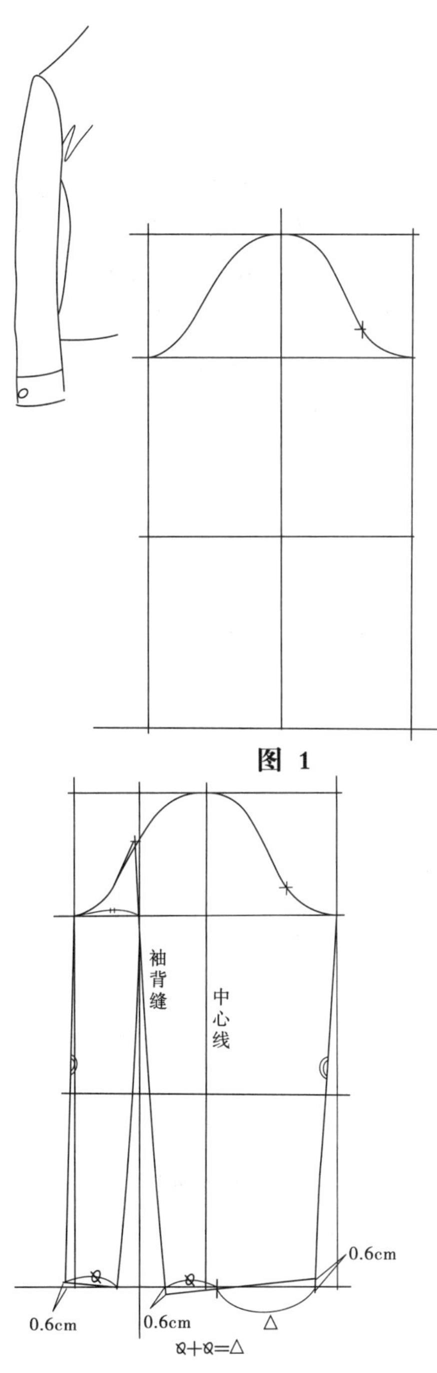

图 1

图 2

只有袖背缝的一片式合体袖设计。开衩连袖级。

图 1

1.首先按一片式合体袖原理，画出袖肥、袖山弧线、袖长线。

图 2

2.取后袖肥/2画出袖背缝线，画出袖偏省。(可设计成偏袖)

3.中心线袖口偏前1cm为中心确定袖口尺寸。

4.前低落0.6cm后起翘0.6cm画出大袖袖口线及大袖前后袖里弯线。

5.小袖低落0.6cm画出小袖袖口线及前后袖里弯线。

图 3

6.合并袖底缝。

7.画顺袖口并标出所有对位符号及溶位符号。

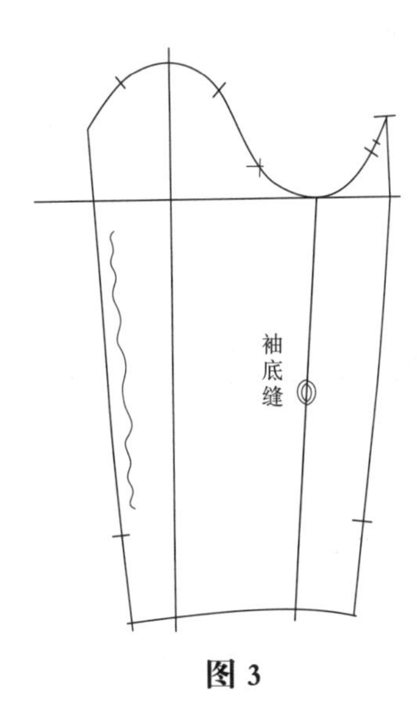

图 3

第4节D 袖子的变化——灯笼袖和喇叭袖

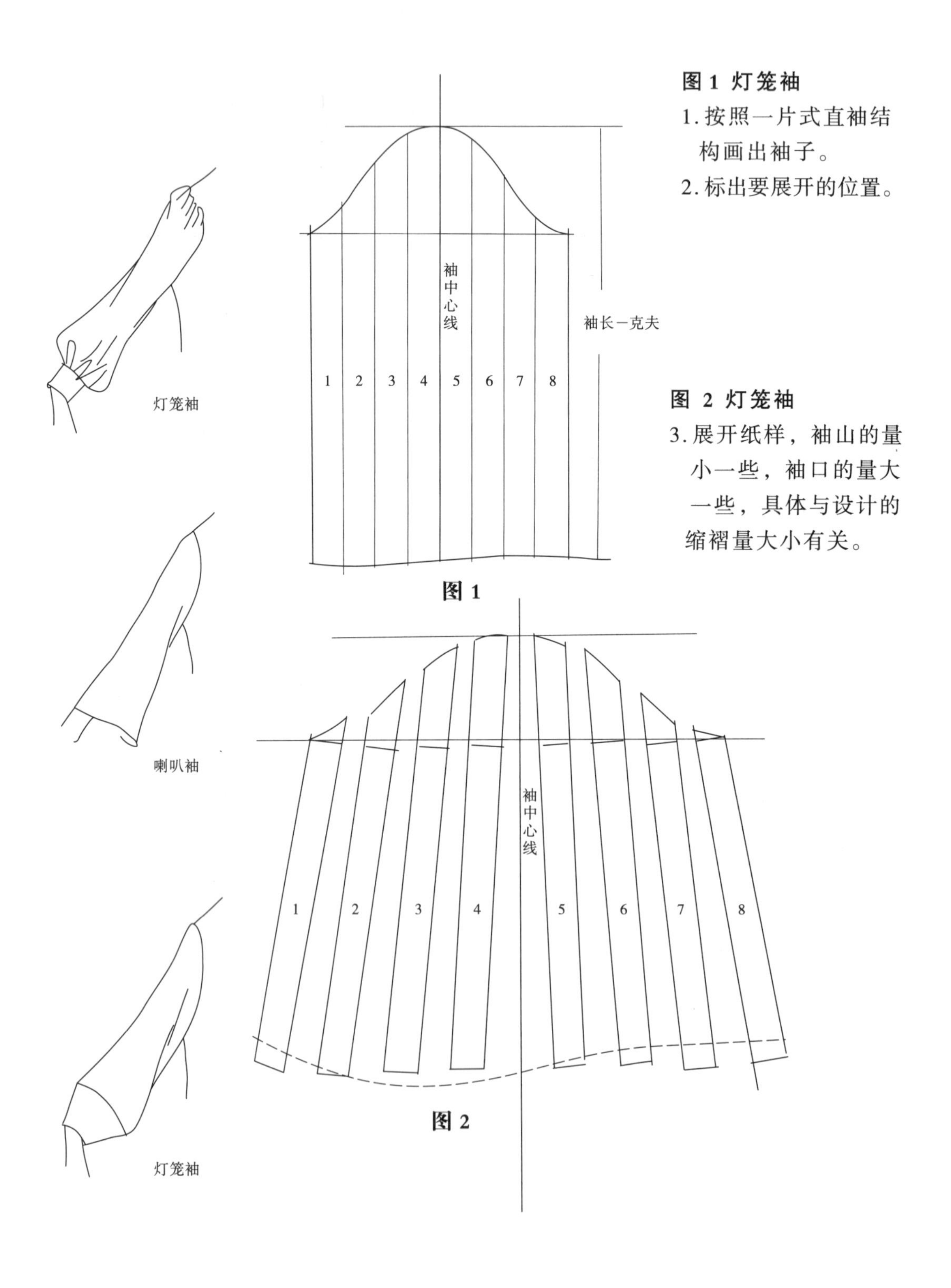

图1 灯笼袖

1. 按照一片式直袖结构画出袖子。
2. 标出要展开的位置。

图2 灯笼袖

3. 展开纸样，袖山的量小一些，袖口的量大一些，具体与设计的缩褶量大小有关。

袖子的变化——灯笼袖和喇叭袖

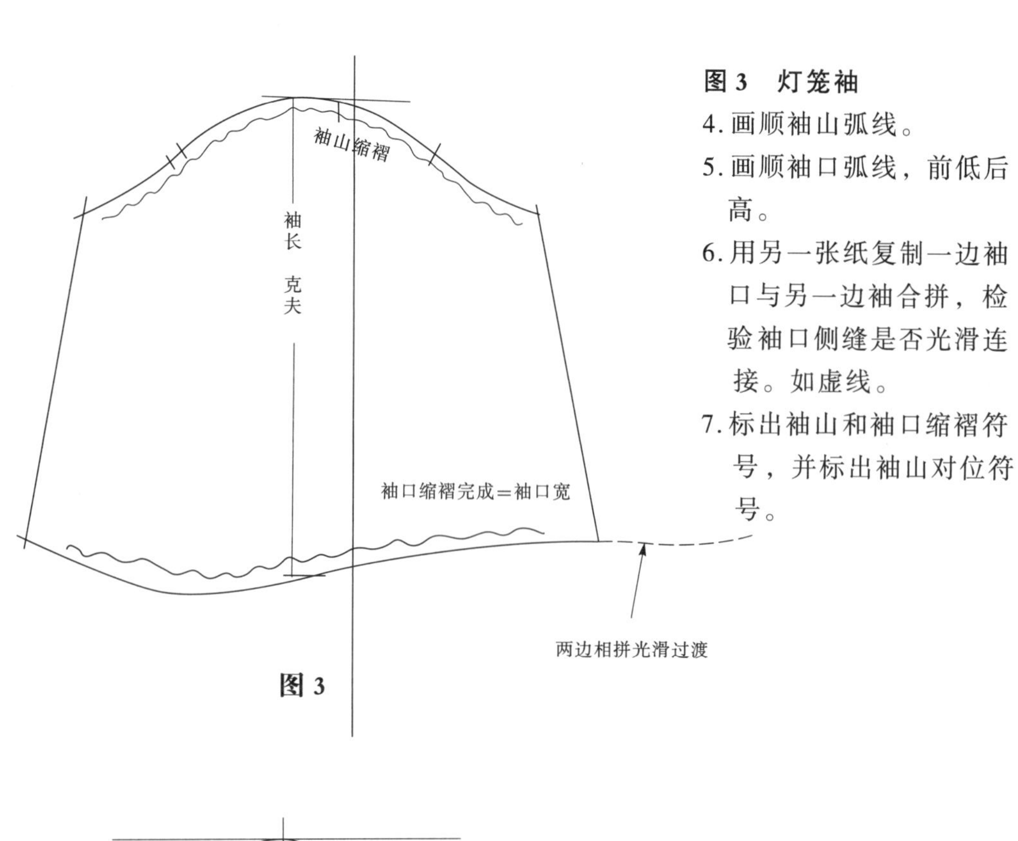

图 3

图 3　灯笼袖

4. 画顺袖山弧线。
5. 画顺袖口弧线，前低后高。
6. 用另一张纸复制一边袖口与另一边袖合拼，检验袖口侧缝是否光滑连接。如虚线。
7. 标出袖山和袖口缩褶符号，并标出袖山对位符号。

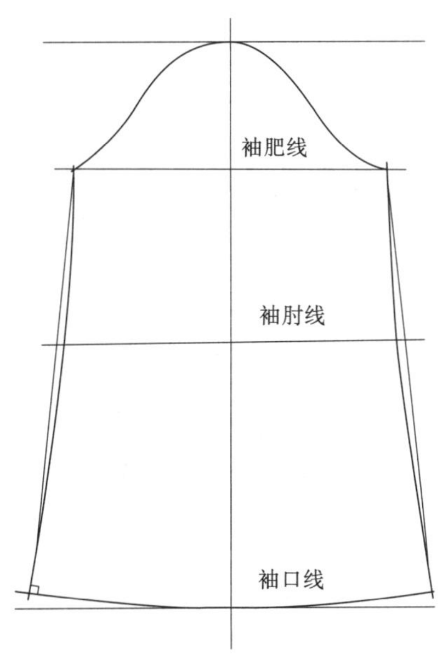

图 4

图 4　喇叭袖

在已经确定袖肥的尺寸而不影响其尺寸的前提下，一般从袖肥线经袖肘线加大所需要的喇叭袖口即可。

袖子的变化——灯笼袖和喇叭袖

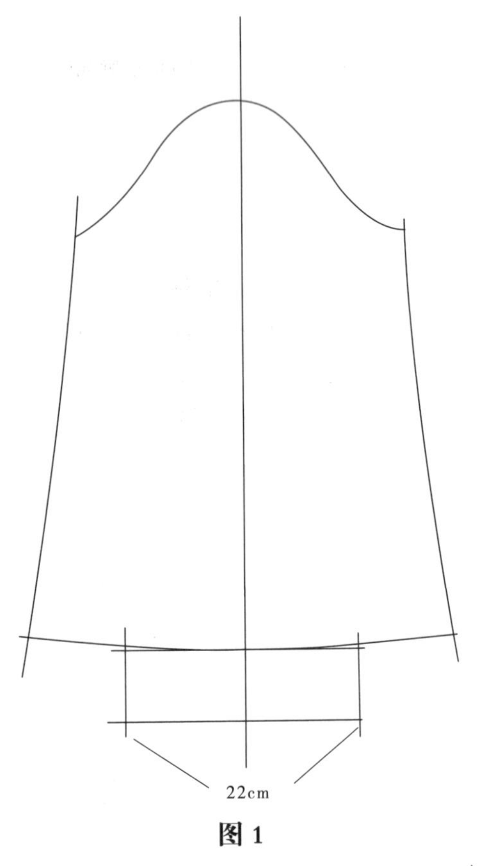

图 1

灯笼袖

图 1

1. 量出袖长减去灯笼袖下口尺寸，画出喇叭袖及确定下口尺寸。

图 2

2. 标出要展开袖下口的展开线。

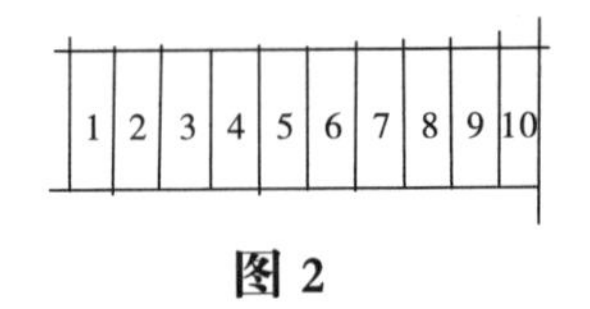

图 2

图 3

图 3

3. 展开袖下口。

图 4

4. 画顺展开线及袖口，并标出对位符号。

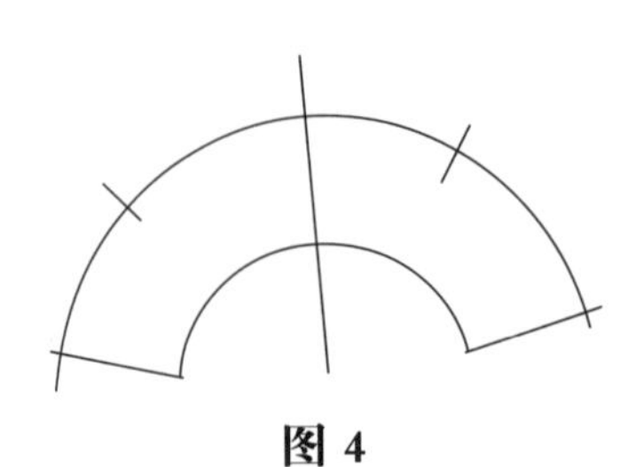

图 4

第4节E 袖子的变化——短袖、中袖和半袖

短袖、中袖和半袖都是以长袖发展而来。

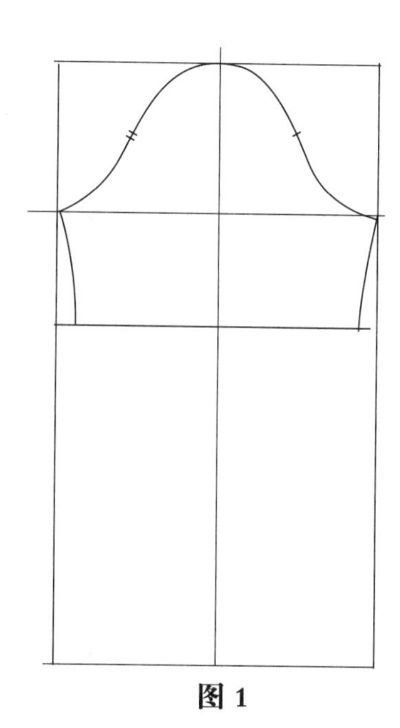

图 1

图 1、2 短袖、中袖

1. 长袖结构上画出袖长、袖口宽。
2. 调整前后袖山弧线。
3. 标出袖山对位符号。

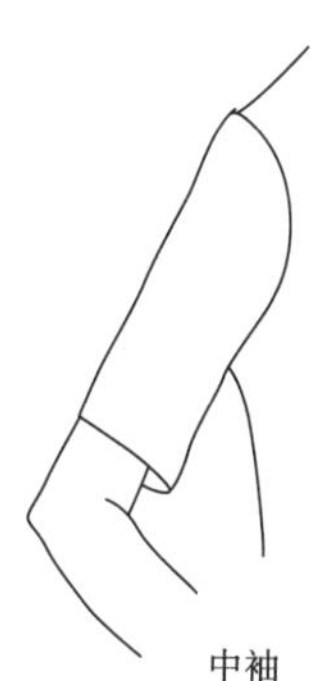

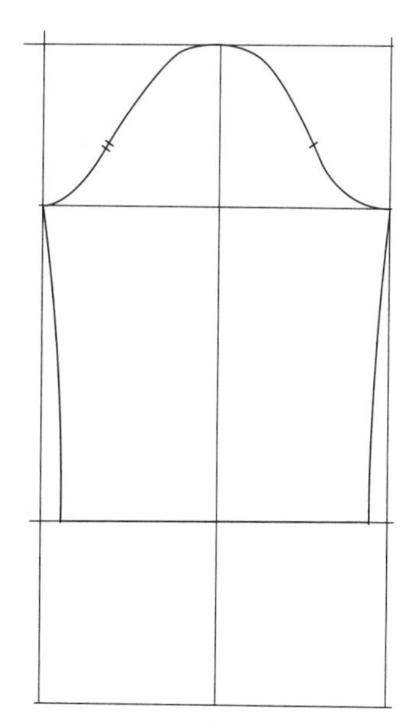

图 2

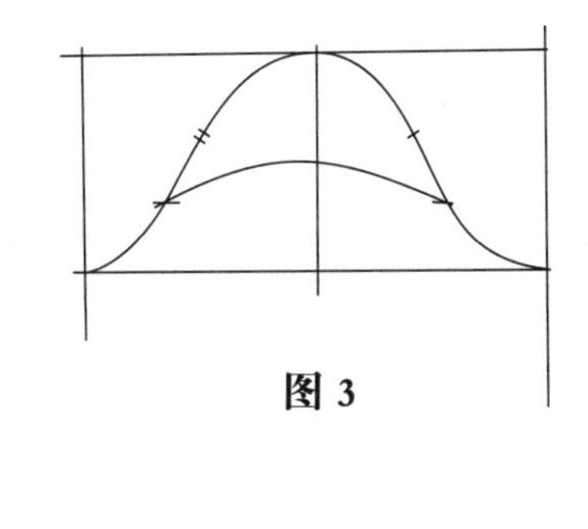

图 3

图 3 半袖

1. 画出合体袖袖山结构。
2. 确定袖长及袖口。
3. 标出袖山对位符号。

第4节F 袖子的变化——泡泡袖

泡泡袖是在袖山或袖口通过缩褶或收褶裥的形式来形成泡起的感觉。

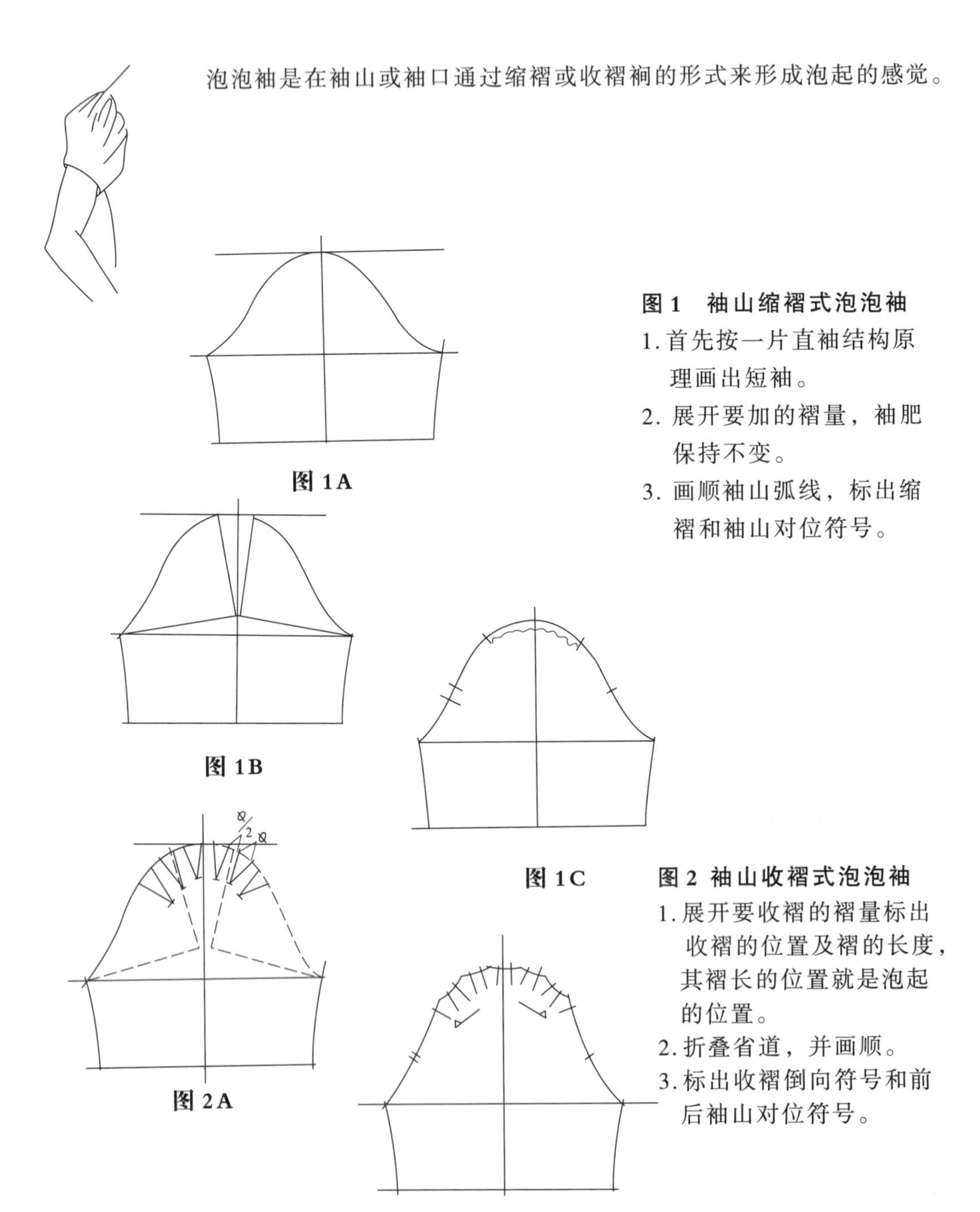

图1 袖山缩褶式泡泡袖

1. 首先按一片直袖结构原理画出短袖。
2. 展开要加的褶量，袖肥保持不变。
3. 画顺袖山弧线，标出缩褶和袖山对位符号。

图1A

图1B

图1C

图2 袖山收褶式泡泡袖

1. 展开要收褶的褶量标出收褶的位置及褶的长度，其褶长的位置就是泡起的位置。
2. 折叠省道，并画顺。
3. 标出收褶倒向符号和前后袖山对位符号。

图2A

图2B

袖子的变化——泡泡袖

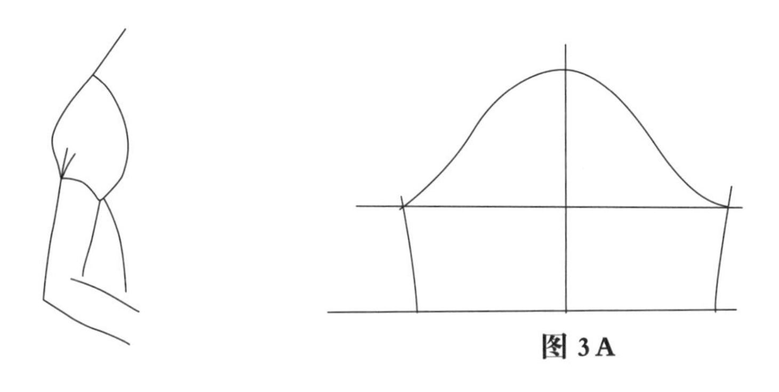

图 3A

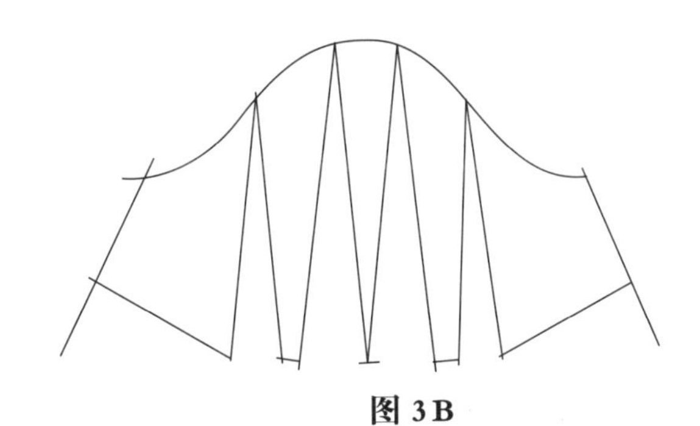

图 3B

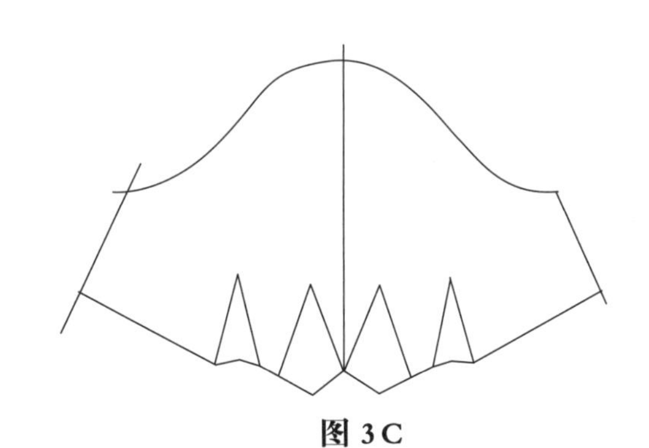

图 3C

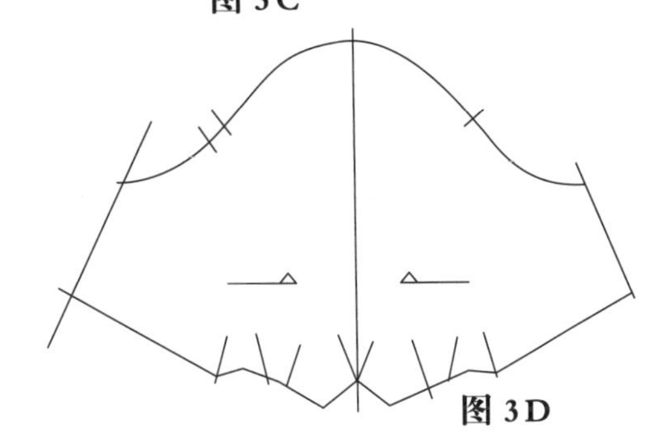

图 3D

图 3 袖口收褶式泡泡袖

1. 首先按袖一片式直袖原理画出短袖。
2. 展开要加的褶量。
3. 调整褶长，褶长的位置就是泡起的位置。然后折叠褶位并画顺。
4. 标出袖口收褶倒向符号及袖山对位符号。

第4节G 袖子的变化——郁金香袖

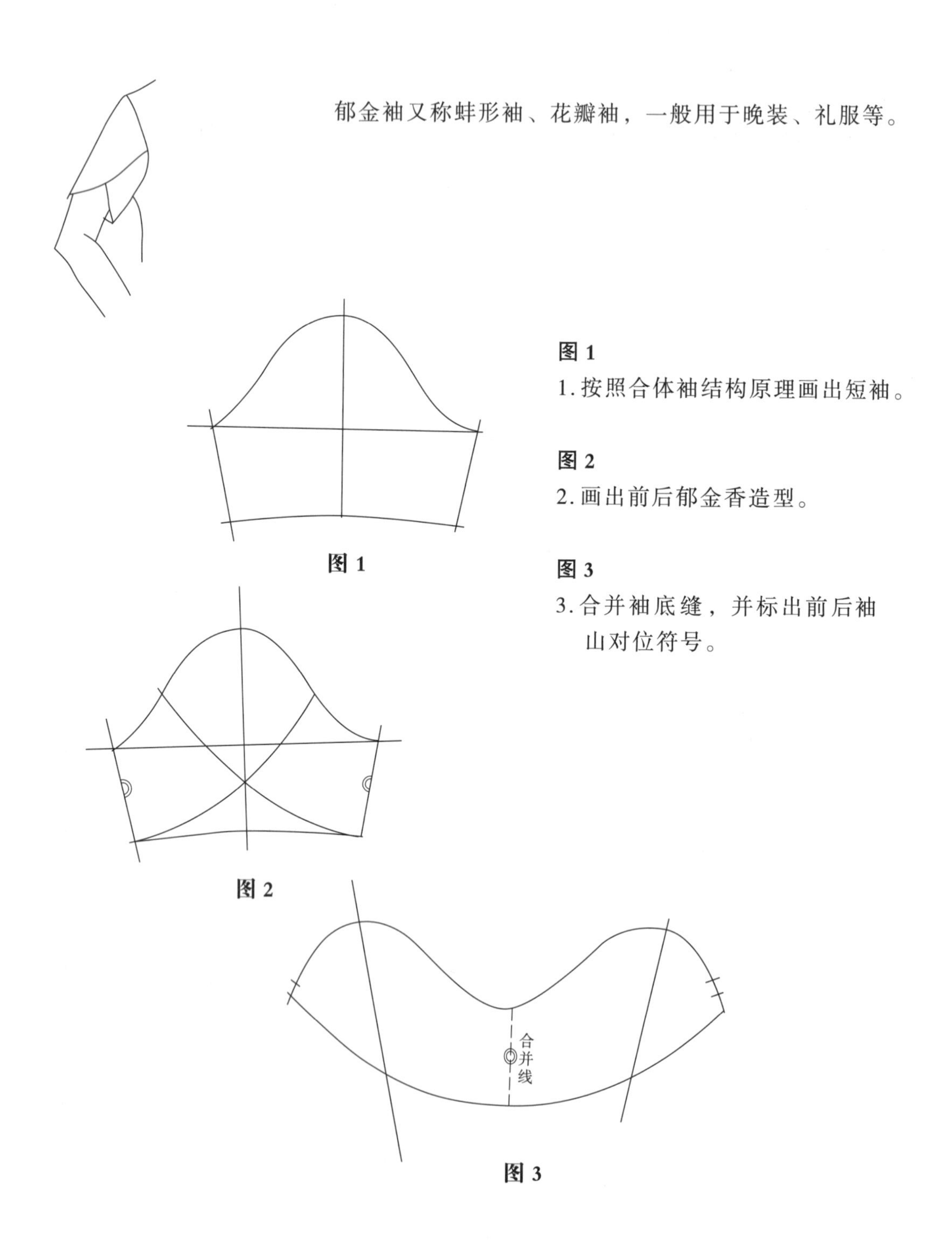

图 1

图 2

图 3

郁金袖又称蚌形袖、花瓣袖，一般用于晚装、礼服等。

图 1

1. 按照合体袖结构原理画出短袖。

图 2

2. 画出前后郁金香造型。

图 3

3. 合并袖底缝，并标出前后袖山对位符号。

第5节 联身袖的主要轮廓线及结构点的说明

联身袖是指衣身某些部位和袖子联在一起的袖子，如插肩袖、落肩袖等，联身袖的结构与圆装袖的结构原理一样，即袖山越高，袖肥就越小，袖子越合体，袖山越低，袖肥就越大，袖子就越宽松。

图 1 主要辅助线

图 2 主要轮廓线和结构点

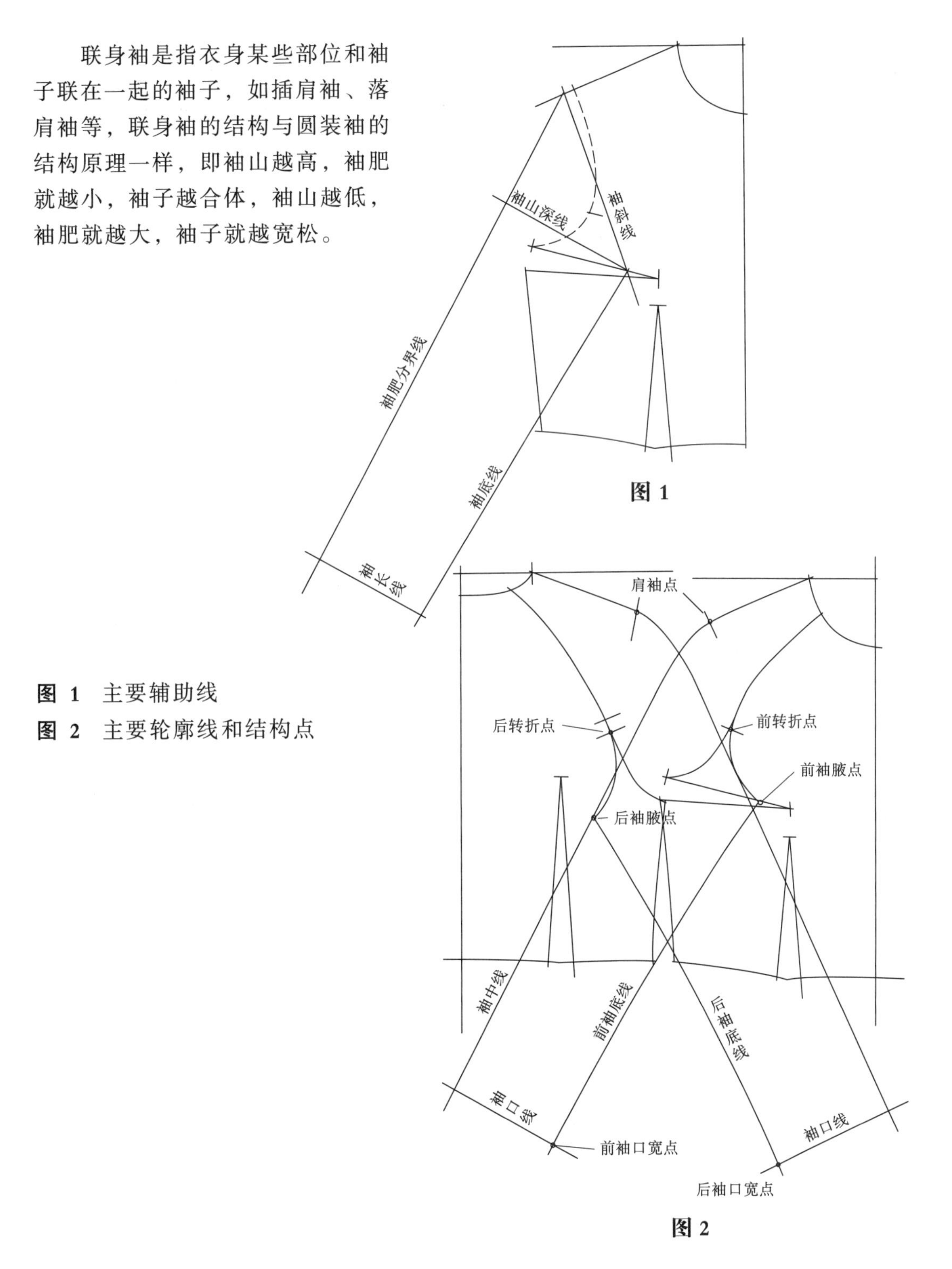

第6节 联身袖的结构原理——宽松式联身袖

宽松式联身袖常常与无基础胸省的衣身袖笼匹配，在一定情况下也可与有基础胸省的衣身袖笼匹配，这里介绍无基础胸省的衣身袖笼结构原理。

假设设计尺寸

胸围 95cm　　袖长 59cm

肩宽 39.5cm　　袖口 28cm

颈围 38cm

图 1

画好无基础胸省的宽松式衣身基础结构。

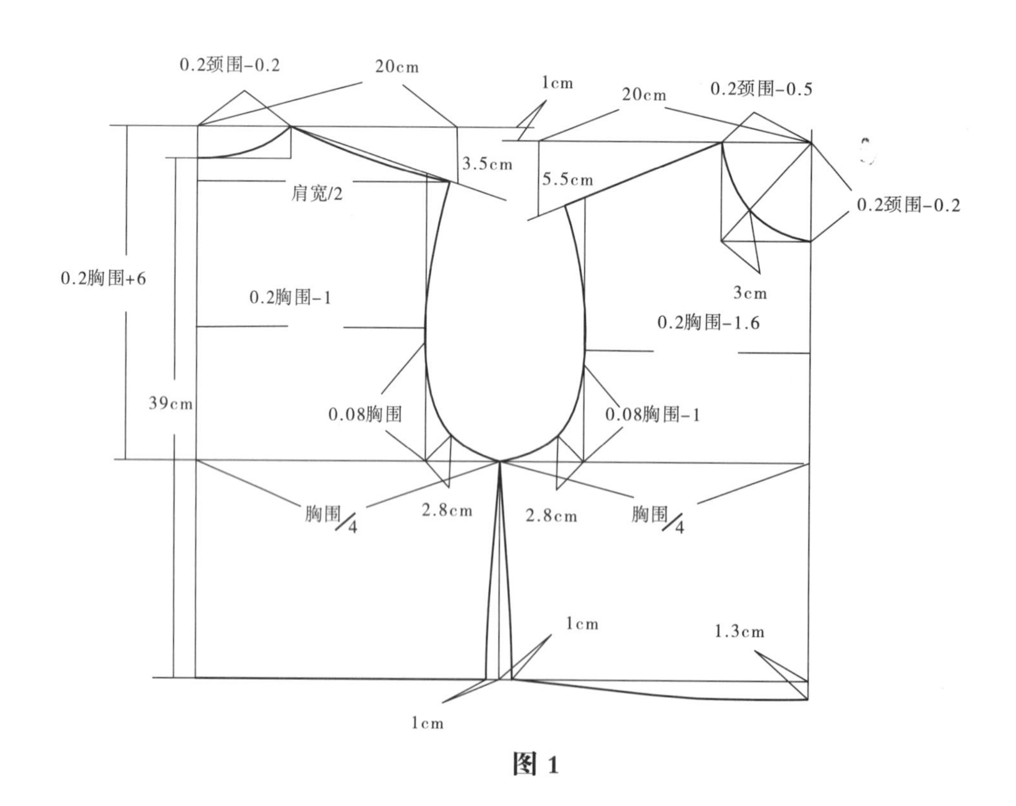

图 1

联身袖的结构原理——宽松式联身袖

图 2　前联身袖

1. 延长肩缝线为袖肥分界线。
2. 量出袖长与袖肥分界线垂直为袖口线。
3. 量出袖口/2-0.6cm与前腋点连接画出前袖底线。
4. 前腋点出5cm，画顺前侧缝线与前袖底线的弧线。

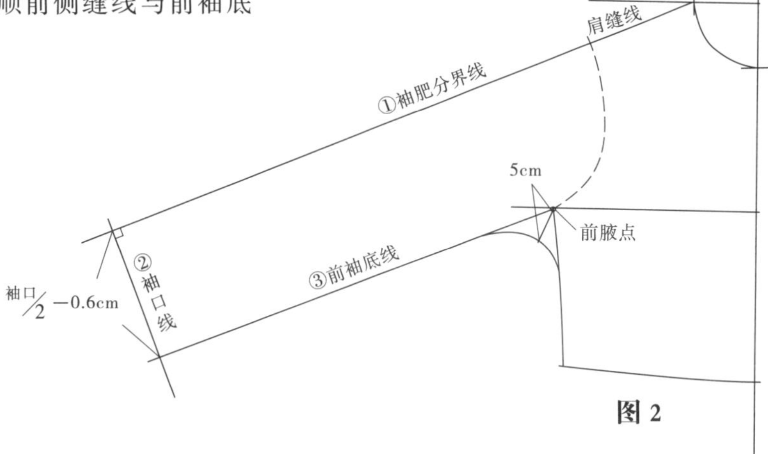

图 2

图 3　后联身袖步骤基本同前

5. 延长肩缝线为袖肥分界限。
6. 量出袖长并与袖肥分界限垂直为袖口线。
7. 量出袖口/2 +0.6cm为后袖口宽并与后腋点连接作出后袖底线。
8. 后腋点出5cm画顺后侧缝线与后袖底线的弧线。

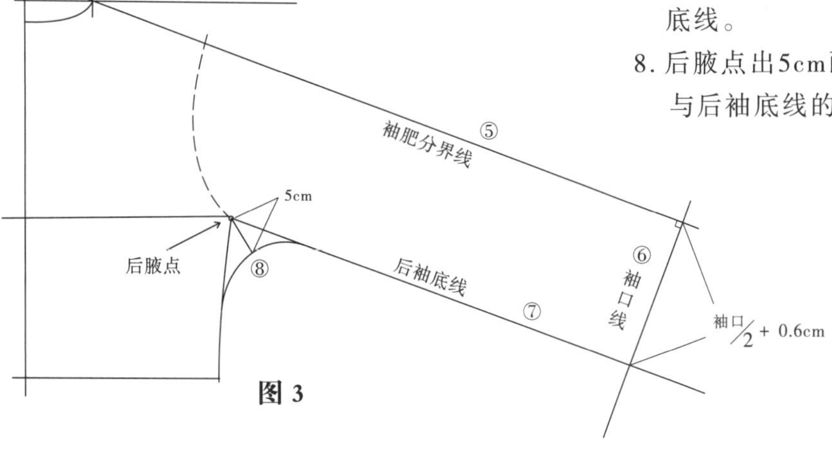

图 3

第6节A　宽松式联身袖的变化

宽松式联身袖袖型可作任意变化，这里只是单讲袖型的变化与衣身的其他造型无关。

按照宽松式联身袖的结构原理进行变化。

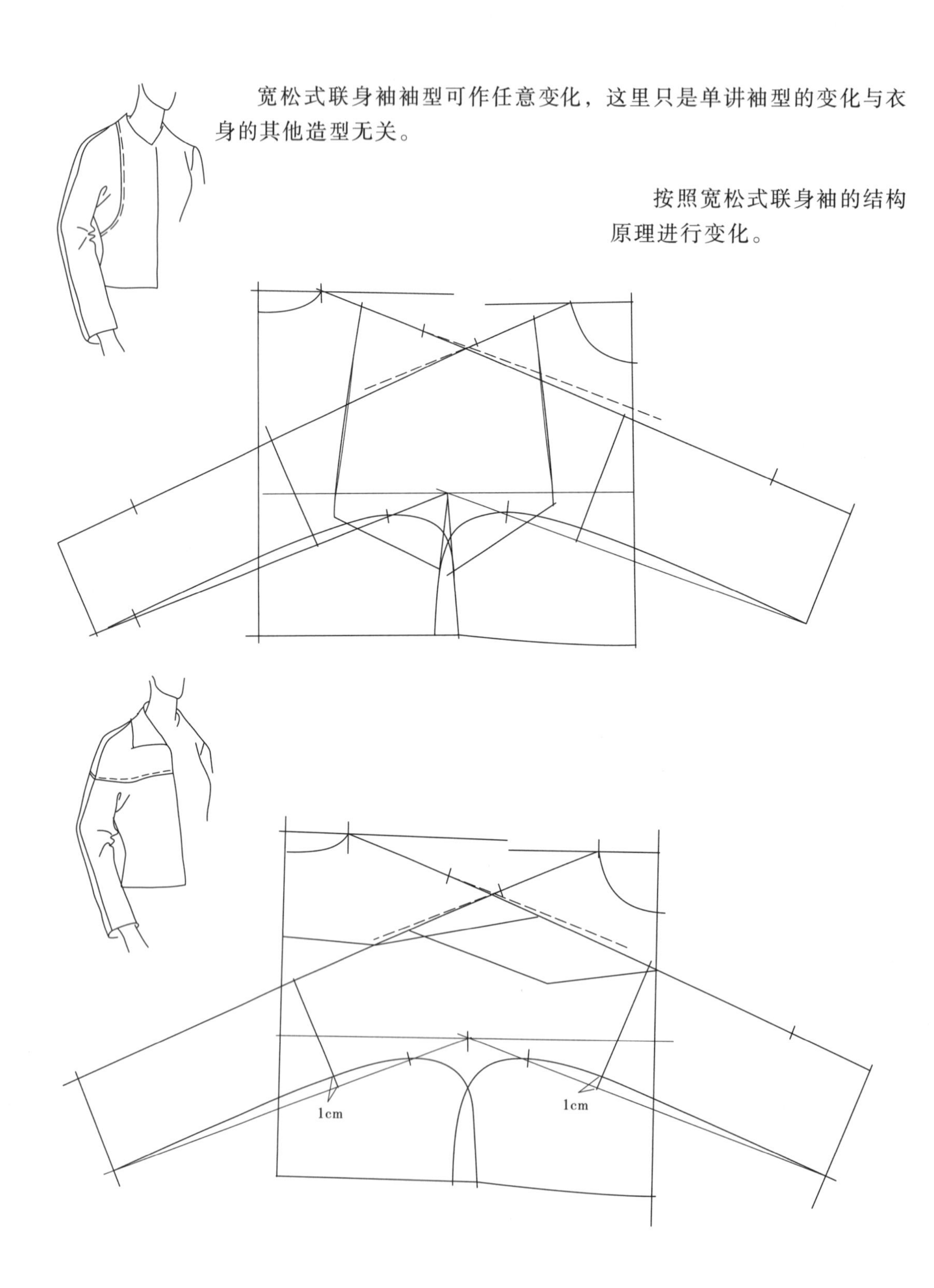

第6节B　宽松式联身袖对条对格的处理方法

我们知道人体的前后肩斜存在的角度是不一致的，所以导致对格对条失败，如果要使其对格对条，那么就要调整其肩斜，使前后肩斜一致。

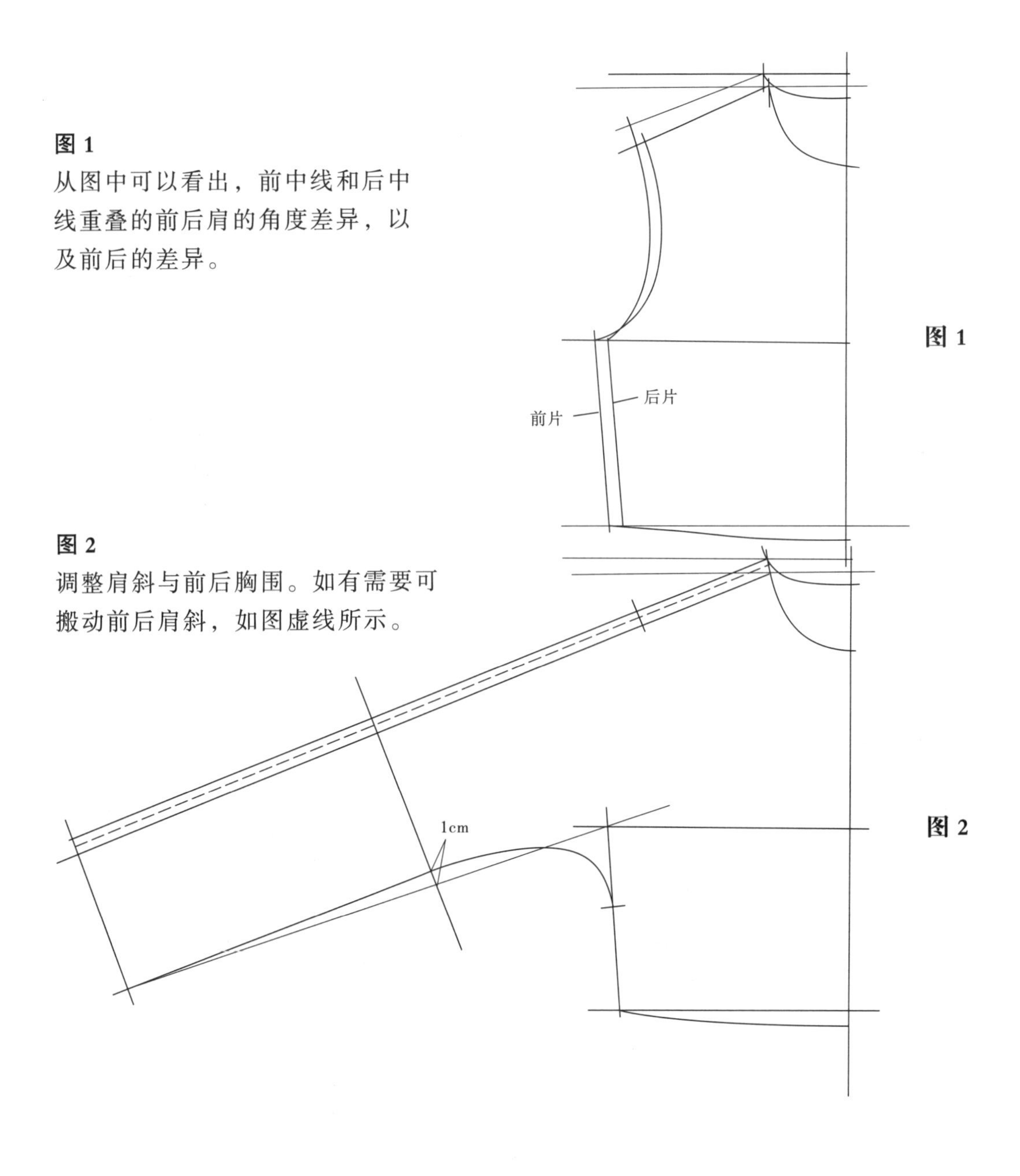

图 1

从图中可以看出，前中线和后中线重叠的前后肩的角度差异，以及前后的差异。

图 2

调整肩斜与前后胸围。如有需要可搬动前后肩斜，如图虚线所示。

第7节 联身袖的结构原理——插肩袖

插肩袖同独立圆装袖的结构特征基本一样，可以设计从宽松到合体。

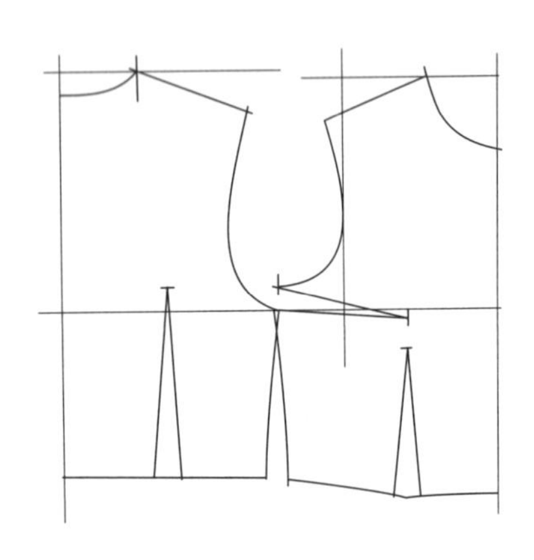

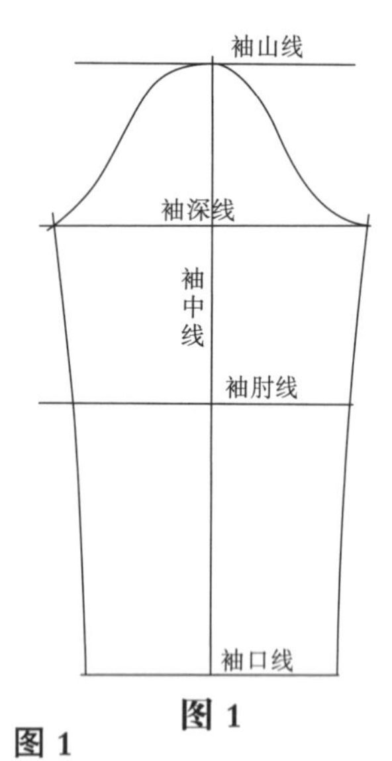

图 1

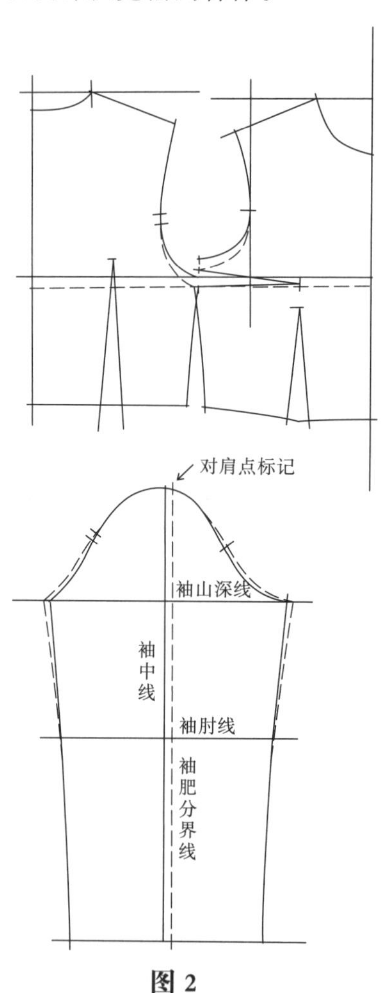

图 2

图 1

1. 复制有基础省的衣身基础纸样和一片直袖基础纸。

图 2

2. 在相同尺寸的情况下，衣身基础纸样袖笼深降低1cm，袖肥加大1.5cm。
3. 画顺袖笼线和袖山线，如图虚线所示。
   注：袖山不要放溶位。
4. 标出前后袖笼和袖山的对位符号。
5. 以肩点标记画出袖肥分界线。

联身袖的结构原理——插肩袖

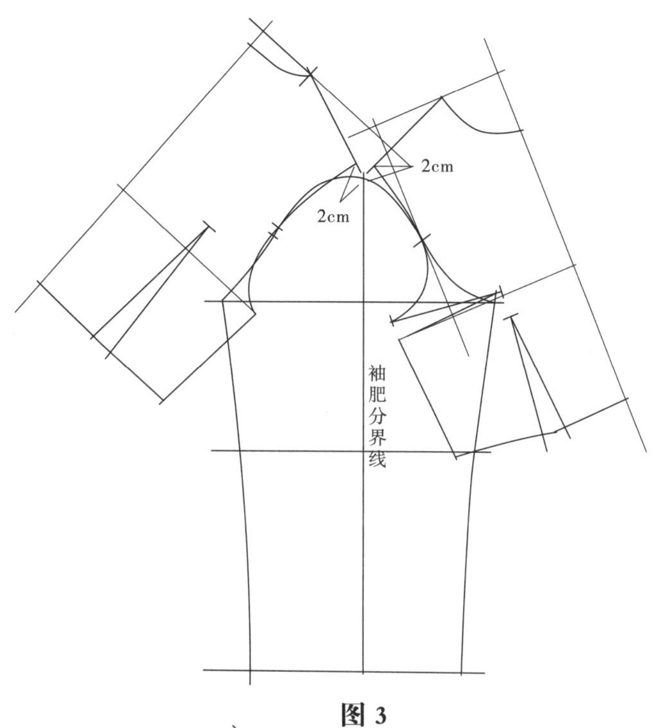

图 3

图 3

6. 转动前衣身纸样，使前袖笼对位点和前袖山对位点相吻合，前肩端点与袖山对位点距2cm。
7. 转动后衣身纸样，使后袖笼对位点和后袖山对位点相吻合，后肩端点与后袖山对位距2cm。

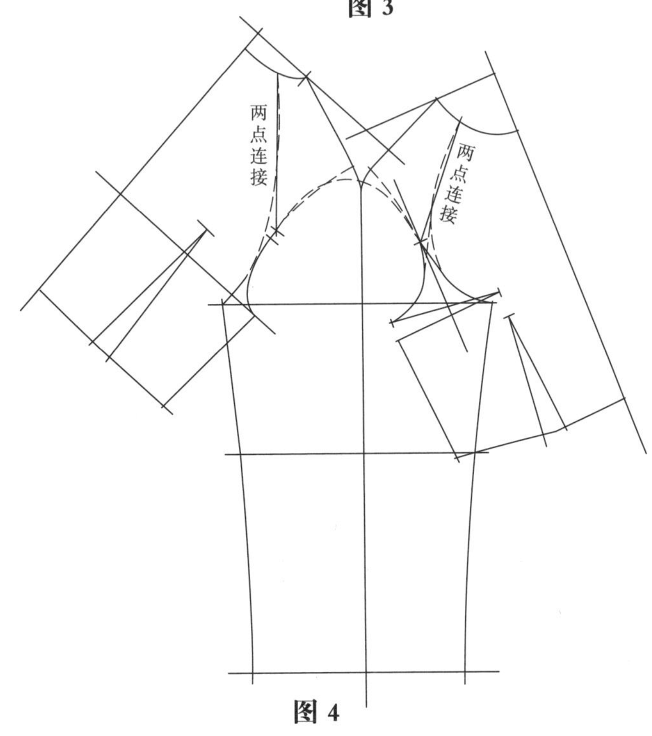

图 4

图 4

8. 画顺前后肩点与袖山点的弧线。
9. 在前领圈取一点与前对位点连接(这个点取决于设计的要求而定)。
10. 在后领圈取一点与后对位点连接(这个点取决于设计的要求而定)。
11. 画顺前后连接线的弧线。(如图虚线示)

图 5、6

12. 分离前后片的插肩袖纸样。

13. 标出所有的对位记号。

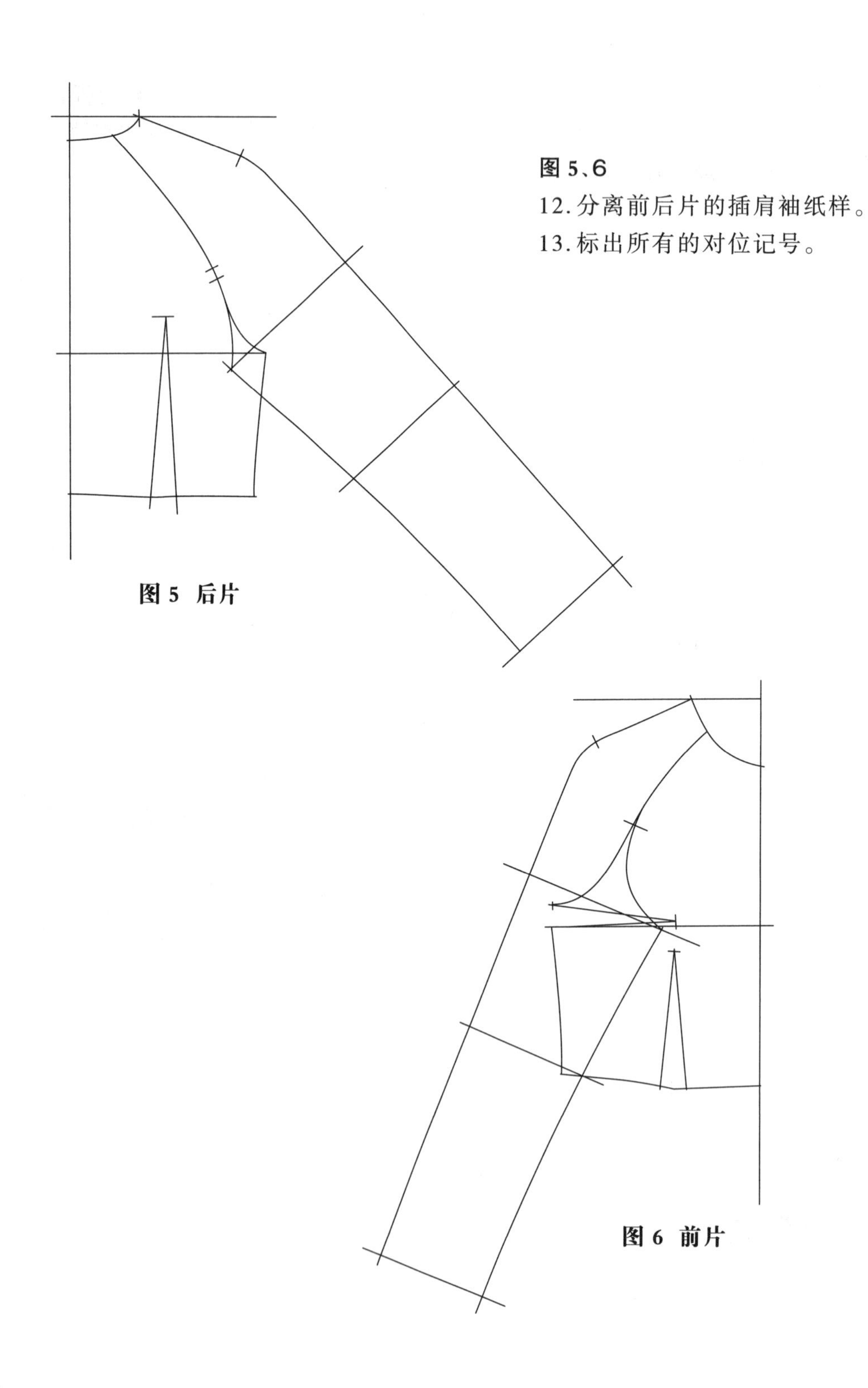

图 5 后片

图 6 前片

第7节A　插肩袖的结构变化

按照独立圆装袖的结构，联身袖可完成独立圆装袖的所有结构变化。可以设计成一片式直袖、一片式合体袖、二片式直袖、二片或三片式合体袖。

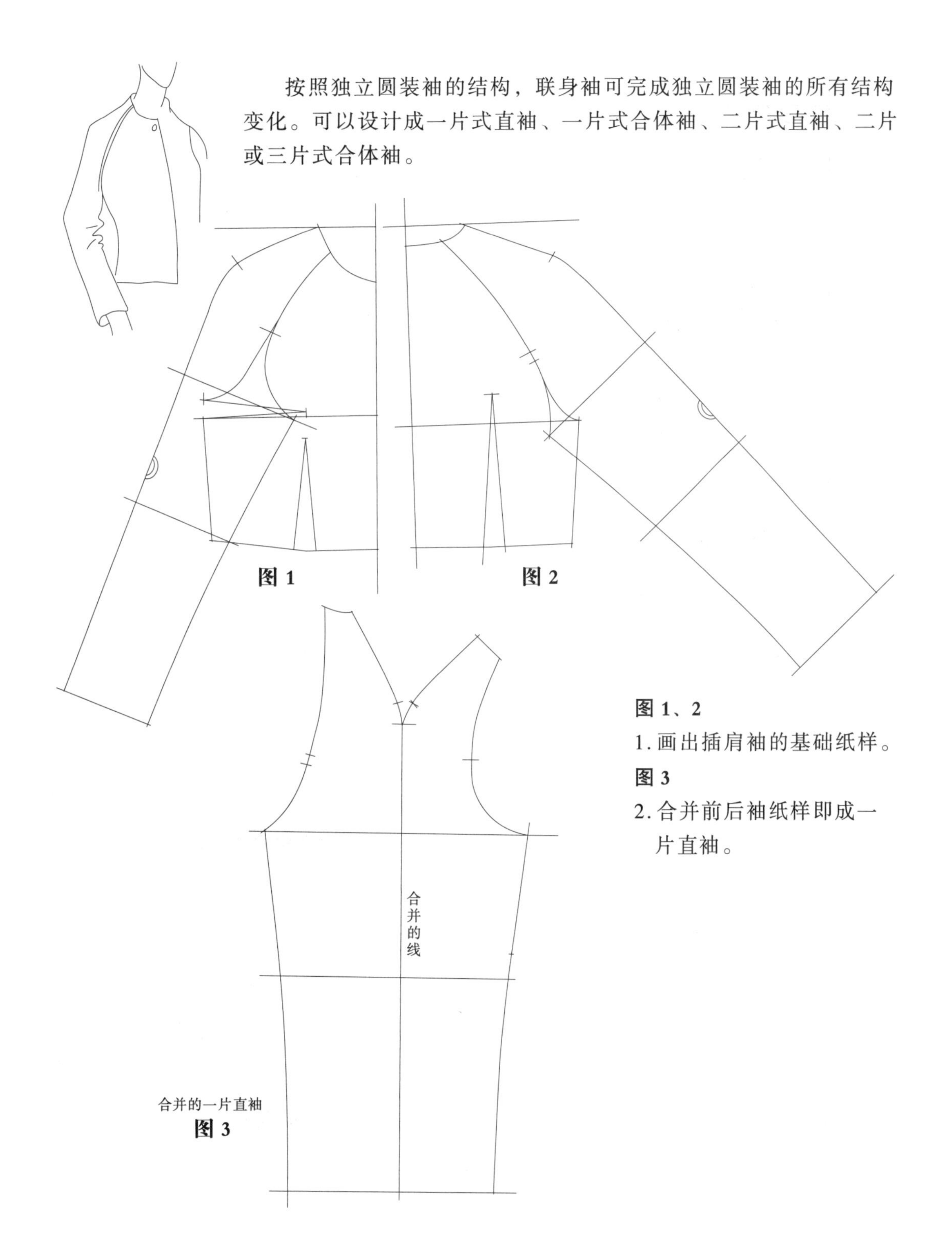

图1　　图2

图1、2

1.画出插肩袖的基础纸样。

图3

2.合并前后袖纸样即成一片直袖。

图3

插肩袖的结构变化

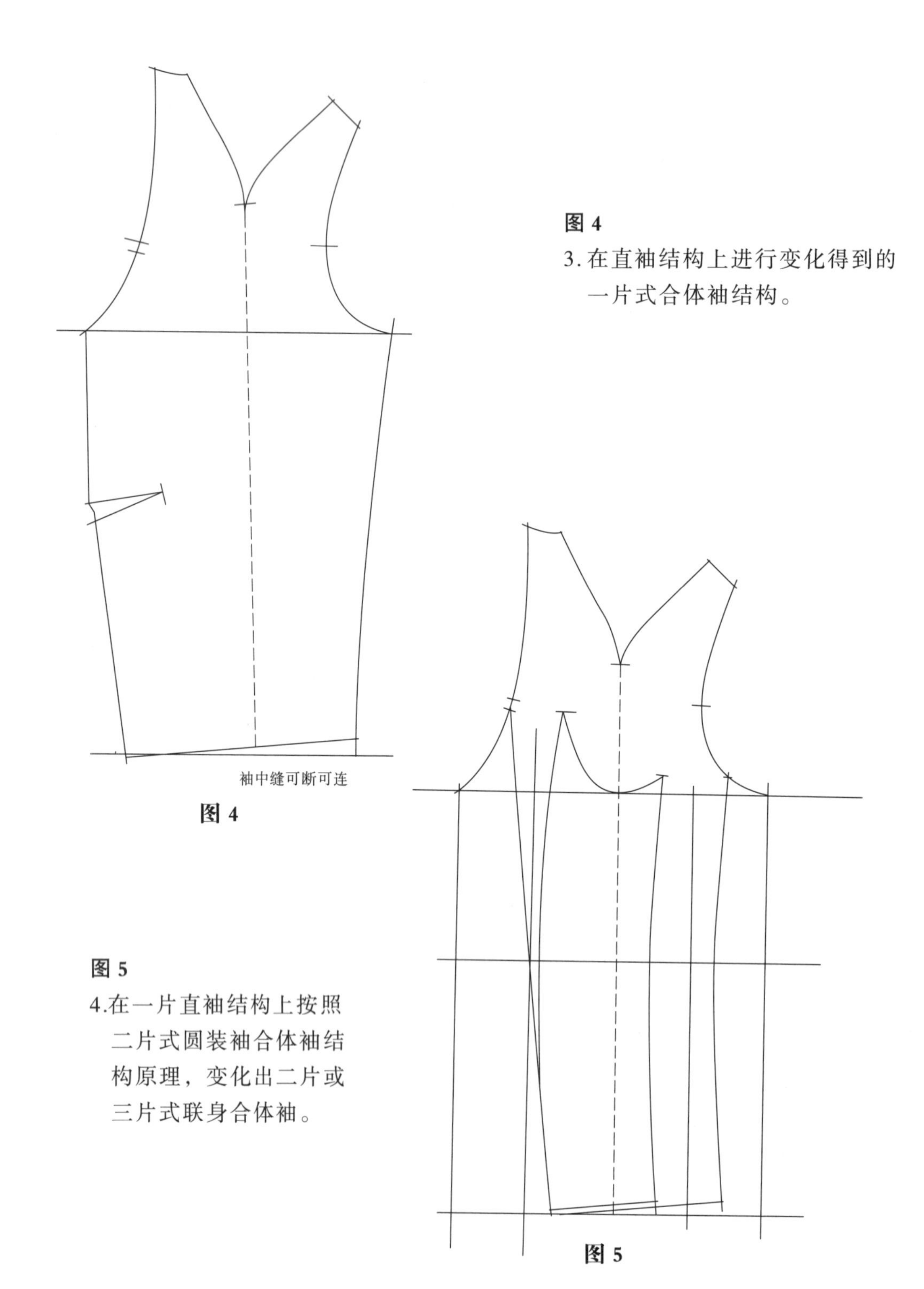

图 4

图 4

3. 在直袖结构上进行变化得到的一片式合体袖结构。

图 5

图 5

4.在一片直袖结构上按照二片式圆装袖合体袖结构原理，变化出二片或三片式联身合体袖。

第7节B 插肩袖公主线的变化

插肩联身袖公主线的变化，可参考衣身公主线移位的变化。

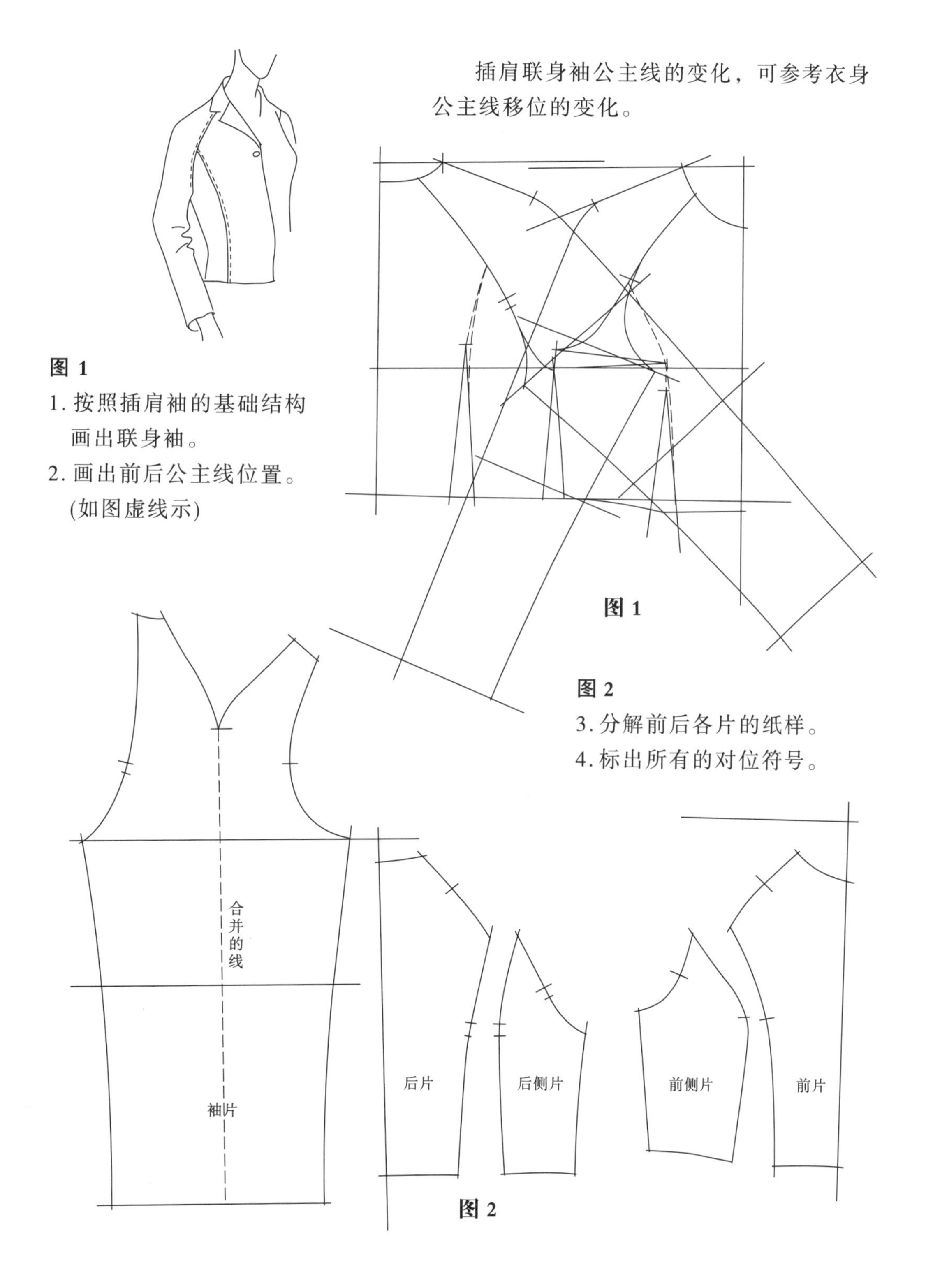

图1

1. 按照插肩袖的基础结构画出联身袖。
2. 画出前后公主线位置。(如图虚线示)

图2

3. 分解前后各片的纸样。
4. 标出所有的对位符号。

插肩袖公主线的变化

前衣片有小胸省

图 1

1. 按照插肩袖的基础纸样结构画出联身袖。
2. 折叠前基础省，画出前公主线位置及胸省位置。(如图虚线示)
3. 画出后公主线位置。(如图虚线示)

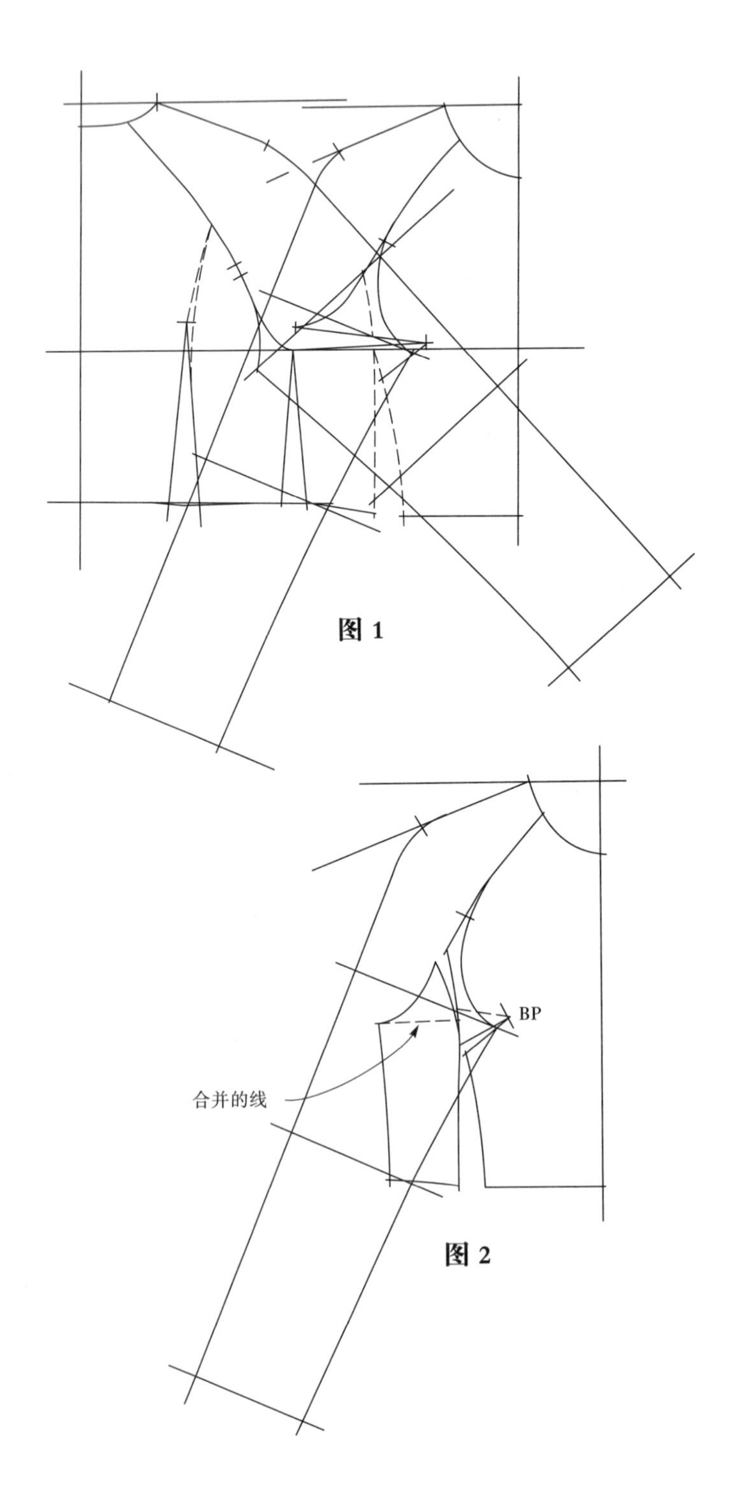

图 1

图 2

图 2

4. 合并前侧片(如图虚线)。
5. 转移小胸省。
   注：可参考基础省的纸样移位变化。

插肩袖公主线的变化

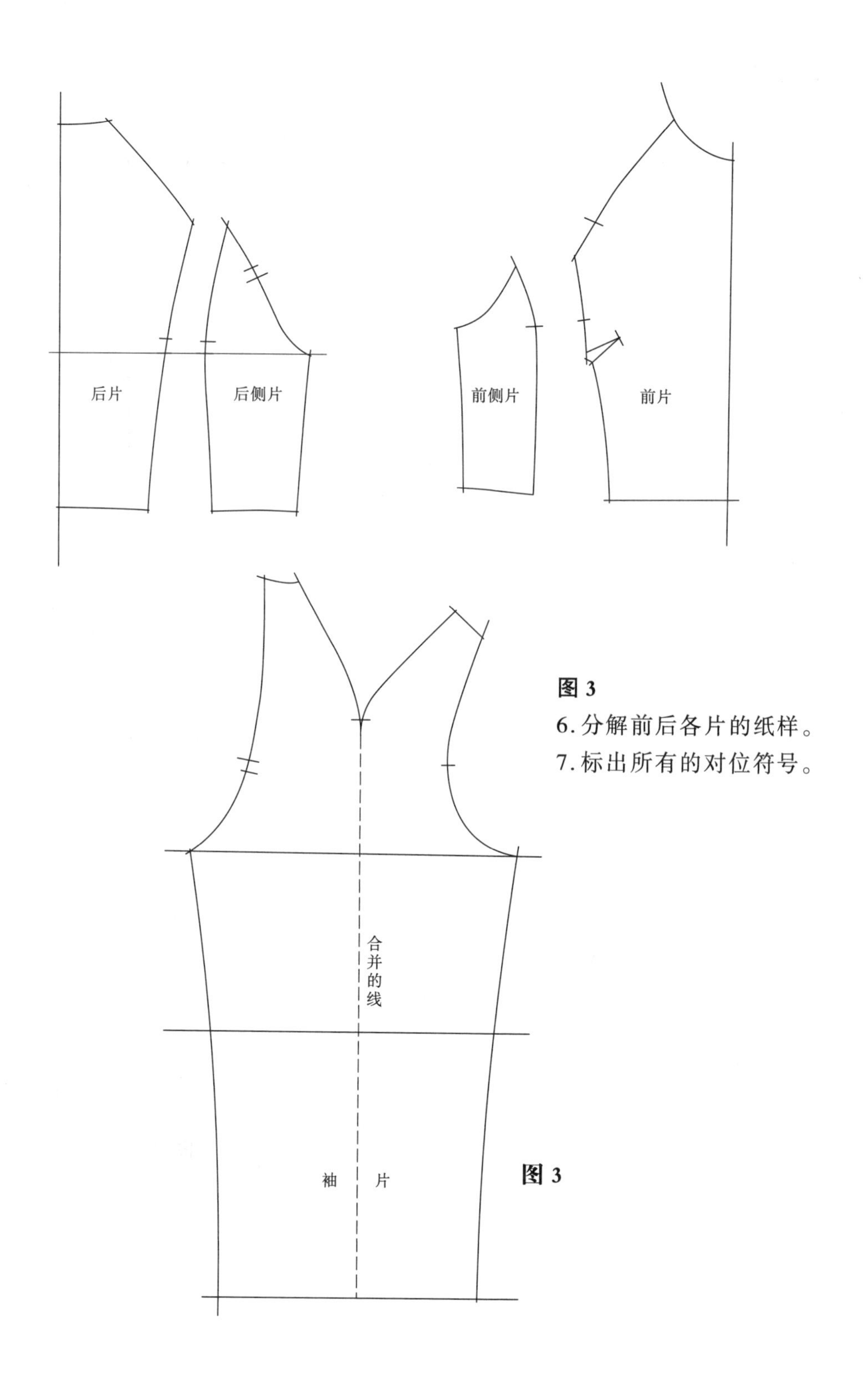

图 3

6. 分解前后各片的纸样。

7. 标出所有的对位符号。

第7节C　插肩袖造型的变化

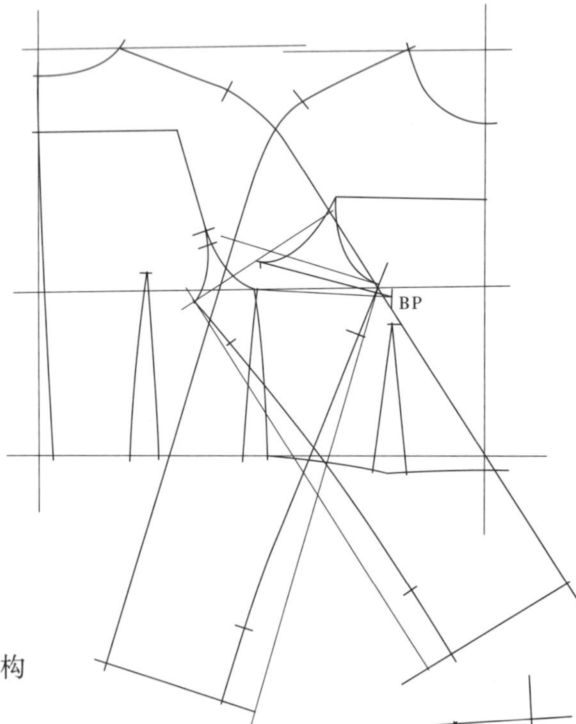

图 1

图 1

1. 按照插肩袖的基础结构画出联身袖。
2. 根据款式的造型画出前后分割线。

图 2

3. 转移前片基础省(可参考基础省的纸样移位变化)。

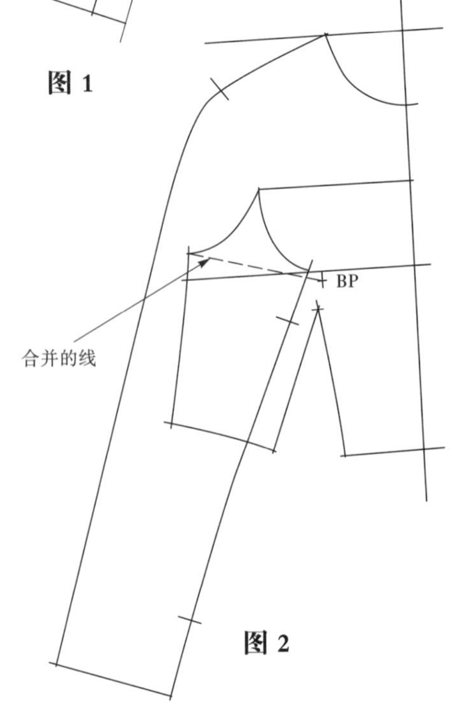

图 2

插肩袖造型的变化

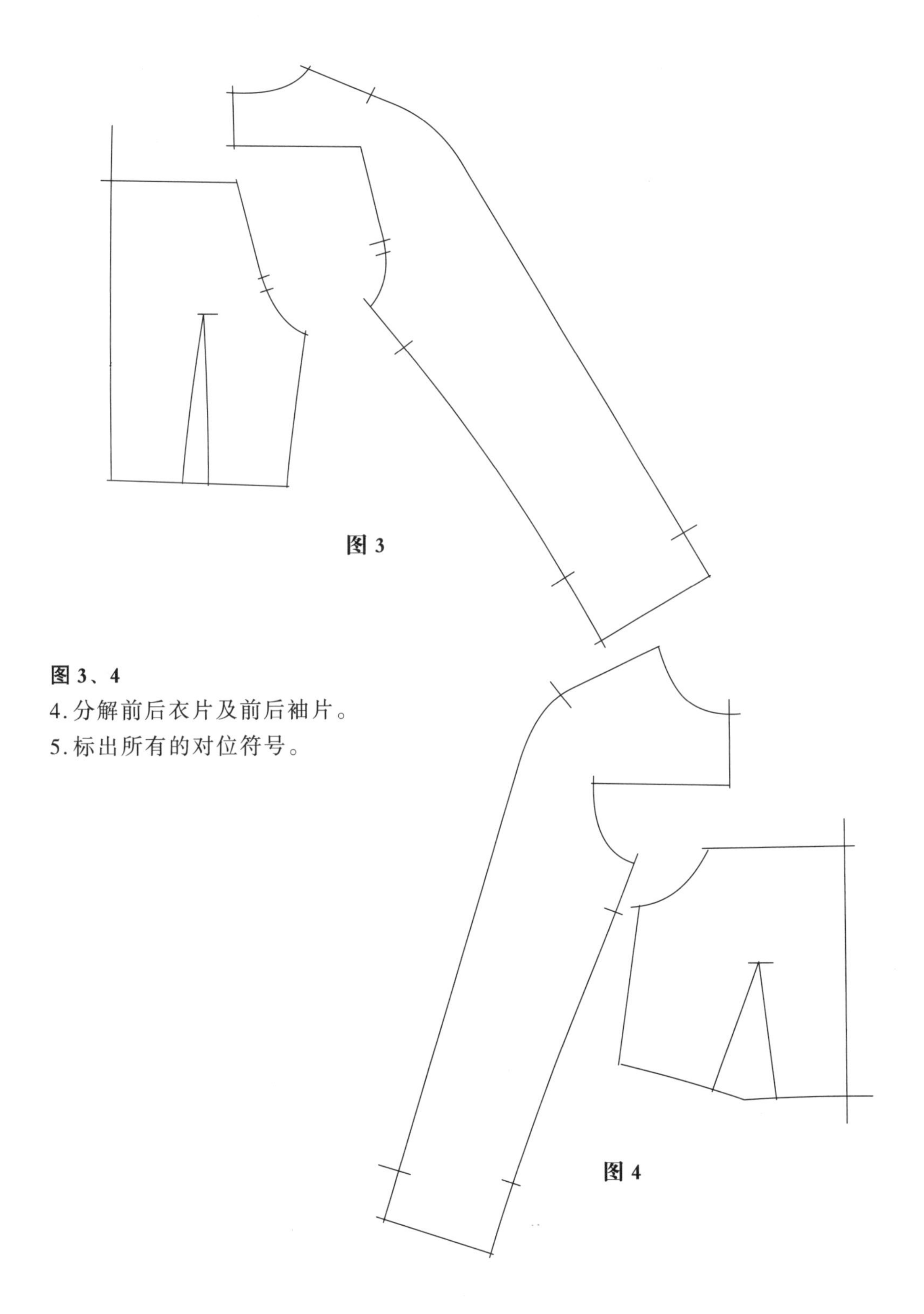

图 3

图 3、4

4. 分解前后衣片及前后袖片。

5. 标出所有的对位符号。

图 4

第8节　落肩袖的结构与变化

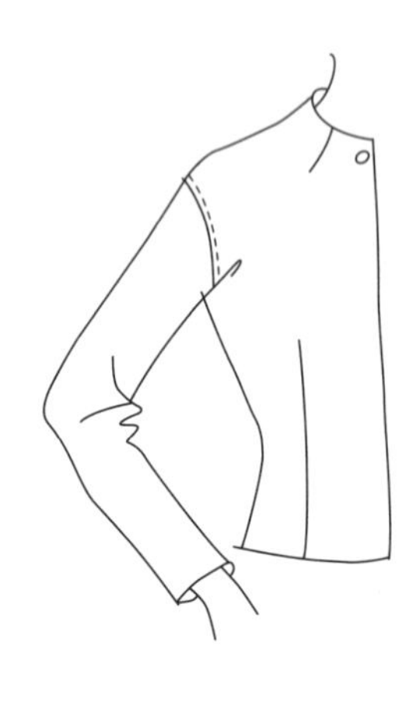

落肩袖的结构就是根据款式设计的需要，从肩端点向袖山方向确定的落肩位置，落肩的深度可以设计从肩端点到袖的前后对位符号处大约在3~10cm之间，根据实际经验证明，落肩袖的弯度，以4cm：1.2cm所得到的斜线取值为准。

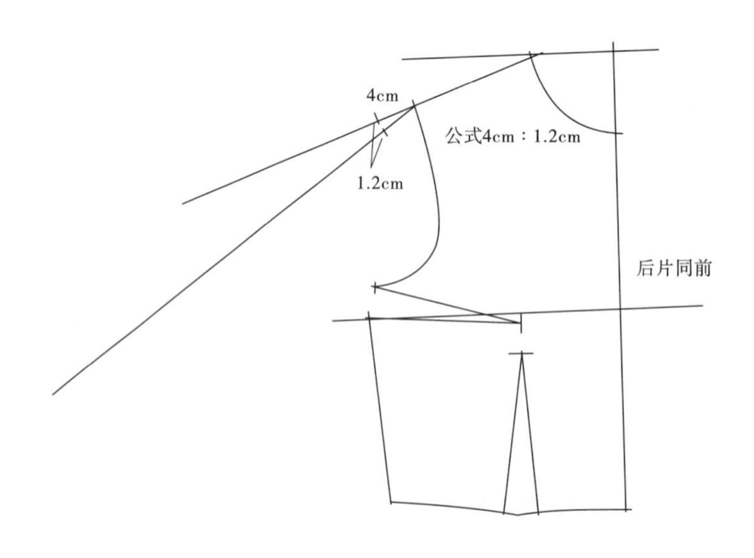

落肩袖的结构与变化

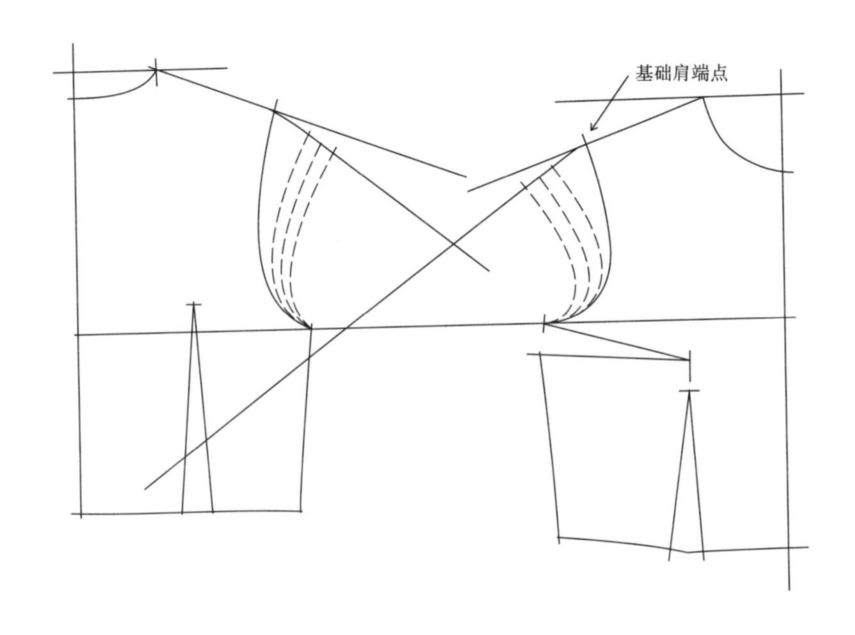

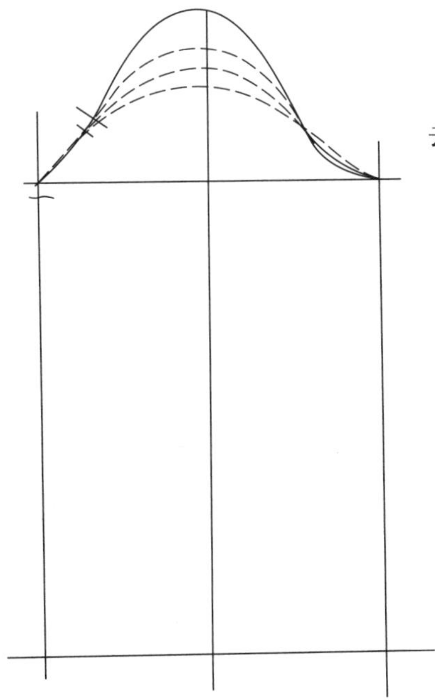

袖子的结构只需要在一片直袖的纸样上减去相应的量。

落肩袖的结构与变化

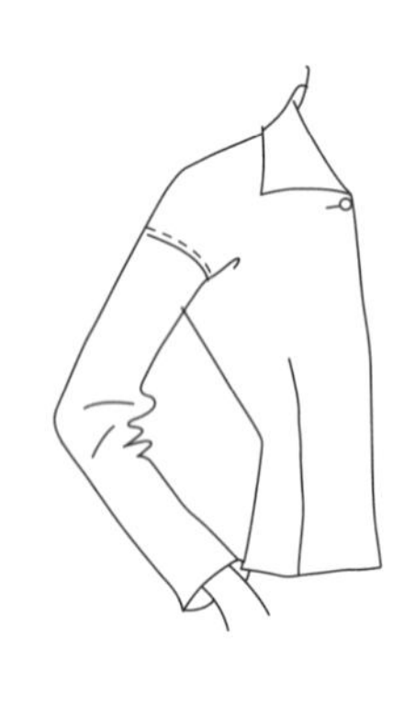

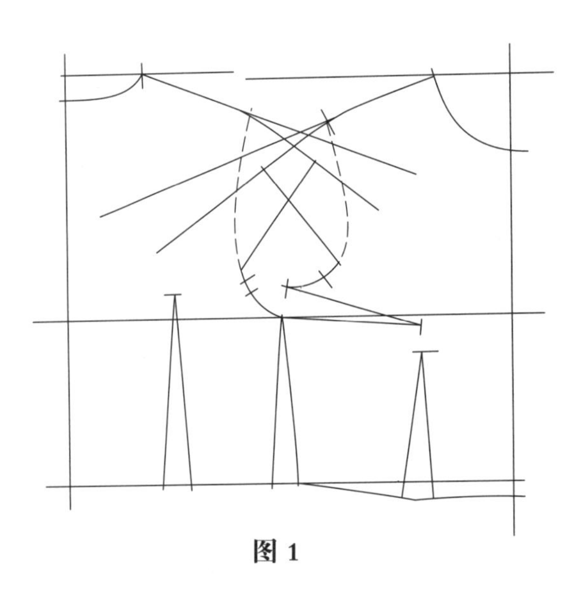

图 1

图 1

1. 按照落肩袖结构画出落肩袖及款式造型。

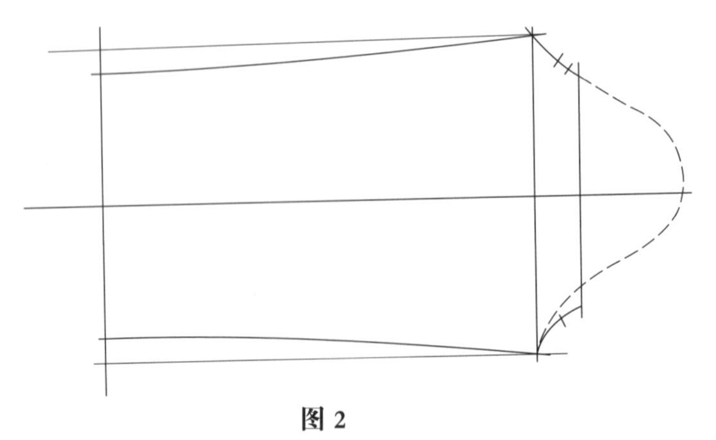

图 2

图 2

2. 在一片直袖上画出所落肩的量。
3. 调整前袖山弧线。
4. 标出前后对位符号。

落肩袖的结构与变化

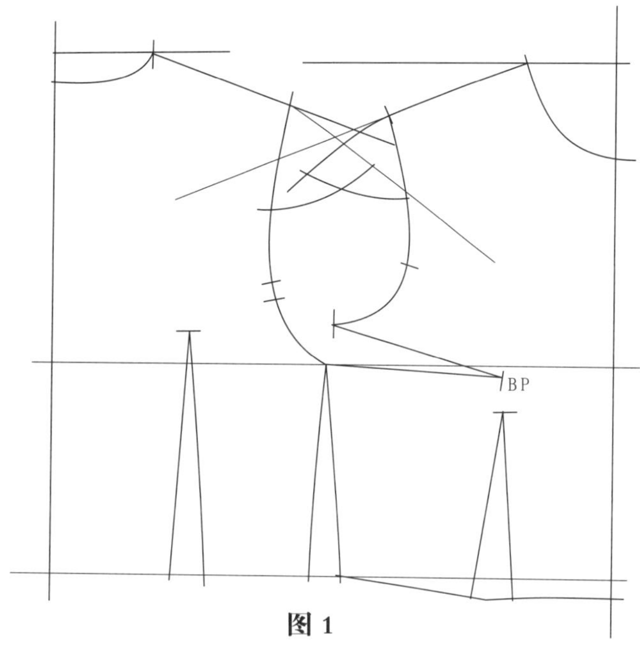

图 1

1. 按照落肩袖结构画出落肩袖款式造型。

图 1

图 2

2. 在一片直袖上前后袖山弧线与袖笼弧线吻合。
3. 因原有的落肩处弧线与袖弧线不吻合，调整到长短一样。如图虚线为原线，实线为调整线)。
4. 标出前后对位符号。

图 2

第八章

工业纸样的其他部件

本单元的其他部件是指口袋、钮扣与钮门、挂面、贴边、布纹线。

其中，口袋、钮扣与钮门、贴边可以设计成实用性的，也可以设计成装饰性的。装饰性的设计对服装造型起着极其重要的作用，而布纹线的正确使用，可使服装产生很好的立体效果。

第1节　口袋的构成

口袋是时装设计的重要组成部分，口袋分实用口袋和装饰口袋，实用口袋，一般要求口袋位置以手伸入为宜，对于装饰口袋，它已失去实用功能，只起服装的装饰点缀之用，它的大小和位置比较随意，可以出现在服装任何部分，如袖片上、后背处，裤脚上等。

一、口袋的分类

口袋可分为三类，即贴袋、挖袋(包括嵌袋、单唇袋、双唇袋)、插袋。

1. 贴袋：袋布全部是面布做成，有袋盖或无袋盖。
2. 挖袋：一般袋嵌条和袋唇条以面布制成，袋布在里。
3. 插袋：插袋一般在缝份上留出袋口，袋布在里。

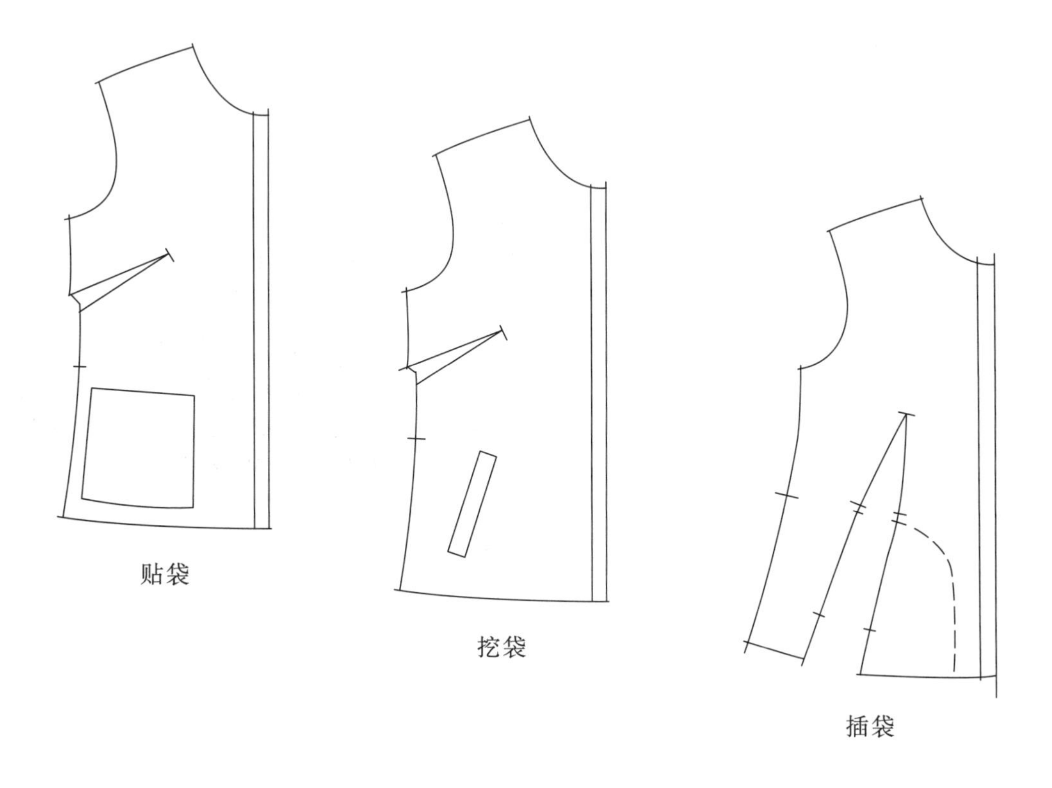

口袋的构成

二、口袋的大小

以口袋的实用功能来计算。胸袋的大小在8.5cm~10.5cm左右，下袋的大小一般在 12.5cm~15cm 左右，但时装的变化很大，口袋随服装的整体大小变化而变化, 服装整体较大，口袋相应加大，反之就减小。

三、口袋的位置

要确定口袋的位置，应首先确定口袋的中心点。

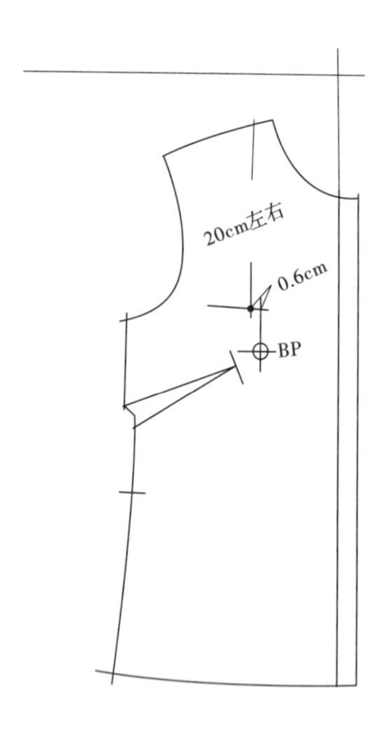

图 1　胸袋

基础纸样，上平线下20cm左右，BP点偏0.6cm左右确定胸袋中心点。

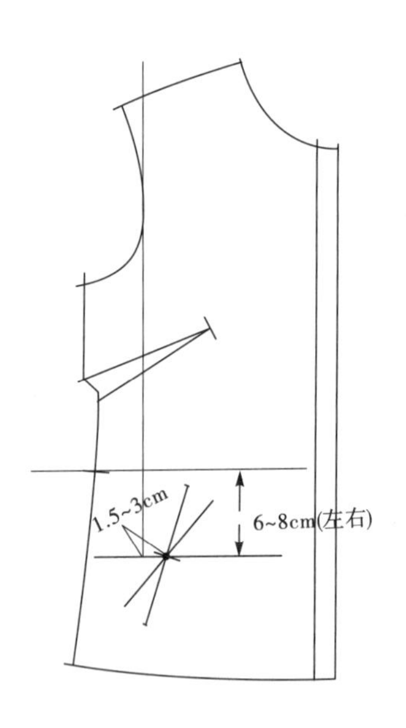

图 2　大袋

前胸宽线偏进1.5cm~3cm左右，腰节线下6~8cm左右，确定大袋中心点。

口袋的构成

四、口袋的画法

胸袋

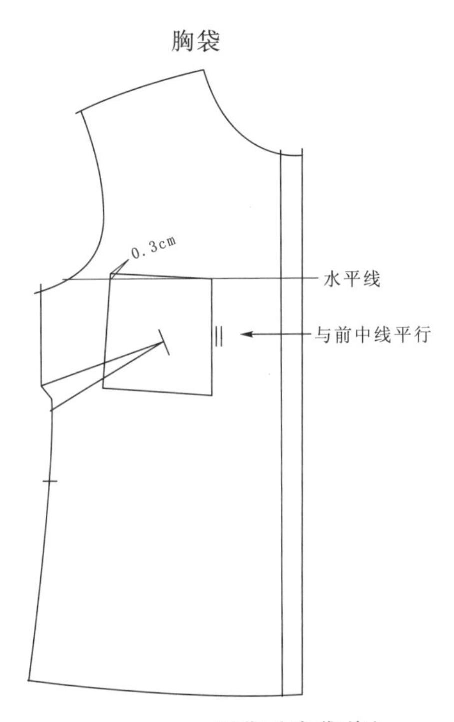

下袋（有袋盖）

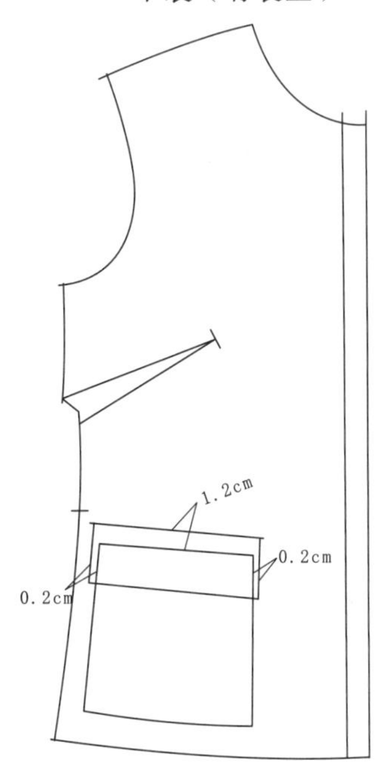

下袋(无袋盖)

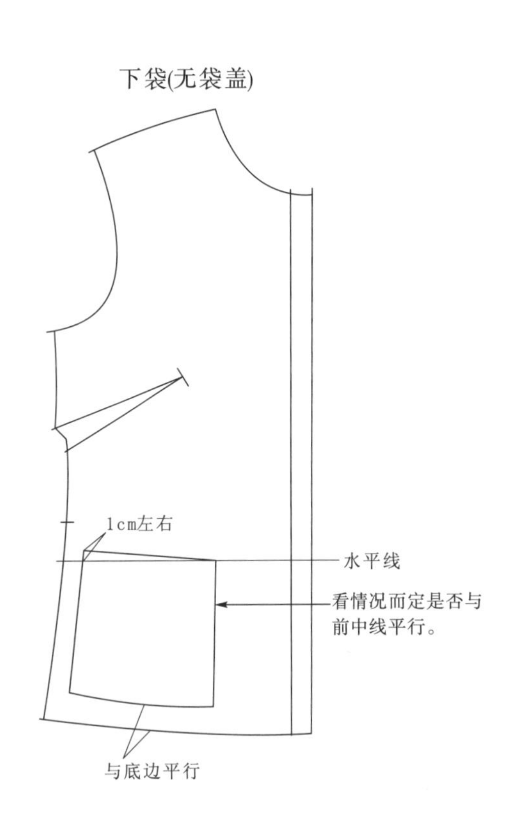

下袋前中线的确定

1. 宽松型无腰省与前中线平行。
2. 吸腰较大时，前袋角偏进0.3~0.5cm。

第2节　钮扣、叠门与钮门

在服装的任一部位的开襟中，互搭之间止口与中线钉钮点称叠门，又称搭位，叠门一般随纽扣的变化而变化。

钮扣按国际制单位划分，以号型和毫米表示钮扣的直径，根据实际操作的经验。叠门的大小等于钮扣的直径加0.3cm左右。衬衫类的钮扣一般用12.7毫米（20L）左右的钮扣，那么它的叠门为1.5厘米左右，外套之类的便装，一般用17.8毫米（28L）左右的钮扣，那么它的叠门取值在2厘米左右,大衣、风衣类一般用22.9毫米(36L)左右的钮扣，那么它的叠门取值在2.5厘米左右。

钮扣的号型与直径

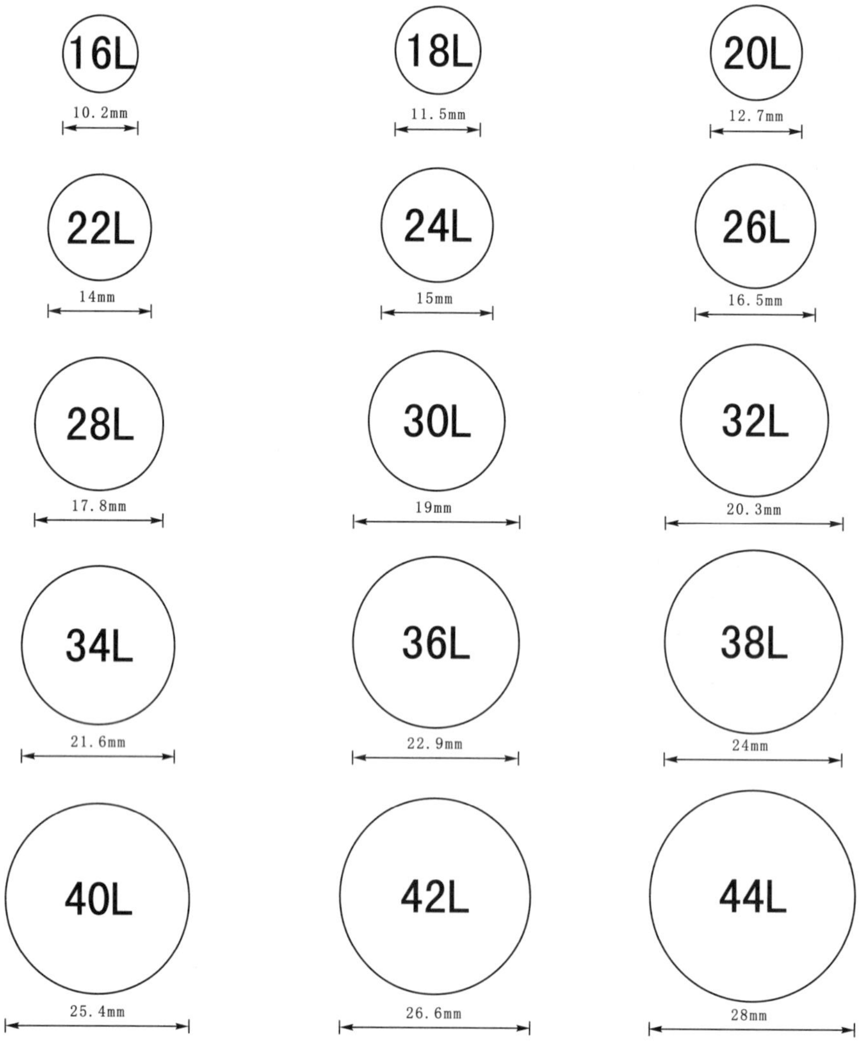

钮扣、叠门与钮门

钮门的大小是以钮扣的直径变化而变化，钮门的取值一般是钮扣的直径加钮扣的厚度。

钮门分为二类，一类称为平眼，另一类称为凤眼，凤眼又分为两种，一种称齐尾凤眼，另一种称有尾凤眼。

平眼钮门	**有尾凤眼钮门**	**齐尾凤眼钮门**

我们知道，左右门襟扣上之后，左右门襟的中心线应该重合，不然会使围度变大或者变小，钮扣的位置一般处在中心线上，由于钉好的钮扣线具有一定直径的绳状，所以要使横钮门的钮扣准确地落在中心线上，横钮门的钮门就要超出中心线0.3厘米左右。

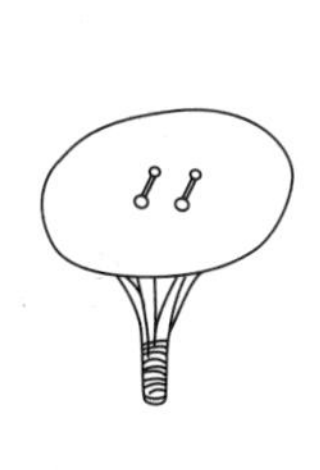

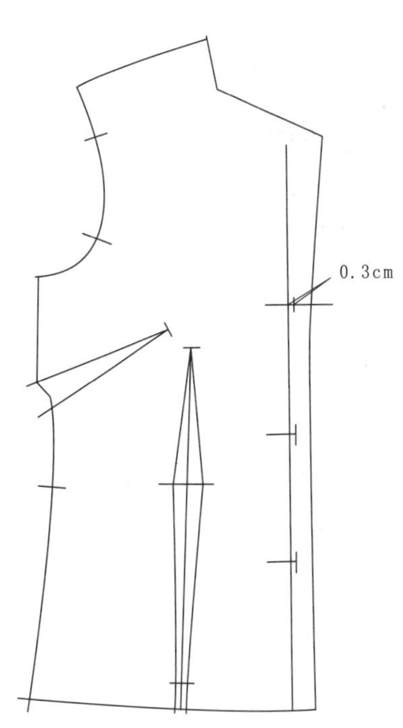

第3节 挂面的构成

挂面是指上装左右门襟的翻边，挂面分装挂面和连挂面，翻驳领的挂面、翻驳位要加出损耗量。（请参考领子的损耗加放一节）

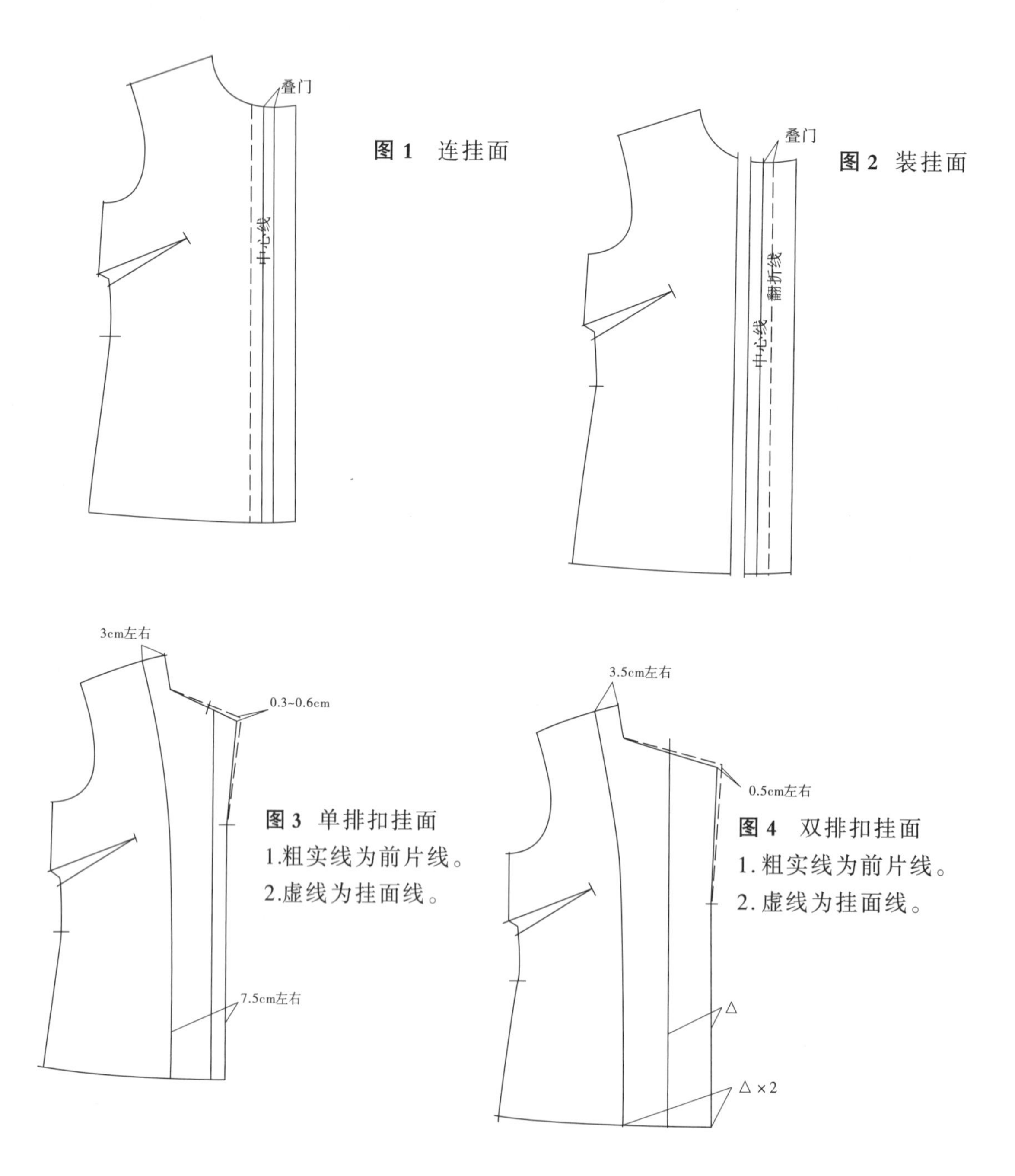

图 1 连挂面

图 2 装挂面

图 3 单排扣挂面
1.粗实线为前片线。
2.虚线为挂面线。

图 4 双排扣挂面
1. 粗实线为前片线。
2. 虚线为挂面线。

第4节　缝份与贴边

一、缝份

缝份又称缝子和止口。即在净样上加放缝合的宽度称缝份。任何服装都是通过拼接，包压缝合而成。缝份和贴边应按不同的部位、款式、制作工艺、材料加出相应的缝份和贴边。

A. 平缝　平缝是车缝中最基本、最常见的工艺制作方法。将两块衣片正面相同的拼接。平缝平分为倒缝或开缝，一般单层布料较薄的服装。可先做平缝后烤边，再倒向一边。如布料较厚的服装，一般分开缝。

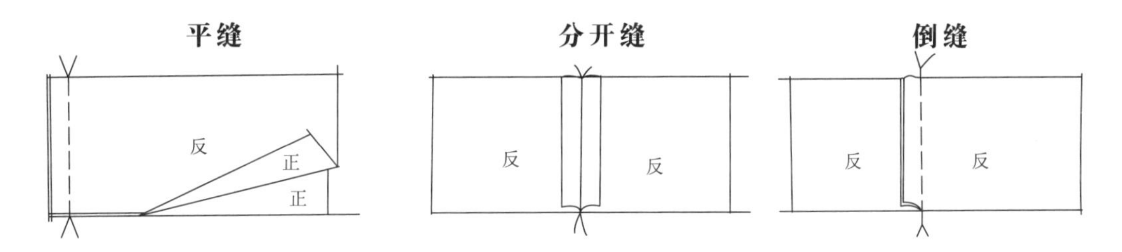

B. 互搭缝　一块衣片放在另一块衣片上面，把缝份叠在一起进行缝合，多用于不会毛边的衣料，如皮革类。

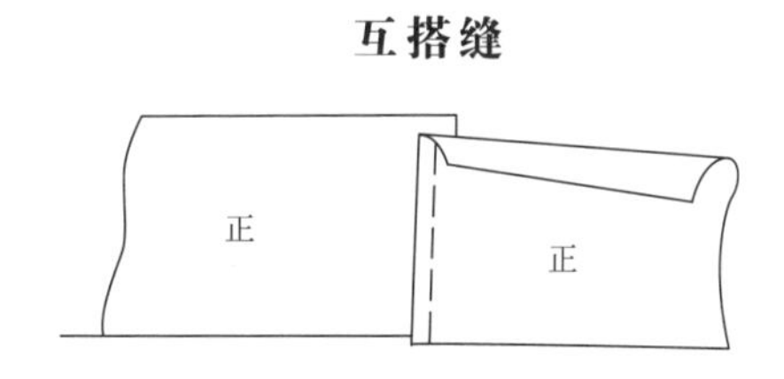

C. 来去缝　来缝就是平缝，先拼好平缝，并修齐缝份，再反转辑线一道去缝，并包住来缝不能露出毛头，多用于面料较薄的服装。如：丝绸类的服装。

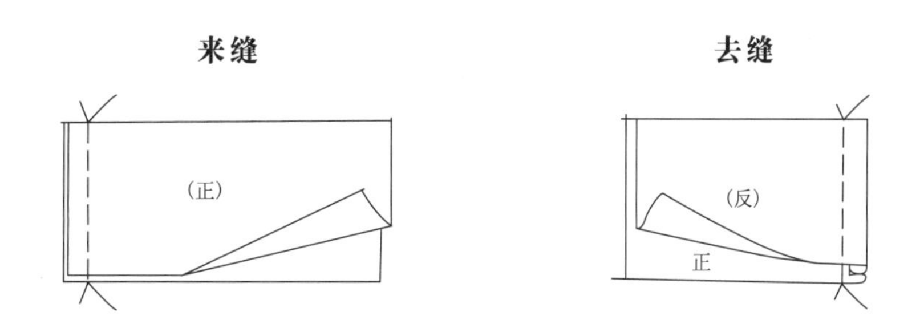

缝份与贴边

D.包缝 包缝分为内包缝和外包缝，一般是一块衣片的缝份是另一块衣片缝份的2倍加0.2cm左右，从而大包小，在正面上能见到一道缉线称内包缝，在正面上能见到两道缉线的称外包缝。

内包缝

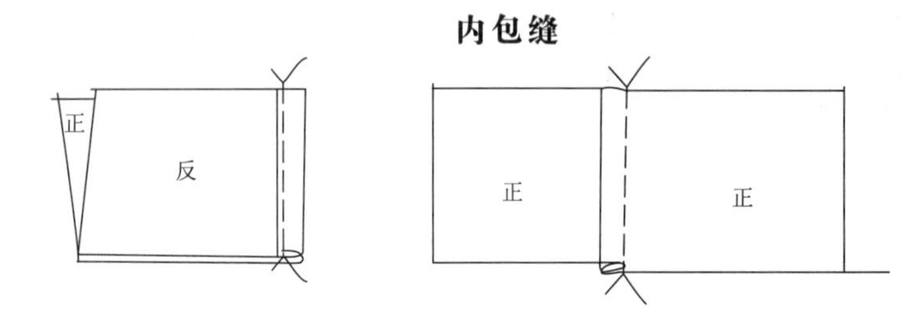

E.夹缝 用烫好的双层光边的衣片，夹住另一衣片称夹缝，多用于前门襟、袖衩和裤裙腰等。

夹缝

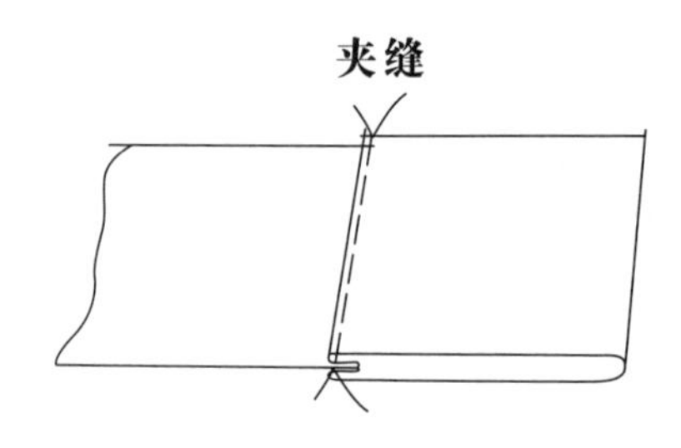

二、贴边

贴边处于服装的边口部位，如领口、袖口、脚口等，贴边分连贴边和装贴边。边口部位较直线形的一般设计为连贴边，边口部位较弯弧形的，一般设计为装贴边，在正常情况下，裙子的脚口贴边一般在3～4cm(1¼″~1½″)左右，外套之类的便装，袖口、脚口一般在3~4cm(1¼″~1½″)左右，风大衣类和裤子脚口的贴边控制在4~5cm(1½″~1¾″)左右。

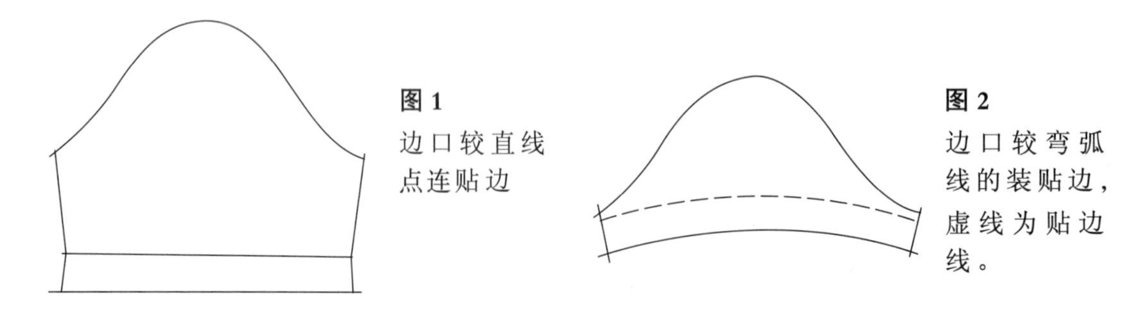

图1 边口较直线点连贴边

图2 边口较弯弧线的装贴边，虚线为贴边线。

第4节A 缝份与贴边——裙片平缝的加放

平缝在工艺缝制中是最常见的缝份，这里着重介绍平缝的加放量。

裙子的平缝加放方法

重要提示：如果裙子下脚弧度较大，脚贴边的宽度加2~2.5cm。

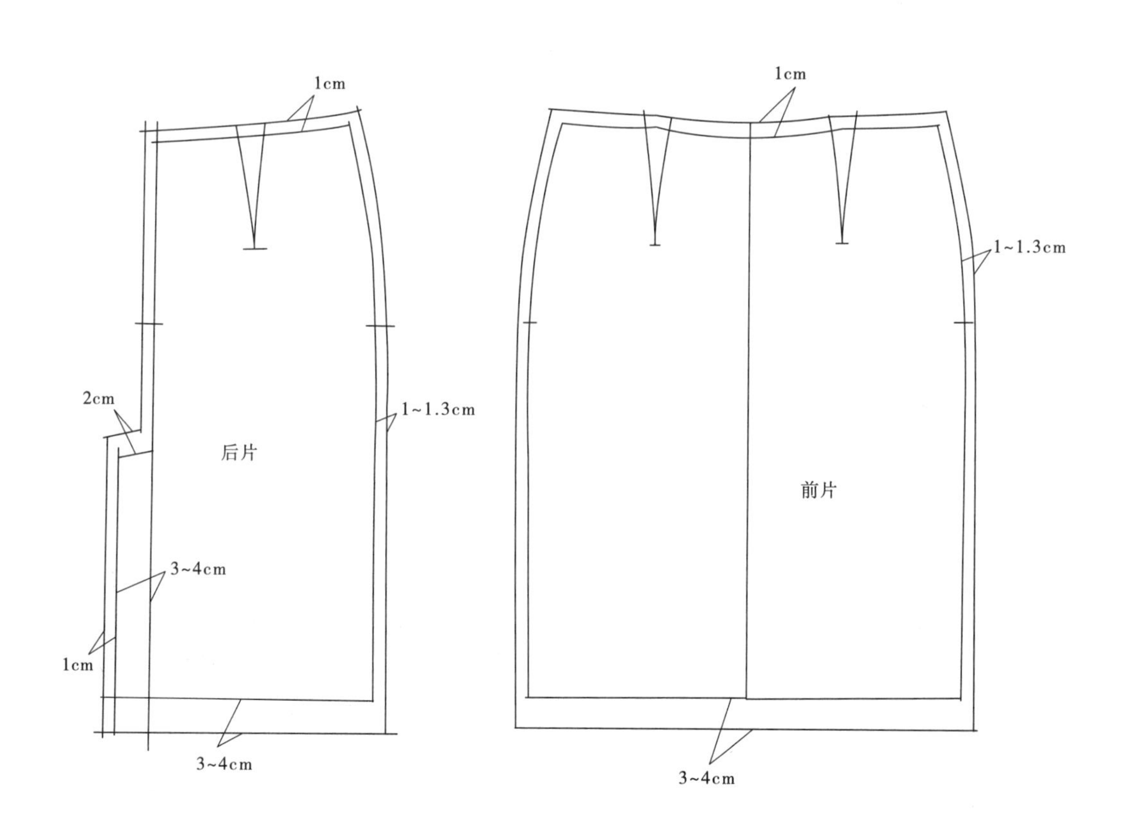

第4节B 缝份与贴边——裤片、裤腰头平缝的加放

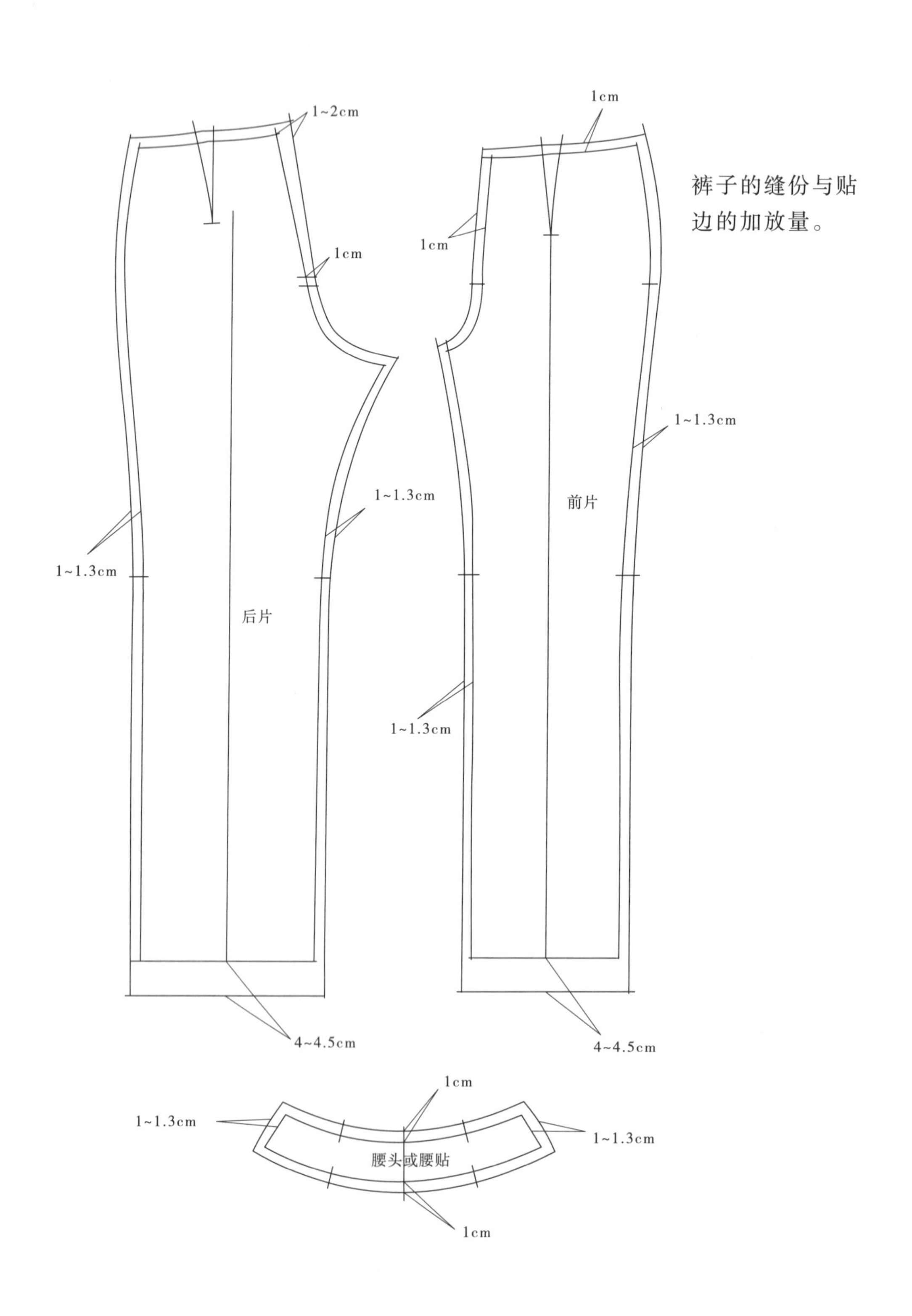

裤子的缝份与贴边的加放量。

第4节C 缝份与贴边——衣片、袖片、领片平缝的加放

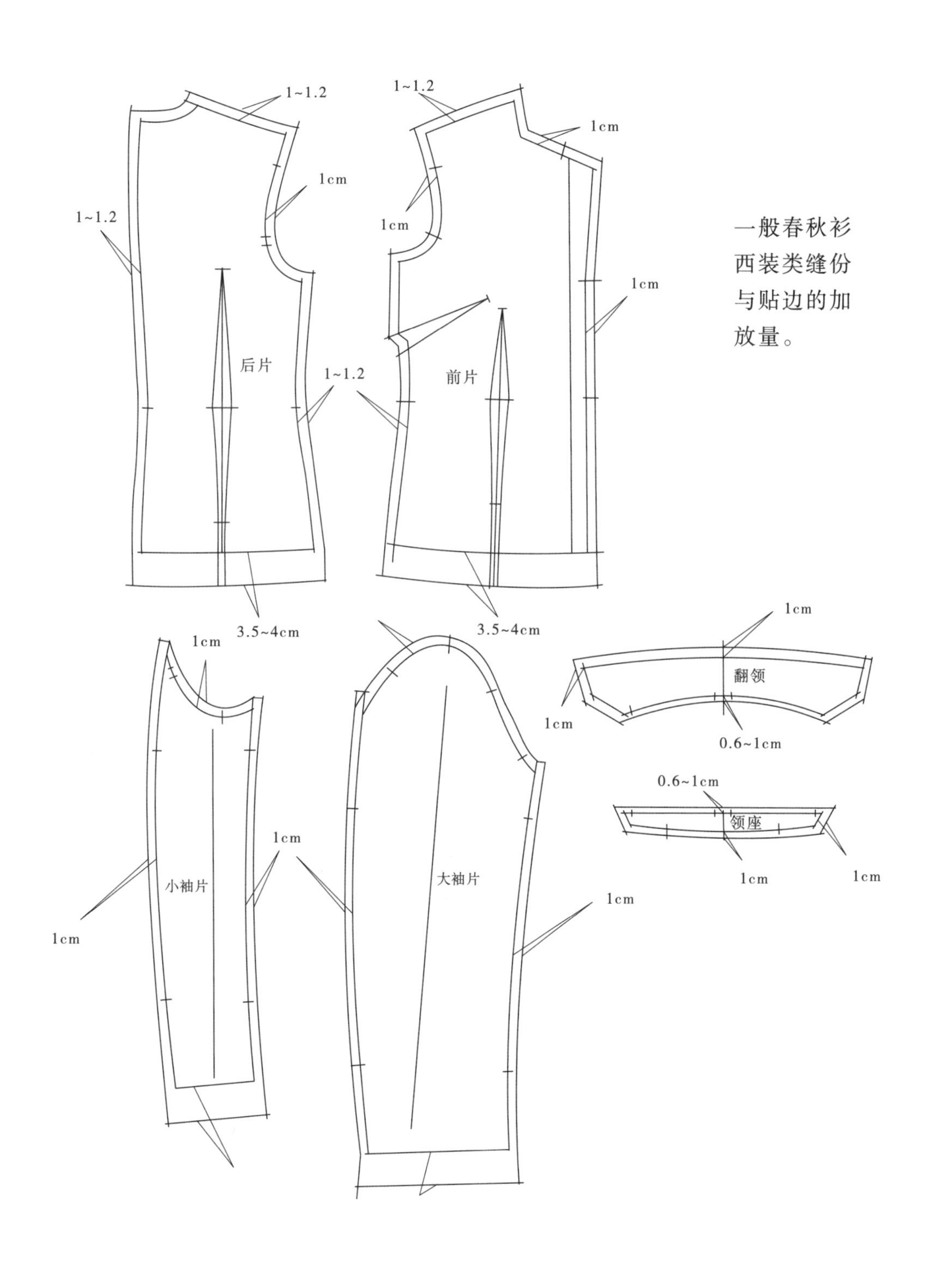

一般春秋衫西装类缝份与贴边的加放量。

第5节A 布纹线的确定——裙片

布纹线的确定，直接影响到服装的整体效果。要确定衣片的布纹线的取向，首先应确定参照线。

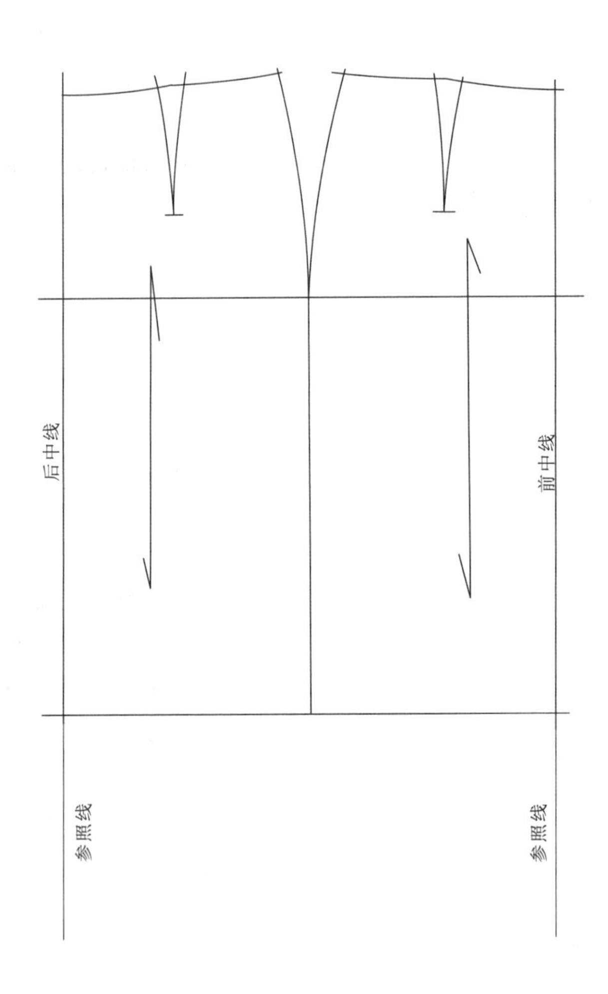

裙片

1. 裙片的布纹线以前后中心线为参照线。
2. 裙片一般取自布料的经向，只有考虑布料的图案或条纹的变化情况下，才可能取自布料的纬向或45度斜向。

第5节B　布纹线的确定——裤片、腰头和腰贴

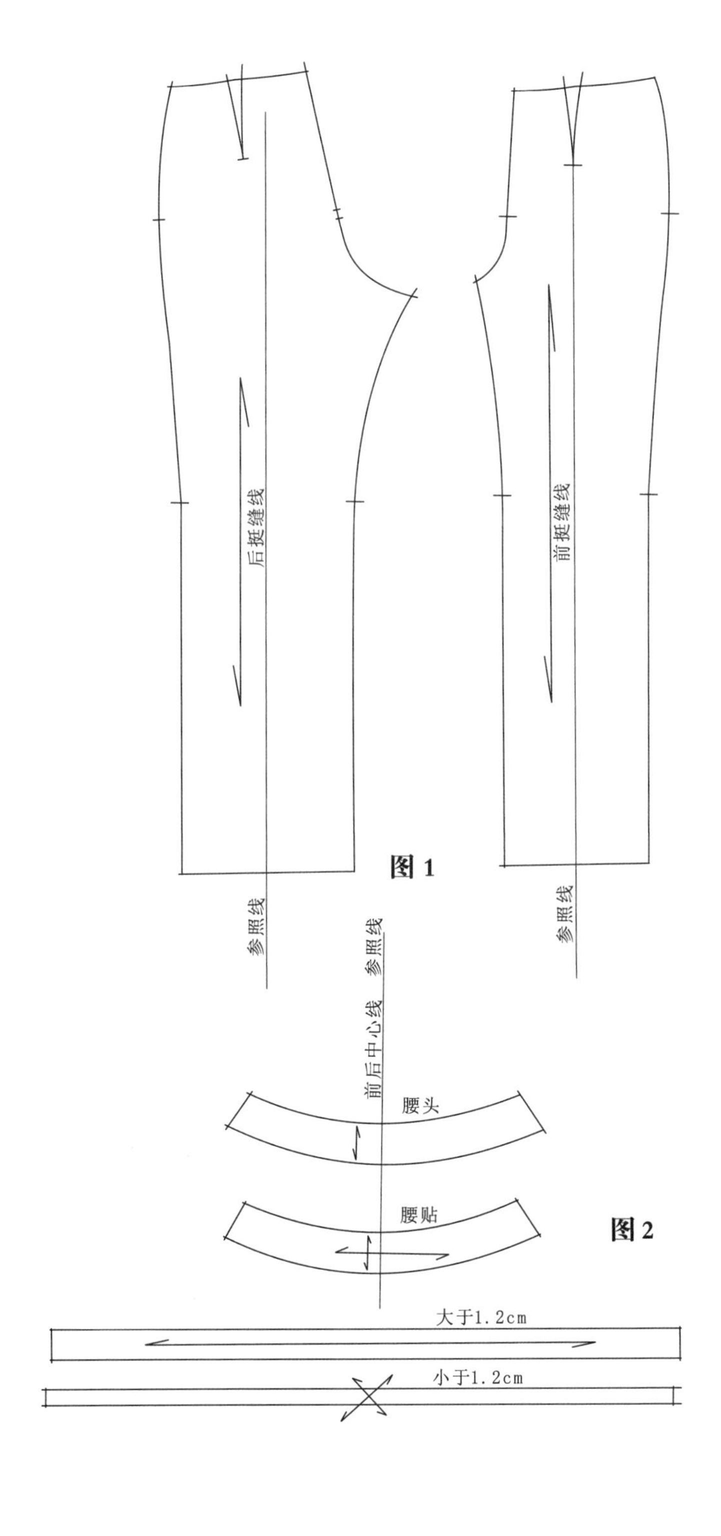

图 1　裤片

1. 裤片的布纹线以前后挺缝线为参照线。
2. 裤片一般情况下都取自布料的经向，而只有考虑布料的图案或条纹的变化情况下，才可能取自布料的纬向或45度斜向。

图 2　腰头和腰贴

1. 弯腰头以腰头的前后中心线为参照线，一般取布料的经向。
2. 弯腰贴以腰贴的前后中心线为参照线，有取布料的经向也可取布料的纬向。
3. 直腰头大于1.2厘米的一般取布料的纬向，只有考虑布料的条纹才有可能取布料的经向，直腰头小于1.2厘米，一般取布料的45度斜向。

第5节C 布纹线的确定——衣片和袖片

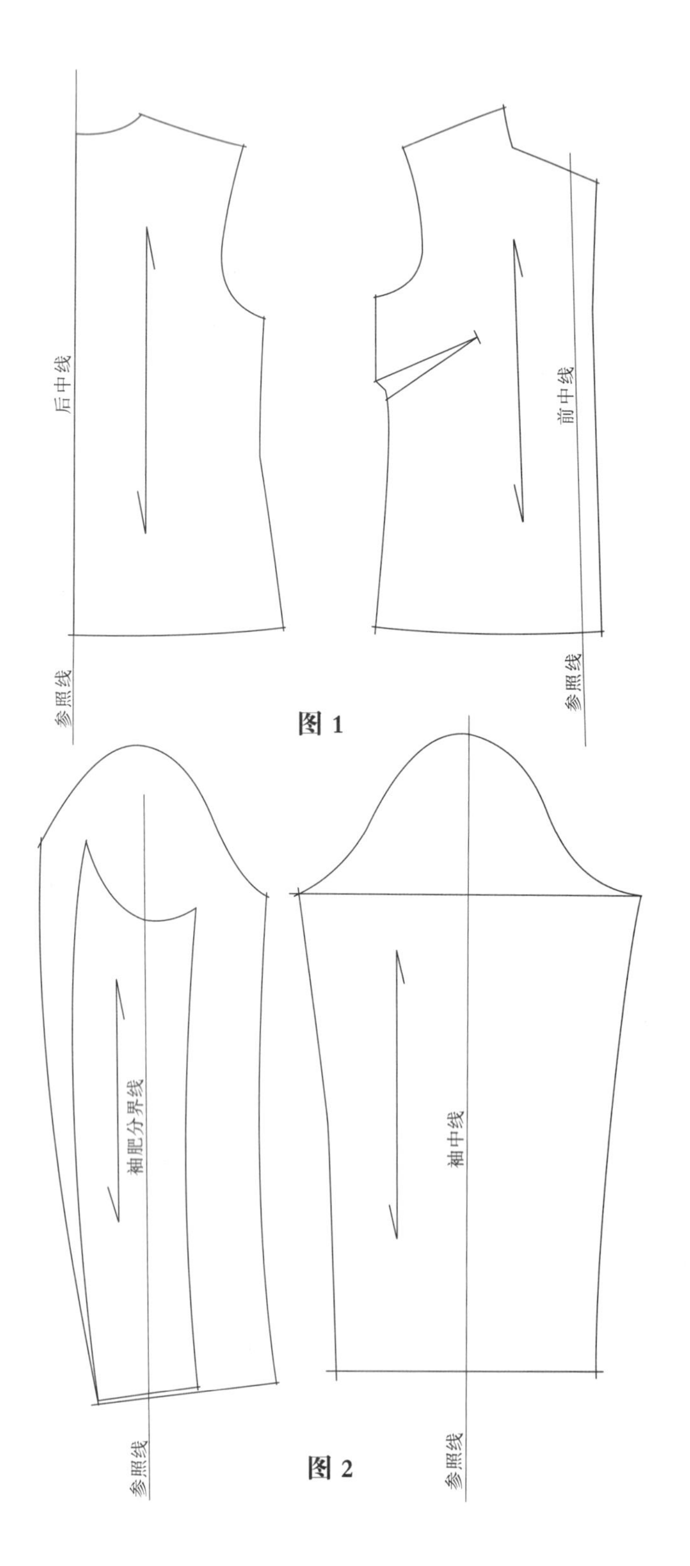

图1 衣片

1. 衣片的布纹以前后中心线为参照线。
2. 衣片一般取自布料的经向，只有考虑布料的图案或条纹的变化，才可能取自布料的纬向或45度斜向。

图2 袖片

1. 袖片的布纹以袖肥分界或袖中线为参照线。
2. 袖片的布纹线一般取自布料的经向，只有考虑布料的图案或条纹的变化，才可能取自布料的纬向或45度斜向。

第5节D 布纹线的确定——担干、袖级、袖克夫和立领

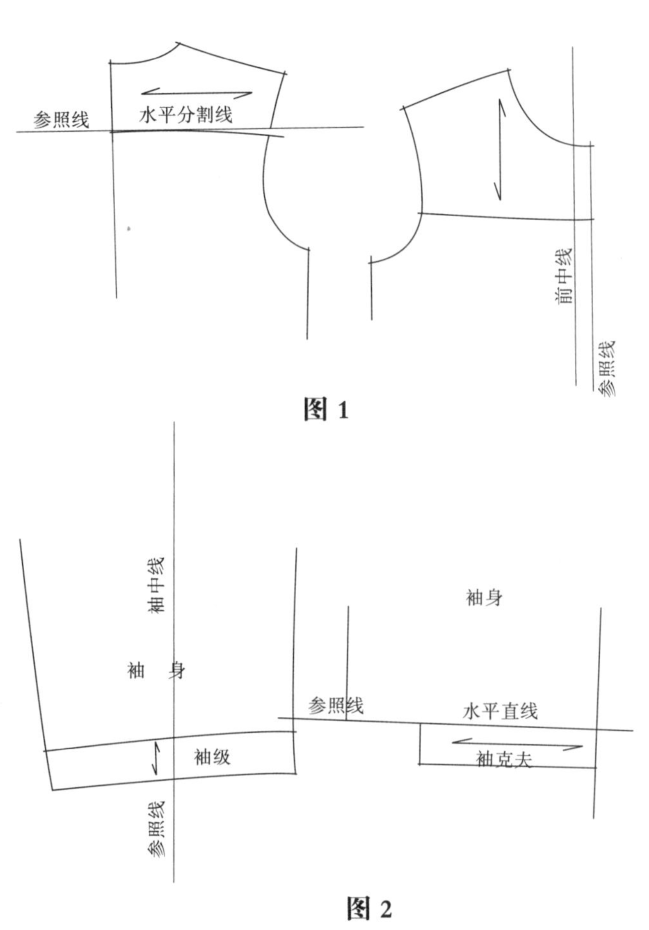

图 1

图 2

图 1　后担干，过肩，前分割位

1. 后担干或过肩，以水平分割线为参照线。
2. 后担干或过肩一般取布料的纬向，只有考虑布料的图案或条纹变化等，才可能取自布料的经向。
3. 前分割位以前中线为参照线。
4. 前分割位布料一般同前片，只有考虑布料的图案或条纹的变化，才可能取其它的布纹方向。

图 2　袖级、袖克夫

1. 袖级，以袖中线为参照线，袖克夫以水平分割线为参照线。
2. 袖级的布纹线一般取自布料的经向，只有考虑条纹的情况下才取自布料的纬向。袖克夫的布纹线，多取自布料的纬向，也有取自布料的经向。

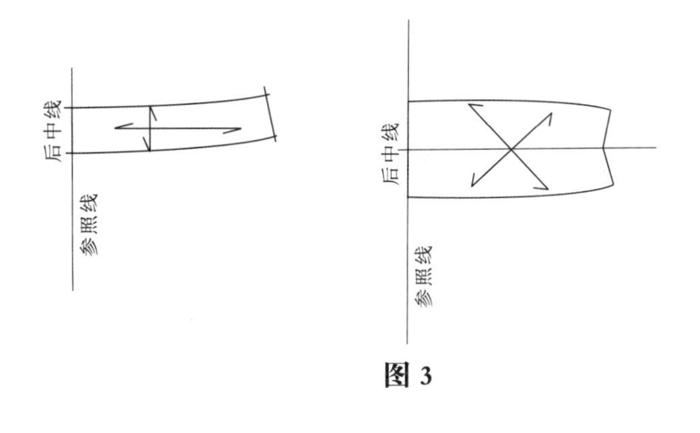

图 3

图 3　立领

1. 立领以后中线为参照线。
2. 分领面和领底两片的立领基本取自纬向，也有取自经向。
3. 领面和领底连在一起的立领，基本取自45度斜向。

第5节E 布纹线的确定——衬衫领与翻领

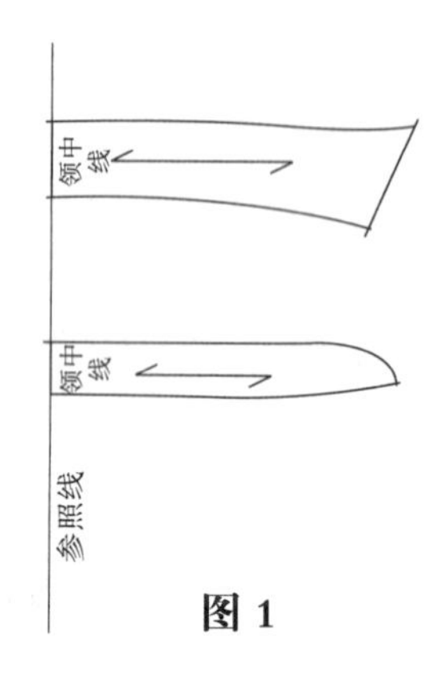

图 1

图 1 衬衫领

1. 衬衫领的布纹线以领中线为参照线。
2. 衬衫领的上下级领，领底、领面一般取自布料的纬向，只有考虑布料的图案或条纹的变化，上级领才可能取自经向或45度斜向。

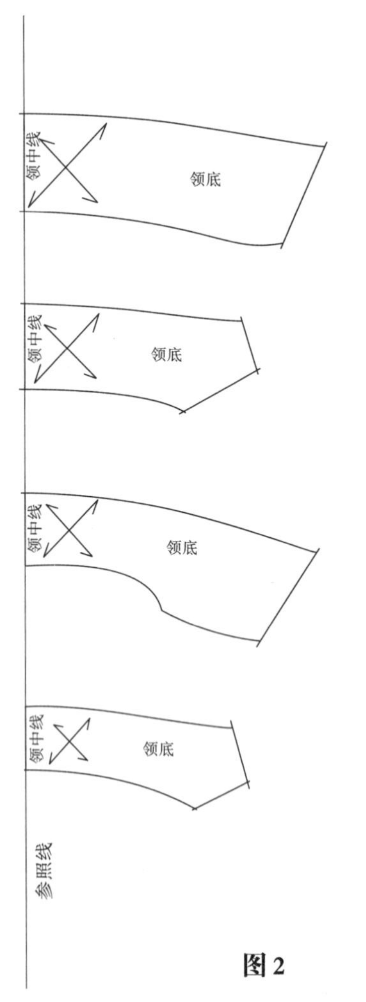

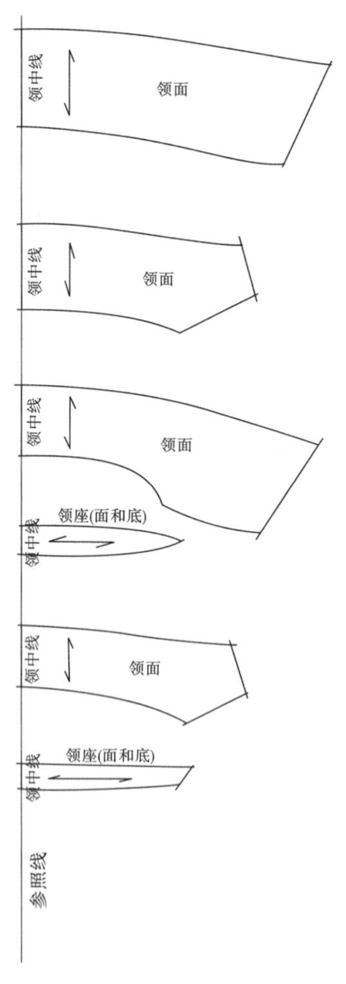

图 2

图 2 翻领

1. 翻领的布纹线以领中线为参照线。
2. 领里取自布料的45度斜向。
3. 领面基本取自布料的经向，在考虑布料图案或条纹的变化，才可能取布料的纬向或45度斜向。
4. 领座的面和里，均取自布料的纬向。

第5节F　布纹线的确定——贴袋、袋盖与袋唇

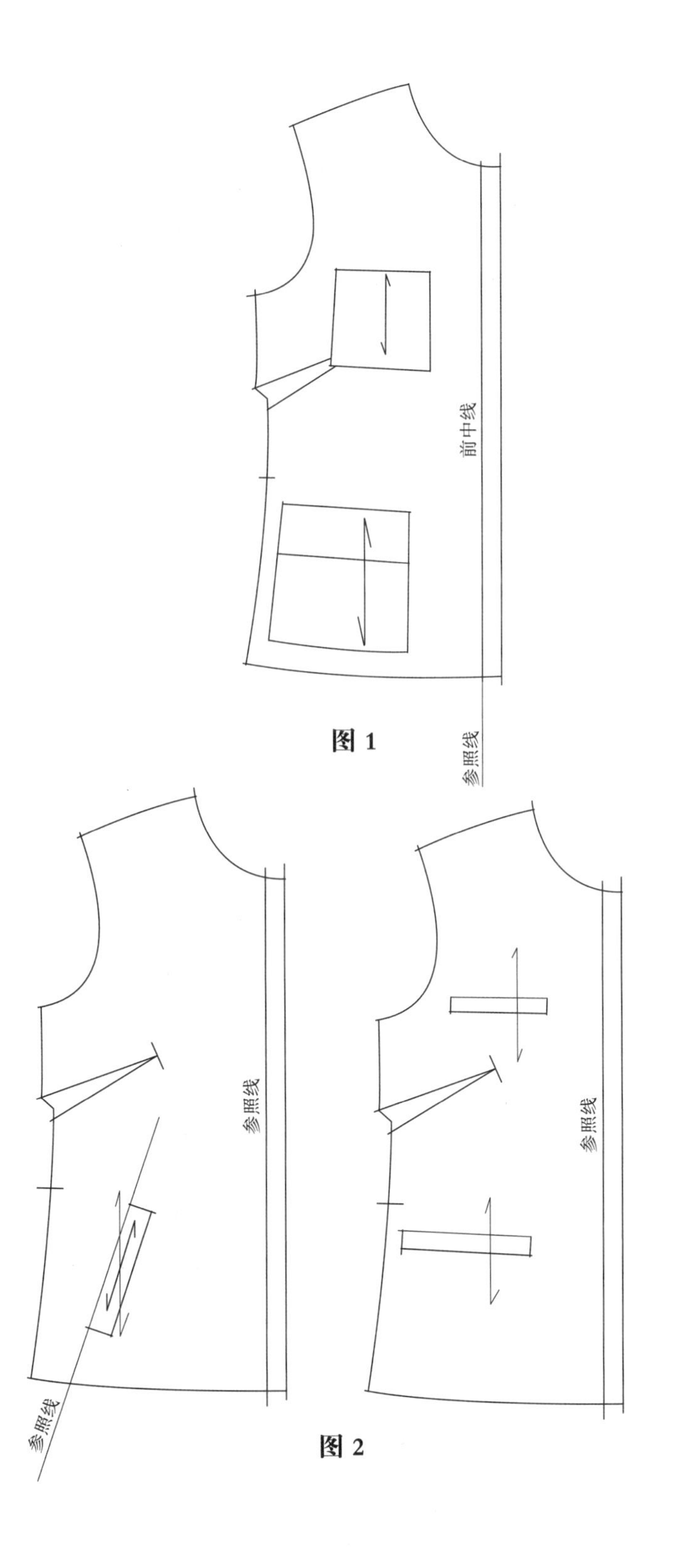

图 1

图 2

图 1　贴袋与袋盖

1. 贴袋和袋盖的布纹以前中线为参照线。
2. 贴袋与袋盖的布纹线一般取自布料的经向，只有考虑图案和条纹的变化，才可能取自布纹的纬向或45度斜向。

图 2　袋唇

1. 袋唇的布纹以袋唇边直线为参照线。
2. 袋唇的布纹线一般取自布料的经向，也有取自布料的45度斜向。

第5节G 布纹线的确定——其他

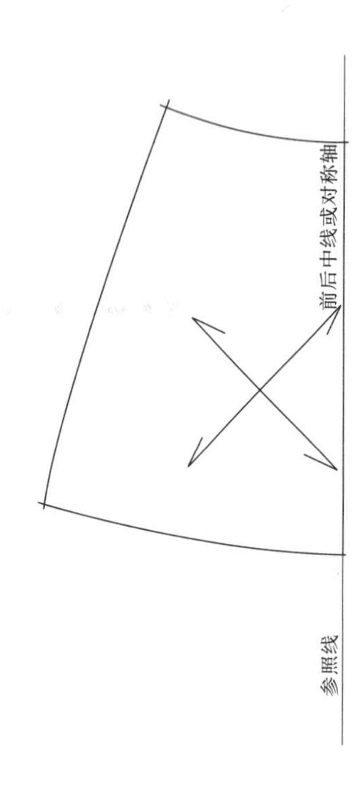

喇叭裙、荷叶边

1. 喇叭裙片的布纹参照线以前后中线或以对称轴为参照线。
2. 喇叭裙片的布料一般取自布料的45度斜向。
3. 荷叶边的布纹参照线无固定形式，它是以波浪的形成位置来决定。
4. 荷叶边的布纹一般取自料的45度斜向。

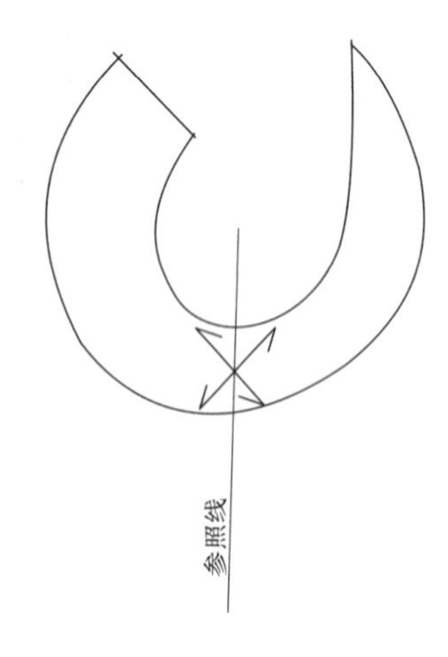

第九章

里布的构成

里布是构成服装的重要部分，稍有处理不慎就会导致成品服装起皱、起吊等弊病。一般情况下，里布要大于面布，我们称里布大于面布的量，为里布风琴。

第1节　里布的构成——裙子

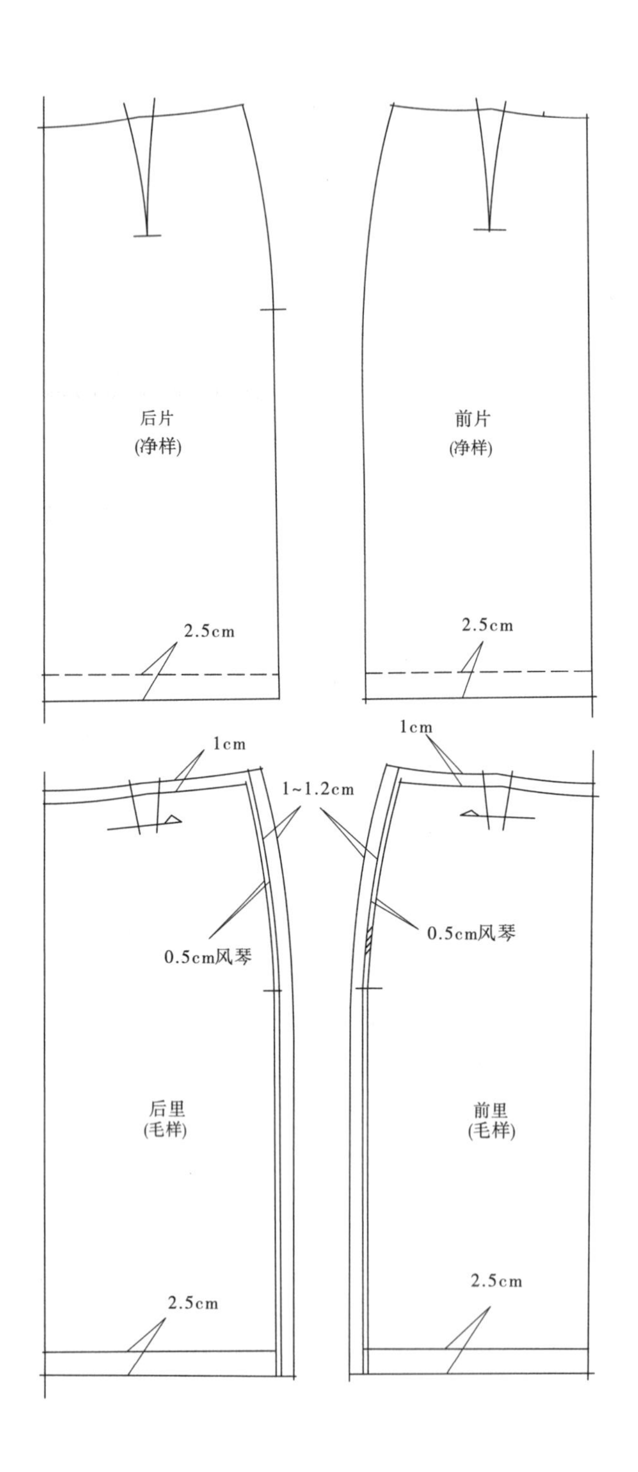

裙里布的构成

1. 粗实线为裙面布的净样线。
2. 虚线为裙里布的净样线。
3. 复制里布纸样，把前后省道处理成省褶。
4. 前后侧缝各加出0.5cm的风琴，然后加出所有的缝份。

第2节　里布的构成——裤子

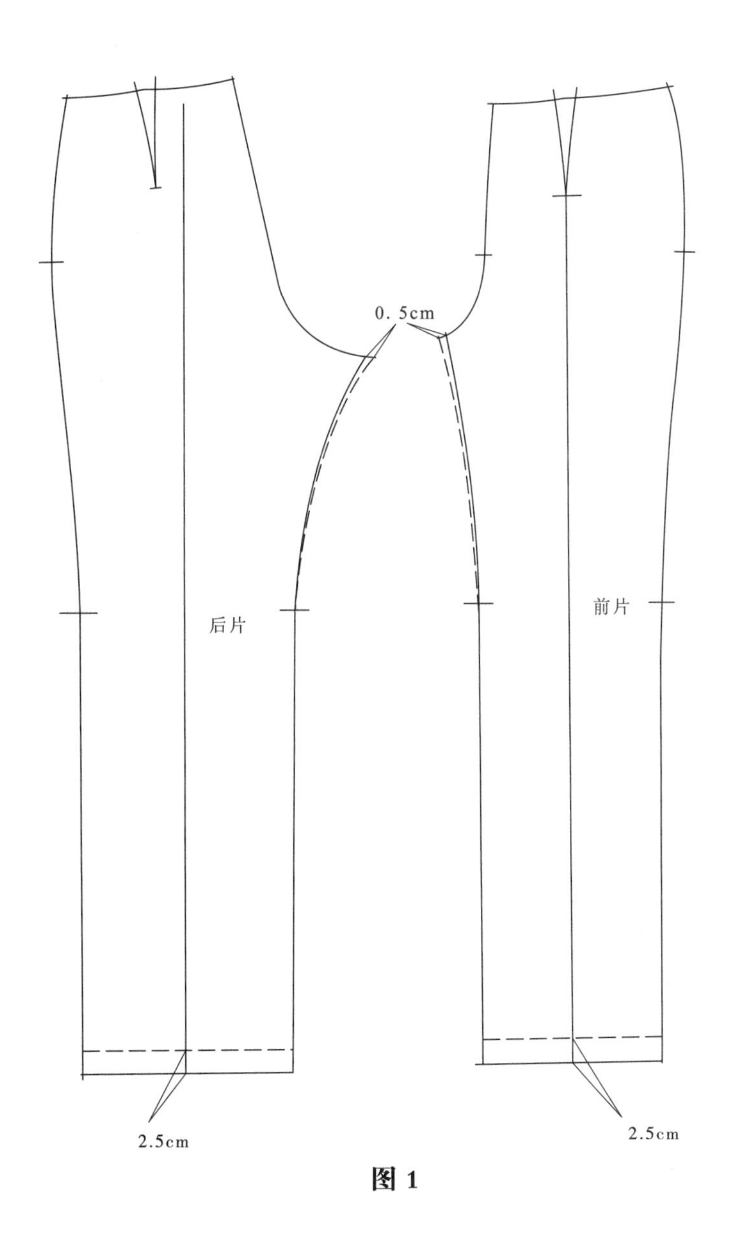

图 1

图 1　裤里布的构成

1. 粗实线为裤面布净样线。
2. 虚线为裤里布净样线。

里布的构成——裤子

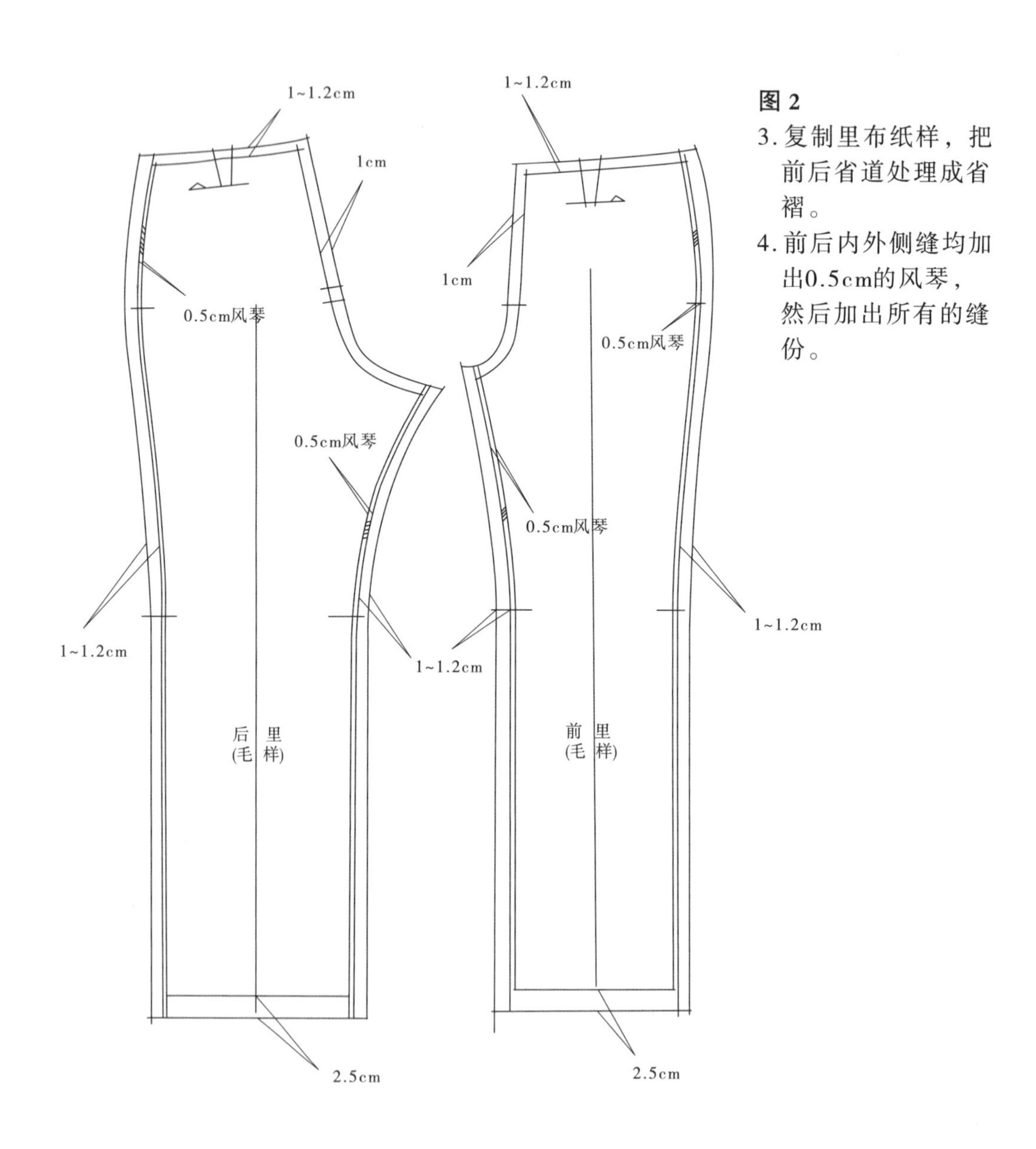

图 2

图 2

3. 复制里布纸样，把前后省道处理成省褶。
4. 前后内外侧缝均加出0.5cm的风琴，然后加出所有的缝份。

第3节　里布的构成——衣身

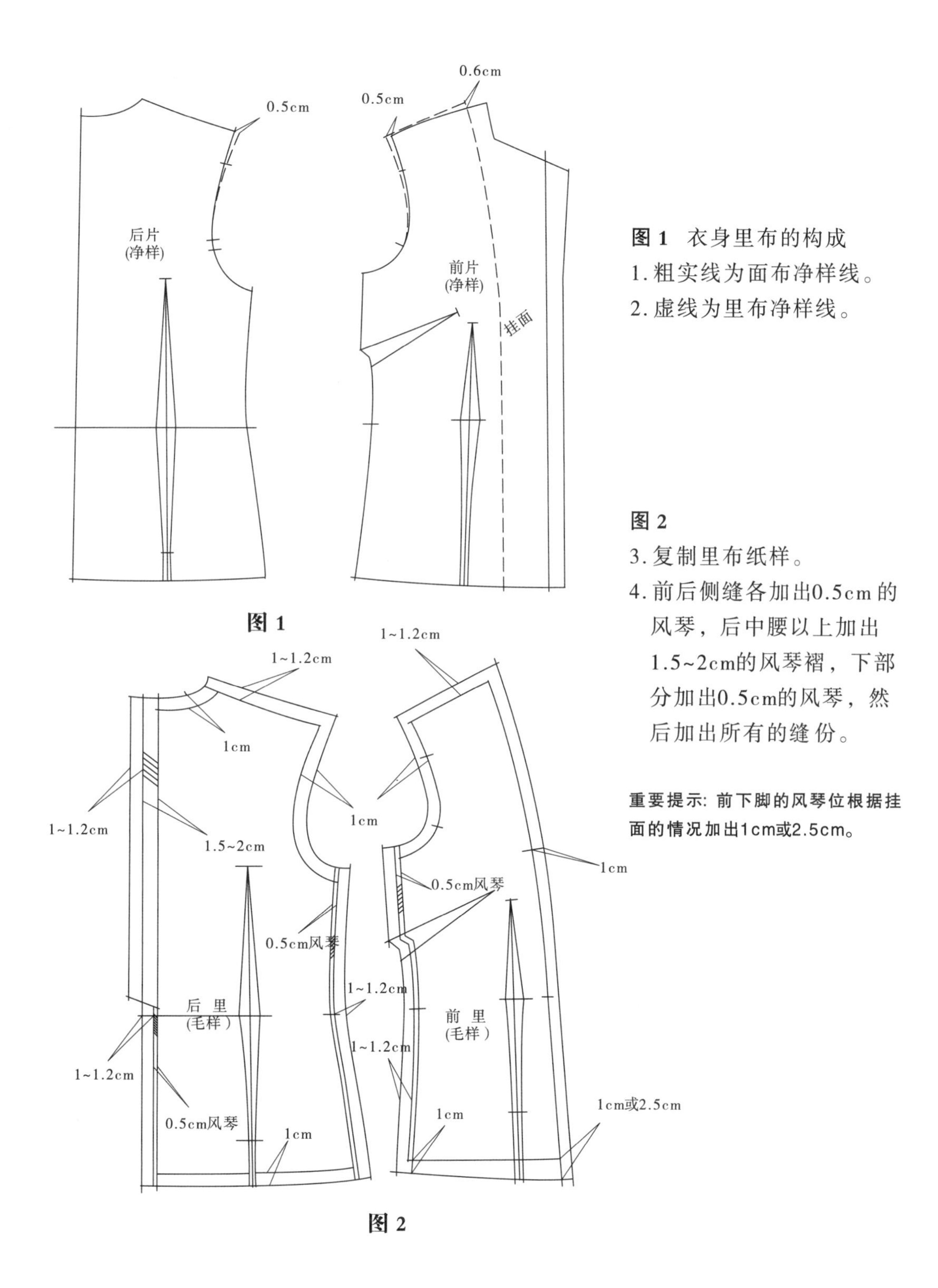

图 1

图 2

图 1　衣身里布的构成

1. 粗实线为面布净样线。
2. 虚线为里布净样线。

图 2

3. 复制里布纸样。
4. 前后侧缝各加出0.5cm的风琴，后中腰以上加出1.5~2cm的风琴褶，下部分加出0.5cm的风琴，然后加出所有的缝份。

重要提示：前下脚的风琴位根据挂面的情况加出1cm或2.5cm。

第4节　里布的构成——袖子

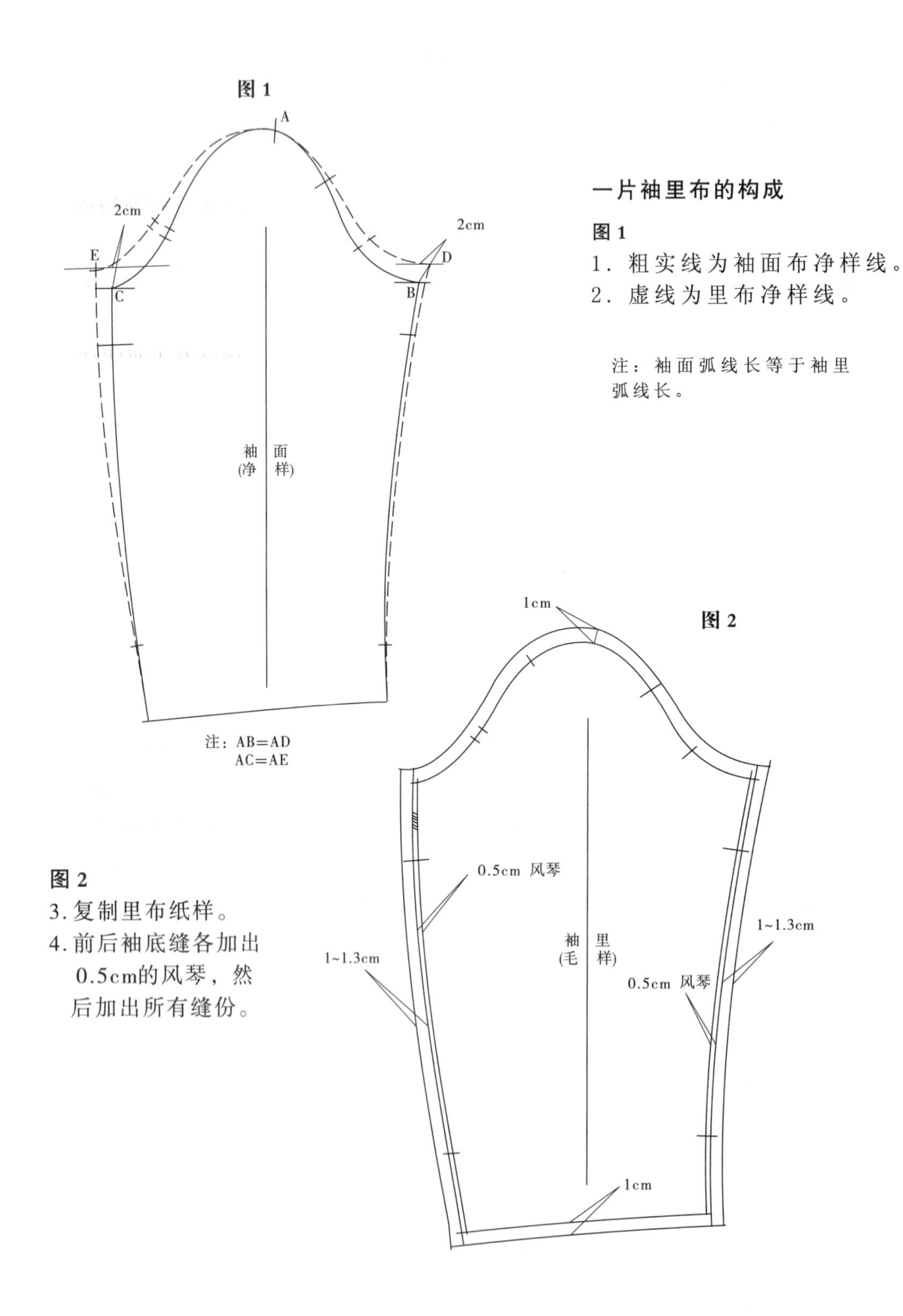

一片袖里布的构成

图 1

1. 粗实线为袖面布净样线。
2. 虚线为里布净样线。

注：袖面弧线长等于袖里弧线长。

图 2

3. 复制里布纸样。
4. 前后袖底缝各加出0.5cm的风琴，然后加出所有缝份。

里布的构成——袖子

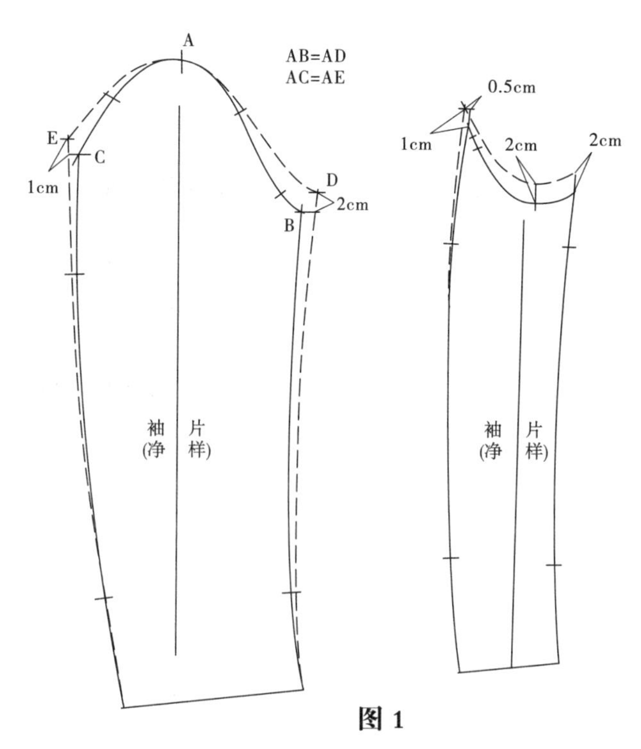

图 1

二片袖里布的构成

图 1

1. 粗实线为面布净样线。
2. 虚线为里布净样线。

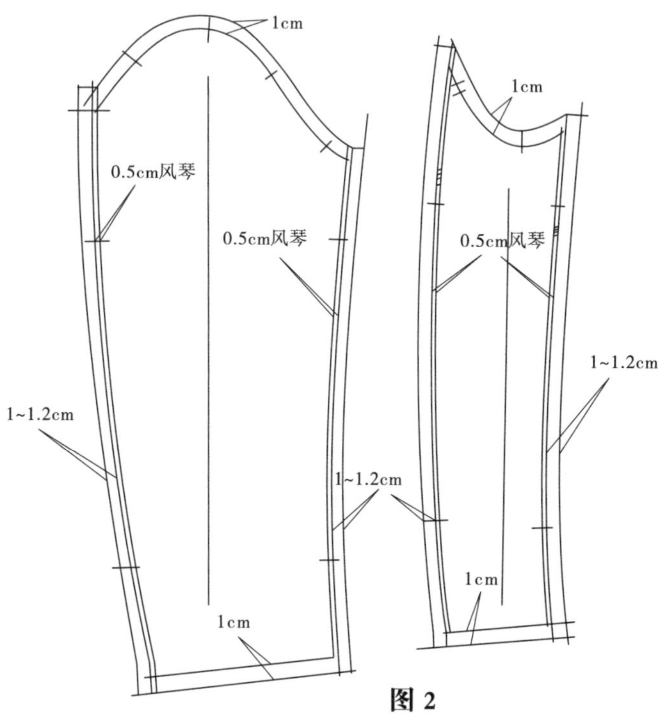

图 2

图 2

3. 复制里布纸样。
4. 前后袖底缝，前后袖背缝各加出0.5cm风琴再加出全部缝份。

第十章

工业纸样的应用

工业纸样是工业化生产时，排料、裁剪、点位、扣烫、划样等用的生产标准纸样，一套完整标准的工业纸样，必须包括面布纸样、里布纸样、衬（朴）布纸样、零部件纸样，且用不同颜色的笔加以区分，如面布黑色，里布用绿色，衬（朴）布用红色，并注明衣片之间的组合关系和缝合部位。如对位刀眼、缉线的起止，褶裥的倒向等。

一般批量生产的服装，纸样都具备有大、中、小几档不同的规格，有的甚至有八、九档规格，但在批量生产之前，先做一个基础纸样，视公司和设计师的不同风格和习惯，有的做中码，有的做小码，做出的样衣，经过确认，然后以基码纸样为基础，推档（放码）出不同的系列规格。

第1节　工业纸样上的定位标记和文字

纸样在工艺生产过程中，为保证缝制时衣片和衣片之间的准确性，就需要在纸样上标出定位记和文字说明。

一、定位标记

定位标记有刀眼、钻眼和布纹线标记。

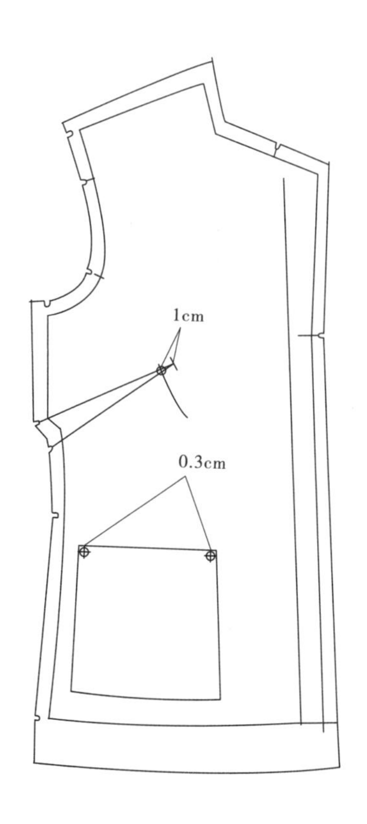

A. 刀眼的大小一般为0.15×0.13cm

刀眼有以下作用：

1. 缝头和贴边的宽窄。
2. 收省的位置和大小。
3. 开叉的高低。
4. 零部件的装配位置。
5. 折裥和抽褶的位置。
6. 衣片和衣片的对位位值。

B. 钻眼标明有以下作用：

1. 收省的长度，钻眼位置一般在收省的实际长度短1厘米处。
2. 省大小、钻眼位置一般在收省省位处进0.3cm。
3. 贴袋或开袋、钻眼位置一般在袋的实际大小各进0.3cm。

C. 布纹线的倒顺标记：

每片纸样上都要标出布纹线倒顺标记;

1. 双向标记，用⟷表示的布纹线，表示布料的经向线，布料不分倒顺都可使用。
2. 倒顺标记，用⟵或⟶表示的布纹线、表示布料要倒裁或顺裁。

工业纸样上的定位标记和文字

二、纸样上的文字

A. 纸样上的文字有以下内容

1. 产品型号。
2. 产品规格。
3. 纸样种类(标明面布、里布、衬布等各种类别)。
4. 纸样的零部件。
5. 标明纸样的所需裁片数量。
6. 分左右的纸样，要标明左右或注明左右和正反面。
7. 纸样上的缝制说明，或其它说明。

B. 文字的要求

纸样的要求一般用正楷或仿宋体，字体要端正。

第2节　工业纸样的制作流程

高级时装的制作，在做样衣之前。
首先，用坯布做一件坯样。
其一，检验纸样的立体效果。
其二，通过坯样的制作，找出更为便捷的工艺制作方法。
其三，节约原材料。

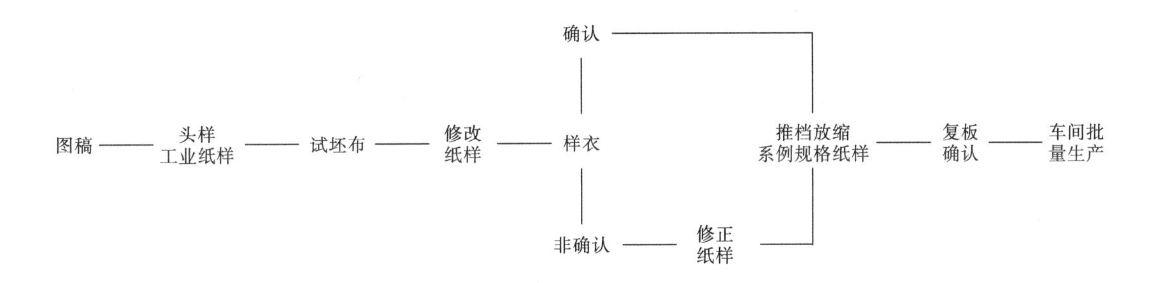

第3节 工业纸样的种类与用途

软样：纸样设计师根据图稿或图片画出结构图(又称底稿)，然后用较韧性、透明的白纸、分解成衣片并注明相互组合关系，如面布、里布、辑线、收省打褶等，并包括所有零部件，这一套完整的纸样称为软样或头样。

拍样：软样(头样)完成之后，裁剪师根据纸样裁剪出裁片，因为头板基本是试验阶段，纸样一般不加缩水率，因此裁剪师，剪出的裁片四边都加宽了毛缝，样衣工拿到裁片后，要在抽风烫台上，用蒸气烫斗先打气缩水。缩水后铺上裁片的纸样，用大头针固定后修平、点位、粘衬(朴条)等，这一系例的过程称为拍样。

基码纸样：软样(头样)经过试板坯布样，初板样衣后经修改确认无误后，以这个纸样为基础放缩出全套系列规格的纸样，这个纸样称为基码纸样。

齐码纸样：用基码纸样为基础放缩出系列规格的全套纸样称齐码纸样，齐码纸样全部用硬纸做成，所以又称硬样。

实样：实样是指在生产过程中，用于扣烫、画样等用的纸样，一般用硬纸板制成，或用铁皮制成，如：领子、贴袋、挂面、袖克夫等。

第4节 工业纸样的损耗加放

工业纸样在生产过程中，衣片经过缝纫、熨烫等一系列的工艺操作，完成的成品尺寸往往同纸样尺寸有所不同，因此在纸样设计中要加减一定的损耗尺寸，从而达到服装成品设计时确定的标准尺寸，我们称加减的尺寸为纸样损耗尺寸。

上 装

部位	损耗尺寸
后中长	+0~1.2cm
肩宽	+0~0.6cm
胸围	+0~1.2cm
腰围	-0.6~1.2cm
臀围	+0.6~1.2cm
脚围	+0.6~1.2cm
袖长	+0.3~1cm
袖肥	+0.3~1cm
袖口	+0~1cm

下 装

部位	损耗尺寸
外侧长	+0.6~1.2cm
内长	+0.6~1.2cm
腰围	+0~1cm
臀围	+0.6~1.2cm
脾围	+0.6~1.2cm
膝围	+0.3~0.6cm
脚围	+0.3~0.6cm
前浪	-0~0.6cm
后浪	-0.6~1cm

第5节　工业纸样的应用

本书应用实例的说明

A.所有的应用实例，全部根据作者的设计风格习惯，仅供读者参考。

B.所有的应用实例，全部没有肩棉，如要加肩棉，请自行提高肩斜量。（肩棉的有效厚度)

C.所有的应用实例，根据作者的习惯凡是用粘合衬的地方全部写成朴。

季节：________ 款式：________ 款号：001________ 组别：________ 下身办单

SKETCH/图片
及细节说明

直身裙
面料有弹性，小心处理

规格(厘米)			
部位	成衣尺寸	纸样尺寸	确认尺寸
后中长	54	54.5	
前中长			
侧骨长			
内长			
腰头高	3.5	3.5	
腰围(放松平量)	68	68	
腰围(拉开平量)			
坐围	92	92	
上坐围			
下坐围			
膝围			
髀围(浪底度)			
脚围	102	102.5	
叉长			
腰带(长×宽)			
袋高			
袋宽			
袋盖高			
袋盖宽			
耳仔长			
耳仔宽			
前浪(连腰)			
后浪(连腰)			

辅料明细		
钮	号	粒
啪钮	号	粒
拉链	隐形 √	双骨
	单骨	
勾仔	1对	
裙扣		
肩棉		
其他		

工艺要求：

面料用量：________ 面料布号：________

里料用量：________ 发单日期：________

朴布用量：________ 起办日期：________

其他用量：________ 定办日期：________

面料小样

设计师：

纸样师：

第5节A 工业纸样的应用——直身裙（正腰）

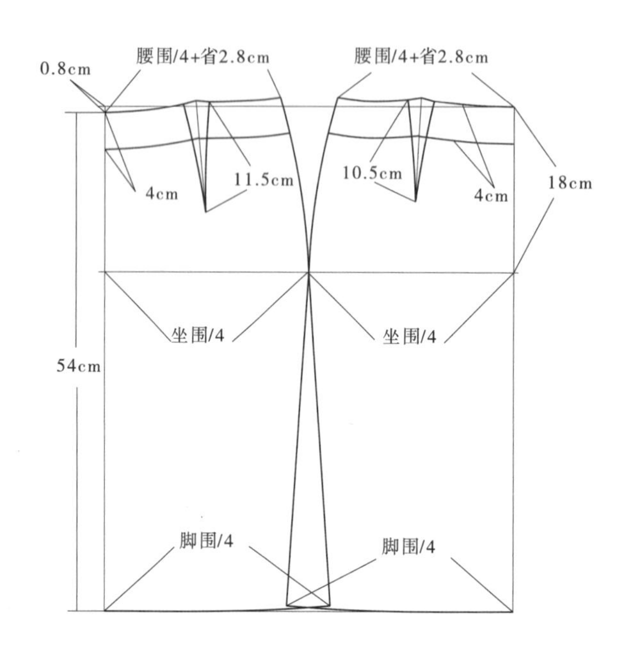

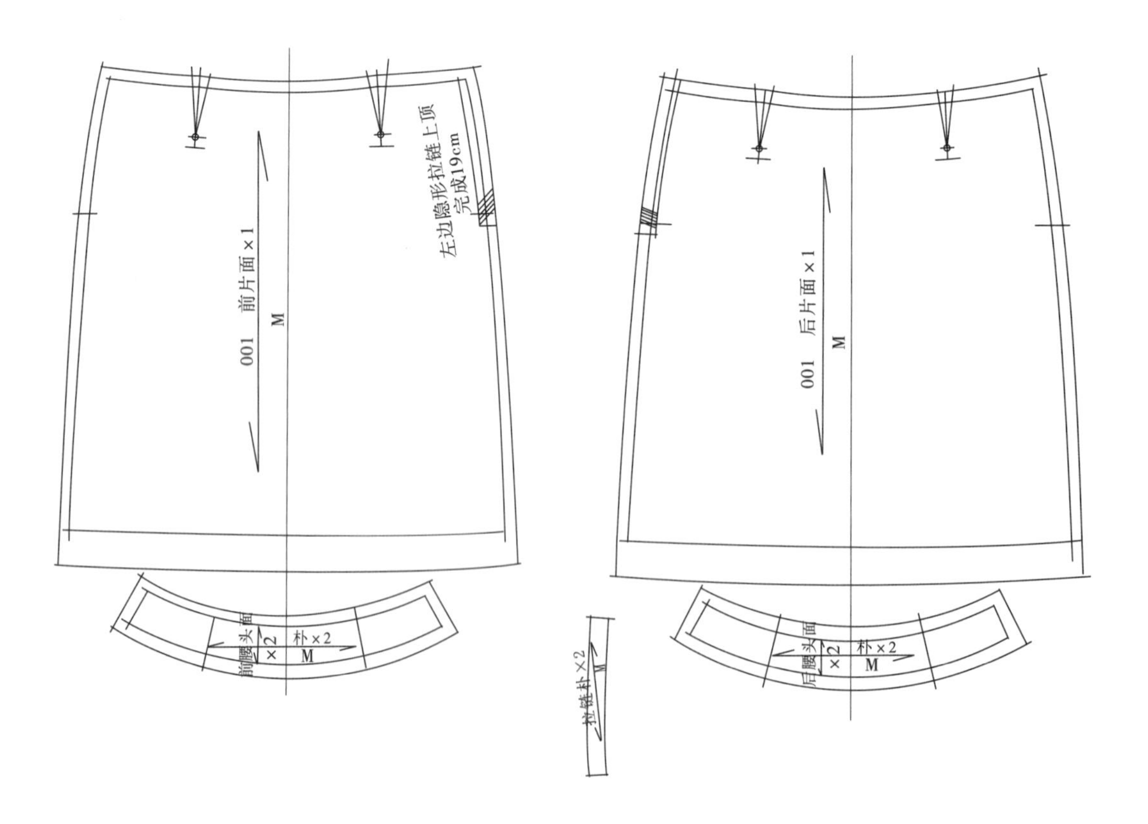

工业纸样的应用——直身裙（正腰）

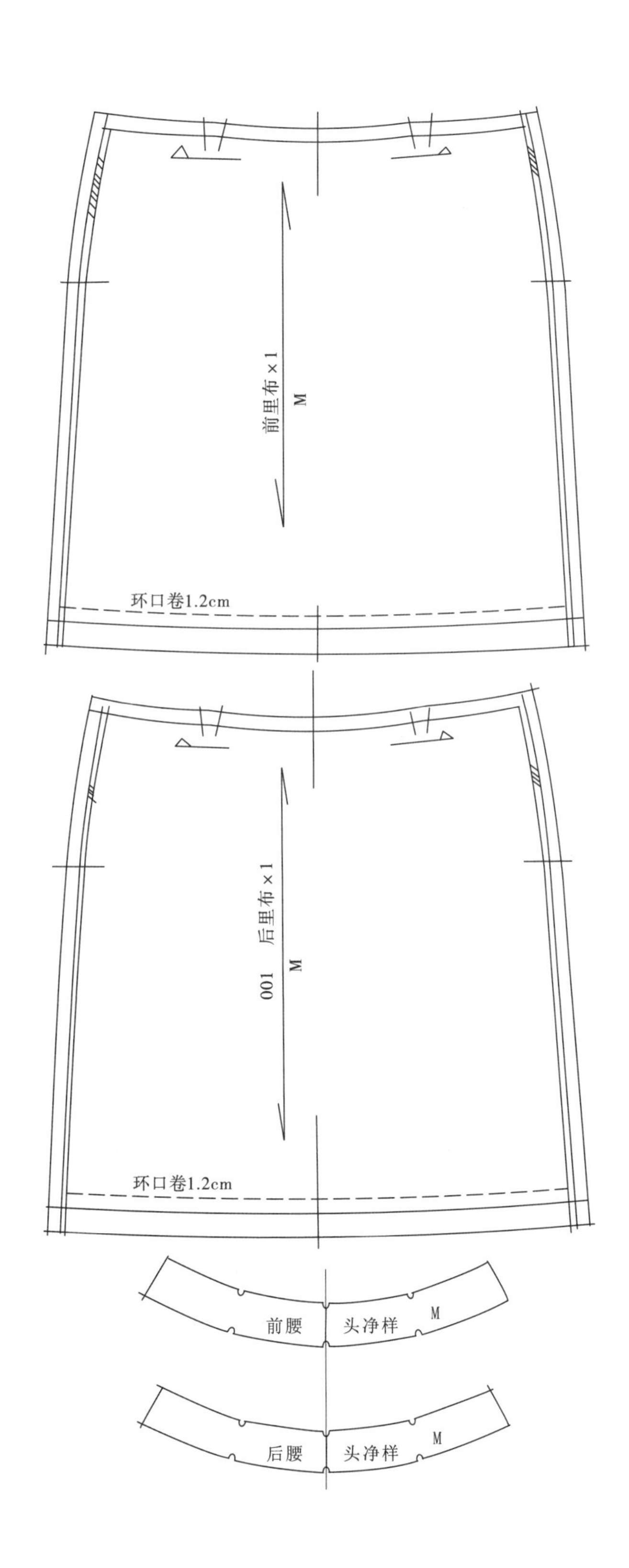

注：软样一般只标出对位和钻眼位标记，只有硬样才要打出刀眼。

季节：________ 款式：003 款号：________ 组别：________ 下身办单

SKETCH/图片
及细节说明

直身裙
前片无省，后片4只省。

规格(厘米)			
部位	成衣尺寸	纸样尺寸	确认尺寸
后中长			
前中长			
侧骨长	50.5	51	
内长			
腰头高			
腰围(放松平量)	74	74	
腰围(拉开平量)			
坐围	92	92.5	
上坐围			
下坐围			
膝围			
髀围(浪底度)			
脚围	100	100	
叉长			
腰带(长×宽)			
袋高			
袋宽			
袋盖高			
袋盖宽			
耳仔长			
耳仔宽			
前浪(连腰)			
后浪(连腰)			

辅料明细		
钮	号	粒
啪钮	号	粒
拉链	隐形 √	双骨
	单骨	
勾仔	1对	
裙扣		
肩棉		
其他		

工艺要求：

面料用量：________ 面料布号：________

里料用量：________ 发单日期：________

朴布用量：________ 起办日期：________

其他用量：________ 定办日期：________

面料小样

设计师： 纸样师：

第5节B　工业纸样的应用——直身裙（低腰）

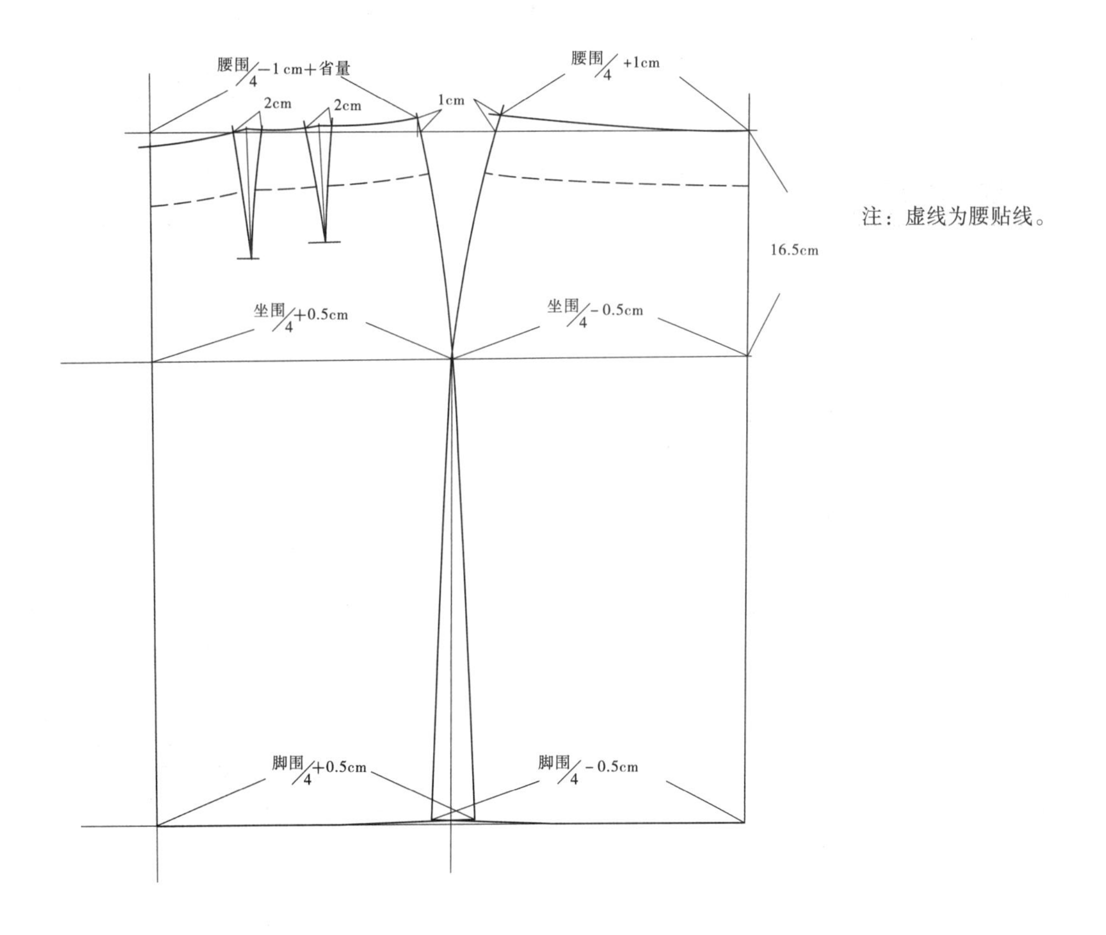

注：虚线为腰贴线。

工业纸样的应用——直身裙（低腰）

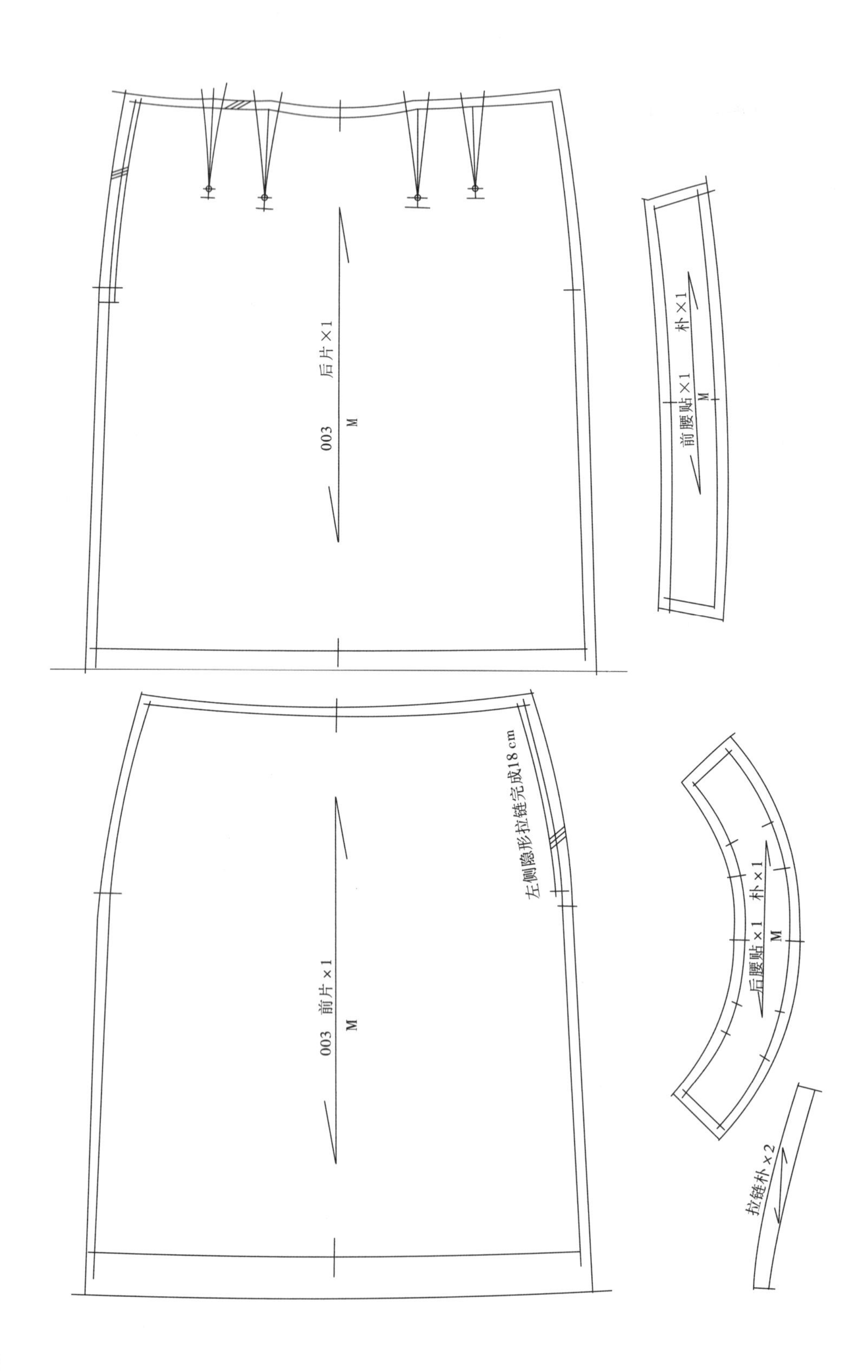

工业纸样的应用——直身裙（低腰）

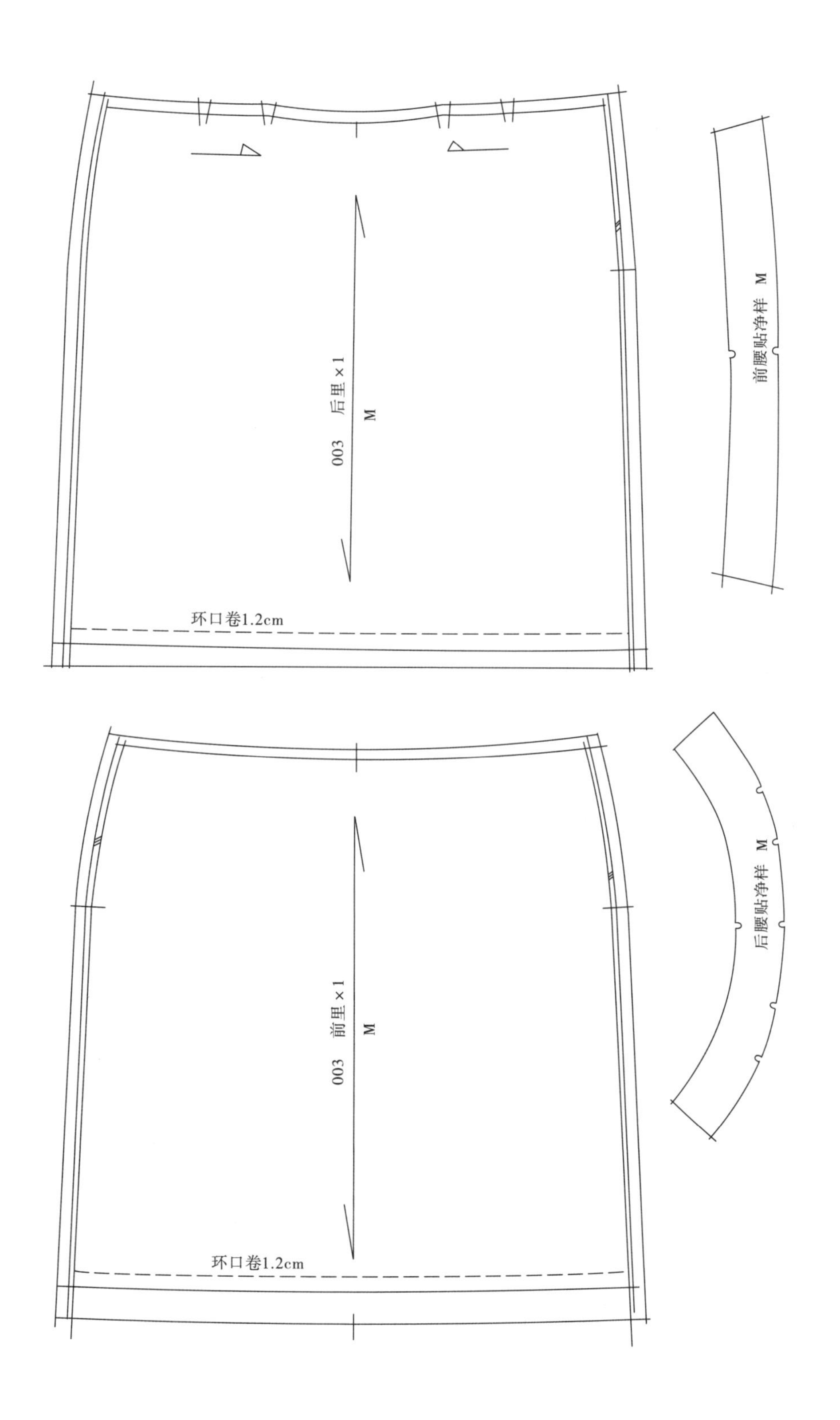

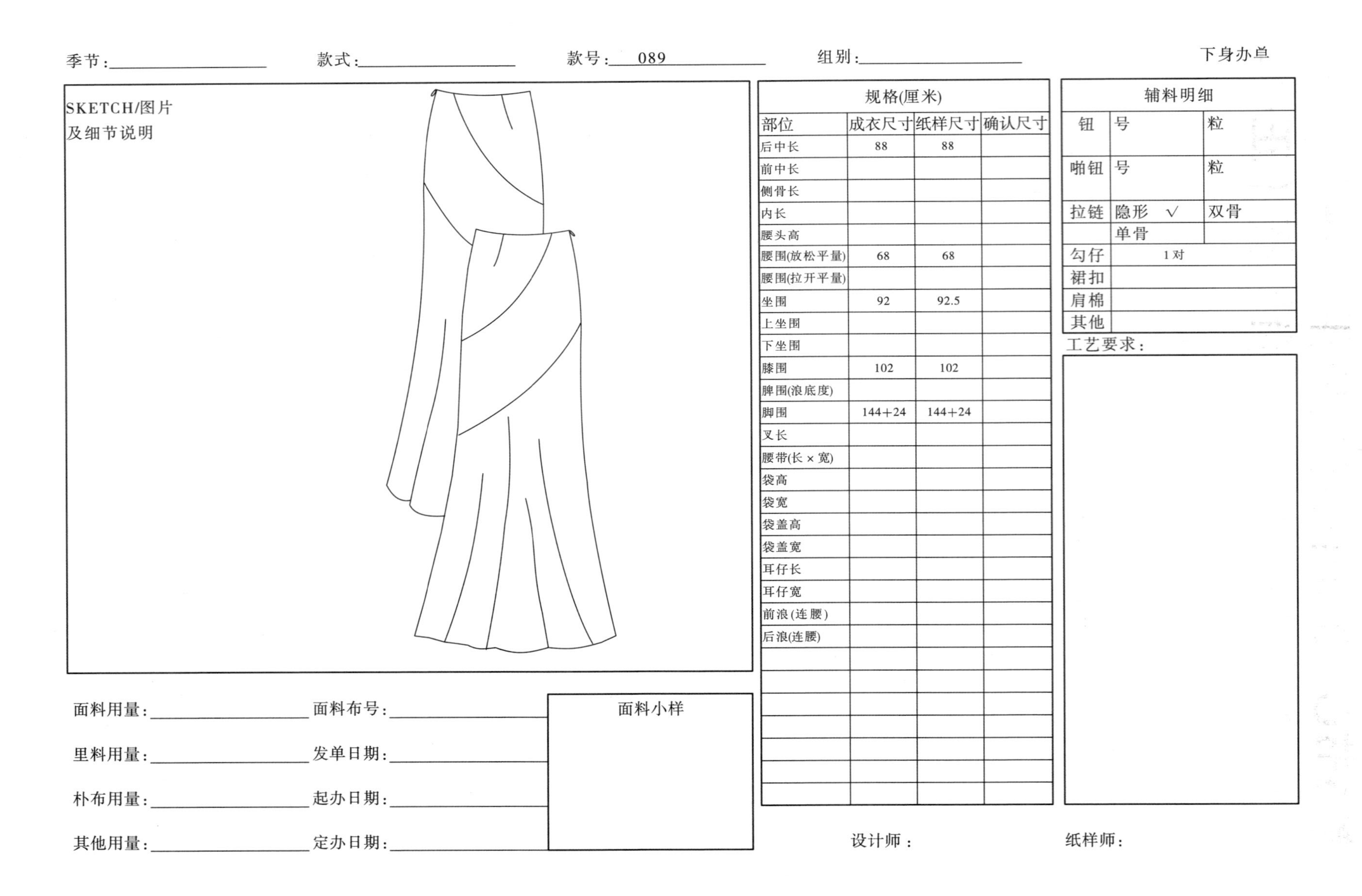

季节：＿＿＿＿ 款式：＿＿＿＿ 款号：089 组别：＿＿＿＿ 下身办单

SKETCH/图片
及细节说明

规格(厘米)			
部位	成衣尺寸	纸样尺寸	确认尺寸
后中长	88	88	
前中长			
侧骨长			
内长			
腰头高			
腰围(放松平量)	68	68	
腰围(拉开平量)			
坐围	92	92.5	
上坐围			
下坐围			
膝围	102	102	
髀围(浪底度)			
脚围	144+24	144+24	
叉长			
腰带(长×宽)			
袋高			
袋宽			
袋盖高			
袋盖宽			
耳仔长			
耳仔宽			
前浪(连腰)			
后浪(连腰)			

辅料明细		
钮	号	粒
啪钮	号	粒
拉链	隐形 √	双骨
	单骨	
勾仔	1对	
裙扣		
肩棉		
其他		

工艺要求：

面料用量：＿＿＿＿ 面料布号：＿＿＿＿

里料用量：＿＿＿＿ 发单日期：＿＿＿＿

朴布用量：＿＿＿＿ 起办日期：＿＿＿＿

其他用量：＿＿＿＿ 定办日期：＿＿＿＿

面料小样

设计师：

纸样师：

第5节C 工业纸样的应用——鱼尾裙（正腰）

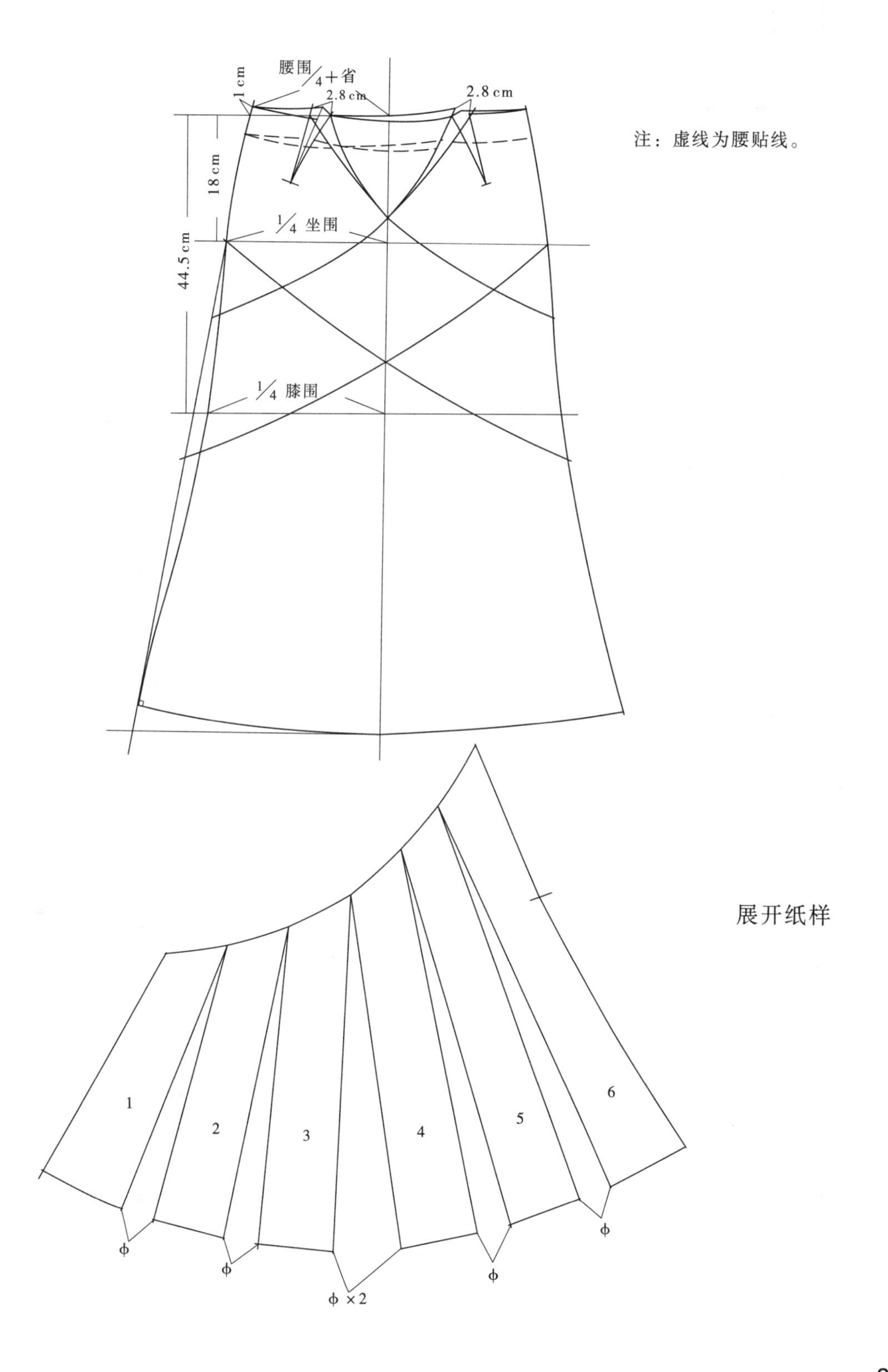

注：虚线为腰贴线。

展开纸样

工业纸样的应用——鱼尾裙（正腰）

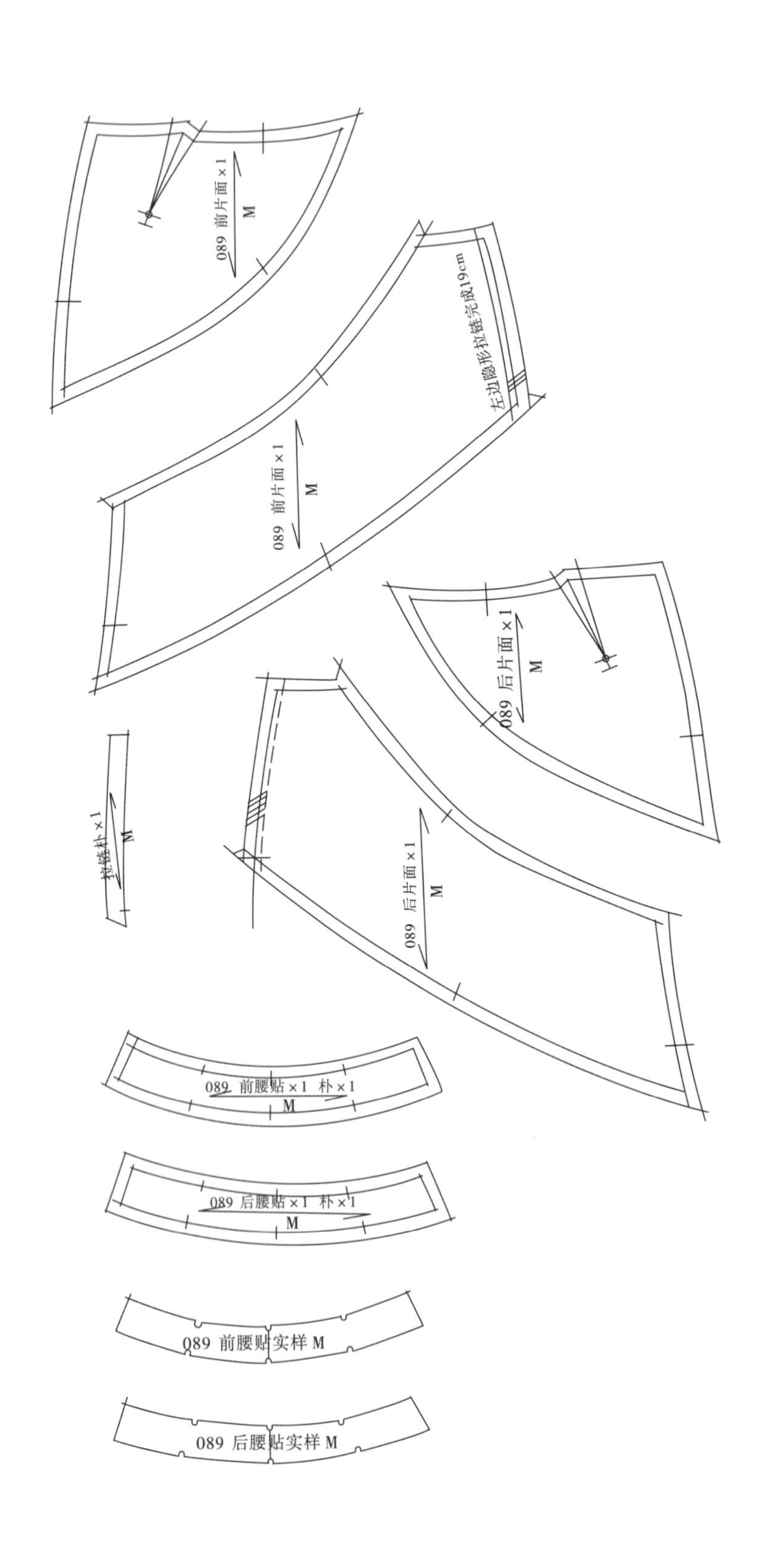

工业纸样的应用——鱼尾裙（正腰）

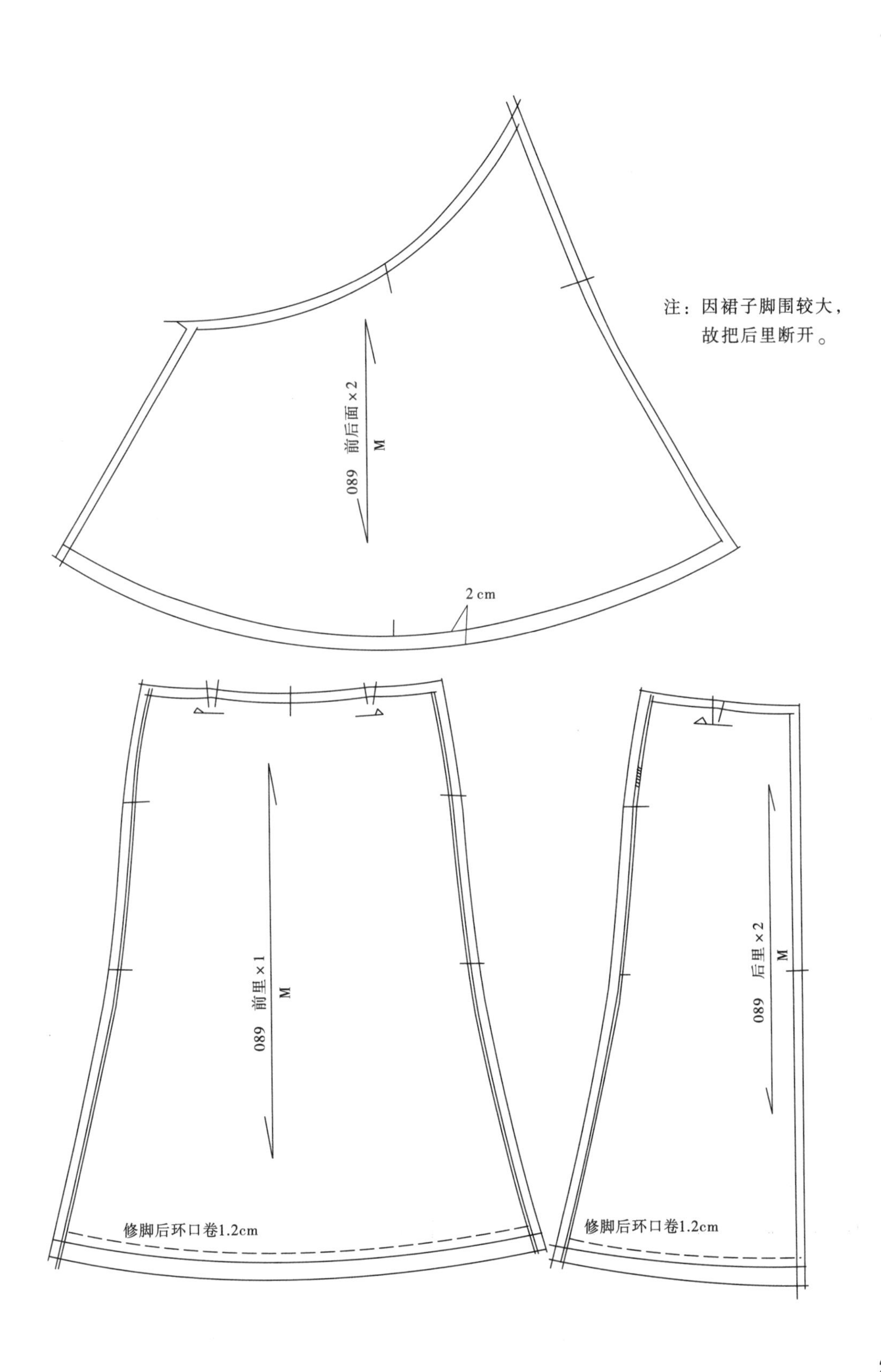

季节：________ 款式：________ 款号：________ 组别：________ 下身办单

SKETCH/图片

及细节说明

及膝裙

A型

前片有两个褶，裙封至带的位置。

正腰。

规格(厘米)

部位	成衣尺寸	纸样尺寸	确认尺寸
后中长	67	67.5	
前中长			
侧骨长			
内长			
腰头高			
腰围(放松平量)	69.5	69.5	
腰围(拉开平量)			
坐围	92	93	
上坐围			
下坐围			
膝围			
脾围(浪底度)			
脚围	108+(8.5×2)	108+(8.5×2)	
叉长			
腰带(长×宽)			
袋高			
袋宽			
袋盖高			
袋盖宽			
耳仔长			
耳仔宽			
前浪(连腰)			
后浪(连腰)			

辅料明细

钮	号	粒
啪钮	号	粒
拉链	隐形 √	双骨
	单骨	
勾仔	1对	
裙扣		
肩棉		
其他	日字扣	

工艺要求：

面料用量：________ 面料布号：________

里料用量：________ 发单日期：________

朴布用量：________ 起办日期：________

其他用量：________ 定办日期：________

面料小样

设计师：

纸样师：

第5节D 工业纸样的应用——褶裙（低腰）

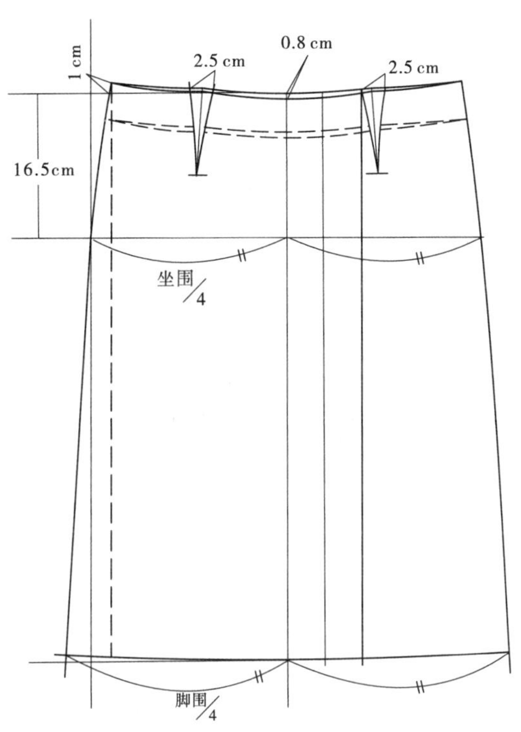

1. 虚线为前后腰贴线和左前片线。
2. 实线为右前片线和后片线。

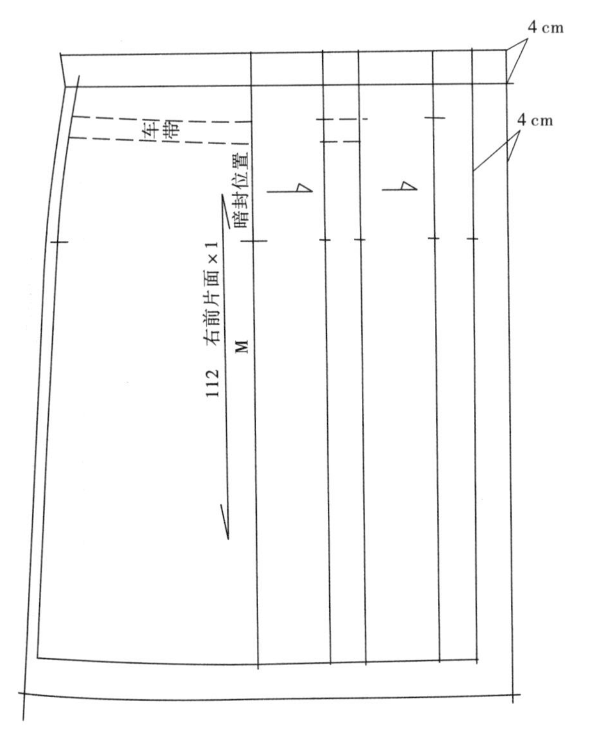

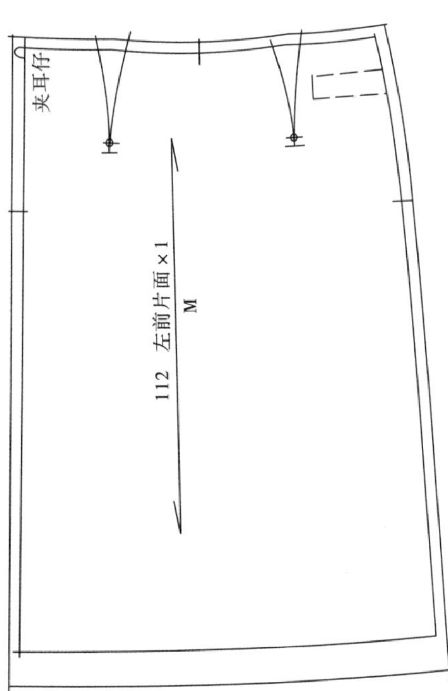

工业纸样的应用——褶裙（低腰）

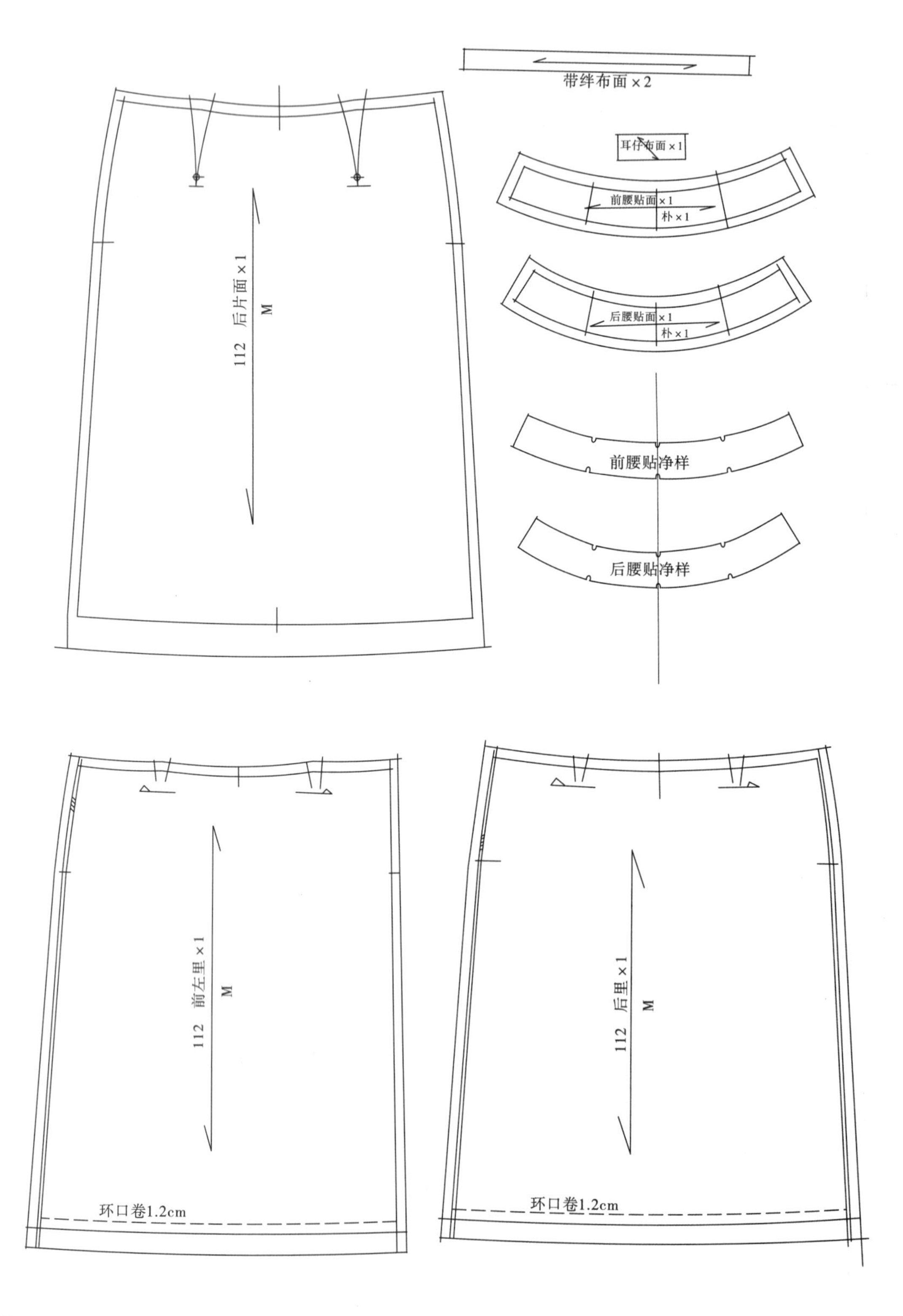

季节：______ 款式：______ 款号：012 组别：______ 下身办单

SKETCH/图片
及细节说明

褶裙，底腰3cm，上部分分割宽度8cm，抽褶的量可多些。

8cm

规格(厘米)			
部位	成衣尺寸	纸样尺寸	确认尺寸
后中长	71	72	
前中长			
侧骨长			
内长			
腰头高			
腰围(放松平量)	72	72	
腰围(拉开平量)			
坐围(基础)	92	93	
上坐围			
下坐围			
膝围			
髀围(浪底度)			
脚围(基础)	108	108	
叉长			
腰带(长×宽)			
袋高			
袋宽			
袋盖高			
袋盖宽			
耳仔长			
耳仔宽			
前浪(连腰)			
后浪(连腰)			

辅料明细		
钮	号	粒
啪钮	号	粒
拉链	隐形 √	双骨
	单骨	
勾仔	1对	
裙扣		
肩棉		
其他	日字扣	

工艺要求：

面料用量：______ 面料布号：______

里料用量：______ 发单日期：______

朴布用量：______ 起办日期：______

其他用量：______ 定办日期：______

面料小样

设计师： 纸样师：

第5节E 工业纸样的应用——抽褶裙（低腰）

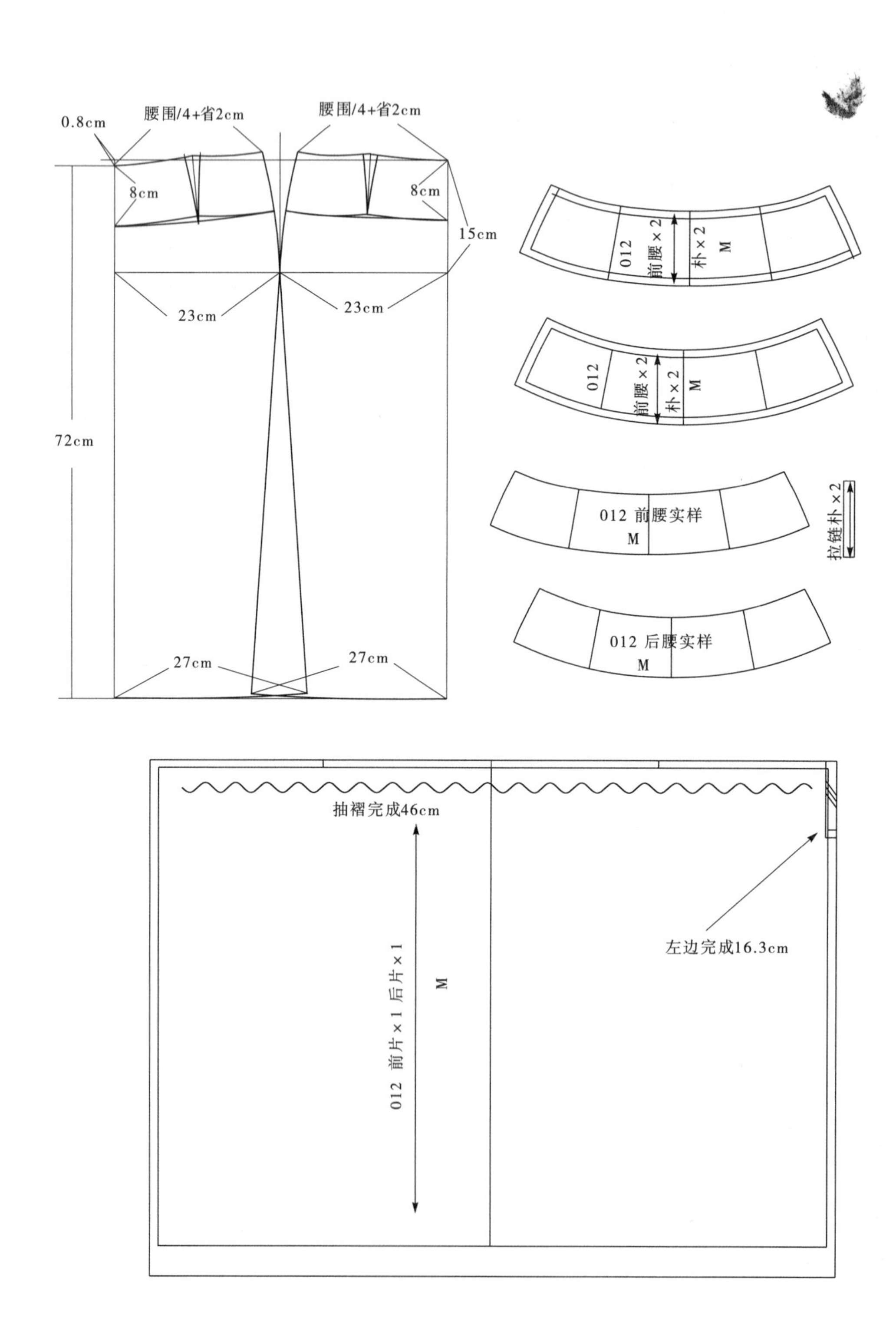

季节：________ 款式：________ 款号：016 组别：________

下身办单

SKETCH/图片
及细节说明

宽脚长裤
包腰头1 cm宽
前中隐形拉链

规格(厘米)			
部位	成衣尺寸	纸样尺寸	确认尺寸
后中长			
前中长			
侧骨长	104	104.8	
内长			
腰头高	1	1	
腰围(放松平量)	68	68	
腰围(拉开平量)			
坐围	93	94	
上坐围			
下坐围			
膝围	57.5	57.5	
髀围(浪底度)			
脚围	57.5	57.5	
叉长			
腰带(长 × 宽)			
袋高			
袋宽			
袋盖高			
袋盖宽			
耳仔长			
耳仔宽			
前浪(连腰)	26	26	
后浪(连腰)	36	35.4	

辅料明细		
钮	号	粒
啪钮	号	粒
拉链	隐形	双骨
	单骨	
勾仔		
裙扣		
肩棉		
其他		

工艺要求：

面料用量：________ 面料布号：________

里料用量：________ 发单日期：________

朴布用量：________ 起办日期：________

其他用量：________ 定办日期：________

面料小样

设计师： 纸样师：

第5节F 工业纸样的应用——宽脚长裤（正腰）

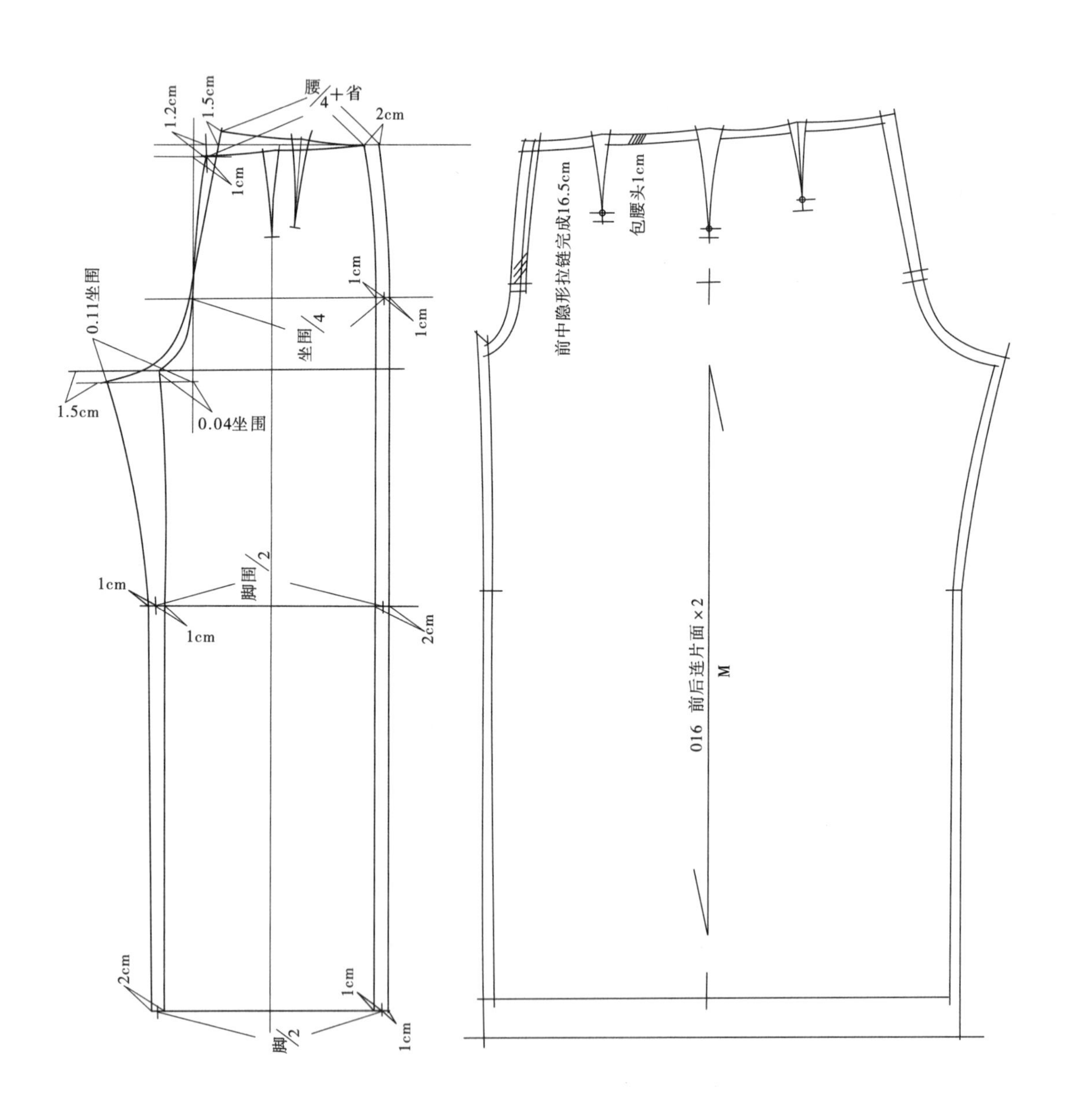

工业纸样的应用——宽脚长裤（正腰）

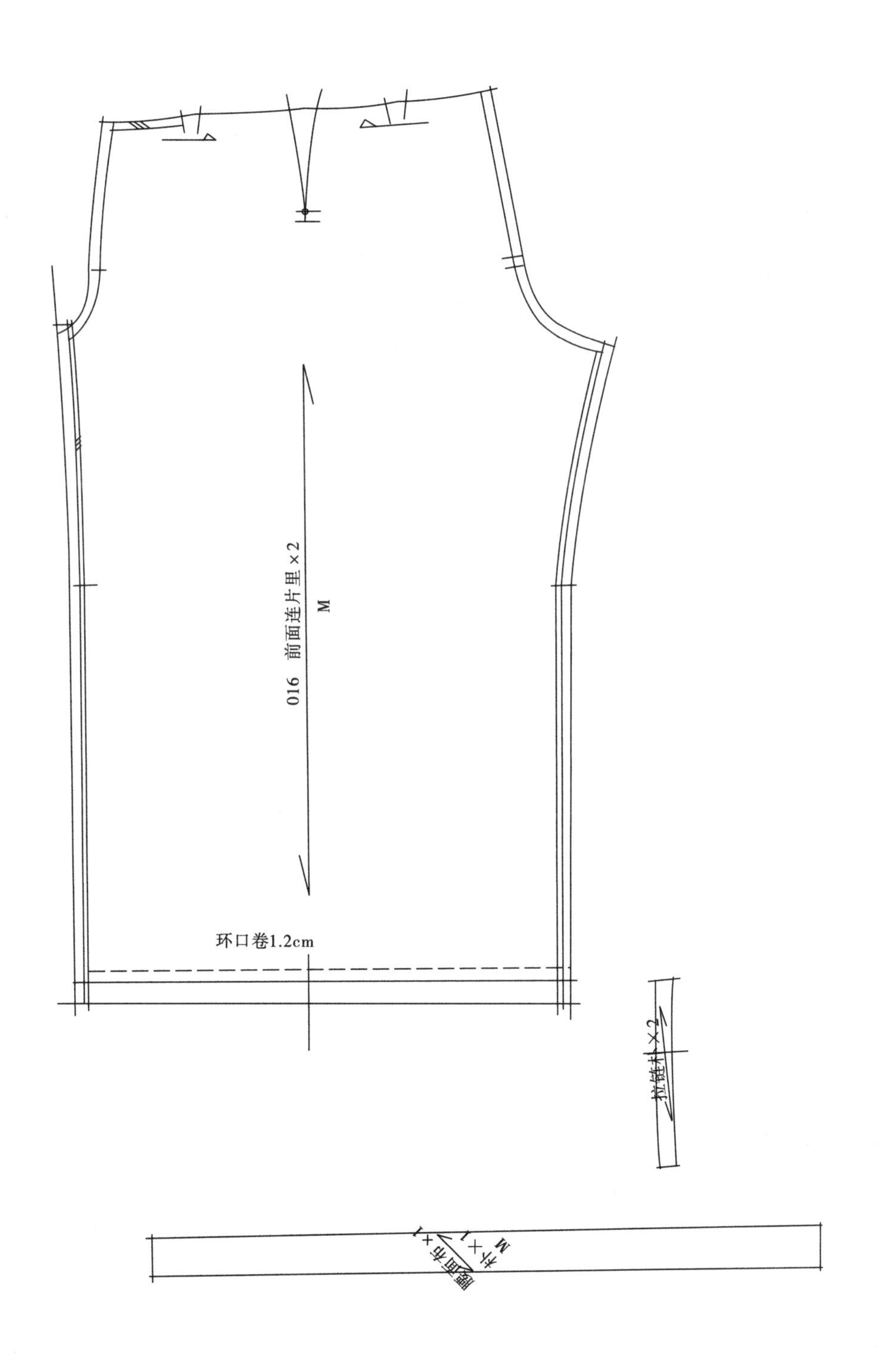

季节：________ 款式：________ 款号：056 组别：________ 下身办单

SKETCH/图片
及细节说明

直筒型长裤
前后各两只省，正腰、腰高4 cm无里。

规格(厘米)			
部位	成衣尺寸	纸样尺寸	确认尺寸
后中长			
前中长			
侧骨长	104	104.5	
内长			
腰头高	4	4	
腰围(放松平量)	68	68	
腰围(拉开平量)			
坐围	93	94	
上坐围			
下坐围			
膝围	46.5	46.8	
脾围(浪底度)			
脚围	46.5	46.8	
叉长			
腰带(长×宽)			
袋高			
袋宽			
袋盖高			
袋盖宽			
耳仔长			
耳仔宽			
前浪(连腰)	26	26	
后浪(连腰)	36	35.4	

辅料明细		
钮	号 28#	粒 1
啪钮	号	粒
拉链	隐形	双骨 √
	单骨	
勾仔		
裙扣		
肩棉		
其他		

工艺要求：

面料用量：________ 面料布号：________

里料用量：________ 发单日期：________

朴布用量：________ 起办日期：________

其他用量：________ 定办日期：________

面料小样

设计师： 纸样师：

第5节G　工业纸样的应用——直筒裤

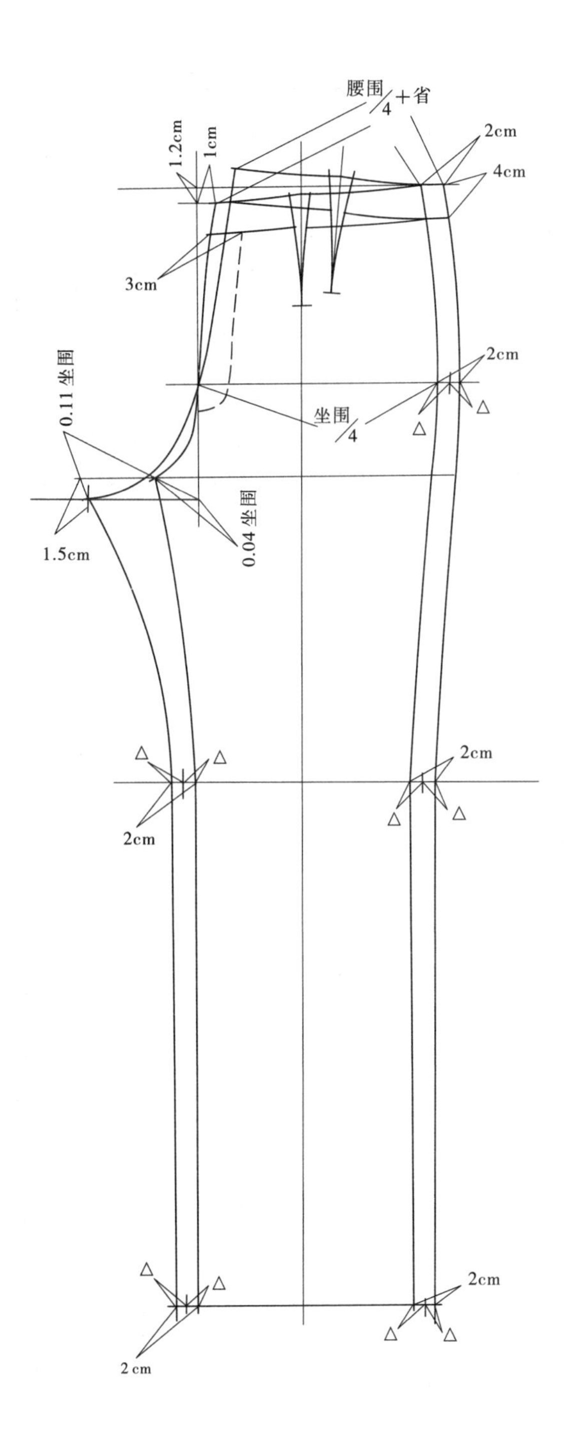

注：虚线为右前片
压拉链位线。

工业纸样的应用——直筒裤

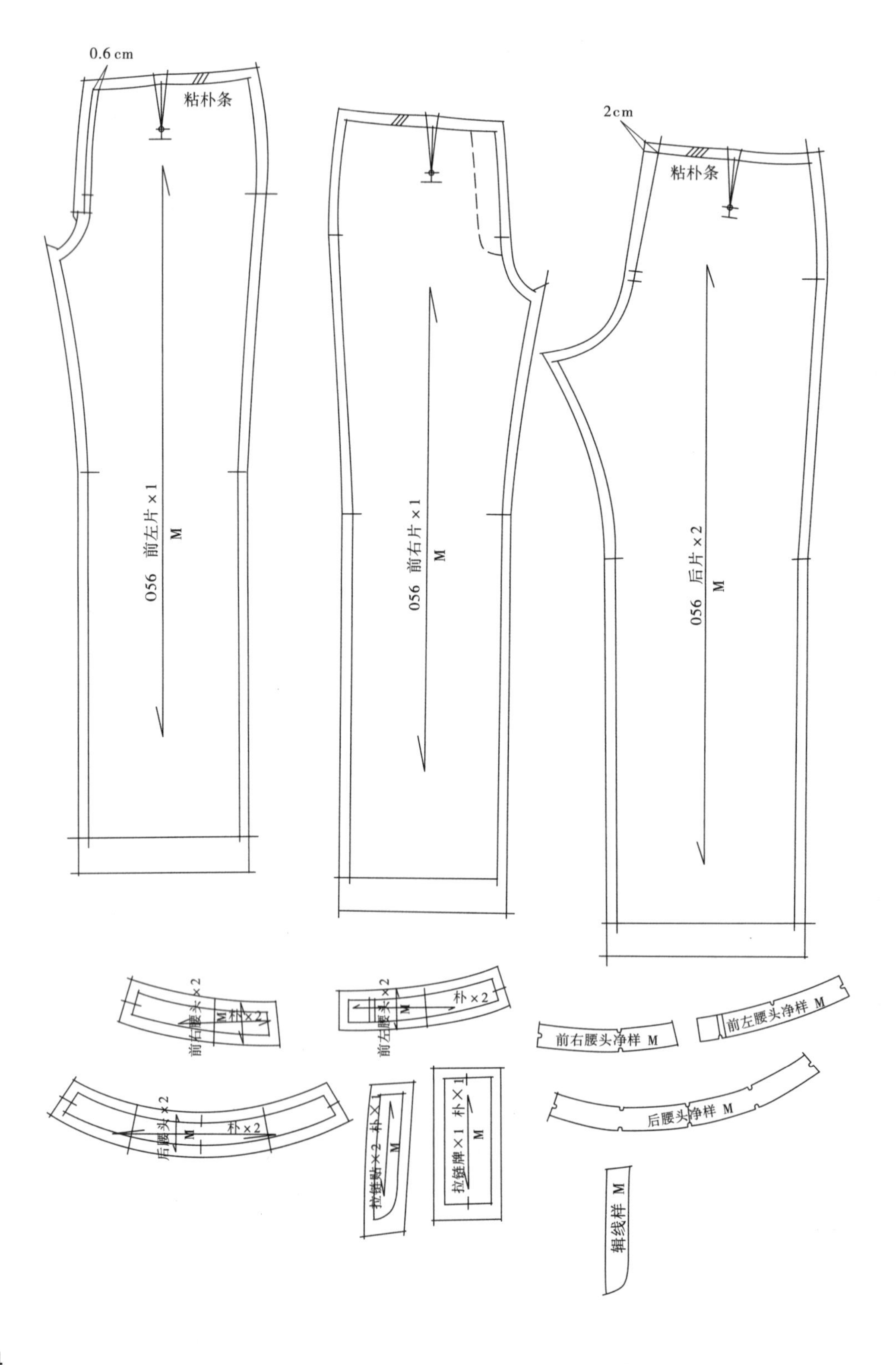

0.6cm
粘朴条
2cm
粘朴条
056 前左片×1
M
056 前右片×1
M
056 后片×2
M
前右腰头×2
M 朴×2
前左腰头×2
M
朴×2
前右腰头净样 M
前左腰头净样 M
后腰头×2
M
朴×2
拉链贴×2 朴×1
M
拉链牌×1 朴×1
M
后腰头净样 M
缉线样 M

季节：　　　款式：088　　　款号：　　　组别：　　　下身办单

SKETCH/图片
及细节说明

腰低1.2 cm
前有斜插袋
腰高3.5 cm
斜插袋及分割线压线0.3 cm

规格(厘米)			
部位	成衣尺寸	纸样尺寸	确认尺寸
后中长			
前中长			
侧骨长	102.8	103.5	
内长			
腰头高	3.5	3.5	
腰围(放松平量)	70	70	
腰围(拉开平量)			
坐围	93	94	
上坐围			
下坐围			
膝围	46.5	46.5	
脾围(浪底度)			
脚围	46.5	46.5	
叉长			
腰带(长 × 宽)			
袋高	13	13	
袋宽			
袋盖高			
袋盖宽			
耳仔长			
耳仔宽			
前浪(连腰)	24.8	24.3	
后浪(连腰)	34.3	34.5	

辅料明细			
钮	号 28#	粒 1	
啪钮	号	粒	
拉链	隐形	双骨 √	
	单骨		
勾仔			
裙扣			
肩棉			
其他			

工艺要求：

面料用量：　　　面料布号：

里料用量：　　　发单日期：

朴布用量：　　　起办日期：

其他用量：　　　定办日期：

面料小样

设计师：　　　纸样师：

工业纸样的应用——直筒裤

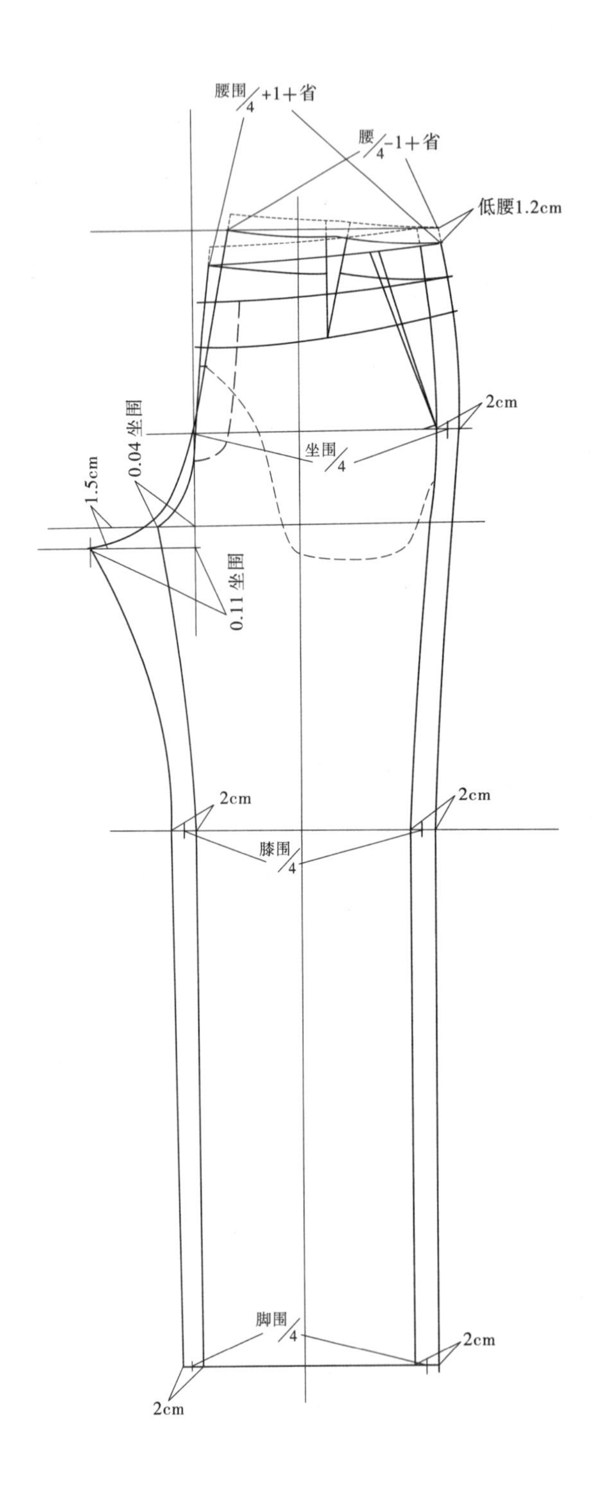

注：虚线右前片拉链位线和袋布线。

工业纸样的应用——直筒裤

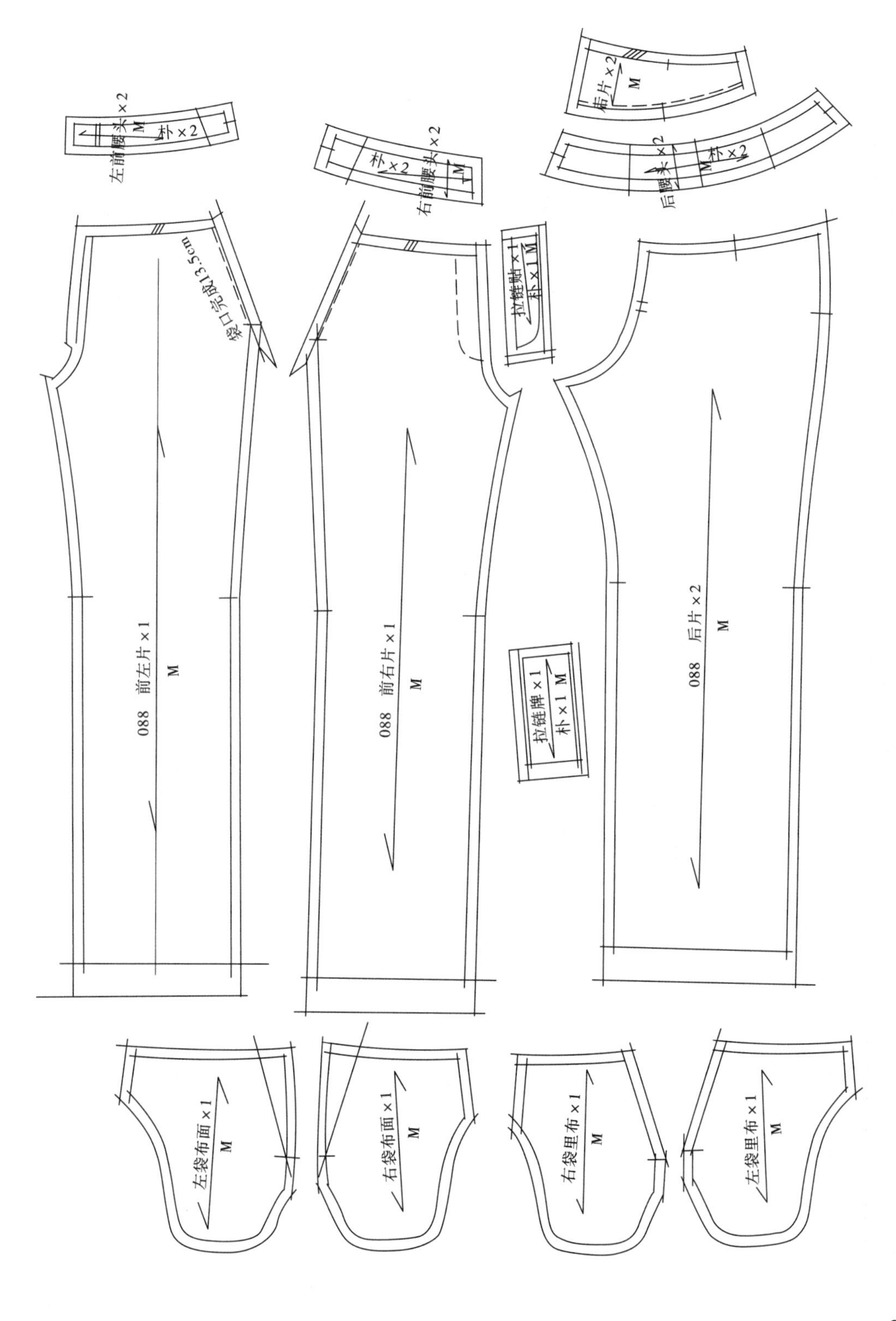

左前腰头×2
M
朴×2
朴×2
右前腰头×2
M
后片×2
M
后腰头×2
M
朴×2
袋口完成13.5cm
拉链贴×1
朴×1 M
088 前左片×1
M
088 前右片×1
M
拉链牌×1
朴×1 M
088 后片×2
M
左袋布面×1
M
右袋布面×1
M
右袋里布×1
M
左袋里布×1
M

工业纸样的应用——直筒裤

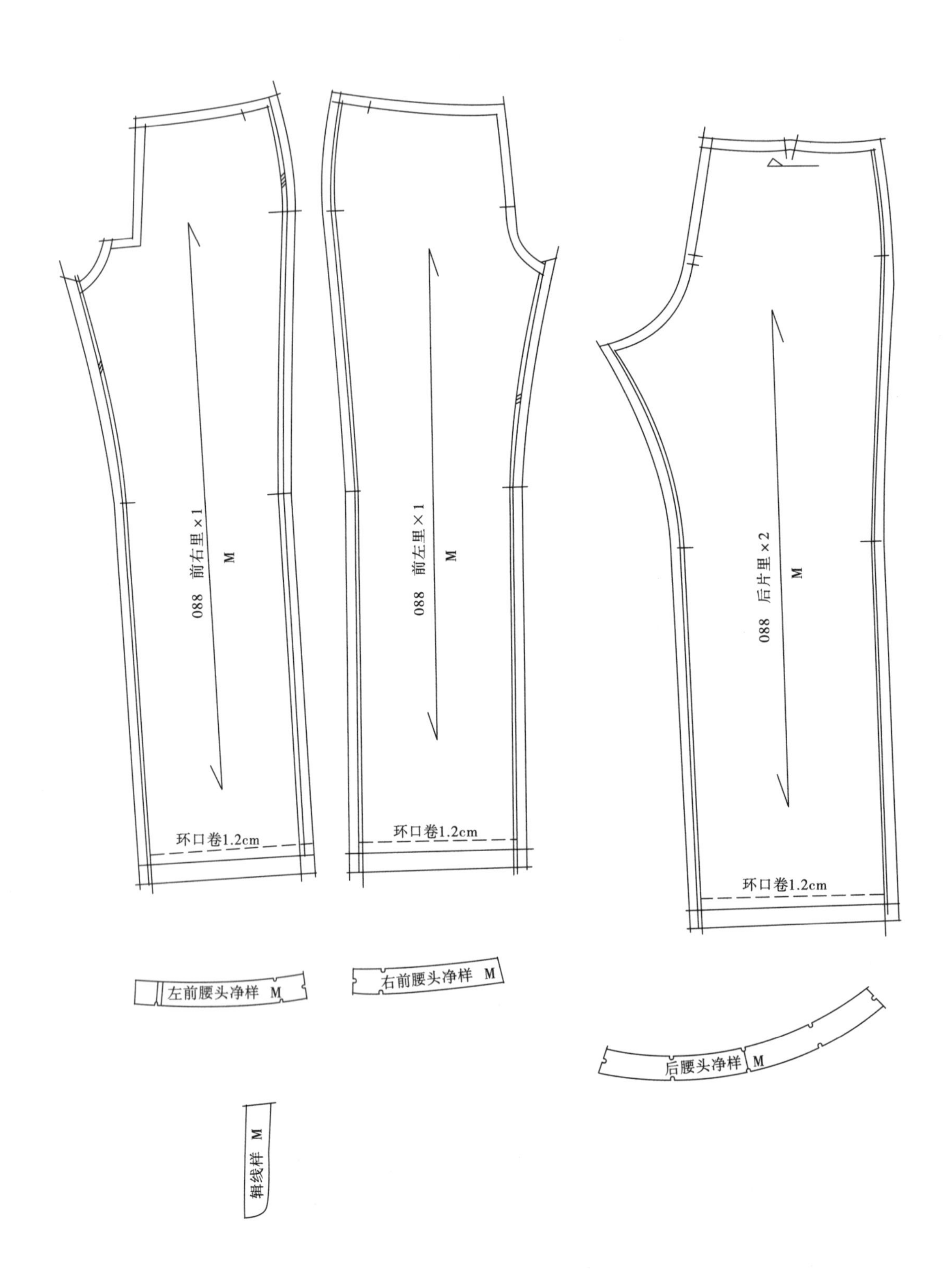
088 前右里×1
M
环口卷1.2cm
088 前左里×1
M
环口卷1.2cm
088 后片里×2
M
环口卷1.2cm
左前腰头净样 M
右前腰头净样 M
后腰头净样 M
缉线样 M

季节：________ 款式：________ 款号：023________ 组别：________ 上身办单

SKETCH/图片
及细节说明

针织上衣，
圆领，中袖，
下脚拉绷缝3cm
袖口拉绷缝2.5cm

规格(厘米)			
部位	成衣尺寸	纸样尺寸	确认尺寸
后中长	49.5	49.5	
前长(肩度)			
前长(侧骨度)			
全肩宽	36.5	36.5	
小肩宽	3	3	
胸围(夹底度)	85	85	
前胸宽			
后背宽			
腰围	74	74	
坐围			
脚围	85	85	
领横			
前领深			
后领深			
后中领高			
领尖			
后中袖长			
袖长	27	27	
袖肥	27	27	
夹圈(弯度)			
袖口(扣起)	24	24	
介英高			
介英宽			
袋高			
袋宽			
袋盖高			
袋盖宽			
筒宽			
叉长			

辅料明细		
钮	号	粒
啪钮	号	粒
拉链	隐形	双骨
	单骨	
勾仔		
裙扣		
肩棉		
其他		

工艺要求：

面料用量：________ 面料布号：________

里料用量：________ 发单日期：________

朴布用量：________ 起办日期：________

其他用量：________ 定办日期：________

面料小样

设计师： 纸样师：

第5节H 工业纸样的应用——针织上衣

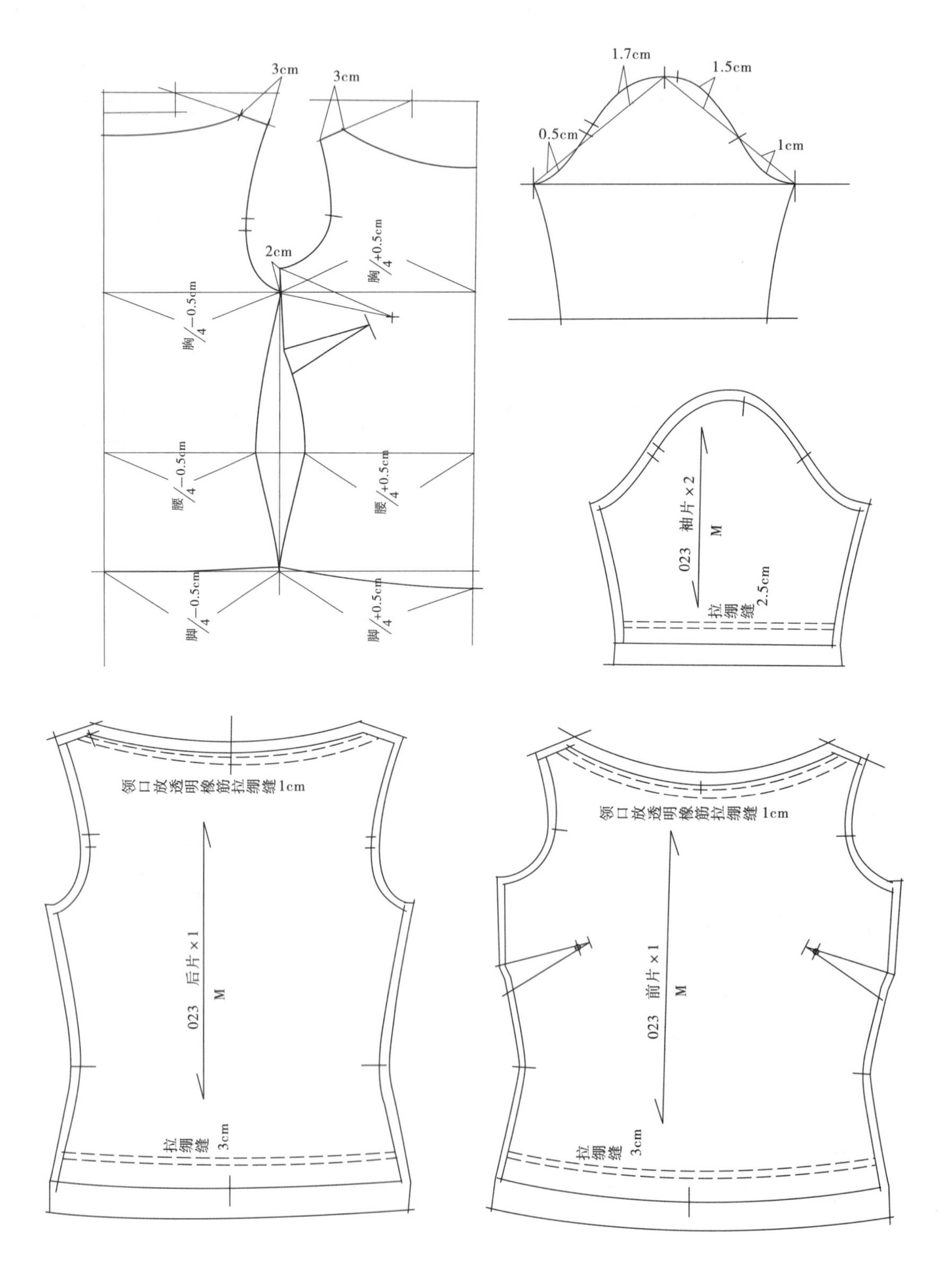

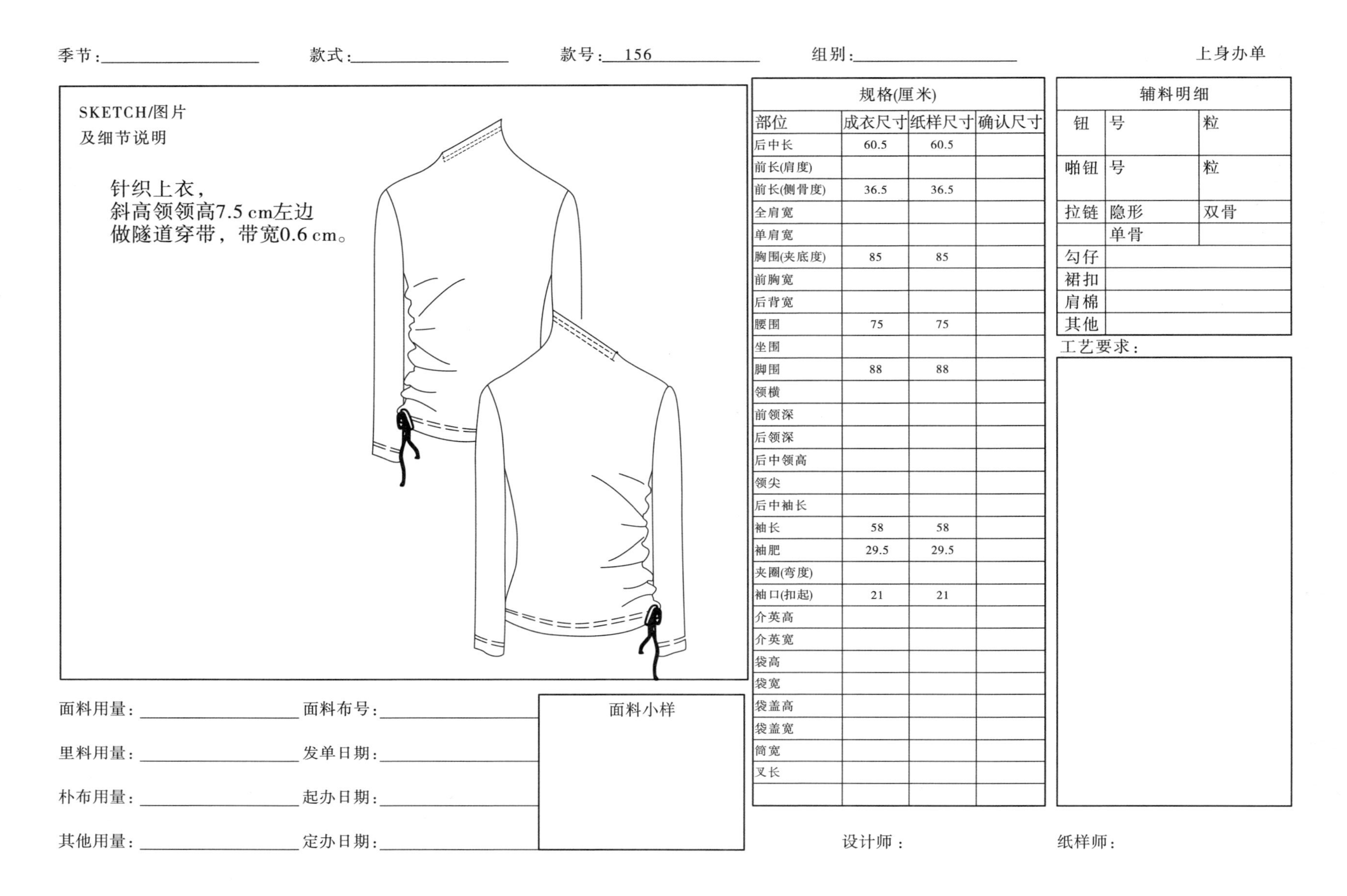

季节：________ 款式：________ 款号：156 组别：________ 上身办单

SKETCH/图片
及细节说明

针织上衣，
斜高领领高7.5 cm左边
做隧道穿带，带宽0.6 cm。

规格(厘米)			
部位	成衣尺寸	纸样尺寸	确认尺寸
后中长	60.5	60.5	
前长(肩度)			
前长(侧骨度)	36.5	36.5	
全肩宽			
单肩宽			
胸围(夹底度)	85	85	
前胸宽			
后背宽			
腰围	75	75	
坐围			
脚围	88	88	
领横			
前领深			
后领深			
后中领高			
领尖			
后中袖长			
袖长	58	58	
袖肥	29.5	29.5	
夹圈(弯度)			
袖口(扣起)	21	21	
介英高			
介英宽			
袋高			
袋宽			
袋盖高			
袋盖宽			
筒宽			
叉长			

辅料明细		
钮	号	粒
啪钮	号	粒
拉链	隐形	双骨
	单骨	
勾仔		
裙扣		
肩棉		
其他		

工艺要求：

面料用量：________ 面料布号：________

里料用量：________ 发单日期：________

朴布用量：________ 起办日期：________

其他用量：________ 定办日期：________

面料小样

设计师： 纸样师：

工业纸样的应用——针织上衣

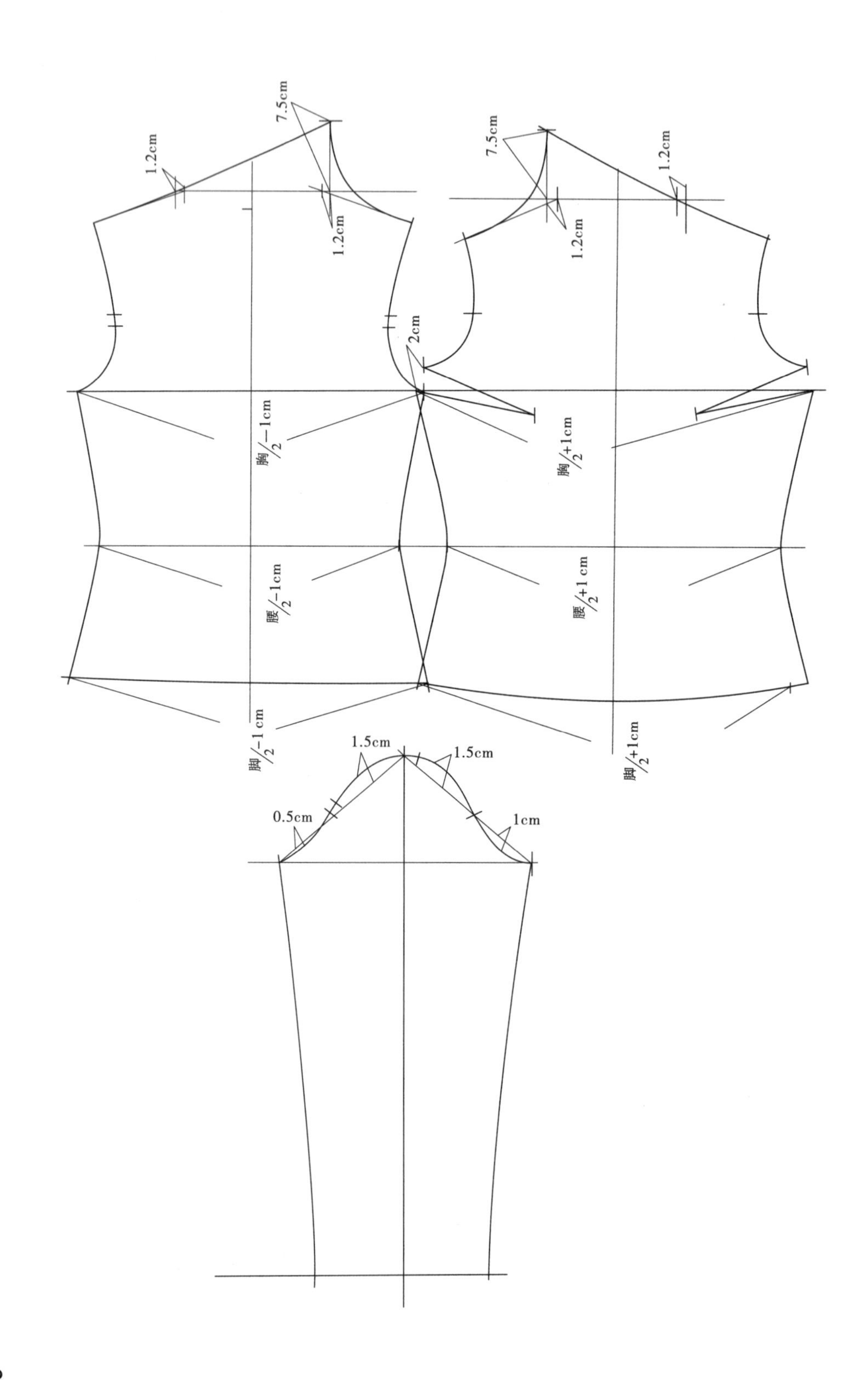

工业纸样的应用——针织上衣

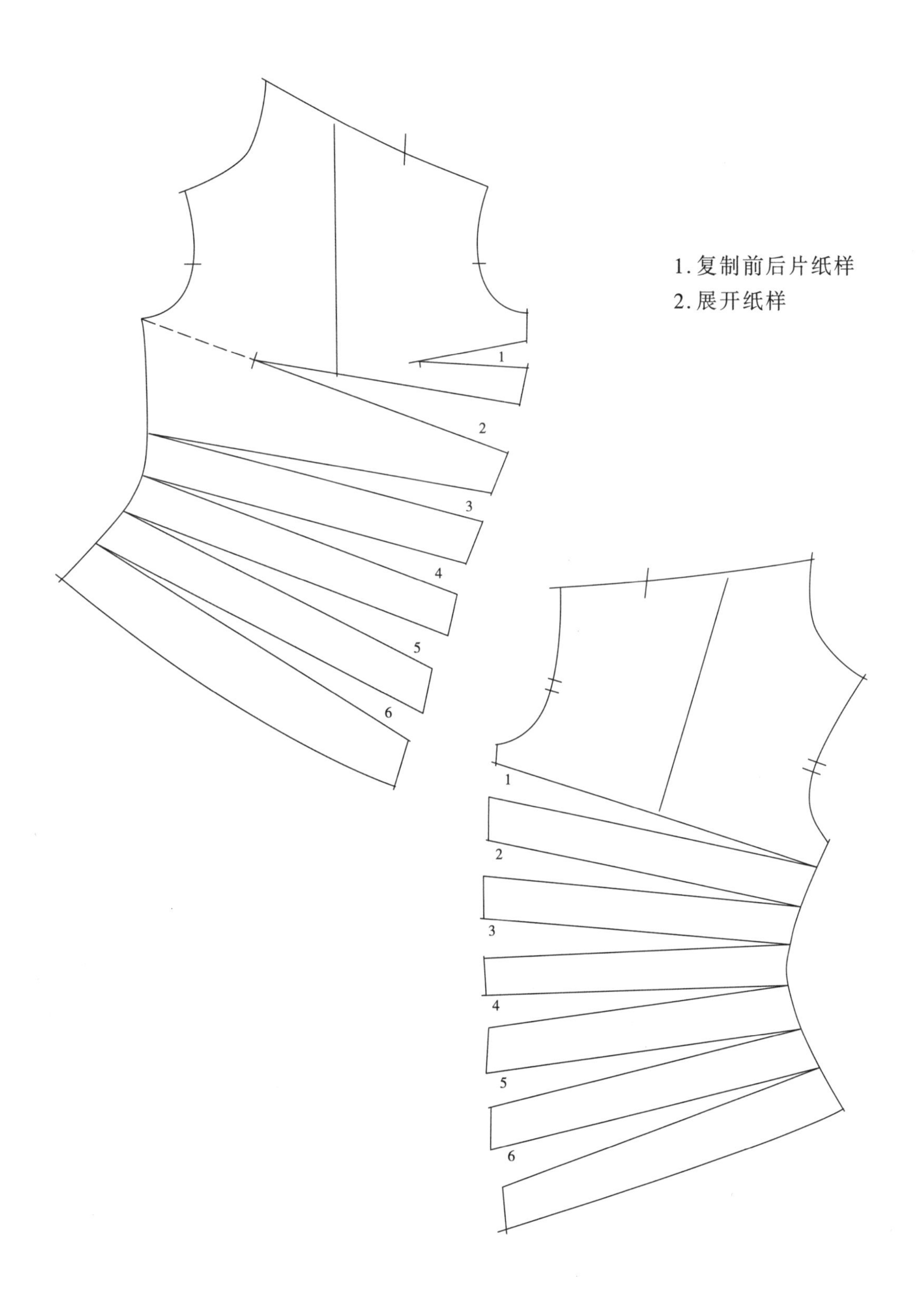

1. 复制前后片纸样
2. 展开纸样

工业纸样的应用——针织上衣

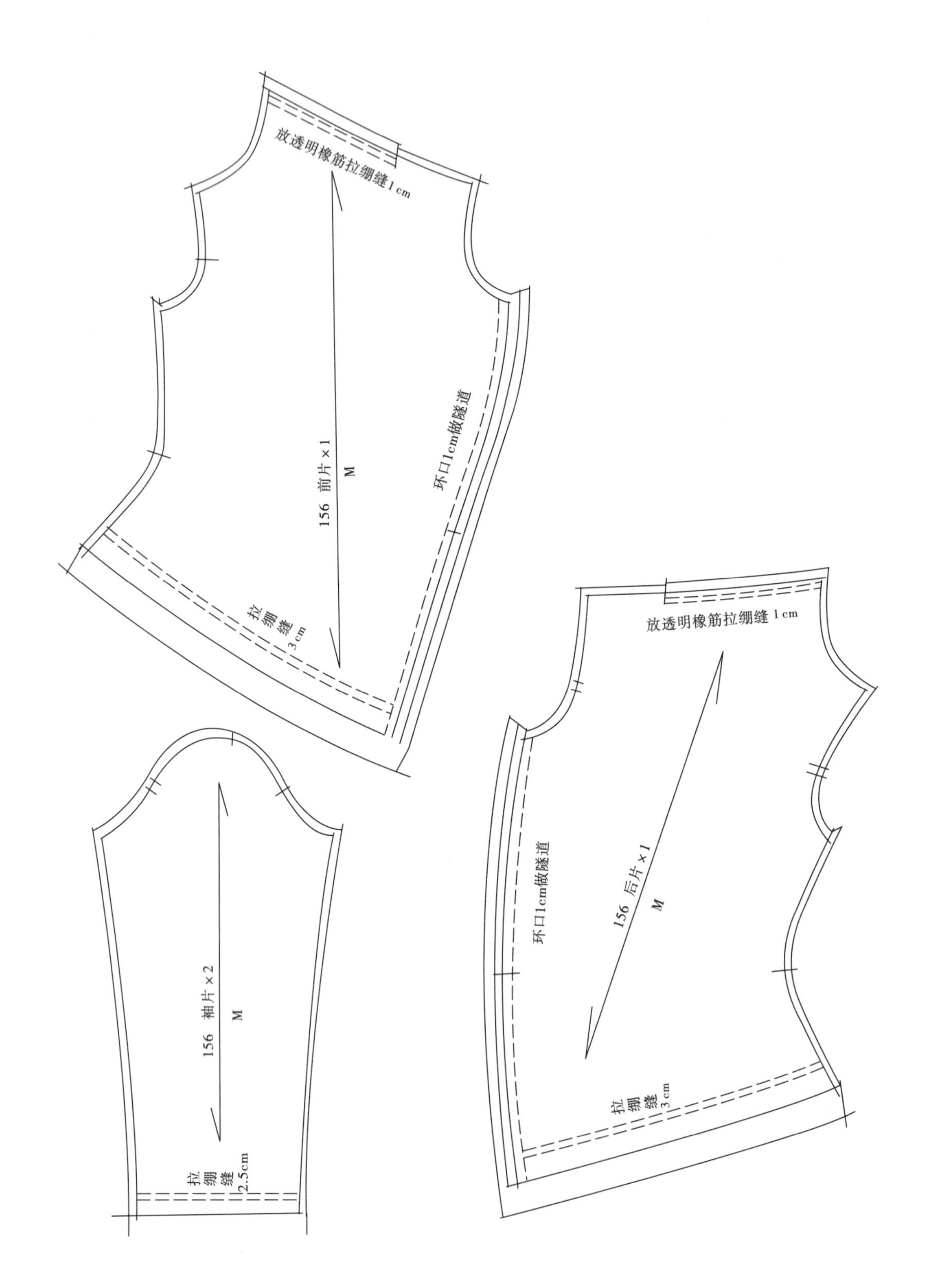

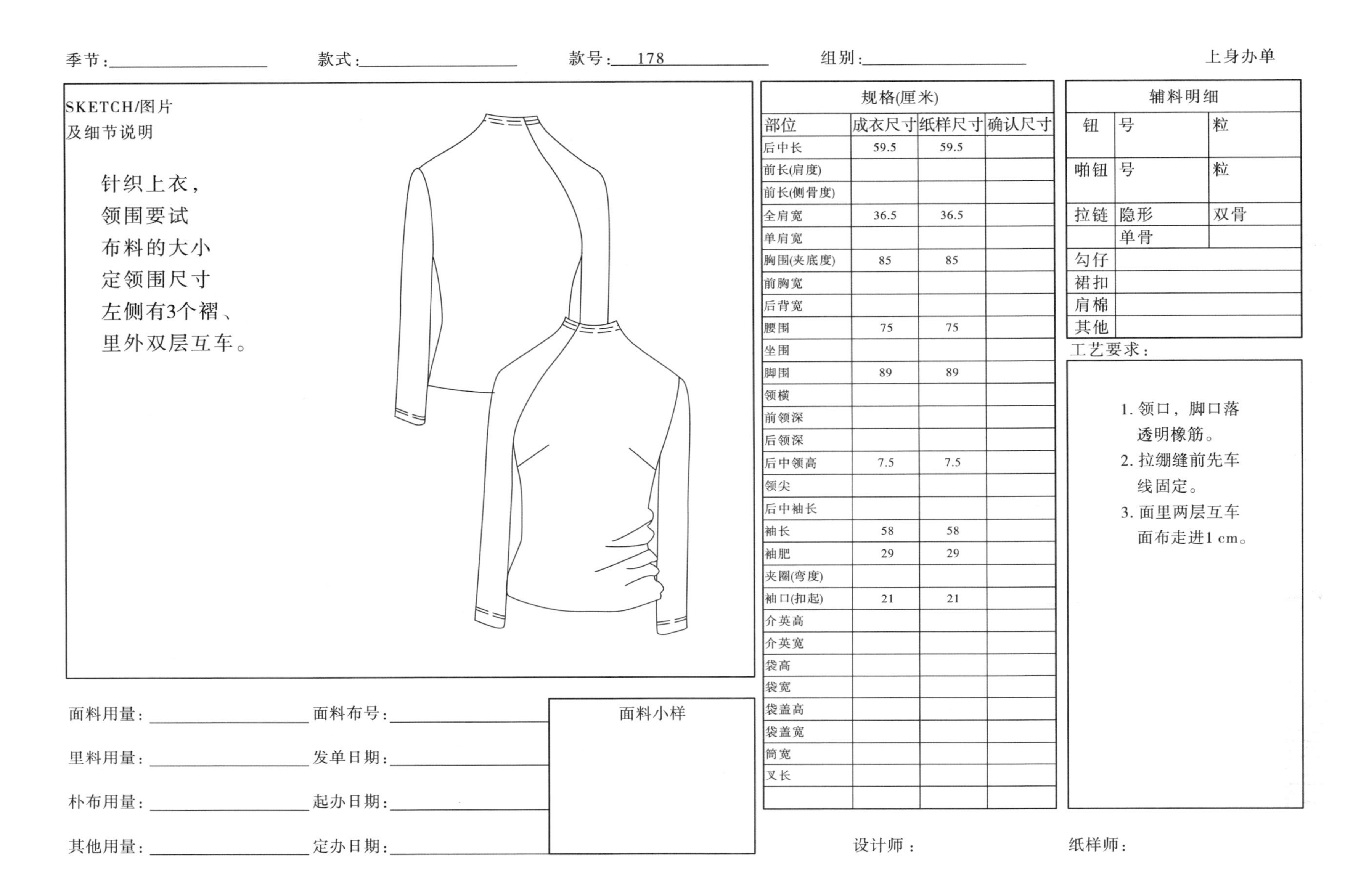

季节：______ 款式：______ 款号：178 组别：______ 上身办单

SKETCH/图片
及细节说明

针织上衣，
领围要试
布料的大小
定领围尺寸
左侧有3个褶、
里外双层互车。

规格(厘米)			
部位	成衣尺寸	纸样尺寸	确认尺寸
后中长	59.5	59.5	
前长(肩度)			
前长(侧骨度)			
全肩宽	36.5	36.5	
单肩宽			
胸围(夹底度)	85	85	
前胸宽			
后背宽			
腰围	75	75	
坐围			
脚围	89	89	
领横			
前领深			
后领深			
后中领高	7.5	7.5	
领尖			
后中袖长			
袖长	58	58	
袖肥	29	29	
夹圈(弯度)			
袖口(扣起)	21	21	
介英高			
介英宽			
袋高			
袋宽			
袋盖高			
袋盖宽			
筒宽			
叉长			

辅料明细		
钮	号	粒
啪钮	号	粒
拉链	隐形	双骨
	单骨	
勾仔		
裙扣		
肩棉		
其他		

工艺要求：

1. 领口，脚口落透明橡筋。
2. 拉绷缝前先车线固定。
3. 面里两层互车面布走进1 cm。

面料用量：______ 面料布号：______

里料用量：______ 发单日期：______

朴布用量：______ 起办日期：______

其他用量：______ 定办日期：______

面料小样

设计师：

纸样师：

工业纸样的应用——针织上衣

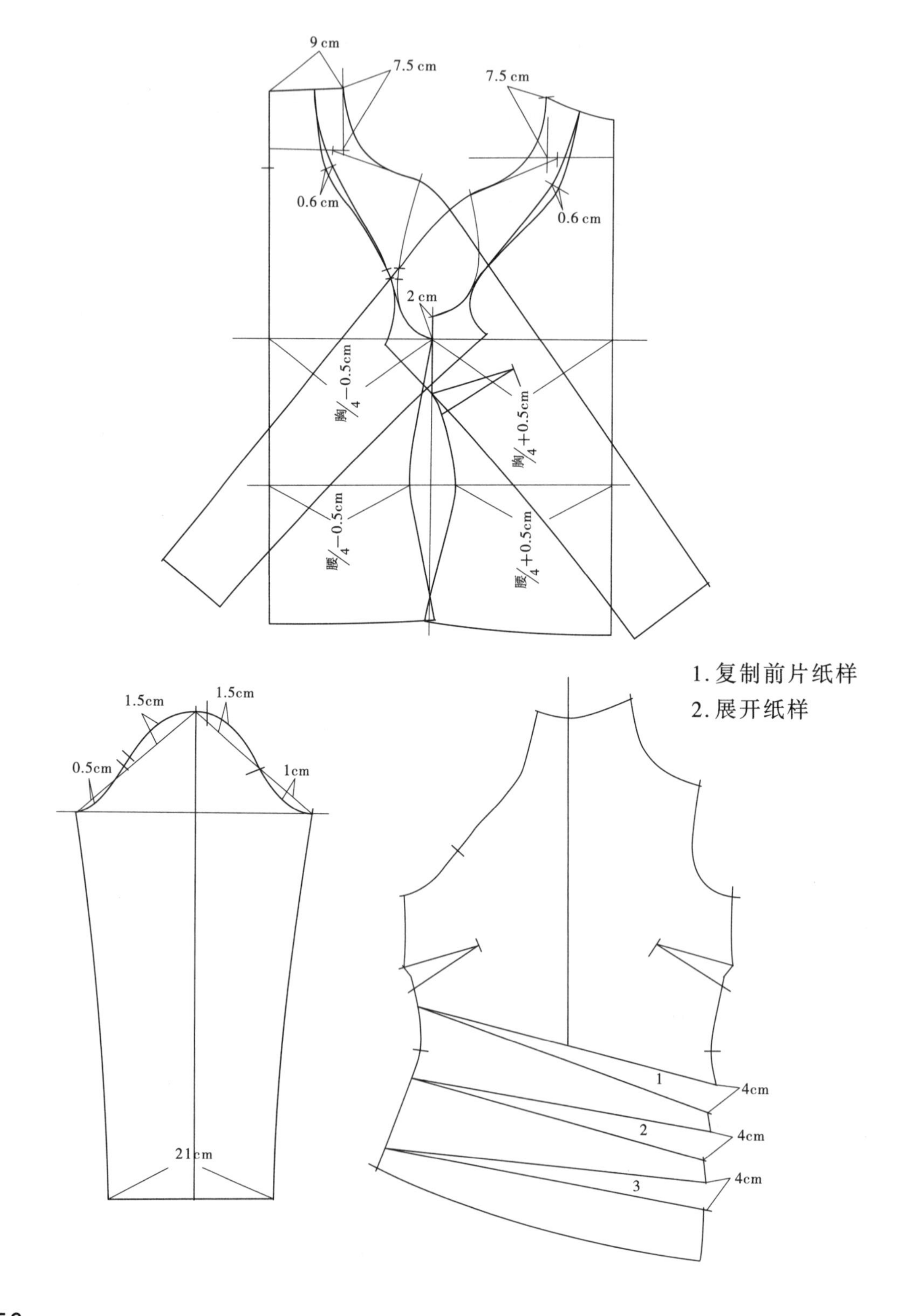

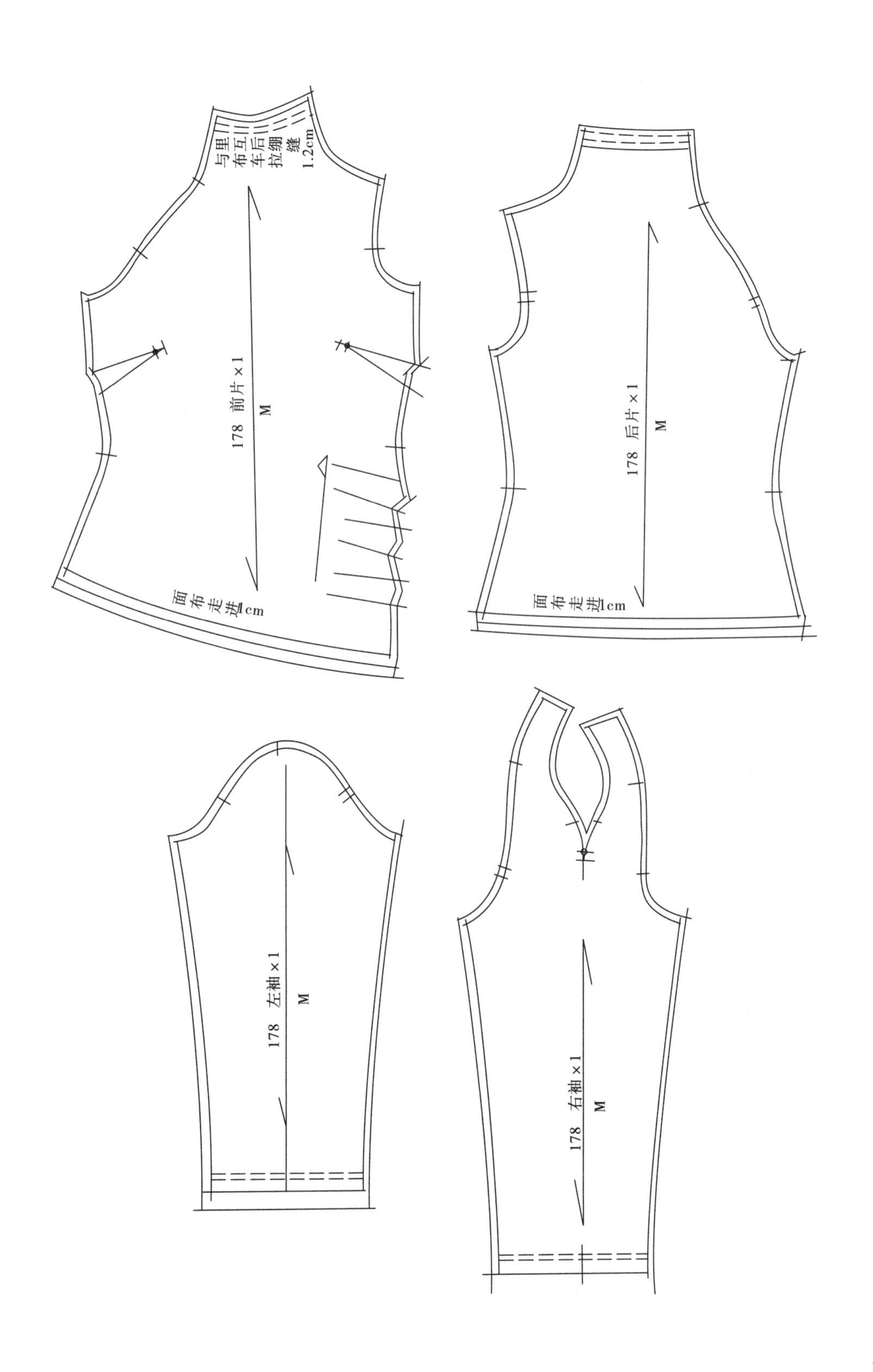
与里布互车后拉绷缝1.2cm
178 前片×1
M
面布走进1cm
178 后片×1
M
面布走进1cm
178 左袖×1
M
178 右袖×1
M

工业纸样的应用——针织上衣

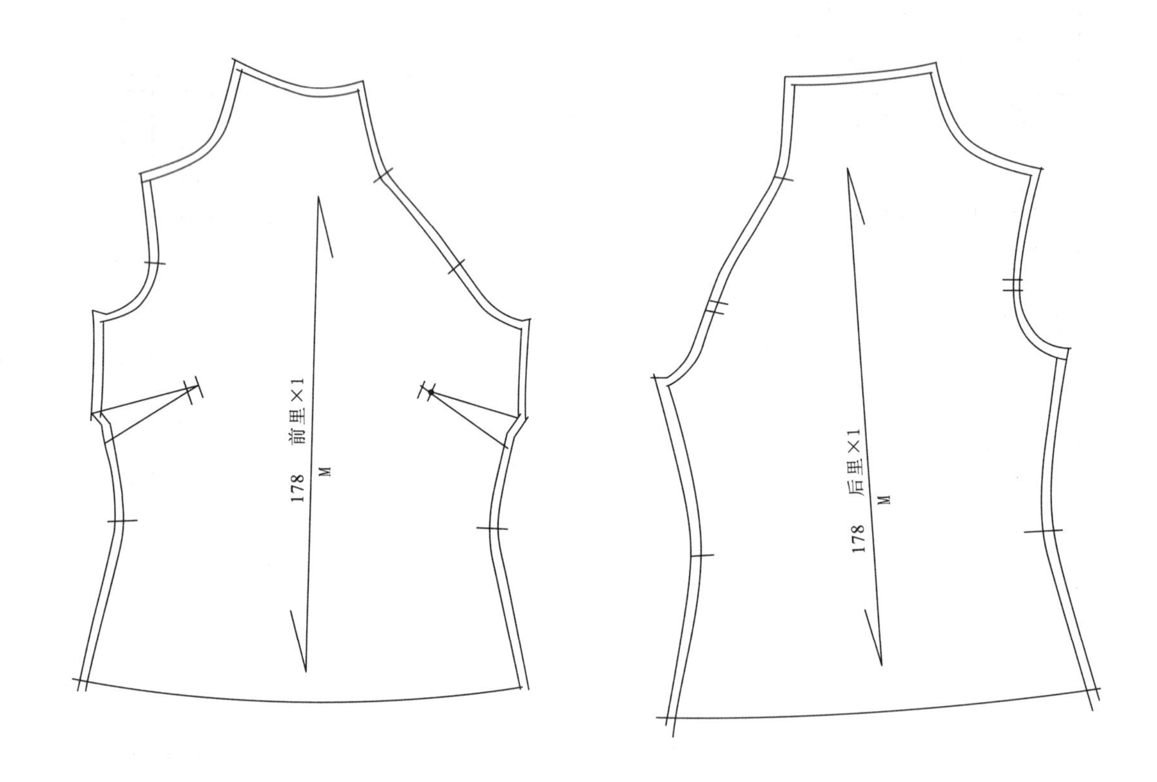

季节：＿＿＿＿　款式：＿＿＿＿　款号：127　组别：＿＿＿＿　下身办单

SKETCH/图片
及细节说明
全件来去包缝
下脚卷边0.6cm

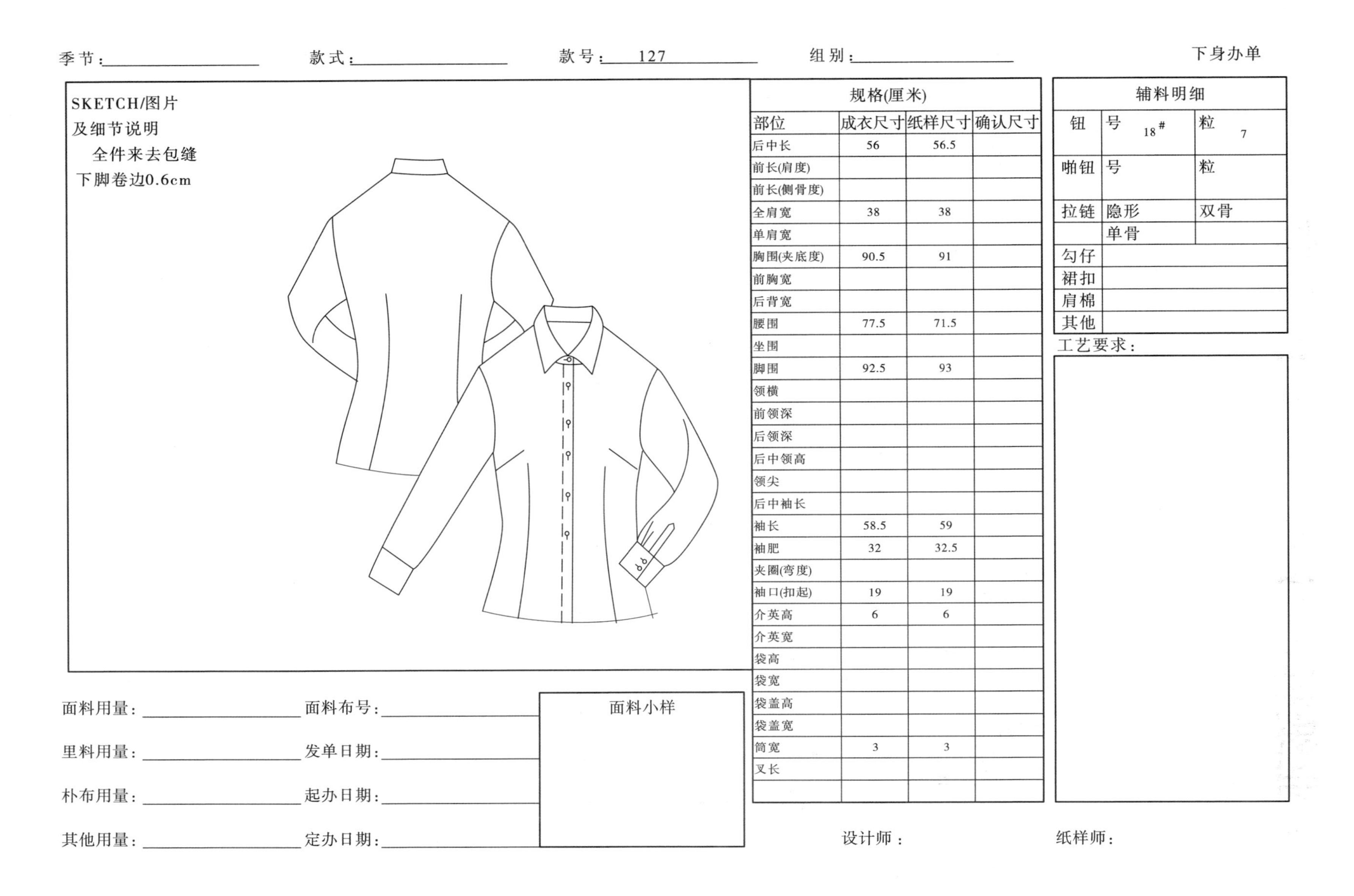

规格(厘米)			
部位	成衣尺寸	纸样尺寸	确认尺寸
后中长	56	56.5	
前长(肩度)			
前长(侧骨度)			
全肩宽	38	38	
单肩宽			
胸围(夹底度)	90.5	91	
前胸宽			
后背宽			
腰围	77.5	71.5	
坐围			
脚围	92.5	93	
领横			
前领深			
后领深			
后中领高			
领尖			
后中袖长			
袖长	58.5	59	
袖肥	32	32.5	
夹圈(弯度)			
袖口(扣起)	19	19	
介英高	6	6	
介英宽			
袋高			
袋宽			
袋盖高			
袋盖宽			
筒宽	3	3	
叉长			

辅料明细		
钮	号 18#	粒 7
啪钮	号	粒
拉链	隐形	双骨
	单骨	
勾仔		
裙扣		
肩棉		
其他		

工艺要求：

面料用量：＿＿＿＿　面料布号：＿＿＿＿
里料用量：＿＿＿＿　发单日期：＿＿＿＿
朴布用量：＿＿＿＿　起办日期：＿＿＿＿
其他用量：＿＿＿＿　定办日期：＿＿＿＿

面料小样

设计师：　纸样师：

第5节| 工业纸样的应用——衬衫

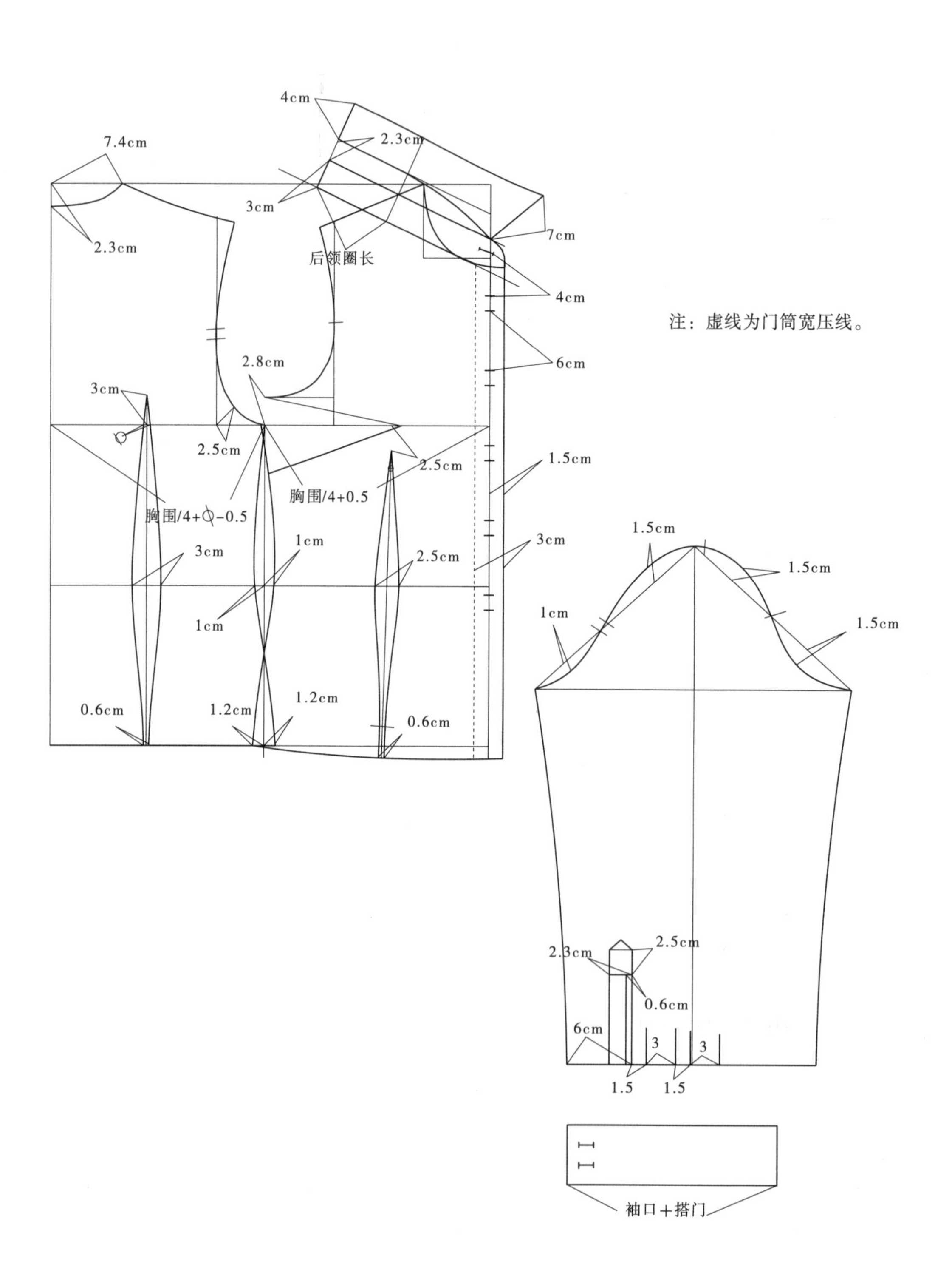

工业纸样的应用——衬衫

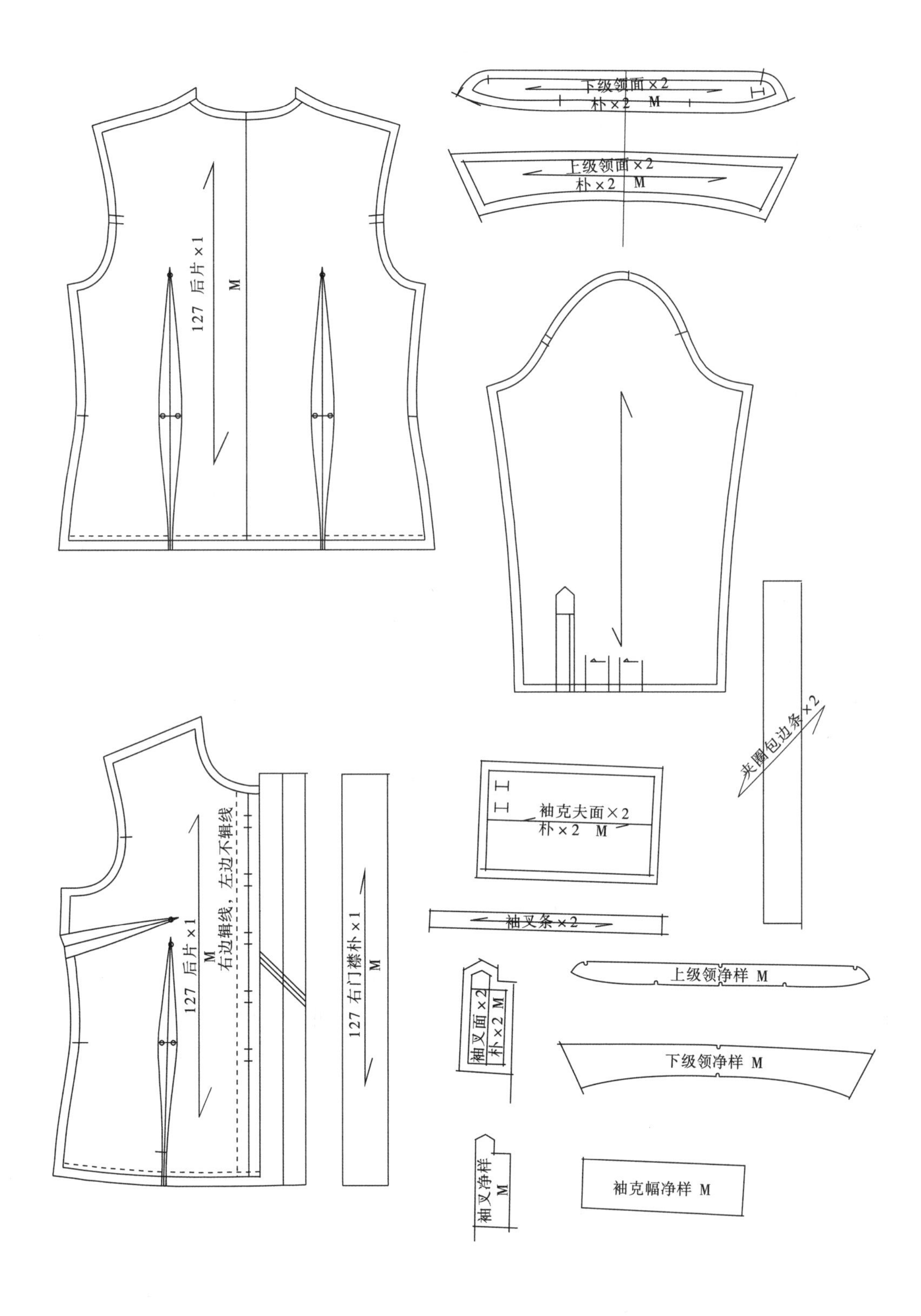

下级领面×2
朴×2 M
上级领面×2
朴×2 M
127 后片×1
M
夹圈包边条×2
袖克夫面×2
朴×2 M
右边缉线，左边不缉线
127 后片×1
M
127 右门襟朴×1
M
袖叉条×2
上级领净样 M
袖叉面×2
朴×2 M
下级领净样 M
袖叉净样
M
袖克幅净样 M

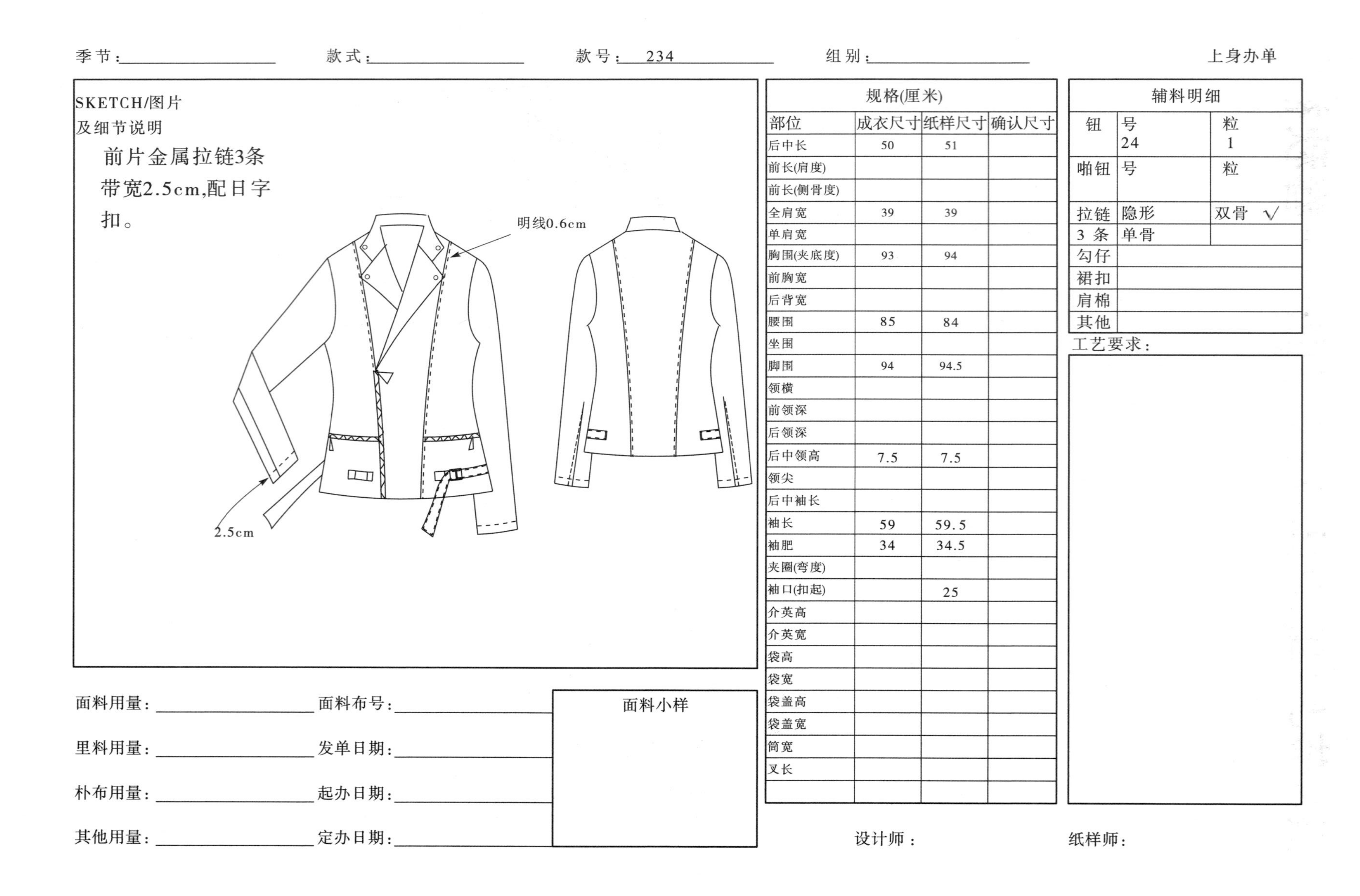

季节：______ 款式：______ 款号：234 组别：______ 上身办单

SKETCH/图片
及细节说明

前片金属拉链3条
带宽2.5cm,配日字
扣。

规格(厘米)			
部位	成衣尺寸	纸样尺寸	确认尺寸
后中长	50	51	
前长(肩度)			
前长(侧骨度)			
全肩宽	39	39	
单肩宽			
胸围(夹底度)	93	94	
前胸宽			
后背宽			
腰围	85	84	
坐围			
脚围	94	94.5	
领横			
前领深			
后领深			
后中领高	7.5	7.5	
领尖			
后中袖长			
袖长	59	59.5	
袖肥	34	34.5	
夹圈(弯度)			
袖口(扣起)		25	
介英高			
介英宽			
袋高			
袋宽			
袋盖高			
袋盖宽			
筒宽			
叉长			

辅料明细		
钮	号 24	粒 1
啪钮	号	粒
拉链	隐形	双骨 √
3 条	单骨	
勾仔		
裙扣		
肩棉		
其他		

工艺要求：

面料用量：______ 面料布号：______

里料用量：______ 发单日期：______

朴布用量：______ 起办日期：______

其他用量：______ 定办日期：______

面料小样

设计师： 纸样师：

第5节J 工业纸样的应用——春秋衫

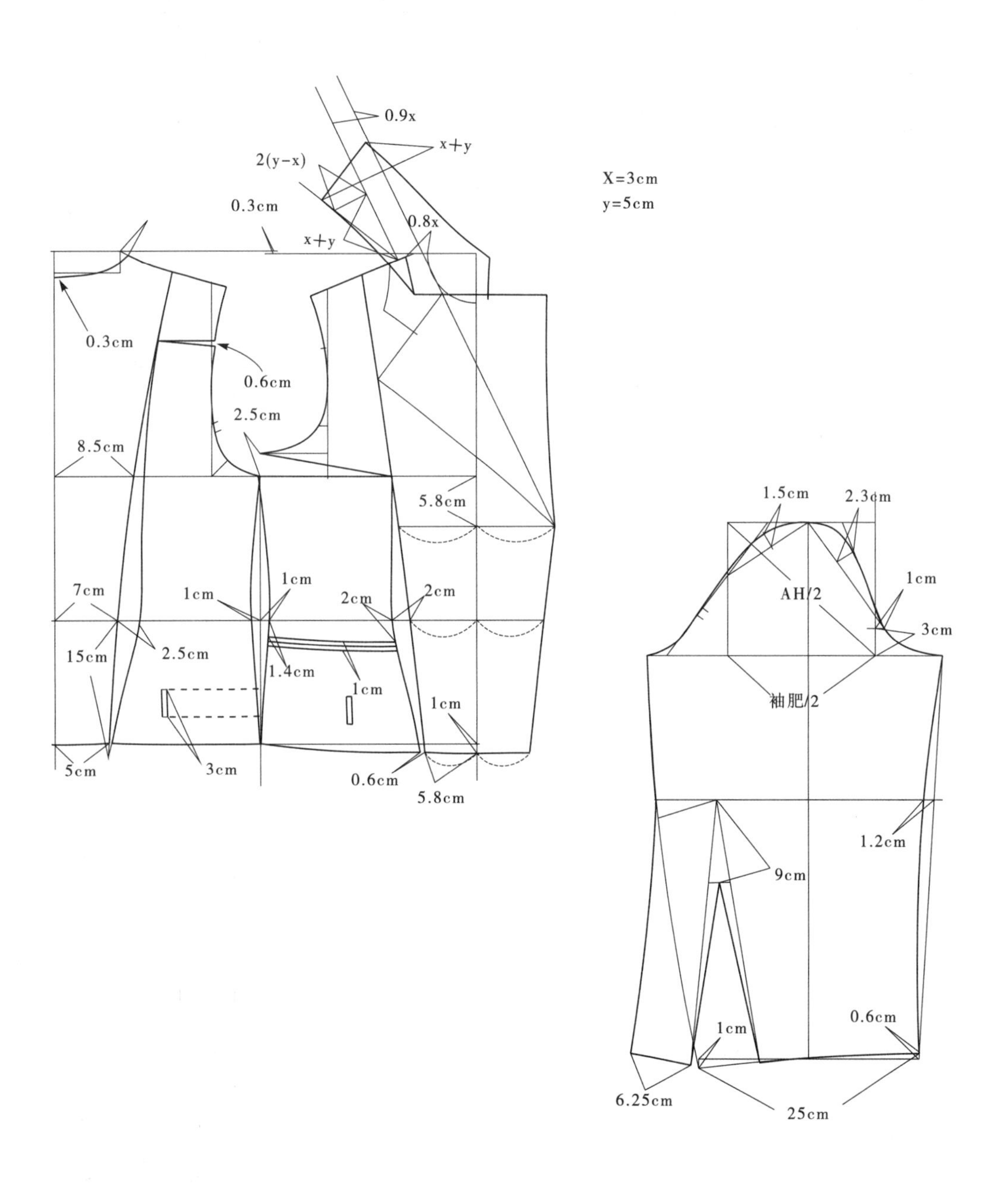

工业纸样的应用——春秋衫

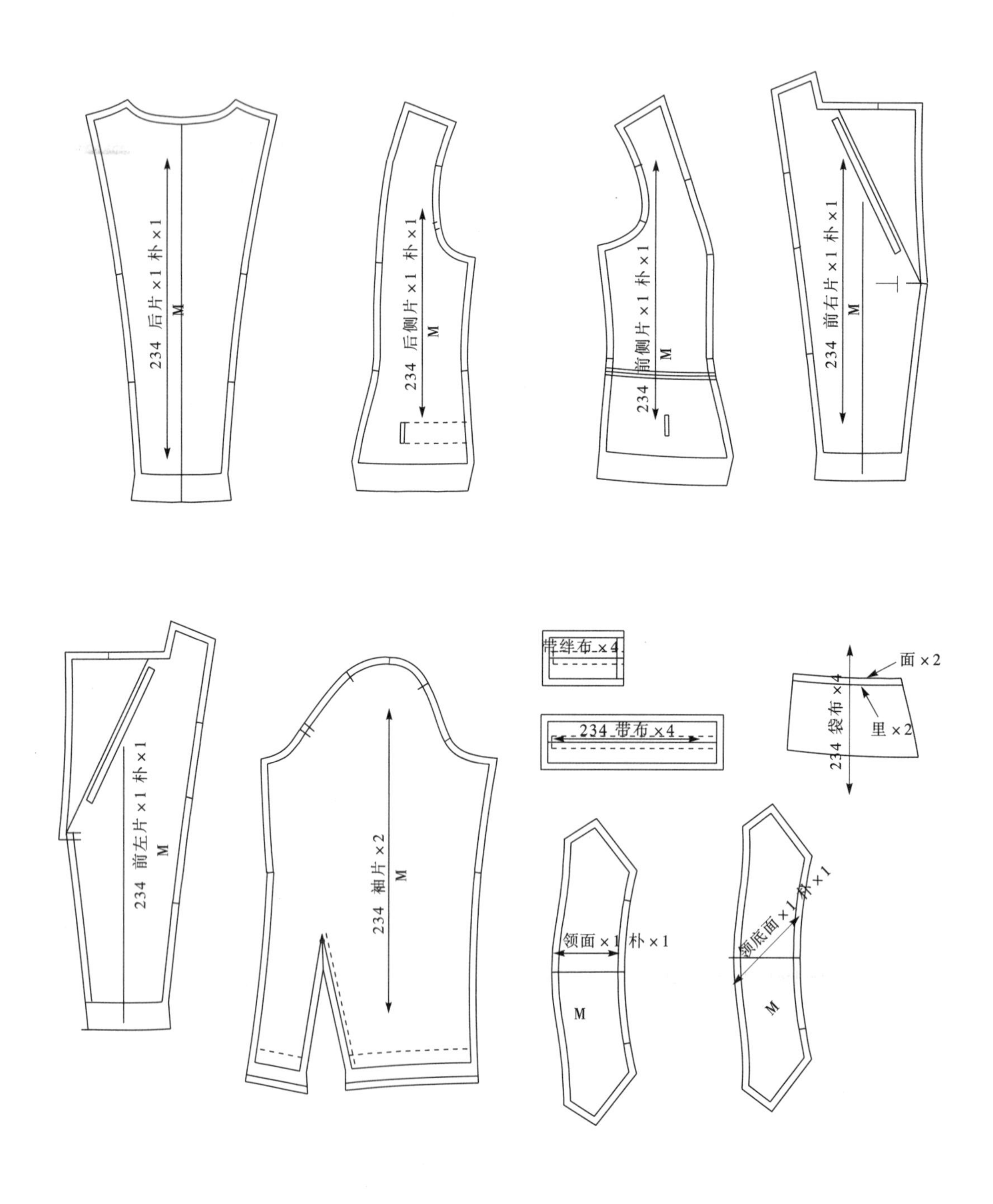
234 后片×1 朴×1
M
234 后侧片×1 朴×1
M
234 前侧片×1 朴×1
M
234 前右片×1 朴×1
M
234 前左片×1 朴×1
M
234 袖片×2
M
带绊布×4
234 带布×4
面×2
234 袋布×4
里×2
领面×1 朴×1
M
领底面×1 朴×1
M

工业纸样的应用——春秋衫

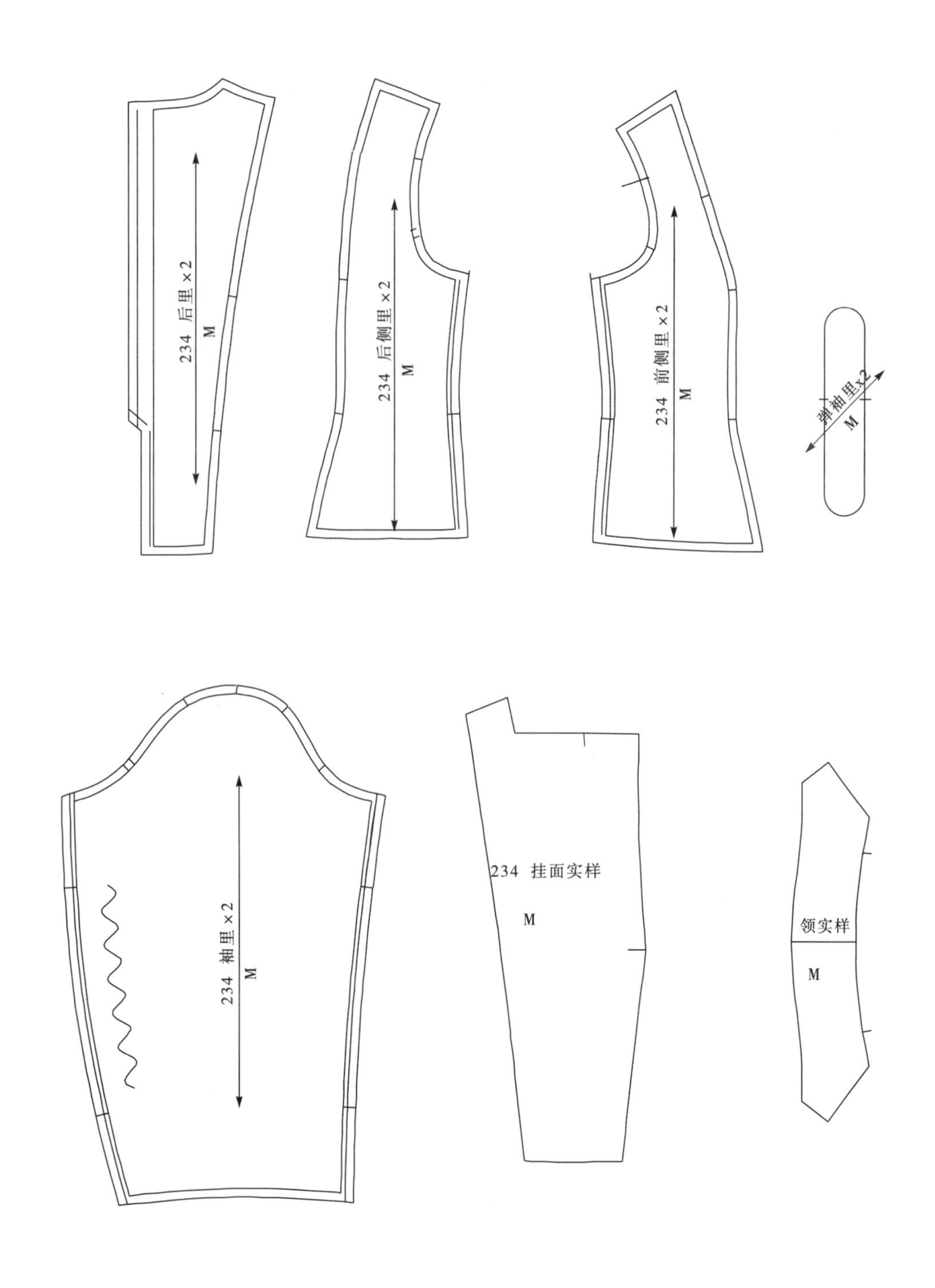

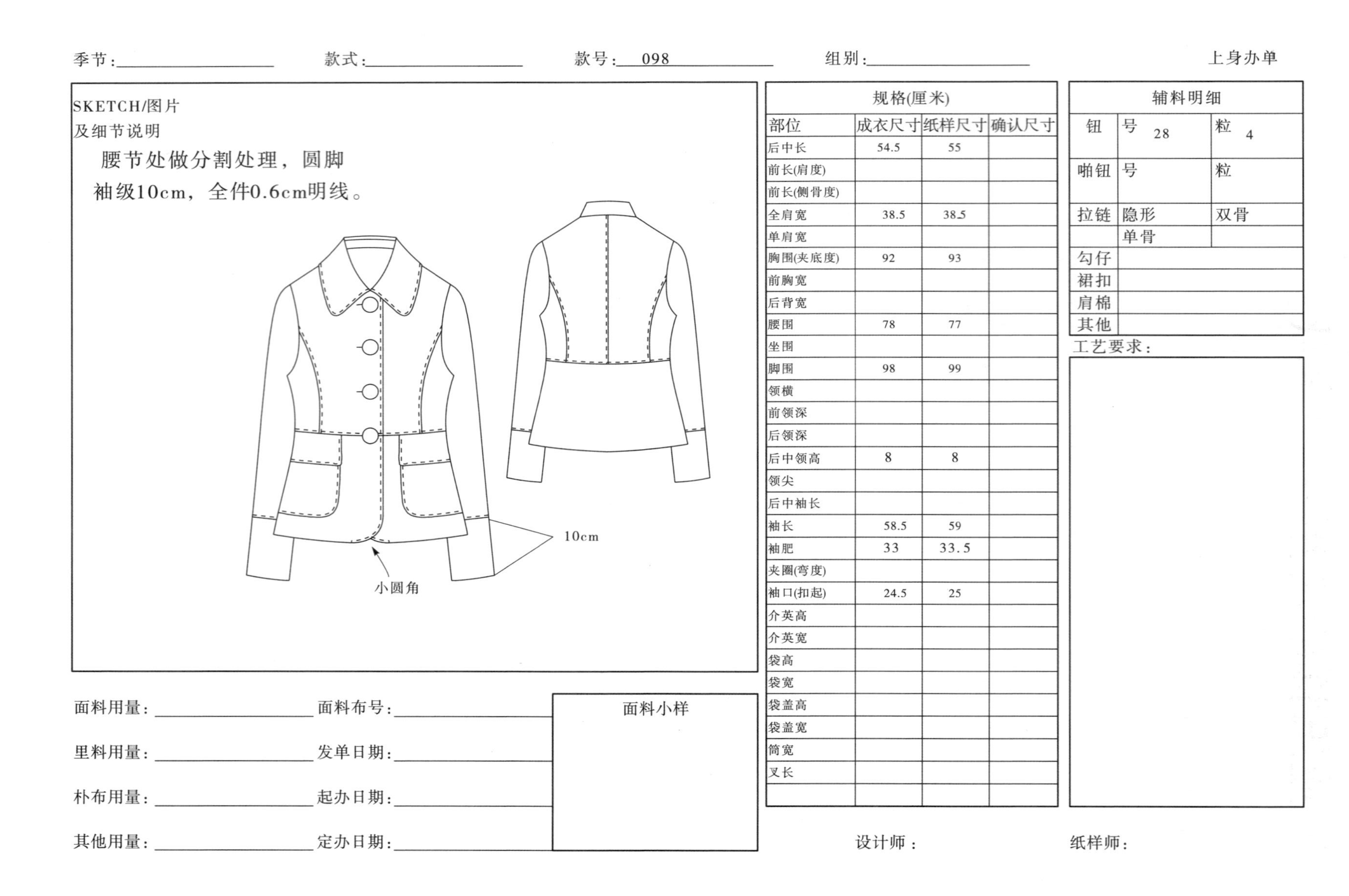

季节：________ 款式：________ 款号：098 组别：________ 上身办单

SKETCH/图片
及细节说明

腰节处做分割处理，圆脚
袖级10cm，全件0.6cm明线。

规格(厘米)			
部位	成衣尺寸	纸样尺寸	确认尺寸
后中长	54.5	55	
前长(肩度)			
前长(侧骨度)			
全肩宽	38.5	38.5	
单肩宽			
胸围(夹底度)	92	93	
前胸宽			
后背宽			
腰围	78	77	
坐围			
脚围	98	99	
领横			
前领深			
后领深			
后中领高	8	8	
领尖			
后中袖长			
袖长	58.5	59	
袖肥	33	33.5	
夹圈(弯度)			
袖口(扣起)	24.5	25	
介英高			
介英宽			
袋高			
袋宽			
袋盖高			
袋盖宽			
筒宽			
叉长			

辅料明细		
钮	号 28	粒 4
啪钮	号	粒
拉链	隐形	双骨
	单骨	
勾仔		
裙扣		
肩棉		
其他		

工艺要求：

面料用量：________ 面料布号：________

里料用量：________ 发单日期：________

朴布用量：________ 起办日期：________

其他用量：________ 定办日期：________

面料小样

设计师：

纸样师：

工业纸样的应用——春秋衫

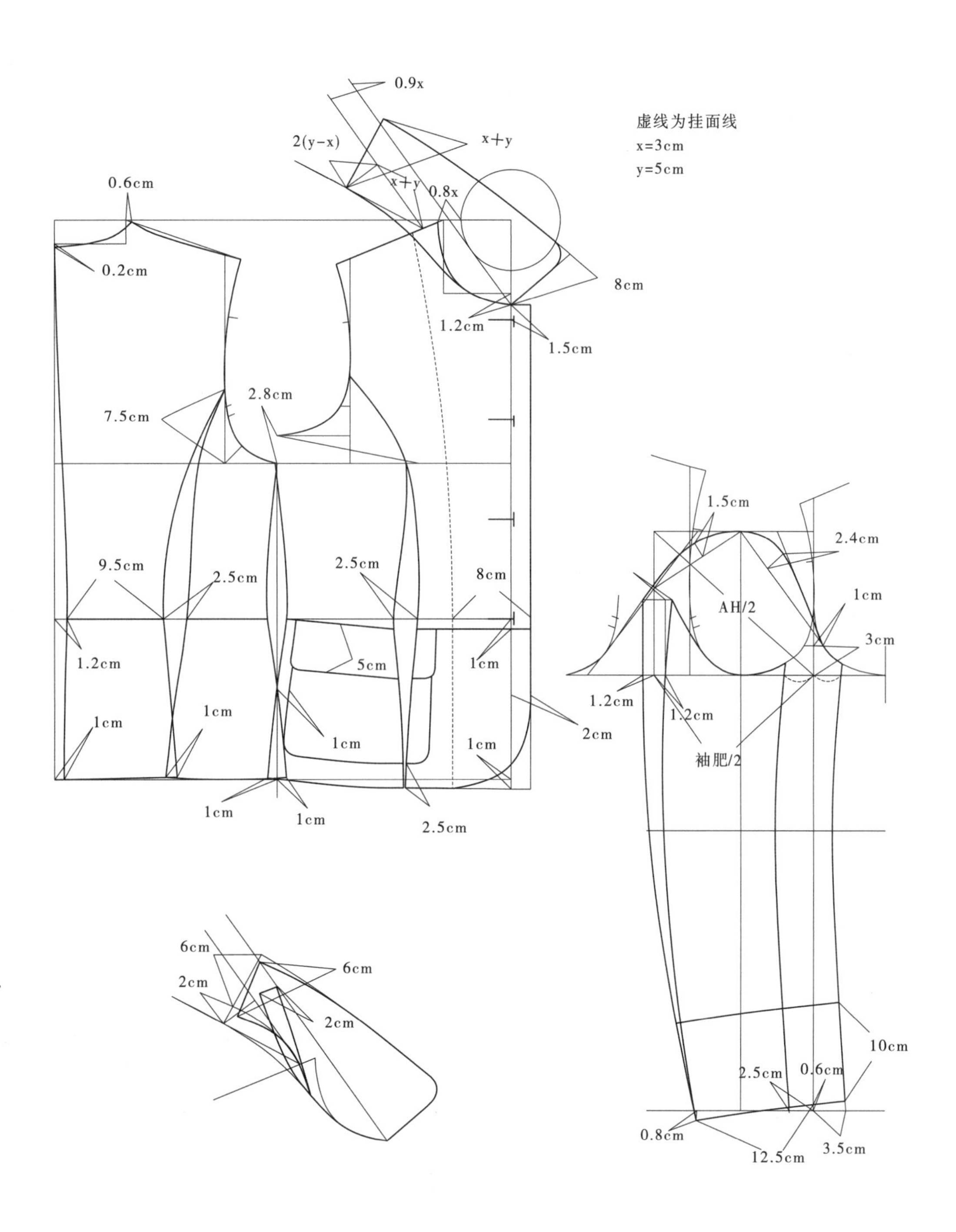

0.9x
x+y
2(y-x)
x+y
0.8x
虚线为挂面线
x=3cm
y=5cm
0.6cm
0.2cm
8cm
1.2cm
1.5cm
7.5cm
2.8cm
9.5cm
2.5cm
2.5cm
8cm
1.2cm
5cm
1cm
1cm
1cm
1cm
1cm
2cm
1cm
1cm
2.5cm
1.5cm
2.4cm
1cm
3cm
AH/2
1.2cm
1.2cm
袖肥/2
6cm
6cm
2cm
2cm
10cm
2.5cm
0.6cm
0.8cm
12.5cm
3.5cm

工业纸样的应用——春秋衫

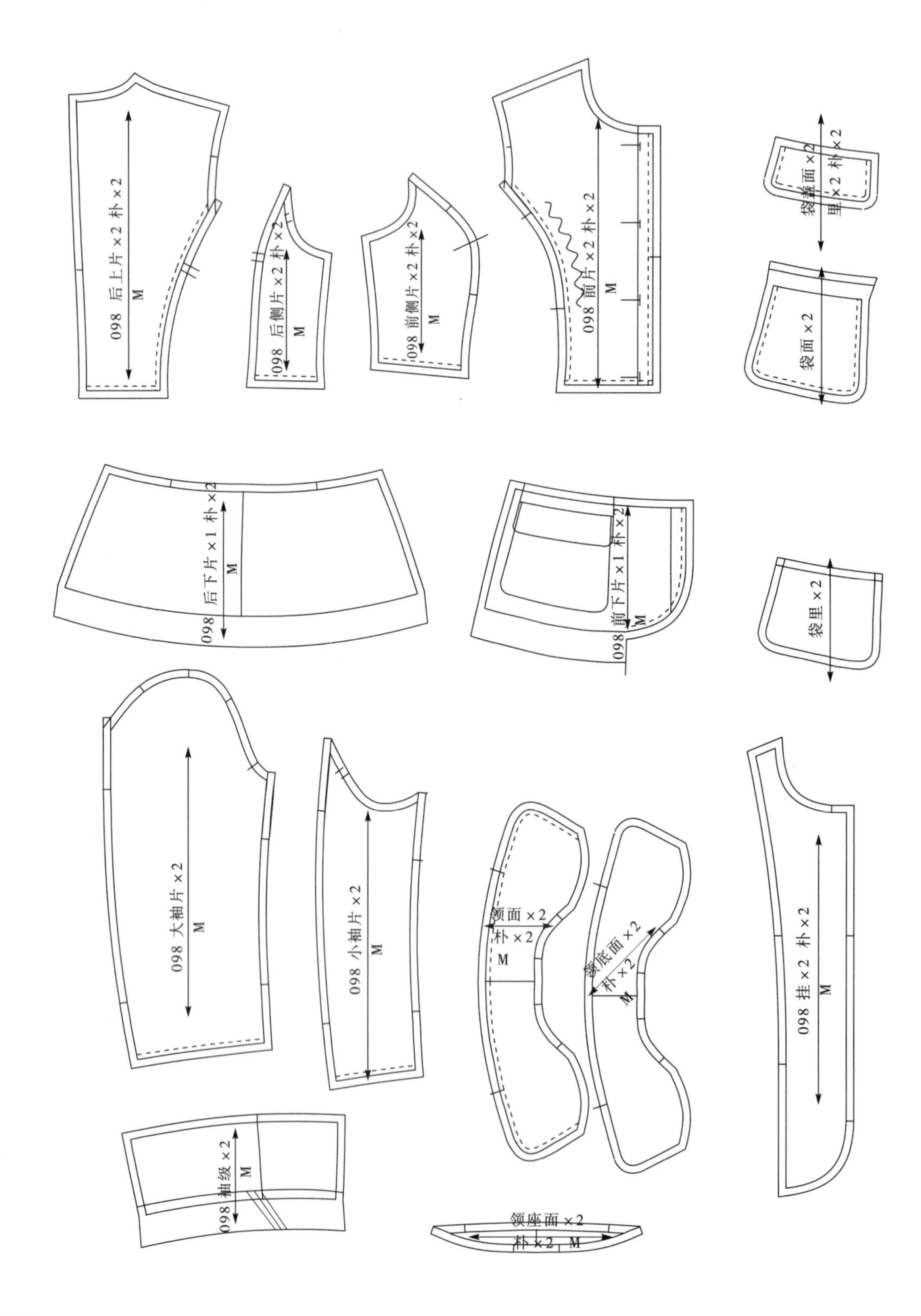
098 后上片 ×2 朴 ×2
M
098 后侧片 ×2
M
098 前侧片 ×2 朴 ×2
M
098 前片 ×2 朴 ×2
M
袋盖面 ×2
里 ×2 朴 ×2
袋面 ×2
098 后下片 ×1 朴 ×2
M
098 前下片 ×1 朴 ×2
M
袋里 ×2
098 大袖片 ×2
M
098 小袖片 ×2
M
领面 ×2
朴 ×2
M
领底面 ×2
朴 ×2
M
098 挂 ×2 朴 ×2
M
098 袖级 ×2
M
领座面 ×2
朴 ×2 M

工业纸样的应用——春秋衫

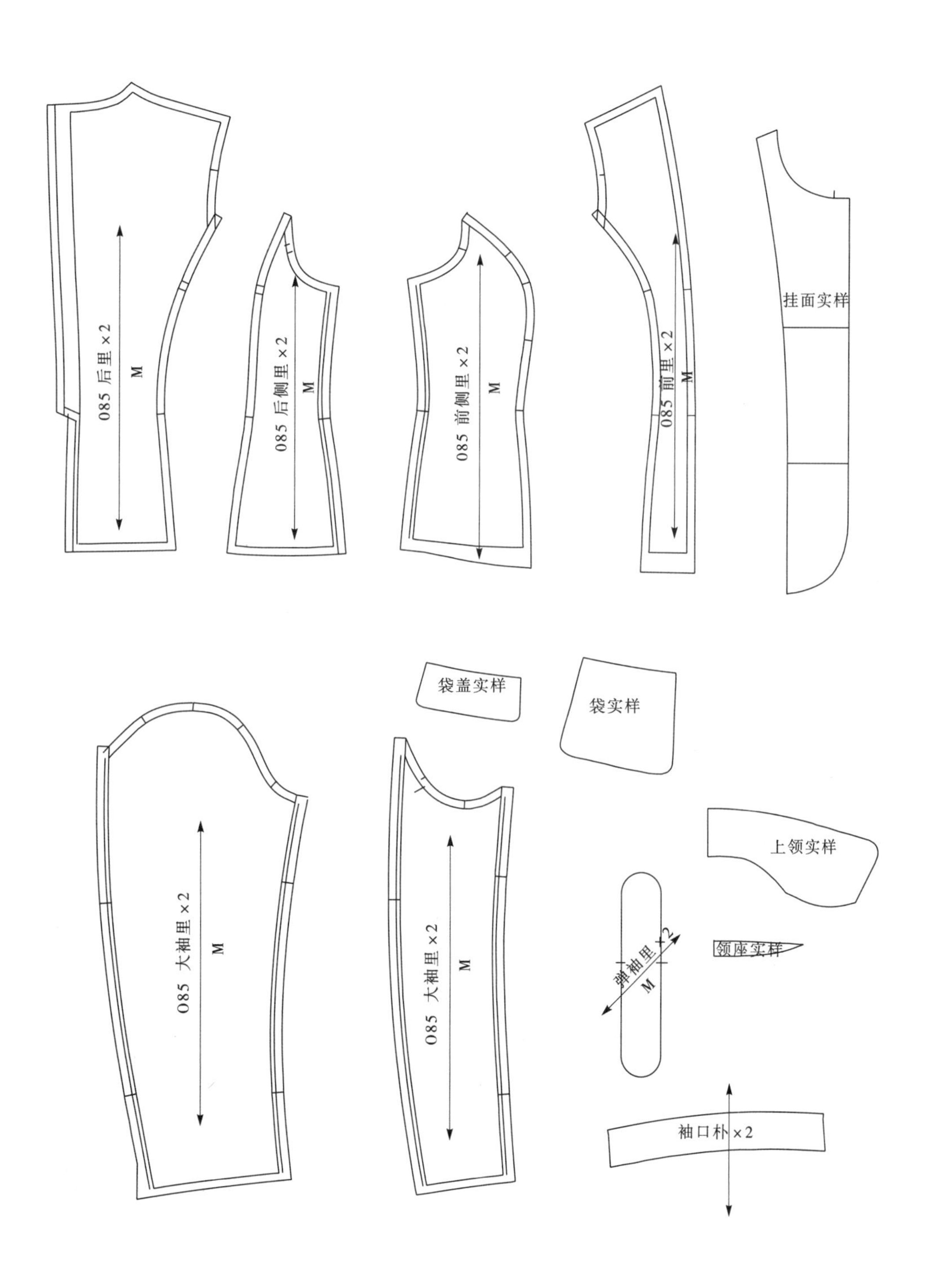
085 后里×2
M
085 后侧里×2
M
085 前侧里×2
M
085 前里×2
M
挂面实样
袋盖实样
袋实样
085 大袖里×2
M
085 大袖里×2
M
上领实样
弹袖里×2
M
领座实样
袖口朴×2

季节：秋冬　　款式：　　款号：W1028　　组别：3　　下身办单

SKETCH/图片
及细节说明

外套褛：
暗门筒前后公主骨，
领型较平，筒宽3cm，
无肩棉。

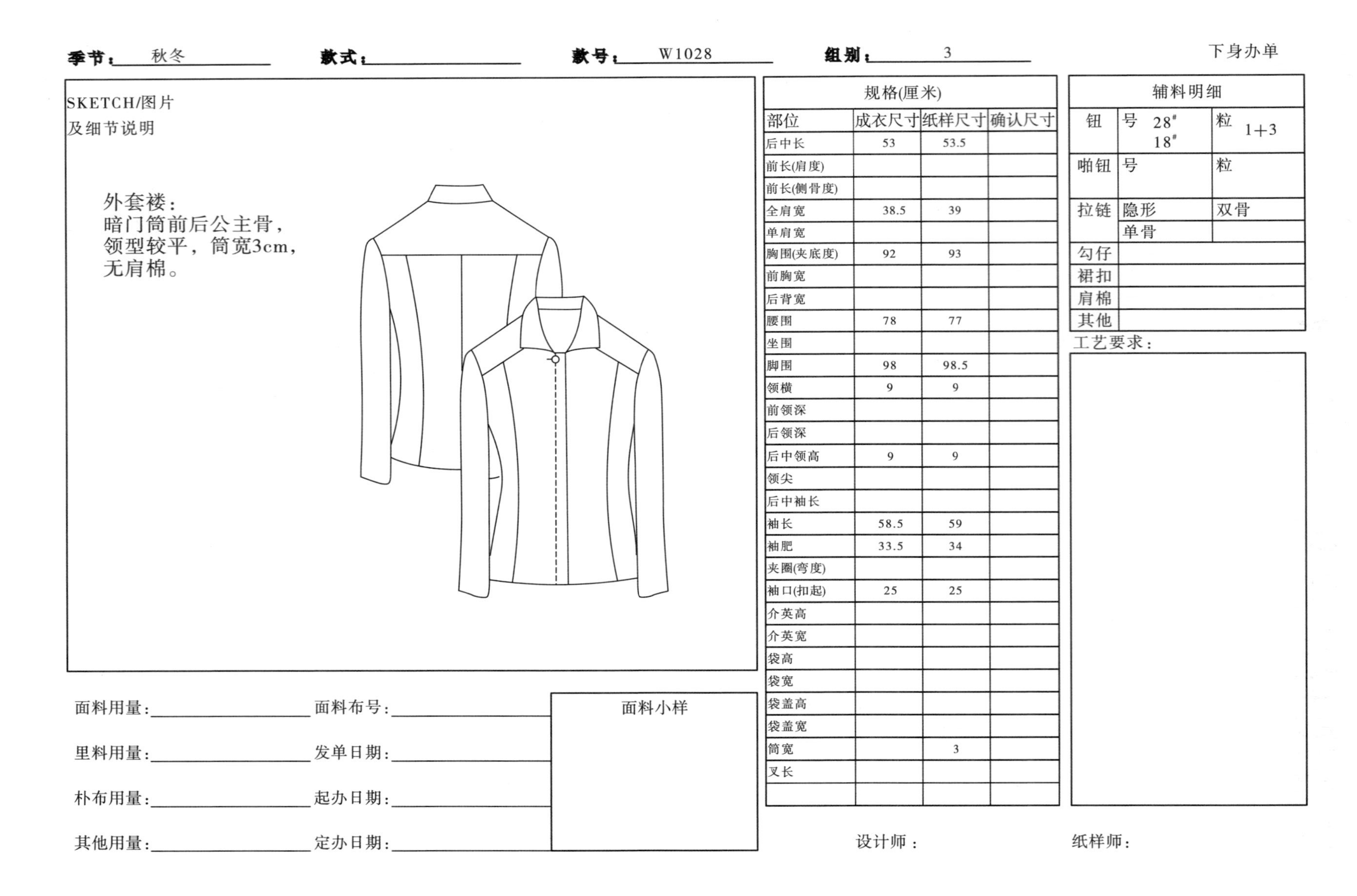

规格(厘米)			
部位	成衣尺寸	纸样尺寸	确认尺寸
后中长	53	53.5	
前长(肩度)			
前长(侧骨度)			
全肩宽	38.5	39	
单肩宽			
胸围(夹底度)	92	93	
前胸宽			
后背宽			
腰围	78	77	
坐围			
脚围	98	98.5	
领横	9	9	
前领深			
后领深			
后中领高	9	9	
领尖			
后中袖长			
袖长	58.5	59	
袖肥	33.5	34	
夹圈(弯度)			
袖口(扣起)	25	25	
介英高			
介英宽			
袋高			
袋宽			
袋盖高			
袋盖宽			
筒宽		3	
叉长			

辅料明细		
钮	号 28# 18#	粒 1+3
啪钮	号	粒
拉链	隐形	双骨
	单骨	
勾仔		
裙扣		
肩棉		
其他		

工艺要求：

面料用量：　　面料布号：

里料用量：　　发单日期：

朴布用量：　　起办日期：

其他用量：　　定办日期：

面料小样

设计师：　　纸样师：

工业纸样的应用——春秋衫

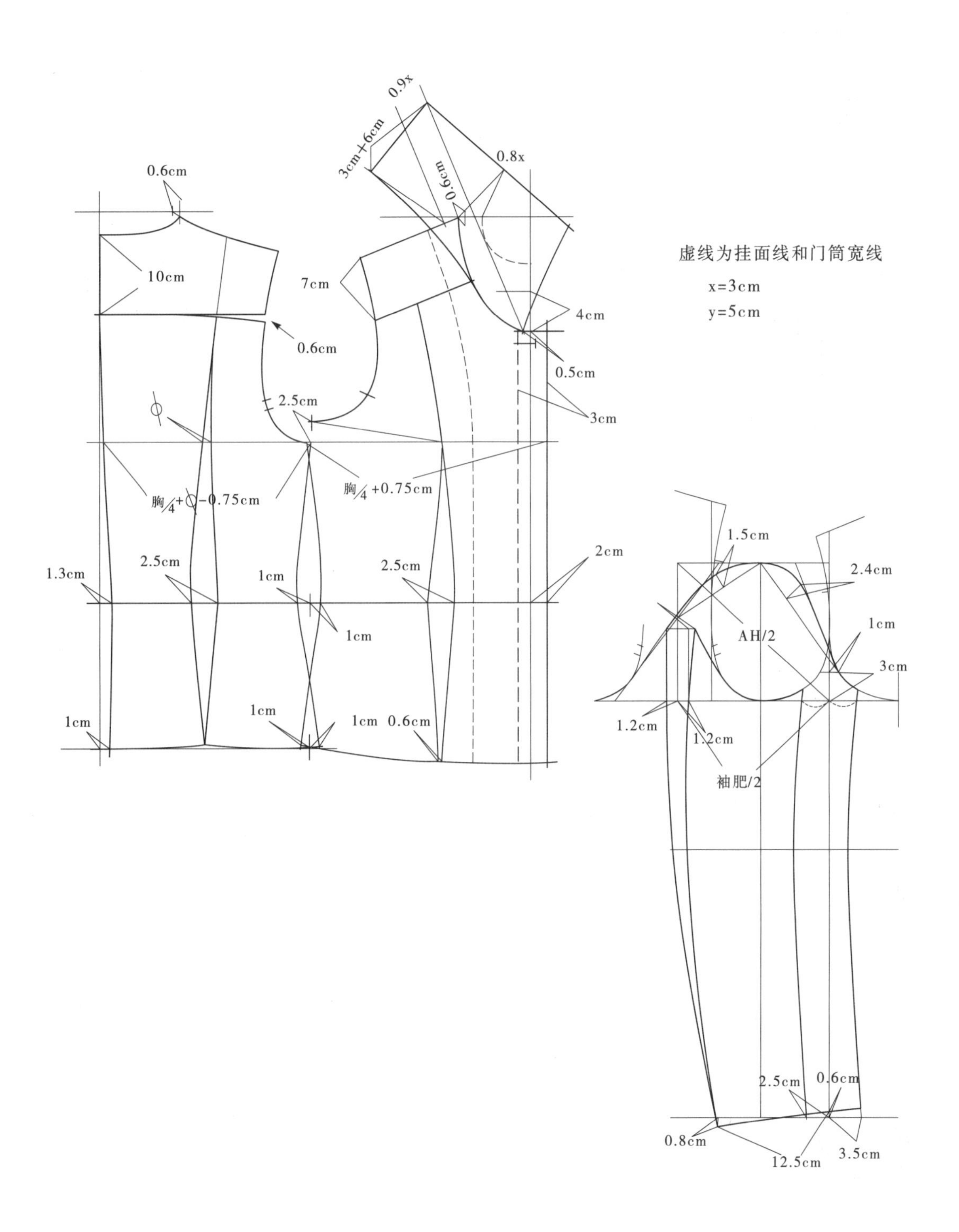

0.9x
3cm+6cm
0.8x
0.6cm
0.6cm
10cm
7cm
0.6cm
4cm
0.5cm
2.5cm
3cm
胸/4+◯-0.75cm
胸/4+0.75cm
虚线为挂面线和门筒宽线
x=3cm
y=5cm
1.3cm
2.5cm
1cm
2.5cm
2cm
1cm
1cm
1cm
1cm
0.6cm
1cm
1.5cm
2.4cm
AH/2
1cm
3cm
1.2cm
1.2cm
袖肥/2
2.5cm
0.6cm
0.8cm
12.5cm
3.5cm

工业纸样的应用——春秋衫

复制全部面布纸样

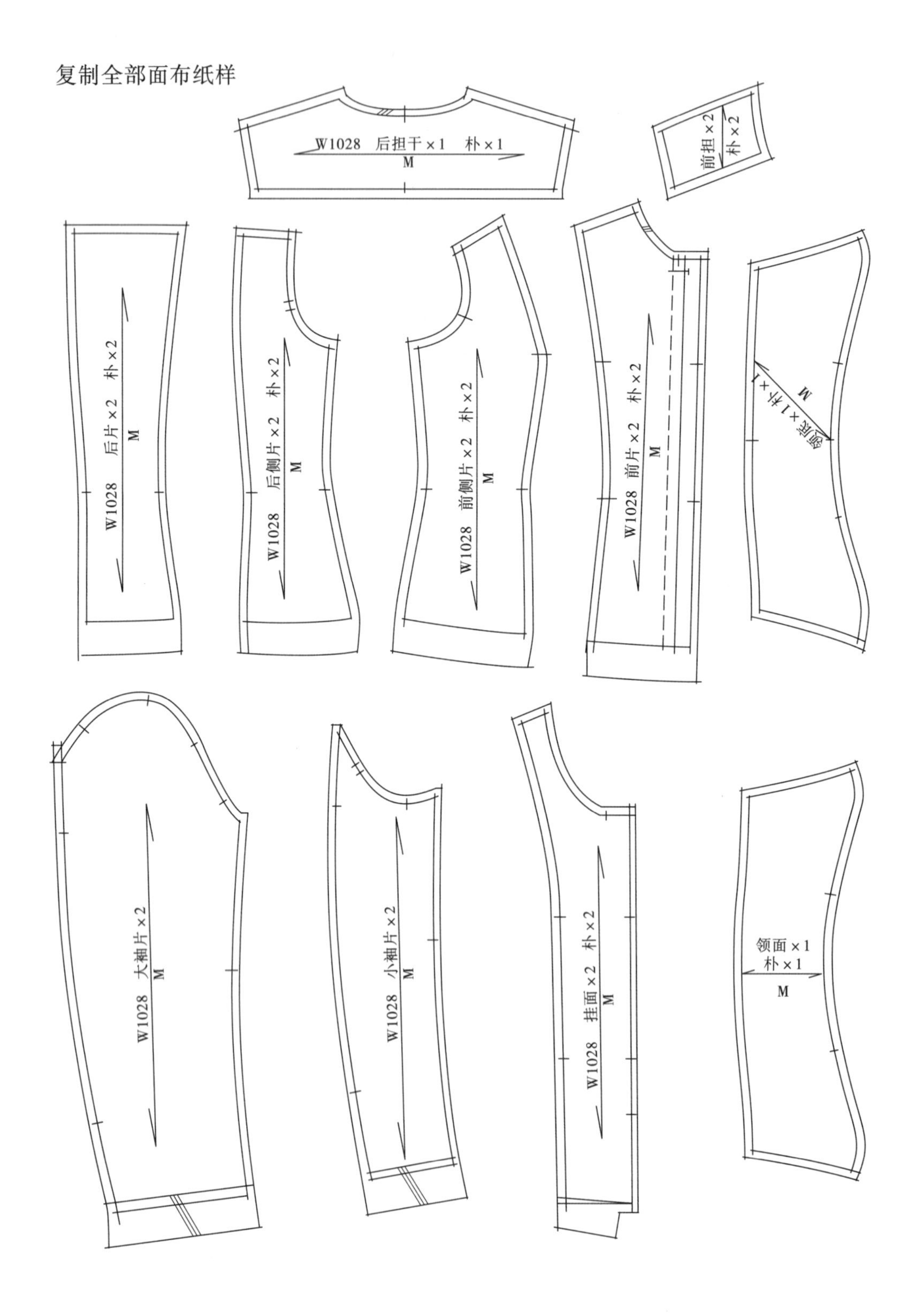

工业纸样的应用——春秋衫

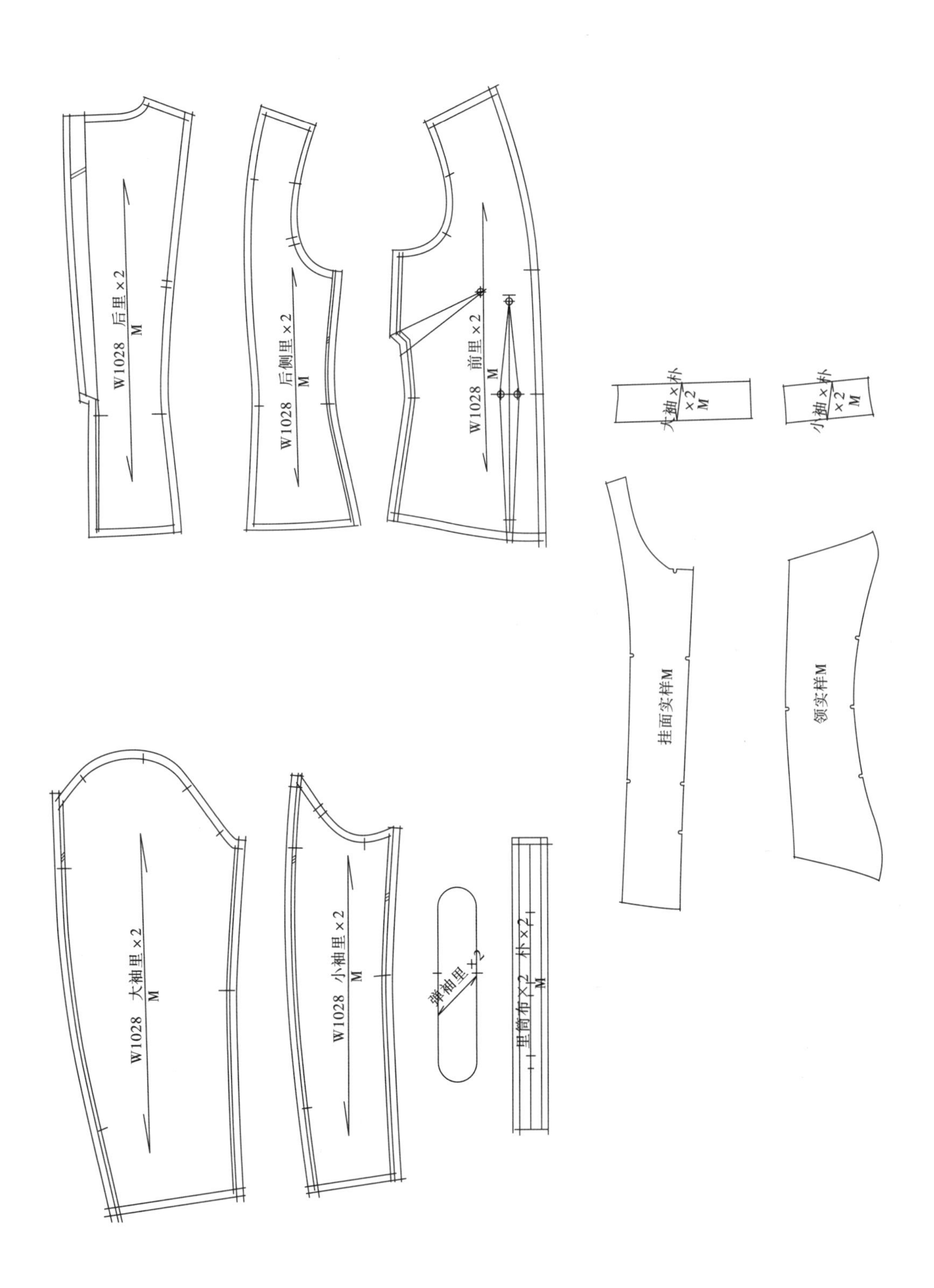

W1028 后里×2
M
W1028 后侧里×2
M
W1028 前里×2
M
大袖×朴
×2
M
小袖×朴
×2
M
挂面实样M
领实样M
W1028 大袖里×2
M
W1028 小袖里×2
M
弹袖里×2
里筒布×2 朴×2
M

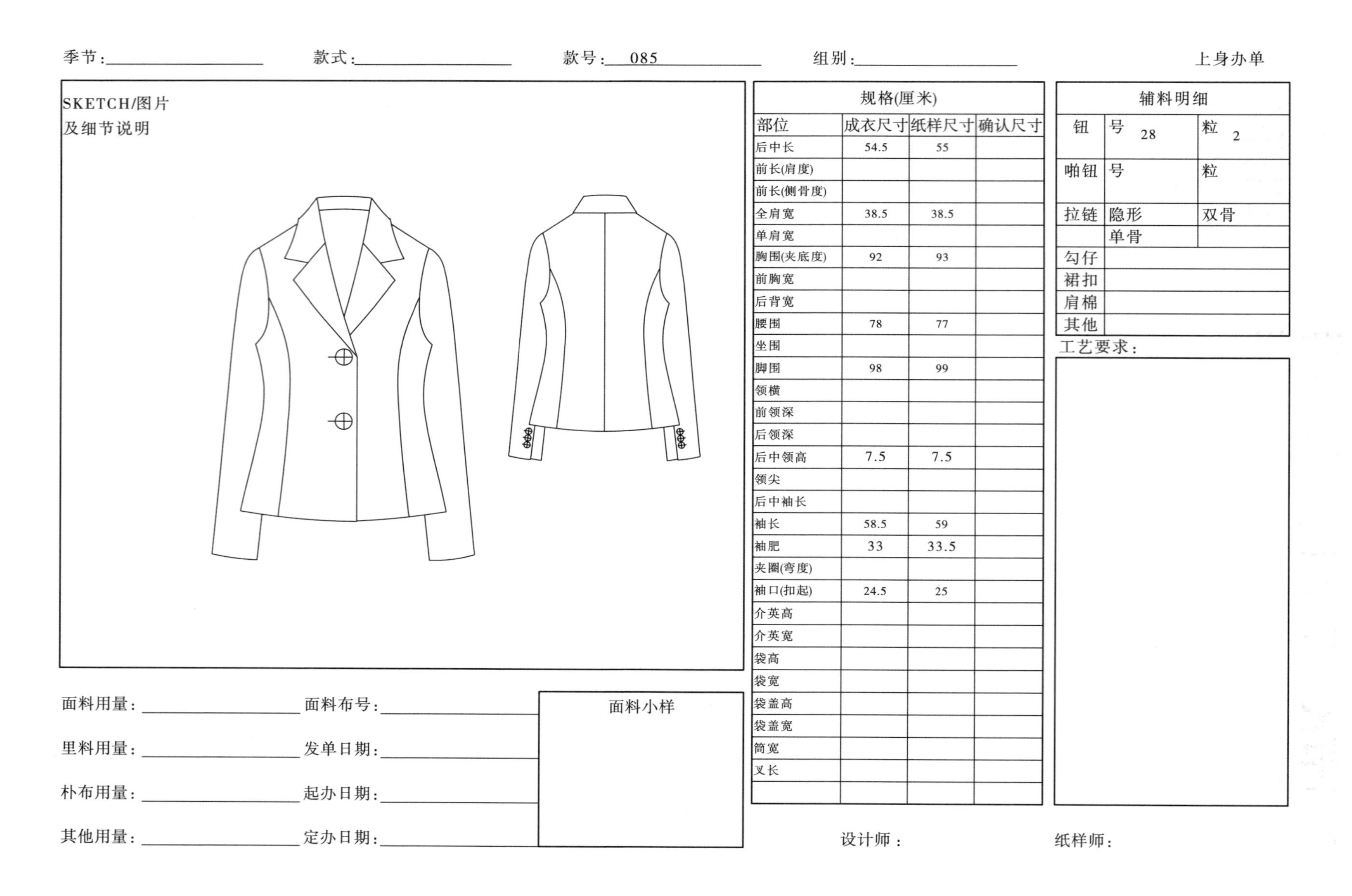

季节：__________ 款式：__________ 款号：085 组别：__________ 上身办单

SKETCH/图片
及细节说明

规格(厘米)			
部位	成衣尺寸	纸样尺寸	确认尺寸
后中长	54.5	55	
前长(肩度)			
前长(侧骨度)			
全肩宽	38.5	38.5	
单肩宽			
胸围(夹底度)	92	93	
前胸宽			
后背宽			
腰围	78	77	
坐围			
脚围	98	99	
领横			
前领深			
后领深			
后中领高	7.5	7.5	
领尖			
后中袖长			
袖长	58.5	59	
袖肥	33	33.5	
夹圈(弯度)			
袖口(扣起)	24.5	25	
介英高			
介英宽			
袋高			
袋宽			
袋盖高			
袋盖宽			
筒宽			
叉长			

辅料明细		
钮	号 28	粒 2
啪钮	号	粒
拉链	隐形	双骨
	单骨	
勾仔		
裙扣		
肩棉		
其他		

工艺要求：

面料用量：__________ 面料布号：__________

里料用量：__________ 发单日期：__________

朴布用量：__________ 起办日期：__________

其他用量：__________ 定办日期：__________

面料小样

设计师： 纸样师：

第5节K 工业纸样的应用——西装（四开身）

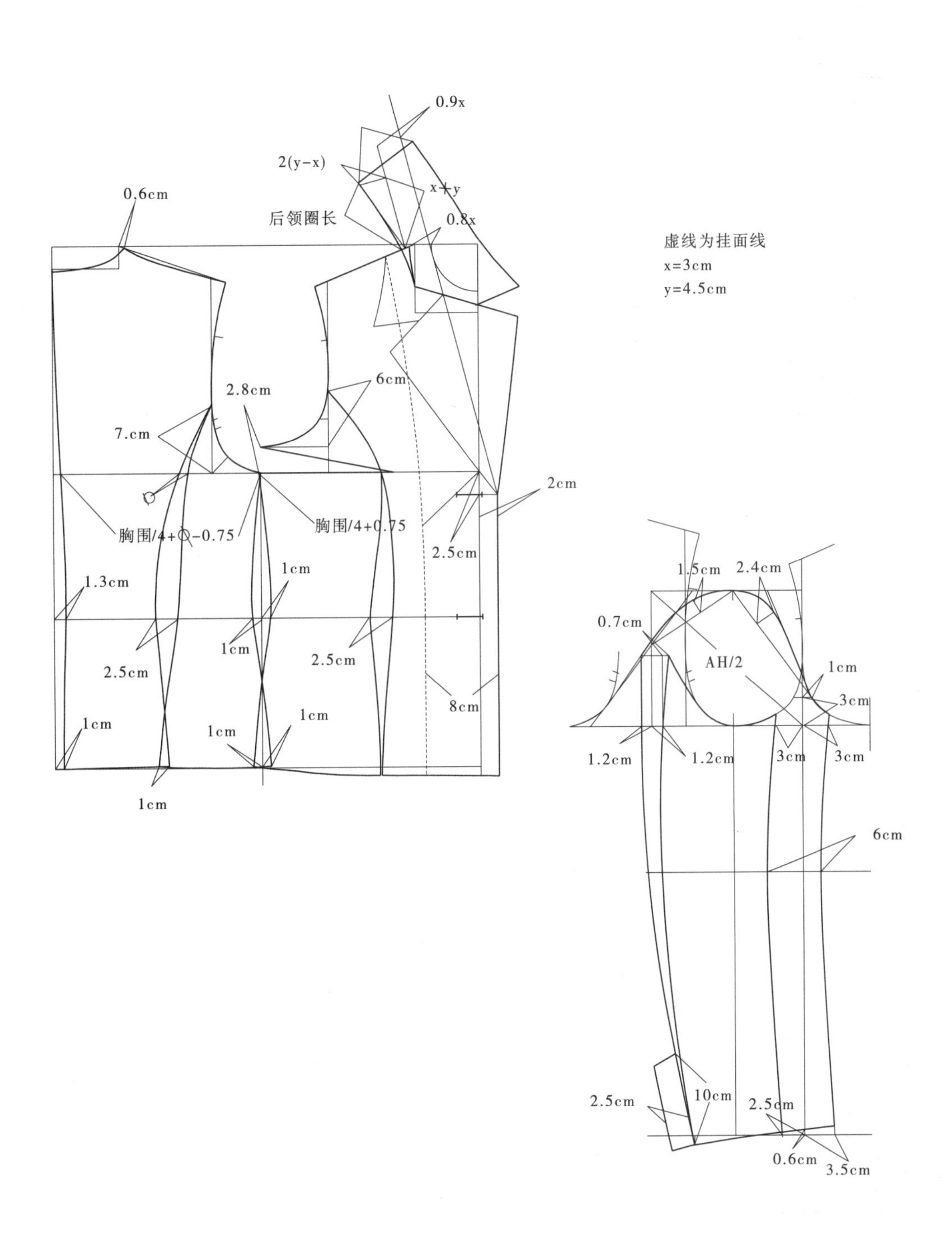

工业纸样的应用——西装（四开身）

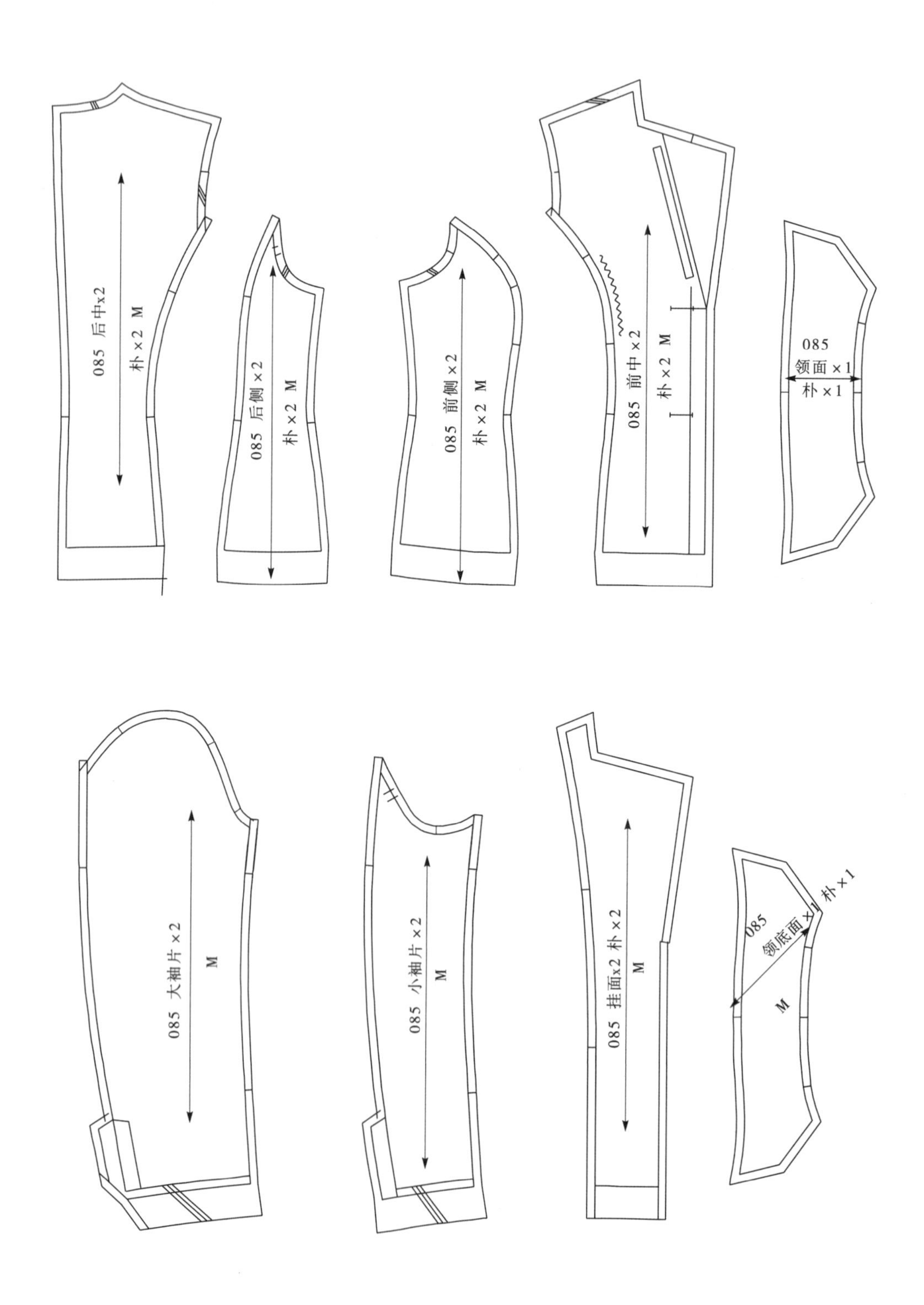

工业纸样的应用——西装（四开身）

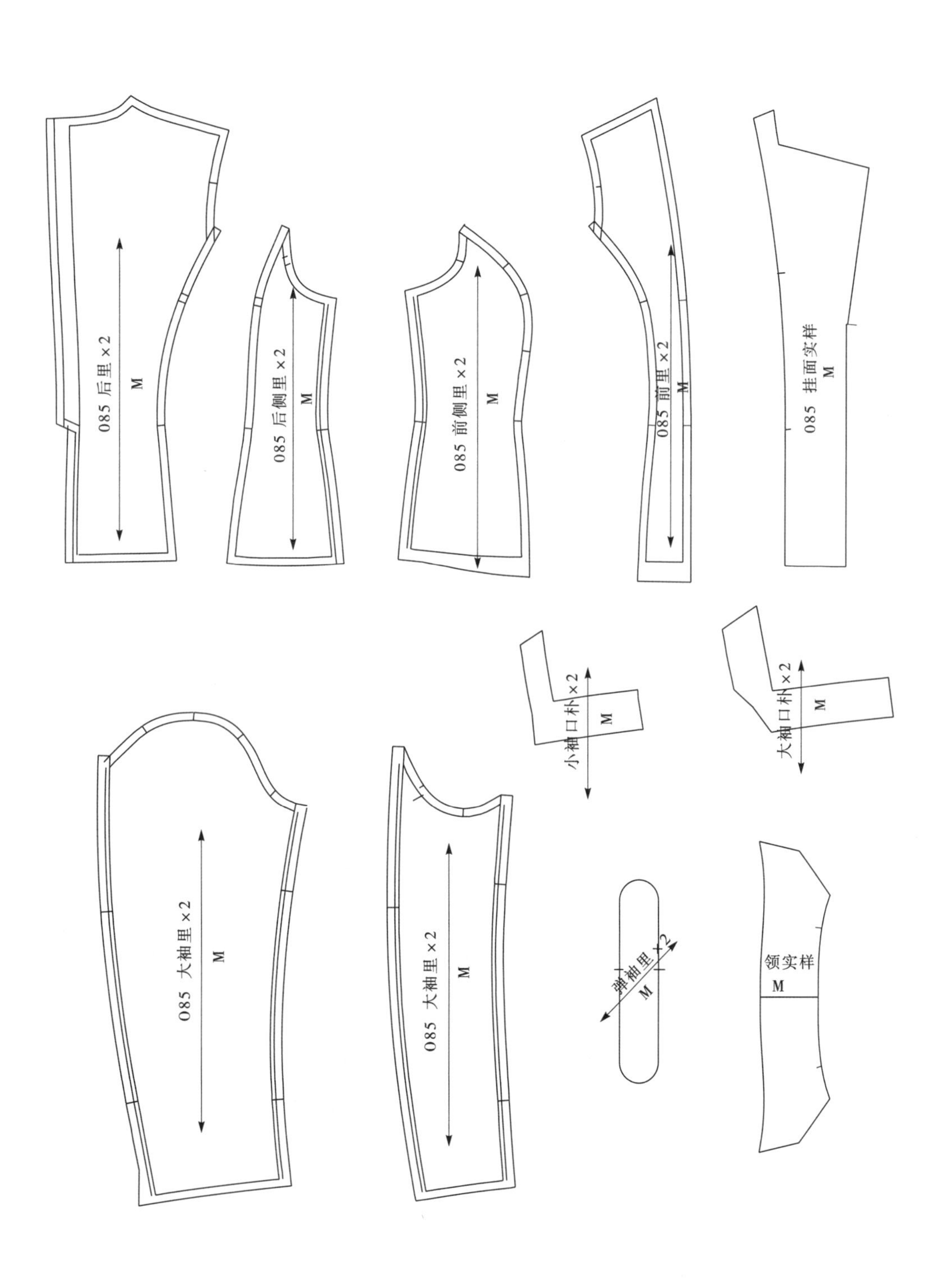

季节：＿＿＿＿ 款式：＿＿＿＿ 款号：256 组别：＿＿＿＿ 上身办单

SKETCH/图片
及细节说明

西装
三开身，前片有双唇袋
无袋盖，袖口有叉，注
意后肩有小省，无肩棉。

规格(厘米)			
部位	成衣尺寸	纸样尺寸	确认尺寸
后中长	67.5	68	
前长(肩度)			
前长(侧骨度)			
全肩宽	39	39	
单肩宽			
胸围(夹底度)	93	94	
前胸宽			
后背宽			
腰围	80	79	
坐围			
脚围	105	105.5	
领横			
前领深	28	28	
后领深			
后中领高	7.5	7.5	
领尖			
后中袖长			
袖长	59	59.5	
袖肥	33.5	34	
夹圈(弯度)			
袖口(扣起)	25	25	
介英高			
介英宽			
袋高	1	1	
袋宽	14	14	
袋盖高			
袋盖宽			
筒宽			
叉长			

辅料明细		
钮	号 28#	粒 3+6
啪钮	号	粒
拉链	隐形	双骨
	单骨	
勾仔		
裙扣		
肩棉		
其他		

工艺要求：

1. 落朴：前片、侧片、后片、领面、领底挂面、袖口、领圈、夹圈加落朴条。
2. 门襟修大小止口，保持领型平服。

面料用量：＿＿＿＿ 面料布号：＿＿＿＿

里料用量：＿＿＿＿ 发单日期：＿＿＿＿

朴布用量：＿＿＿＿ 起办日期：＿＿＿＿

其他用量：＿＿＿＿ 定办日期：＿＿＿＿

面料小样

设计师： 纸样师：

第5节L 工业纸样的应用——西装（三开身）

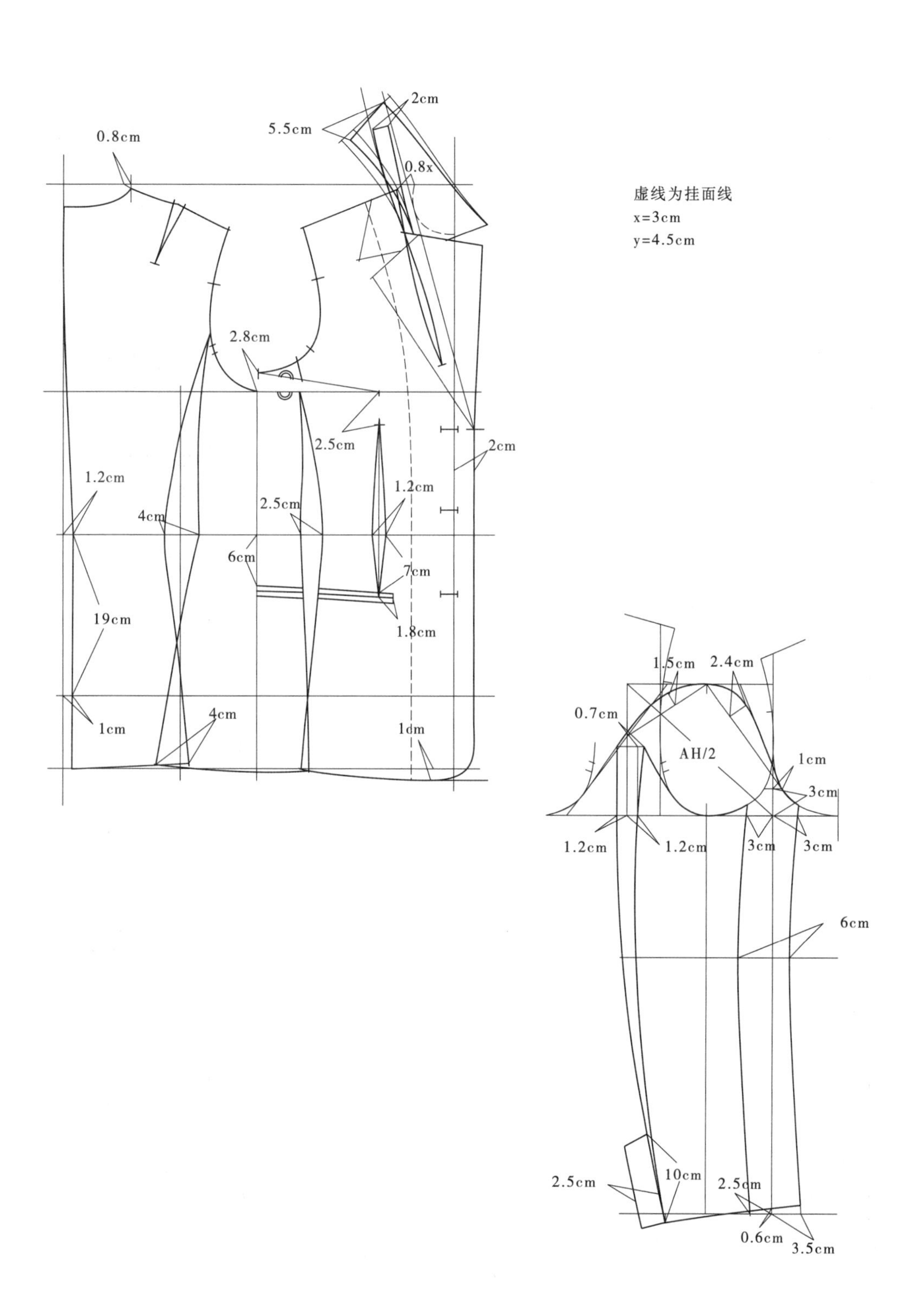

工业纸样的应用——西装（三开身）

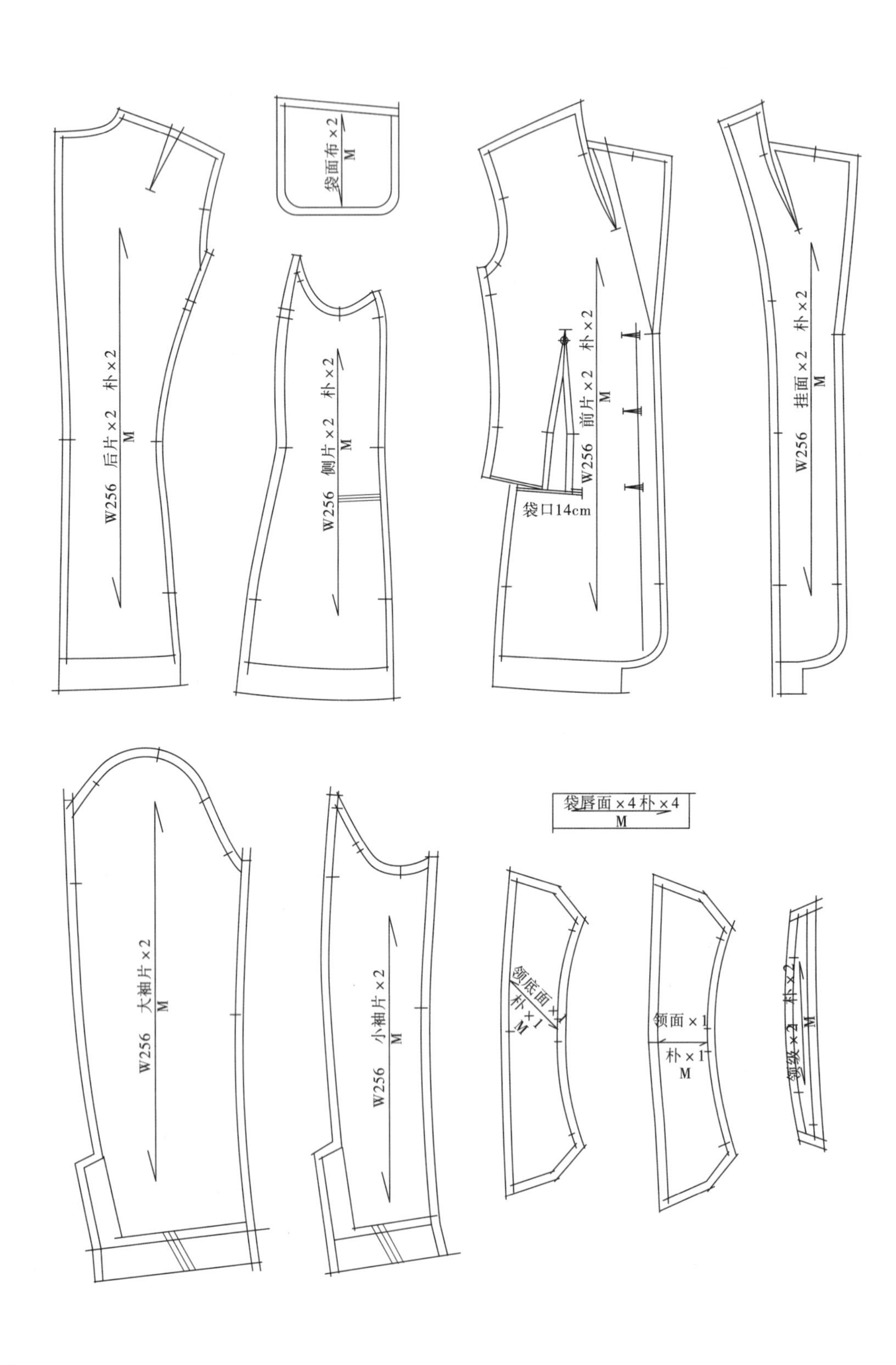

工业纸样的应用——西装（三开身）

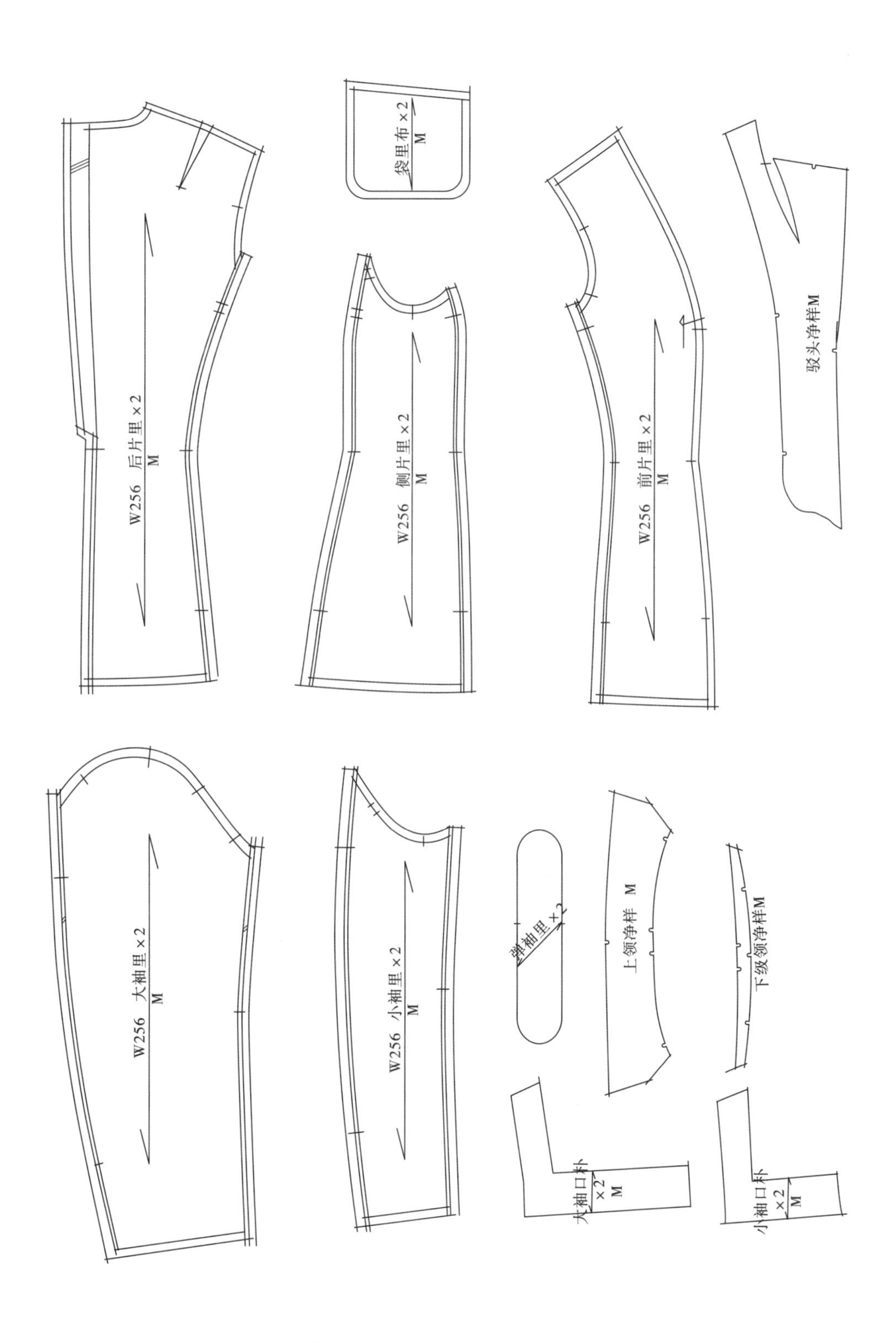

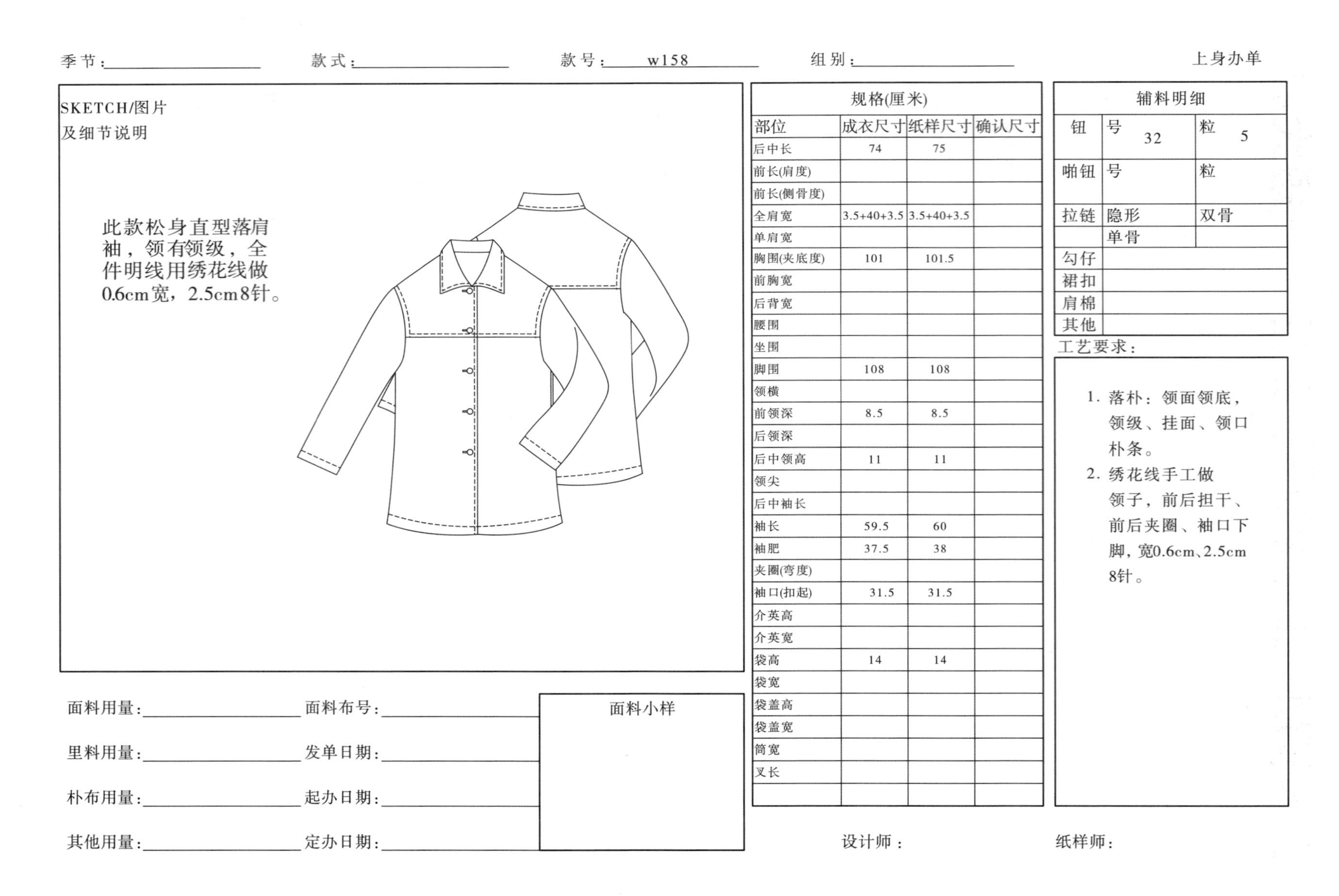

季节：______ 款式：______ 款号：w158 组别：______ 上身办单

SKETCH/图片
及细节说明

此款松身直型落肩袖，领有领级，全件明线用绣花线做0.6cm宽，2.5cm8针。

规格(厘米)			
部位	成衣尺寸	纸样尺寸	确认尺寸
后中长	74	75	
前长(肩度)			
前长(侧骨度)			
全肩宽	3.5+40+3.5	3.5+40+3.5	
单肩宽			
胸围(夹底度)	101	101.5	
前胸宽			
后背宽			
腰围			
坐围			
脚围	108	108	
领横			
前领深	8.5	8.5	
后领深			
后中领高	11	11	
领尖			
后中袖长			
袖长	59.5	60	
袖肥	37.5	38	
夹圈(弯度)			
袖口(扣起)	31.5	31.5	
介英高			
介英宽			
袋高	14	14	
袋宽			
袋盖高			
袋盖宽			
筒宽			
叉长			

辅料明细		
钮	号 32	粒 5
啪钮	号	粒
拉链	隐形	双骨
	单骨	
勾仔		
裙扣		
肩棉		
其他		

工艺要求：

1. 落朴：领面领底，领级、挂面、领口朴条。
2. 绣花线手工做领子，前后担干、前后夹圈、袖口下脚，宽0.6cm、2.5cm 8针。

面料用量：______ 面料布号：______

里料用量：______ 发单日期：______

朴布用量：______ 起办日期：______

其他用量：______ 定办日期：______

面料小样

设计师： 纸样师：

第5节M 工业纸样的应用——短大衣

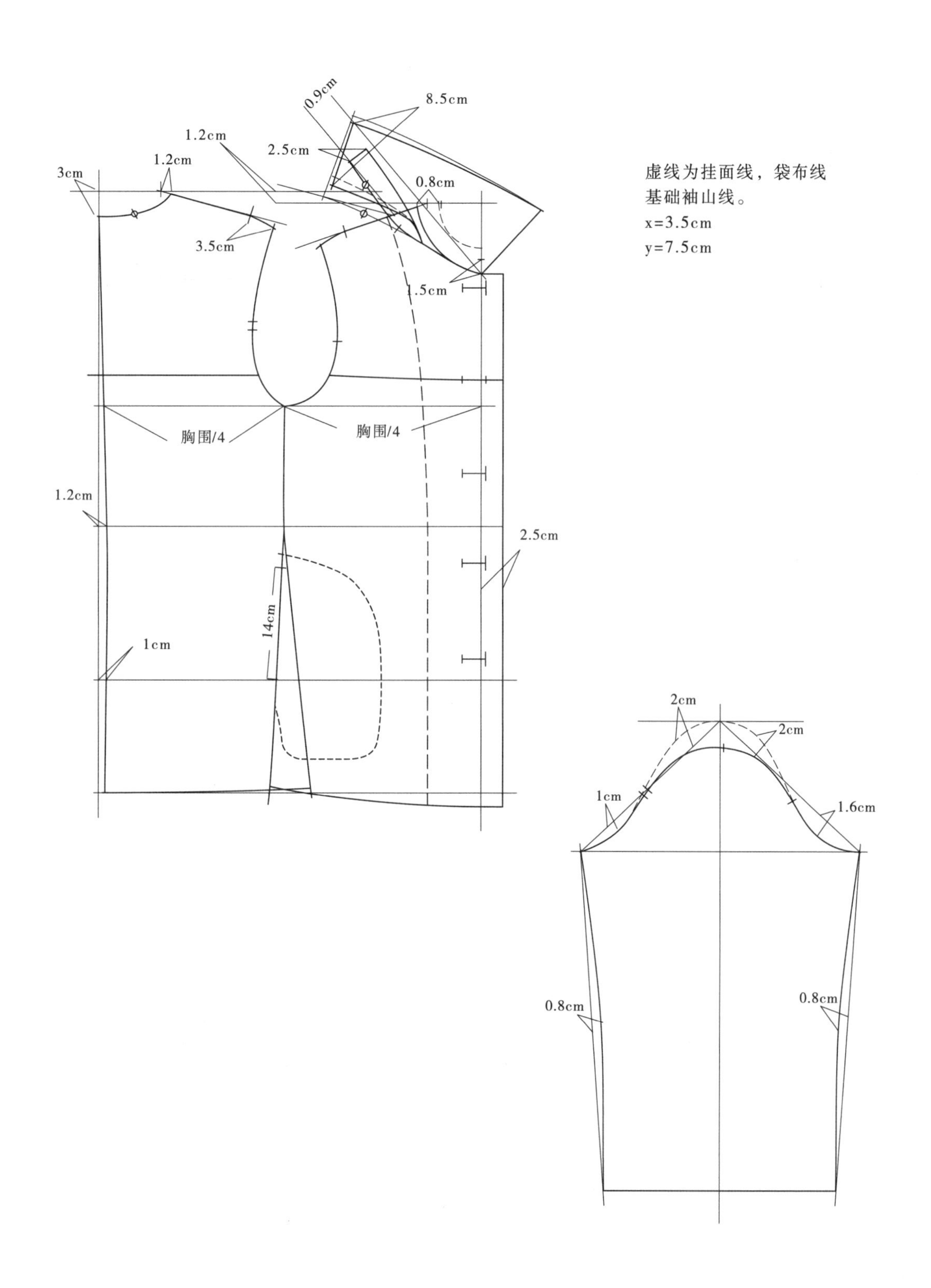

工业纸样的应用——短大衣

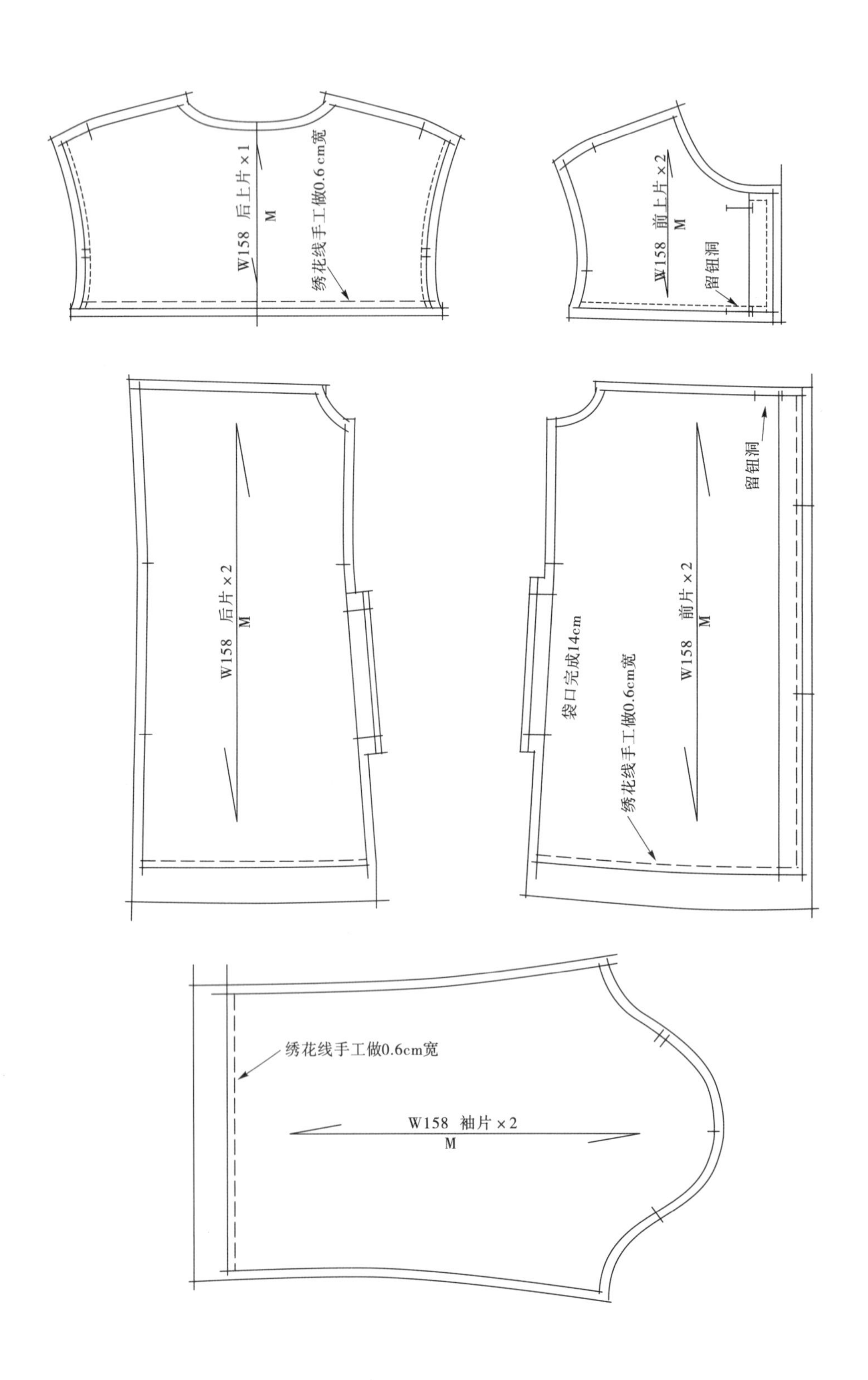

W158 后上片×1
M
绣花线手工做0.6cm宽
W158 前上片×2
M
留钮洞
留钮洞
W158 后片×2
M
袋口完成14cm
绣花线手工做0.6cm宽
W158 前片×2
M
绣花线手工做0.6cm宽
W158 袖片×2
M

工业纸样的应用——短大衣

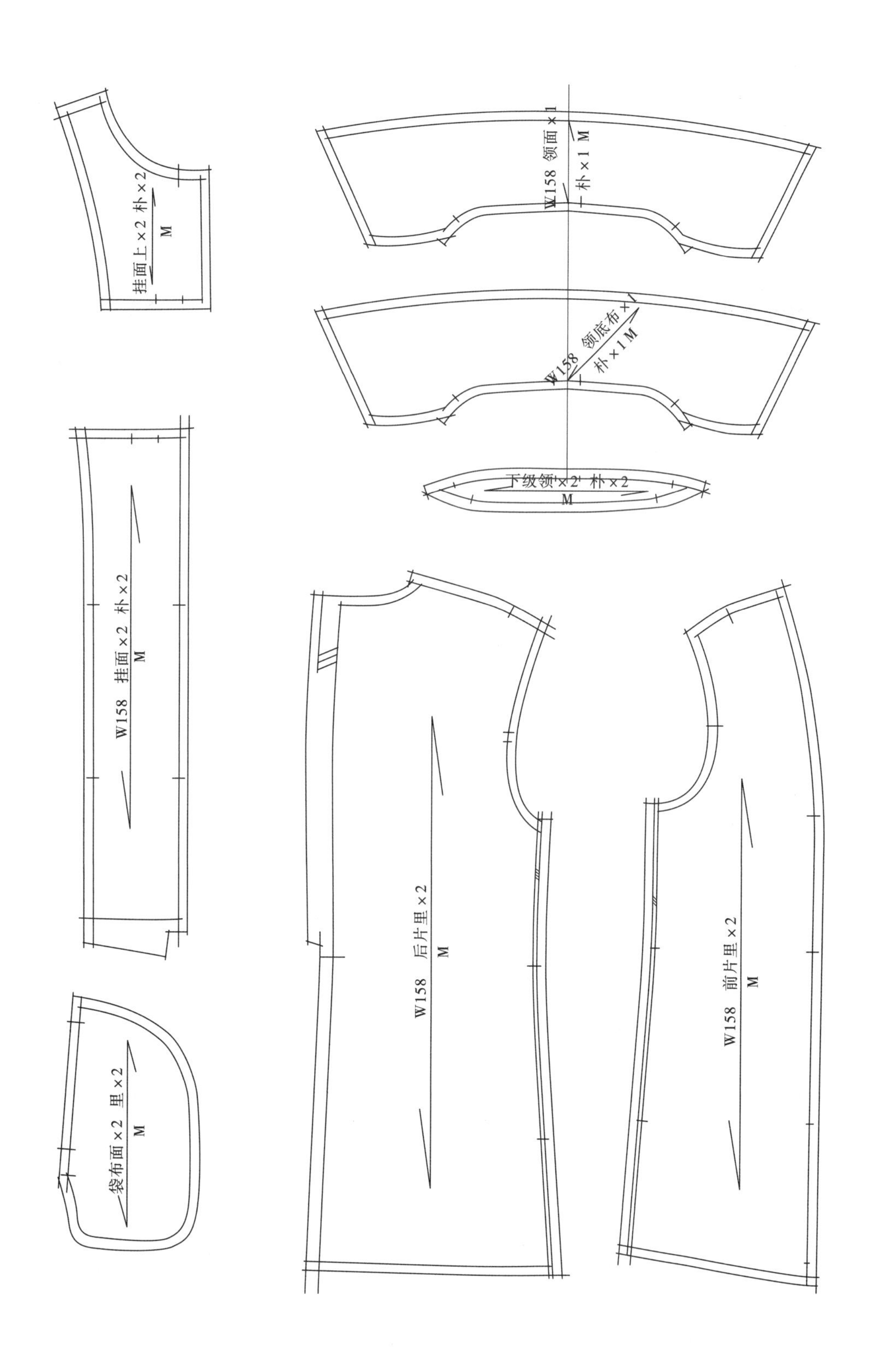
挂面上×2 朴×2
M
W158 领面×1
朴×1 M
W158 领底布×1
朴×1 M
下级领×2 朴×2
M
W158 挂面×2 朴×2
M
W158 后片里×2
M
W158 前片里×2
M
袋布面×2 里×2
M

工业纸样的应用——短大衣

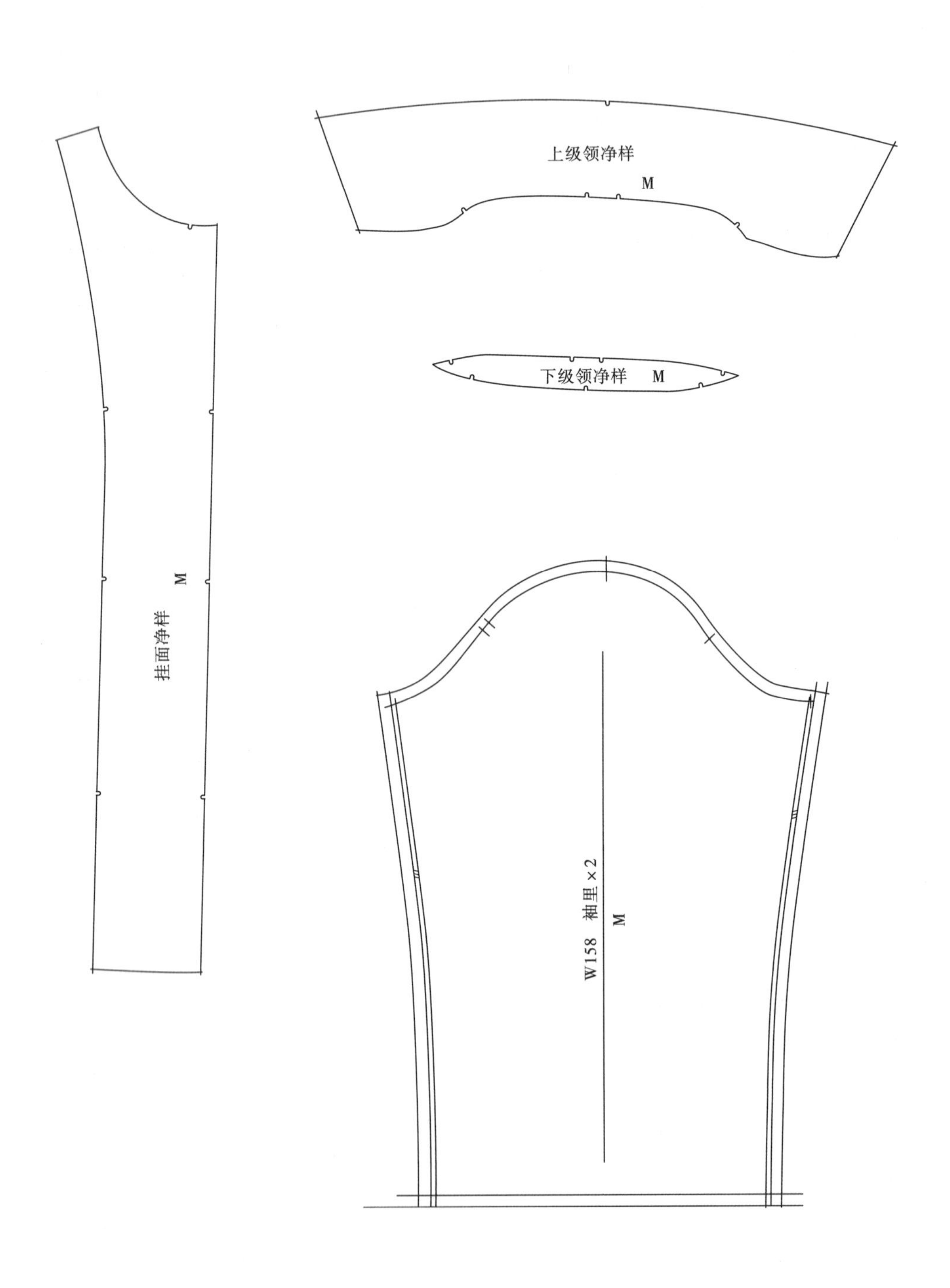

季节：＿＿＿＿ 款式：＿＿＿＿ 款号：w160 组别：＿＿＿＿ 上身办单

SKETCH/图片
及细节说明

长风褛插肩袖，宽松型后中有叉，前门襟和袖骨，腰带压1cm宽线，有下级领。

规格(厘米)			
部位	成衣尺寸	纸样尺寸	确认尺寸
后中长	126	127.5	
前长(肩度)			
前长(侧骨度)			
全肩宽	41	41	
单肩宽			
胸围(夹底度)	101	101	
前胸宽			
后背宽			
腰围	100	100	
坐围			
脚围	124	124	
领横	8.5	8.5	
前领深			
后领深			
后中领高	11.5	11.5	
领尖			
后中袖长	78	78	
袖长			
袖肥	40.5	41	
夹圈(弯度)			
袖口(扣起)	34	34	
介英高			
介英宽			
袋高			
袋宽			
袋盖高	16.5	16.5	
袋盖宽	4	4	
筒宽			
叉长		67.2	

辅料明细		
钮	号	粒
啪钮	号	粒
拉链	隐形	双骨
	单骨	
勾仔		
裙扣		
肩棉		
其他		

工艺要求：

1. 落朴：上下级领、挂面后叉袋唇前中。
2. 袖中缝，前门襟压线1cm。
3. 全件打边飞里，下脚包边0.5cm。

面料用量：＿＿＿＿ 面料布号：＿＿＿＿

里料用量：＿＿＿＿ 发单日期：＿＿＿＿

朴布用量：＿＿＿＿ 起办日期：＿＿＿＿

其他用量：＿＿＿＿ 定办日期：＿＿＿＿

面料小样

设计师： 纸样师：

第5节N　工业纸样的应用——长大衣

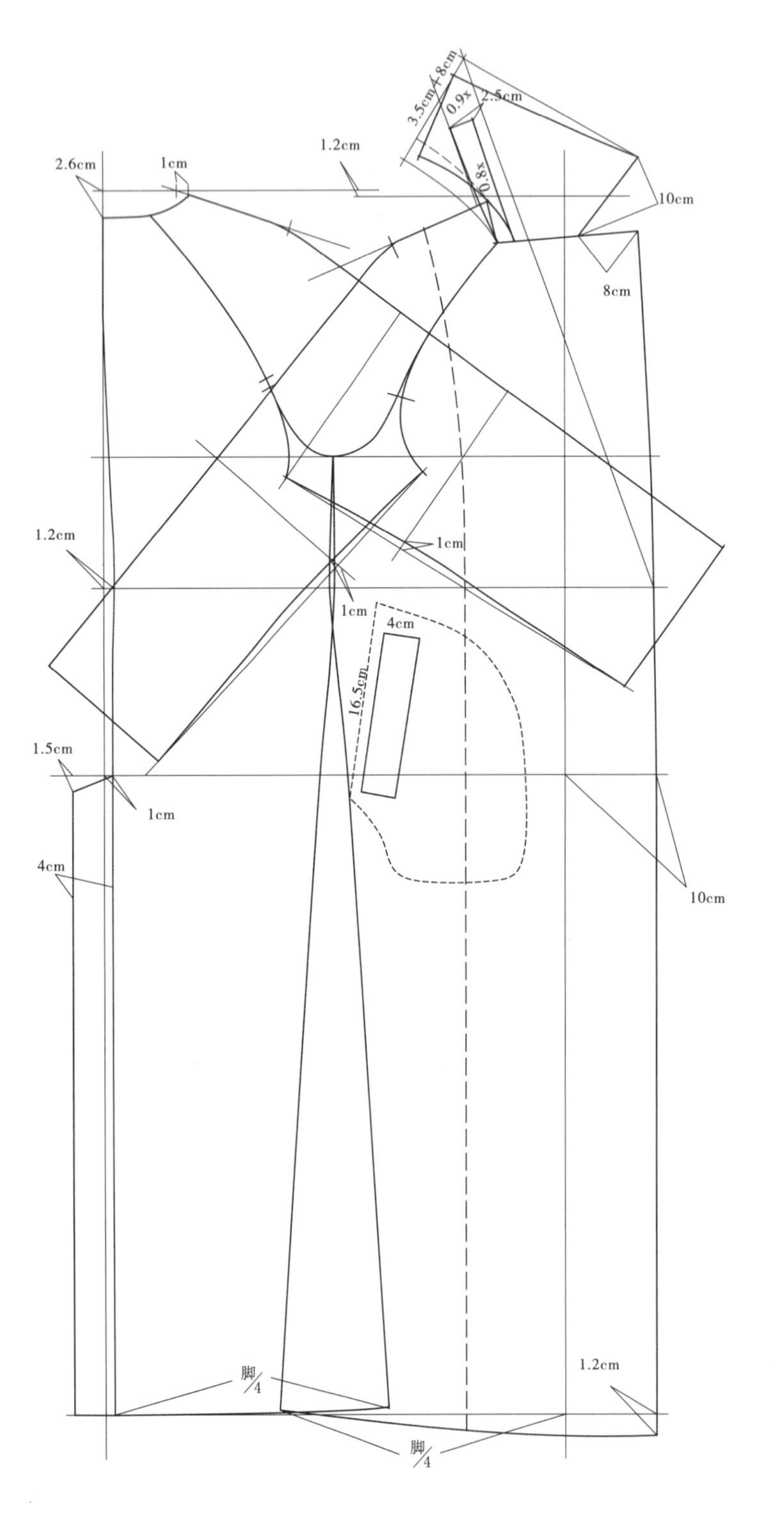

插肩袖画法参考插肩袖的基础结构。虚线为挂面线、袋布线以及领子的上下分割线。

工业纸样的应用——长大衣

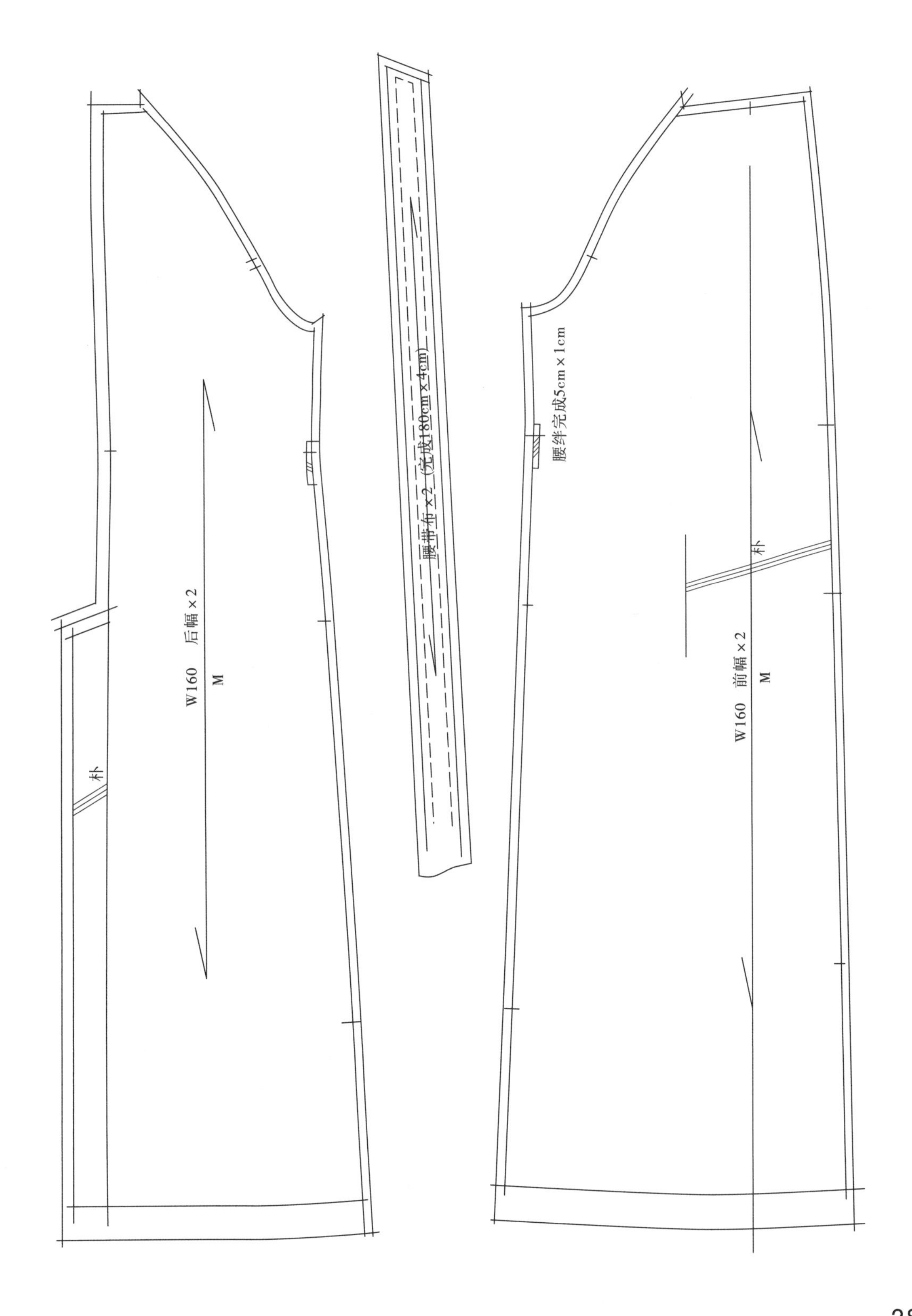

工业纸样的应用——长大衣

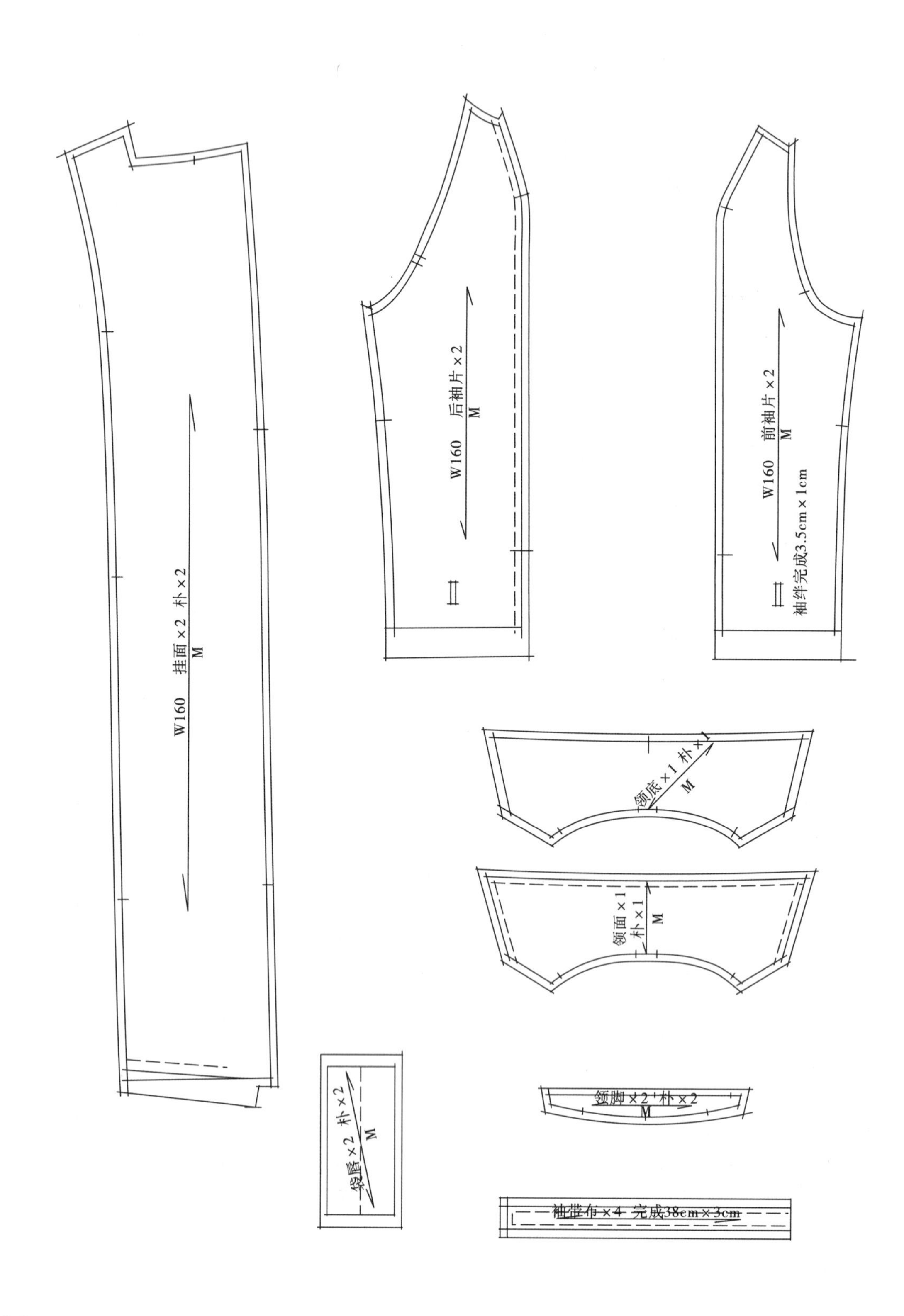

W160 挂面×2 朴×2
M
W160 后袖片×2
M
W160 前袖片×2
M
袖绊完成3.5cm×1cm
领底×1 朴×1
M
领面×1
朴×1
M
领脚×2 朴×2
M
袋唇×2 朴×2
M
袖带布×4 完成38cm×3cm

工业纸样的应用——长大衣

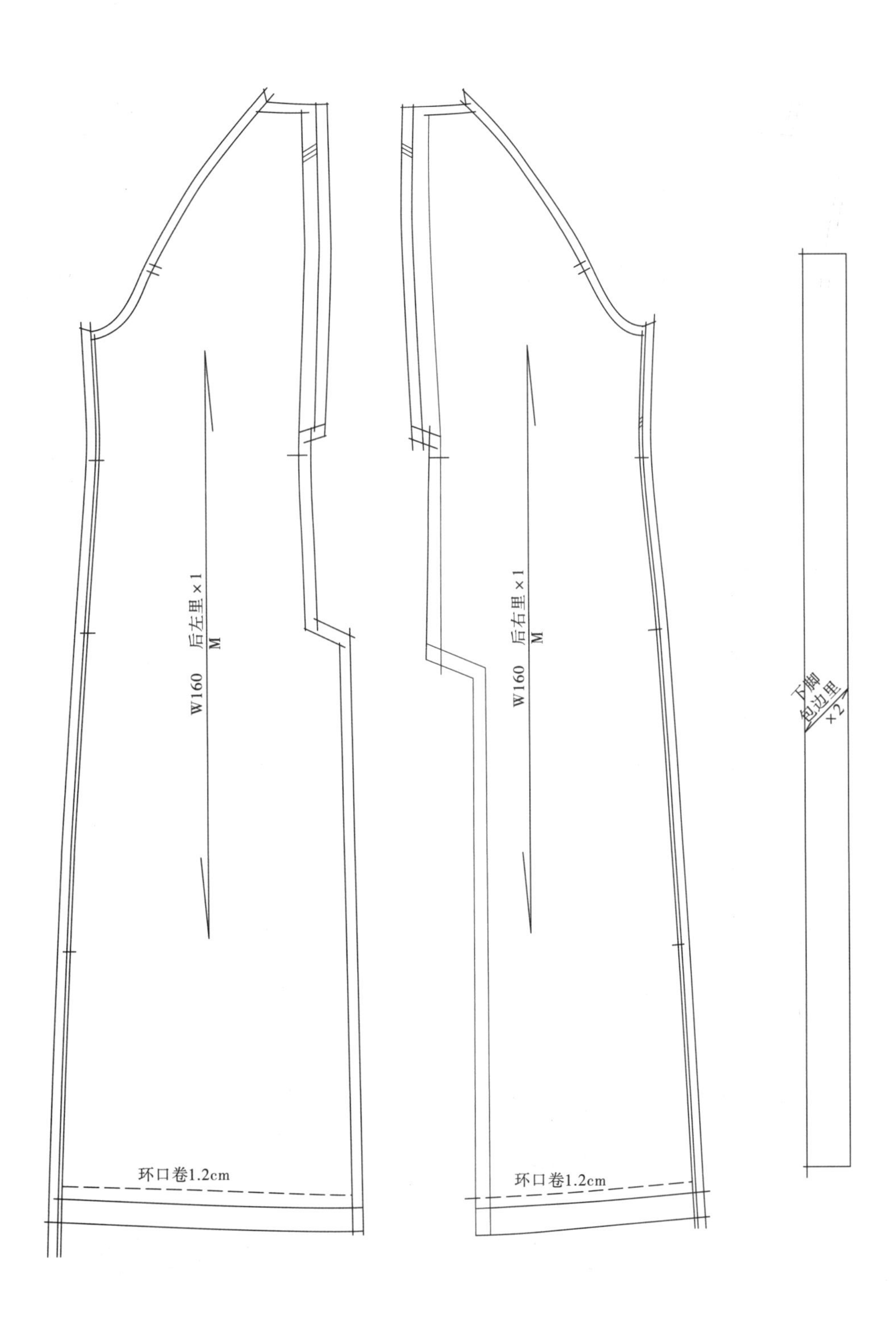

工业纸样的应用——长大衣

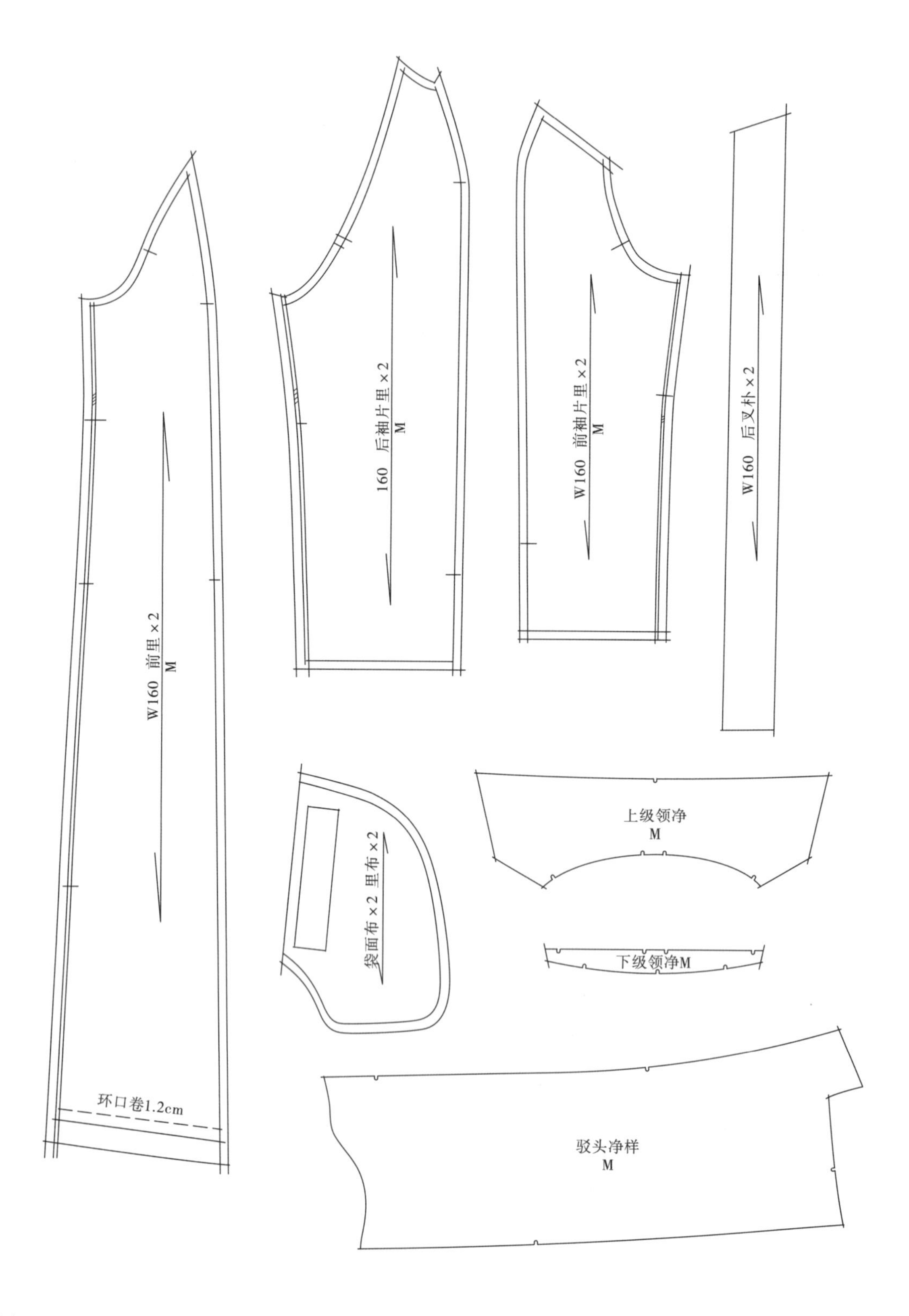

W160 前里×2
M
环口卷1.2cm
160 后袖片里×2
M
W160 前袖片里×2
M
W160 后叉朴×2
袋面布×2 里布×2
上级领净
M
下级领净M
驳头净样
M

季节：______ 款式：______ 款号：D181 组别：______ 上身办单

SKETCH/图片
及细节说明

晚装
上身底层用色丁
公主骨有鱼骨，
下身底层用雪纺，
小肩宽2cm，下
脚拉小边，侧骨
隐形拉链，领夹
圈钉珠片。

规格(厘米)			
部位	成衣尺寸	纸样尺寸	确认尺寸
后中长			
前长(肩度)	155	157	
前长(侧骨度)			
全肩宽			
单肩宽	2	2	
胸围(夹底度)	88	88.5	
前胸宽			
后背宽			
腰围	72	71	
坐围			
脚围	168+54	168+54	
领横			
前领深	26	26	
后领深			
后中领高			
领尖			
后中袖长			
袖长			
袖肥			
夹圈(弯度)		44	
袖口(扣起)			
介英高			
介英宽			
袋高			
袋宽			
袋盖高			
袋盖宽			
筒宽			
叉长			

辅料明细		
钮	号	粒
啪钮	号	粒
拉链	隐形 √	双骨
	单骨	
勾仔	1对	
裙扣		
肩棉		
其他		

工艺要求：

领圈夹圈，拉链位粘朴条，下脚拉边0.3cm，前公主骨有鱼骨。

面料用量：______ 面料布号：______

里料用量：______ 发单日期：______

朴布用量：______ 起办日期：______

其他用量：______ 定办日期：______

面料小样

设计师： 纸样师：

第5节○ 工业纸样的应用——晚装

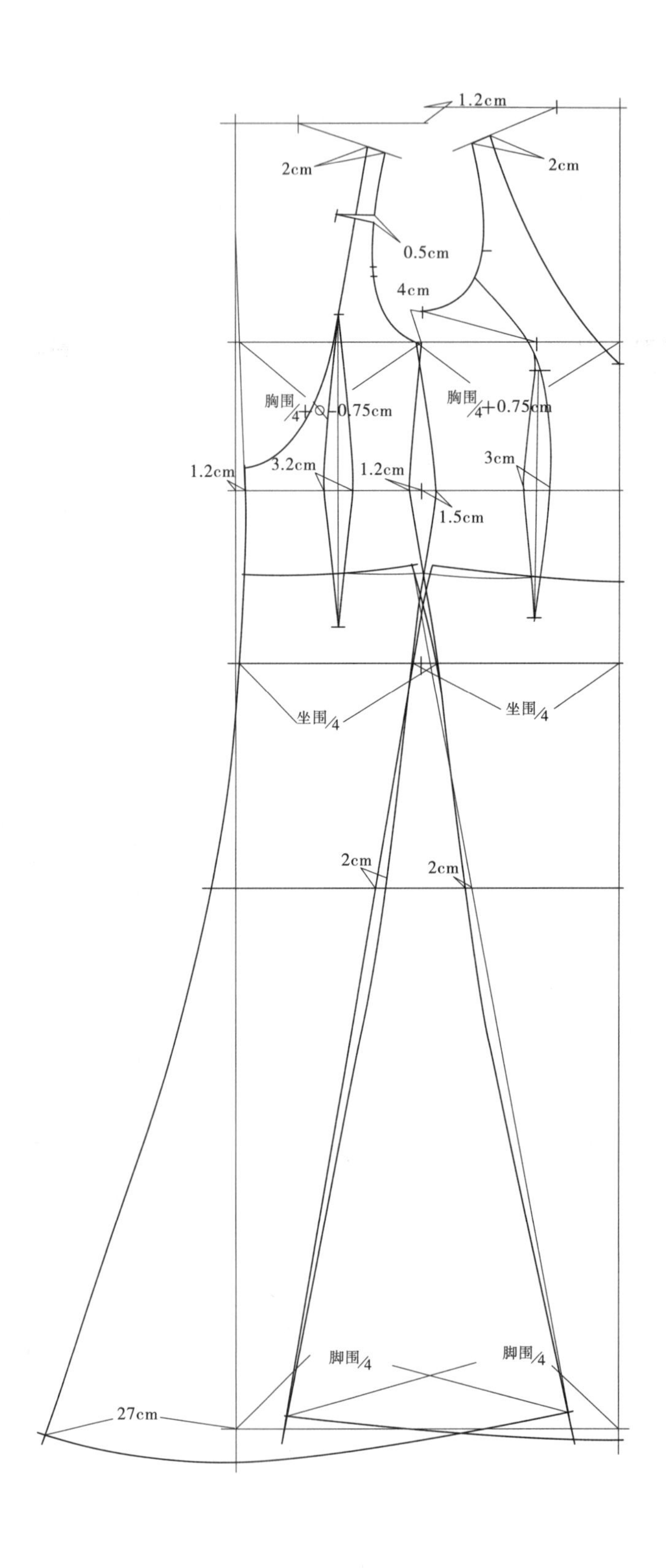

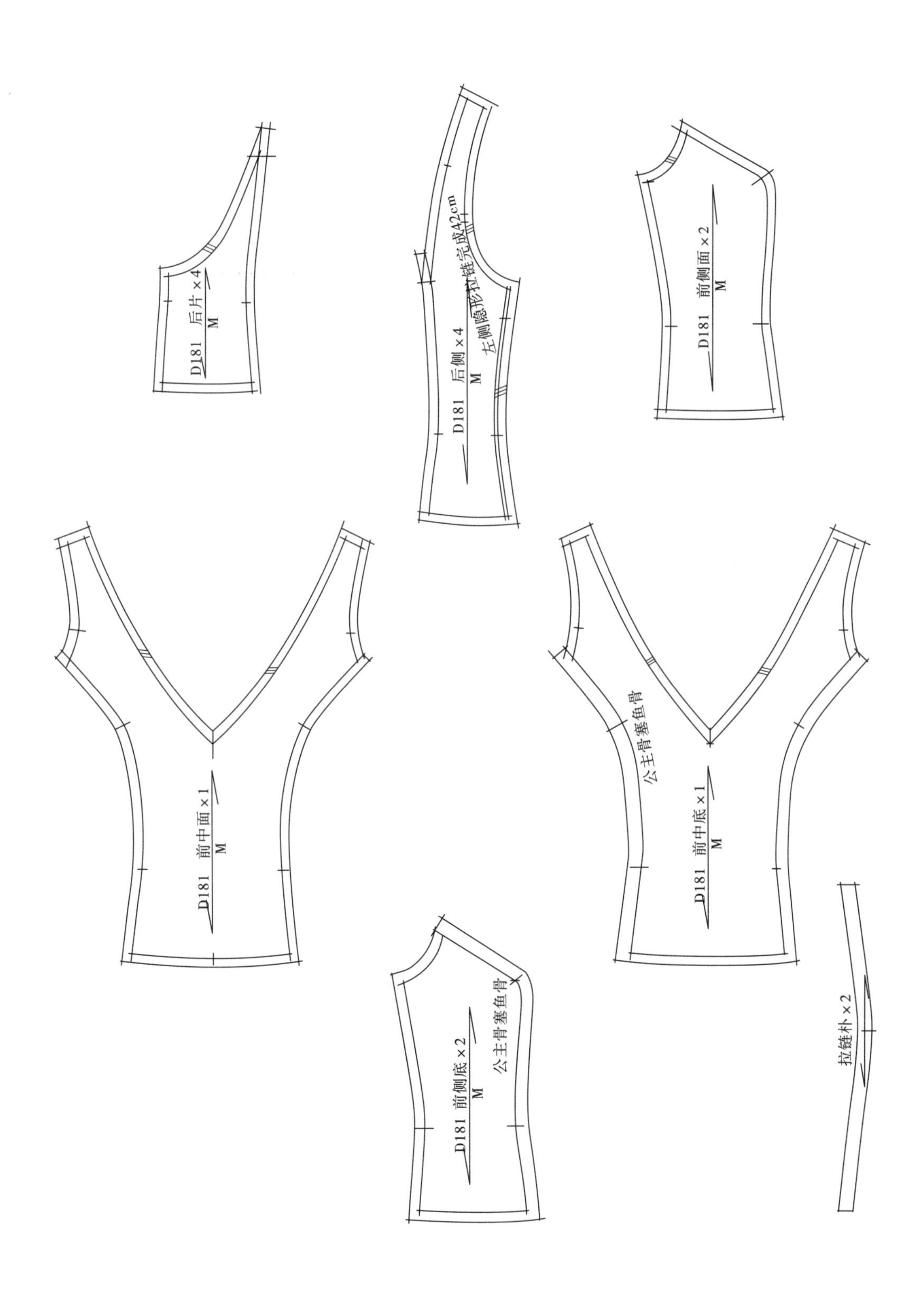

D181 后片×4 M
D181 后侧×4 M
左侧隐形拉链完成42cm
D181 前侧面×2 M
D181 前中面×1 M
D181 前中底×1 M
公主骨塞鱼骨
D181 前侧底×2 M
公主骨塞鱼骨
拉链朴×2

工业纸样的应用——晚装

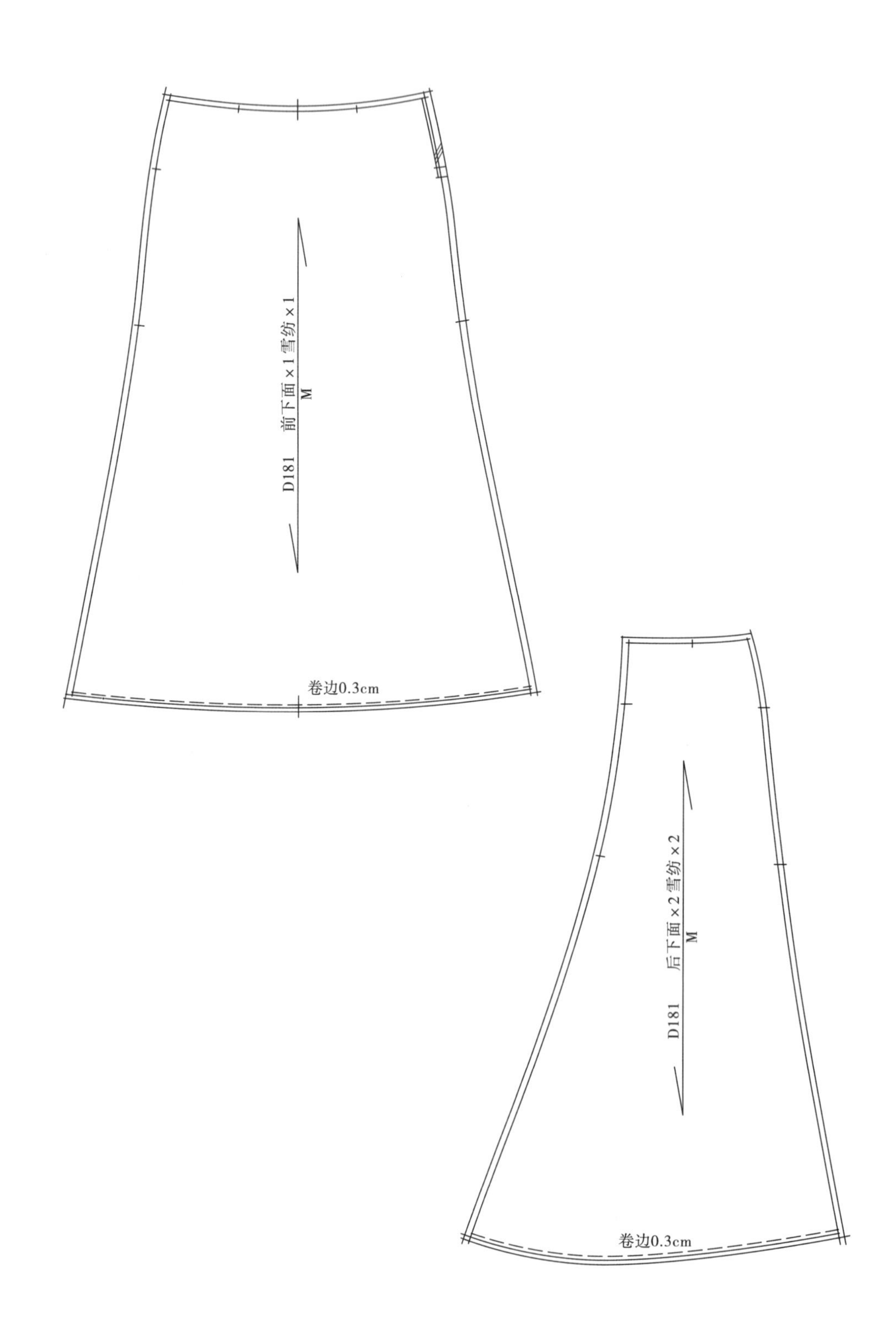

第十一章

纸样放码

服装工业纸样放码是服装工业纸样设计的延续，是服装工业投产前的重要技术准备工作。现代化的服装一般都是大批量的生产，要求同一种产品多种规格的生产，以适应和满足不同体型的穿着需求。因此，就要求生产时必须制作出不同规格的成套工业纸样。一般情况下小一点的服装公司有3~4档规格，初具规模的服装公司有5~6档规格，成熟的服装公司有7~9档规格。如果同一个款式造型的服装，每一档规格都进行单独的纸样制作，就需要做多套纸样，而且单独进行纸样制作，耗时长，容易产生误差。为了便捷绘制各档规格，同时保证纸样的准确性和稳定性就要进行纸样放缩，又称纸样放码。纸样放码是以基础码，又称基码或母码为标准，基础码以公司和设计师的不同风格和习惯，有的做小码，有的做中码，做出的样衣经过确认。然后以基础码为标准，根据不同规格的档差要求进行放大或缩小，进而制作出全部的规格纸样。

服装纸样放码分为手工放码和计算机放码两大类。手工放码是一门传统的手工技艺，按现在服装界的名称，称为推画法、推剪法、扎印法等。不管是哪一种方法，其原理都是一致的，只不过名称不一样而已。

服装CAD辅助放码系统经过几十年的发展，技术日臻成熟。我国的服装企业从20世纪80年代开始引进服装CAD技术，并在引进消化的基础上研制开发了我国自己的服装CAD系统，并有了长足的进步。有的甚至超过了洋品牌，如深圳布易科技的ET系统，深圳富怡科技的富怡服装CAD系统。服装CAD辅助放码系统比手工操作更快捷、更准确，而且可控性更强，然而这些系统的应用全靠操作技术人员的水平，只有在掌握手工放码原理之后，学习服装CAD辅助放码系统就会觉得非常的简单。

第1节　纸样放码基础

1.公共线

公共线是指在纸样放缩中确定基础码的某一条轮廓线或主要辅助线。作为各个码数规格的公共部分的线条。

公共线的确定原则

A.公共线应选用纵、横的主要结构线或主要轮廓线。

B.公共线必须是直线或弧度较小的弧线。

常用公共线选择表

部位 \ 方向	纵向	横向
裙子	前后中心线、侧缝直线	上平线、臀围线、裙长线
裤子	前后挺缝线、侧缝直线	上平线、横裆线、膝围线、裤长线
上身	前后中心线、前胸宽线后背宽线	上平线 、胸围线、腰节线、衣长线
衣袖	前袖弯直线、袖中线	上平线、袖山深线、袖肘线、袖长线
领子	领中线	领宽

2.分码线

分码线是指在放缩制图中大小码与基础码所有的关节点对位相连接的线条。当然首先要控制最大码和最小码的放缩尺寸，而后根据各档差之间差数，在分码线上分出各档规格。

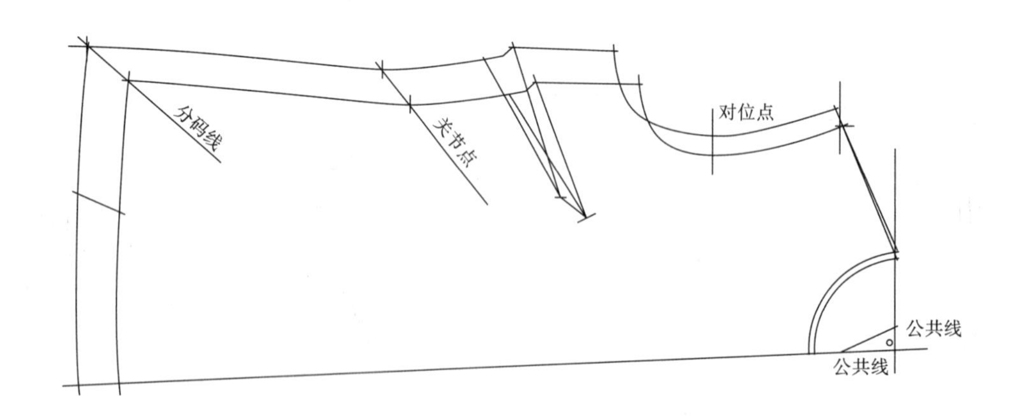

第2节　纸样放码步骤

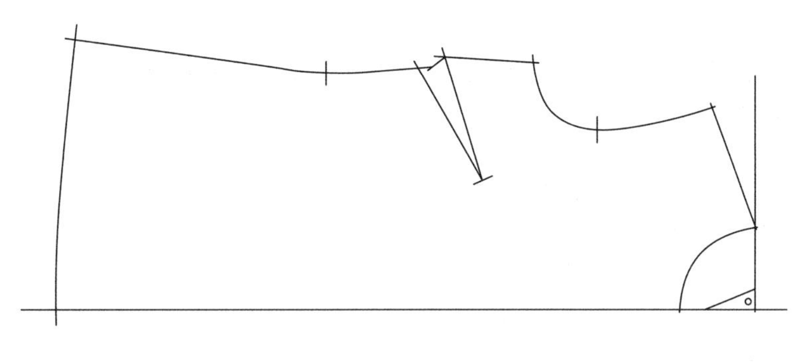

图 1

图 1

1. 用一张白纸复制修改后确认的标准基码纸样。
2. 确定纵向横向公共线。

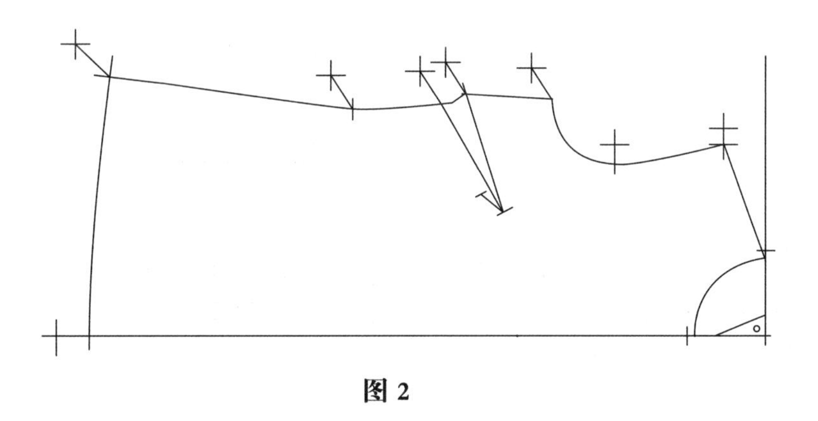

图 2

图 2

3. 按照总档差尺寸确定最大码的位置与纵横公共线垂直，包括所有的关节点和对位点。
4. 标出最大码与最小码之间的分码线。

图 3

图 3

5. 在分码线按照各个码的档差尺寸细分各档规格。
6. 画出各个规格的全部线条。

需要注意的是：在放缩网状图中，无论是哪一个码，它的纵横相交点必须在分码线上。

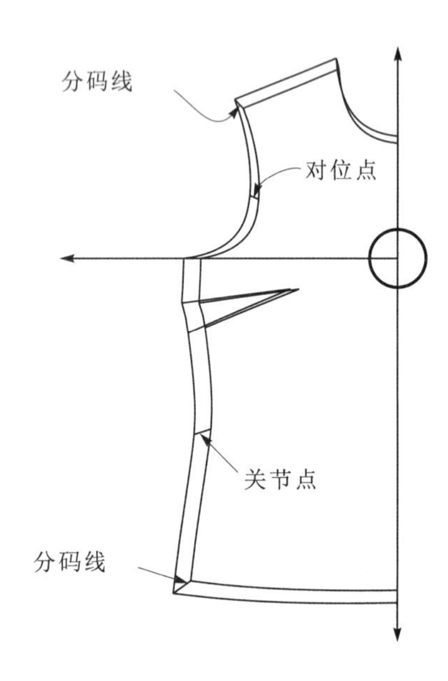

3. 放码点纵横相交的画法

在放缩网状图中纵横相交的线必须垂直公共线来取值，如果不垂直公共线取值就会产生误差。

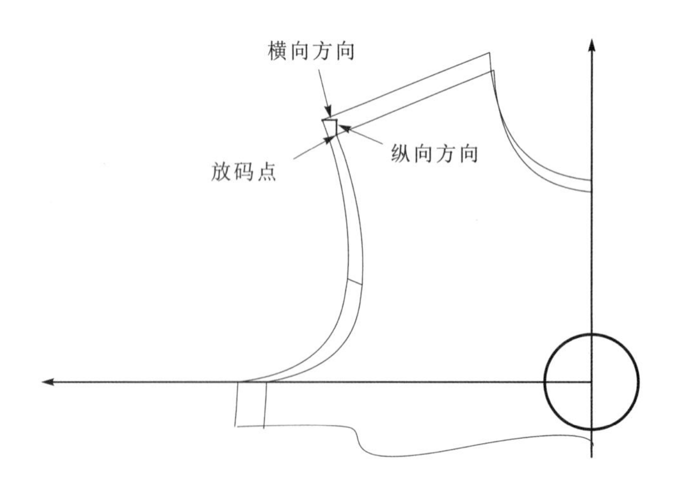

第3节A 纸样放码实例——裙子

尺码 位置指引	1 36/S	2 38/M	3 40/L	4 42/XL	纸样损耗	备注
1. 外长:	53	54	55	56		
2. 内长:						
3. 腰围:(顶边度)	64	68	72	76		
4. 腰围:(拉开度)						
5. 腰高:						
6. 坐围 :(腰下)	88	92	96	100	+0.6	
7. 上坐围:						
8. 下坐围:						
9. 膝围:(浪下29cm度)						
10. 脾围:(浪底度)						
11. 脚围 :	98	102	106	110	+0.5	
12. 前浪:(连腰弯度)						
13. 后浪:(连腰弯度)						
14. 衩长:						
15. 腰带:(长×宽)						
16. 袋:(长×宽)						
17. 袋盖:(长×宽)						
18. 耳仔:(长×宽)						
19. 拉链长:	19.2	19.5	19.8	20.1		
20.						
21.						
22.						
23.						
24.						

纸样共计：	里布		实样		毛裁样	
日期：	布料：		封度：		用料：	缩水后：
日期：	布料：		封度：		用料：	缩水后：
日期：	布料：		封度：		用料：	缩水后：

纸样放码实例——裙子

160/66A
后中长 54cm
腰 围 68cm
臀 围 92cm
脚 围 102cm

1.拷贝直筒裙基础纸样。
2.以省尖为基点，平行前后中心线画出分割线，调顺省尖成弧线。
3.平行腰口4cm画出腰贴宽。

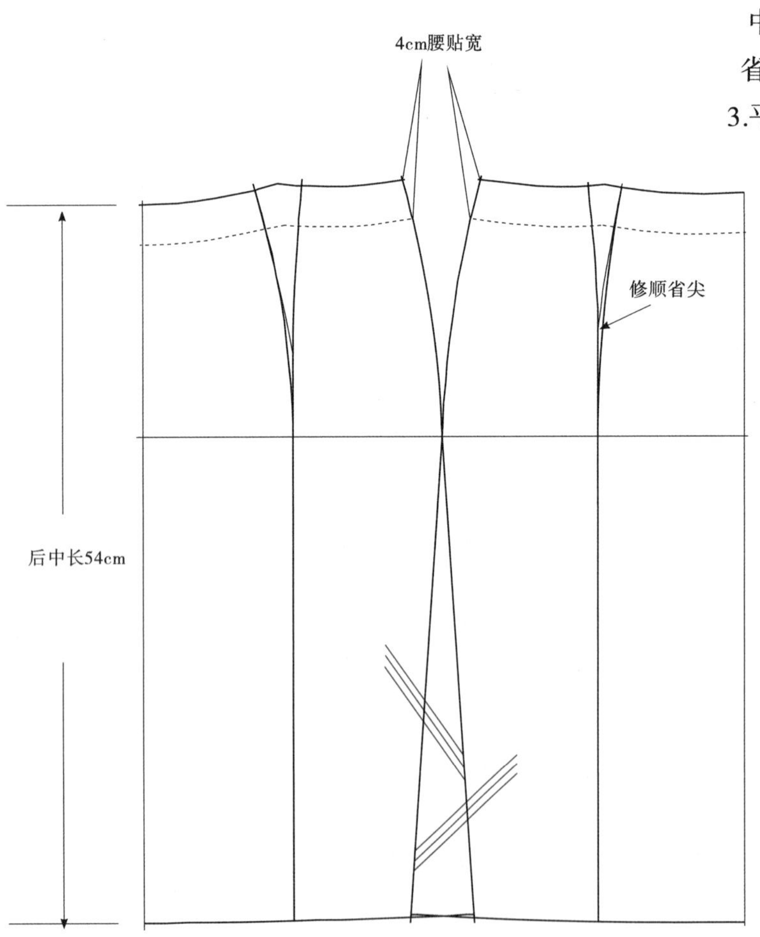

纸样放码实例——裙子

1.拷贝面布纸样,里布纸样，腰贴纸样，拉链朴纸样。

2.加出各片纸样的缝份,标出对位刀口,钻眼。

3.标注拉链位置，长度及其他标注。

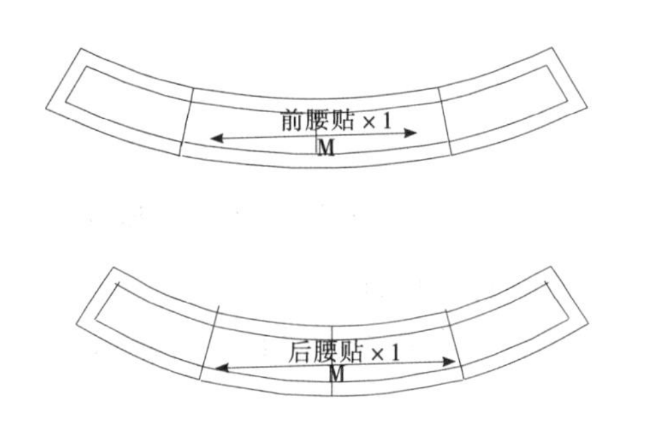

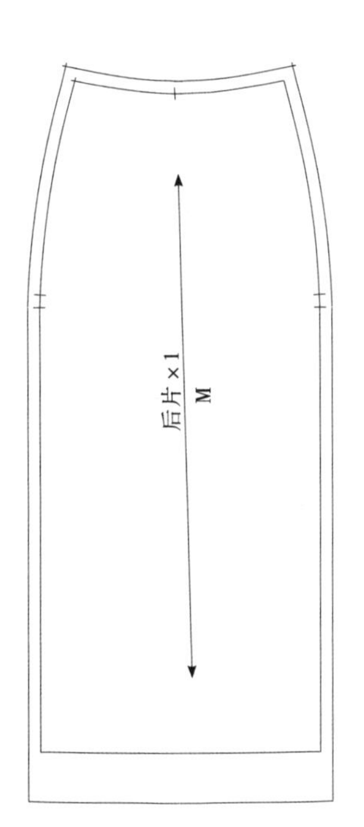

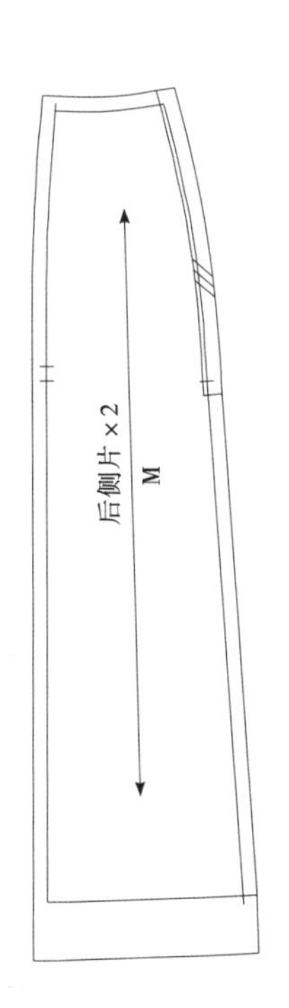

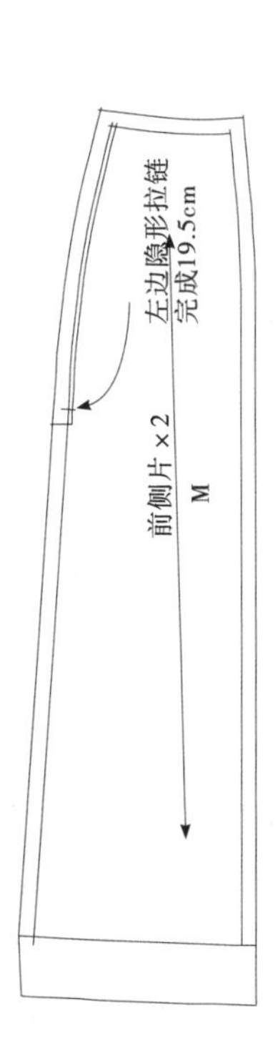

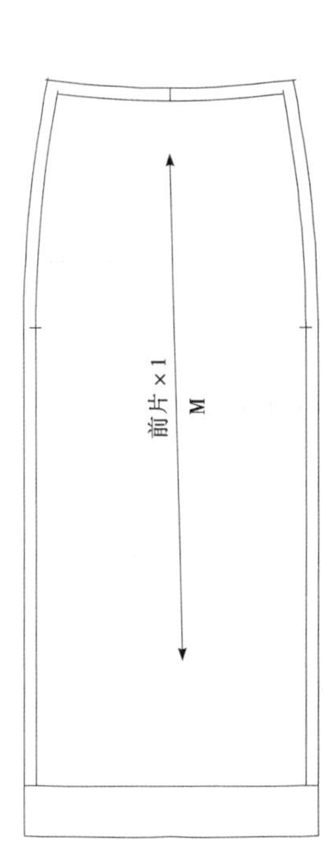

纸样放码实例——裙子

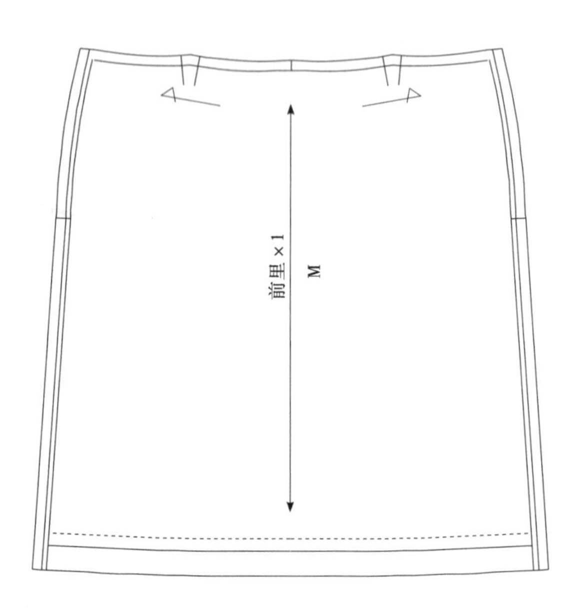

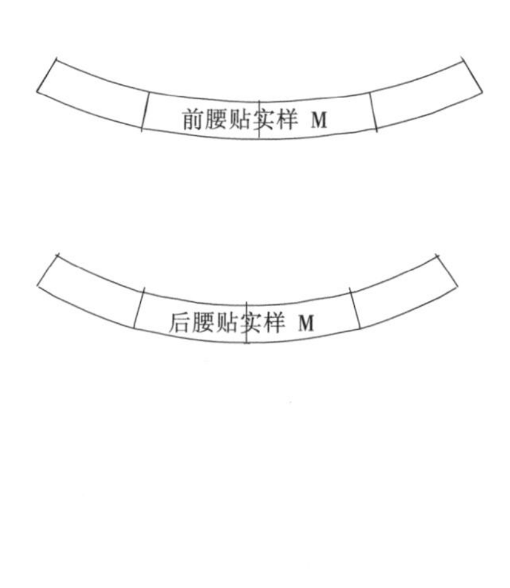

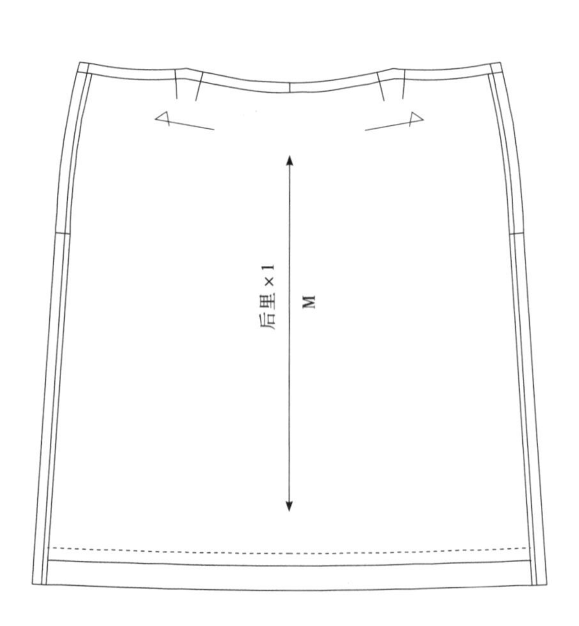

纸样放码实例——裙子

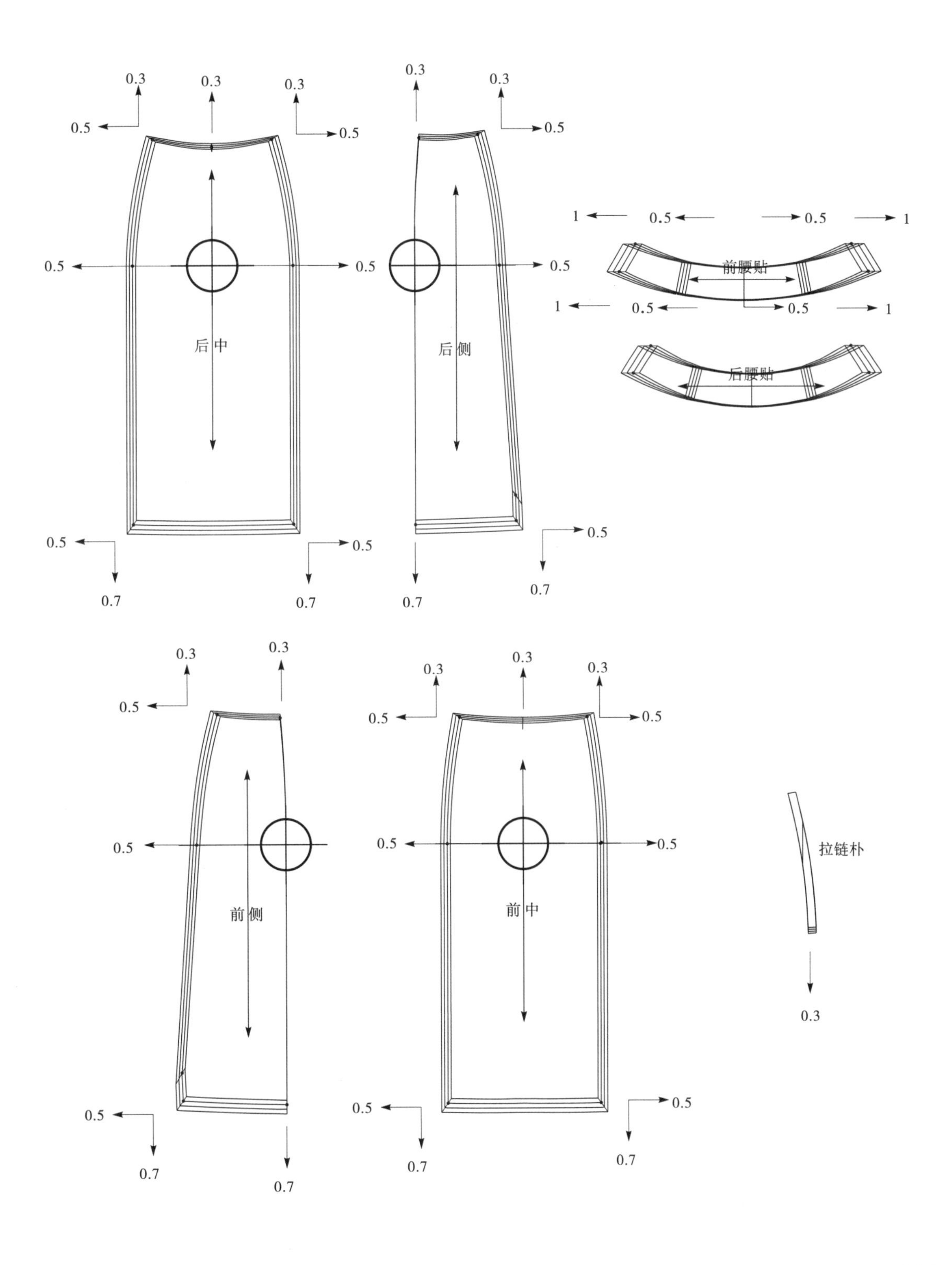

纸样放码实例——裙子

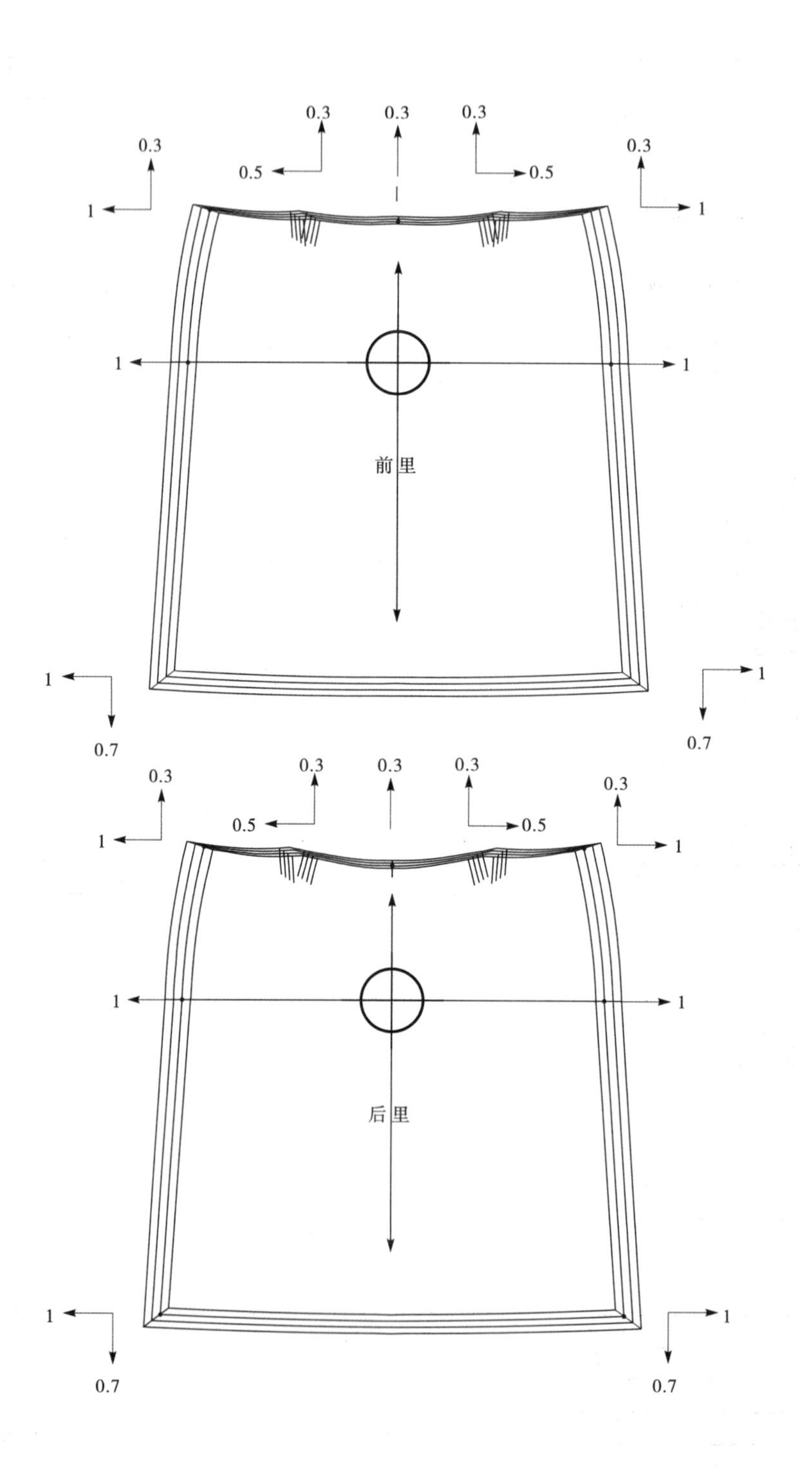

0.3
0.3
0.3
0.3
0.5
0.5
0.3
1
1
1
1
前里
1
1
0.7
0.7
0.3
0.3
0.3
0.3
0.5
0.5
0.3
1
1
1
1
后里
1
1
0.7
0.7

第3节B　纸样放码实例——裤子

款号：

单位：cm

尺码 / 位置指引	1 36/S	2 38/M	3 40/L	4 42/XL	纸样损耗	备注
1. 外长:	99	100	101	102		
2. 内长:						
3. 腰围:(顶边度)	70	74	78	82		
4. 腰围:(拉开度)						
5. 腰高:						
6. 坐围 :(腰下)	87	91	95	99	+0.6	
7. 上坐围:						
8. 下坐围:						
9. 膝围:(浪下29cm度)	38	40	42	44		
10. 髀围:(浪底度)						
11. 脚围 :	38	40	42	44	+0.5	
12. 前浪:(连腰弯度)	21.9	22.5	23.1	23.7		
13. 后浪:(连腰弯度)	31.2	32	32.8	33.6		
14. 衩长:						
15. 腰带:(长 × 宽)						
16. 袋:(长 × 宽)						
17. 袋盖:(长 × 宽)						
18. 耳仔:(长 × 宽)						
19. 拉链长:						
20.						
21.						
22.						
23.						
24.						
纸样共计:	里布		实样		毛裁样	
日期:	布料:		封度:		用料:	缩水后:
日期:	布料:		封度:		用料:	缩水后:
日期:	布料:		封度:		用料:	缩水后:

纸样放码实例——裤子

160/66A

外长 100cm　腰围 74cm

臀围 91cm　膝围 40cm

脚围 40cm　前浪 22.5cm

后浪 32cm

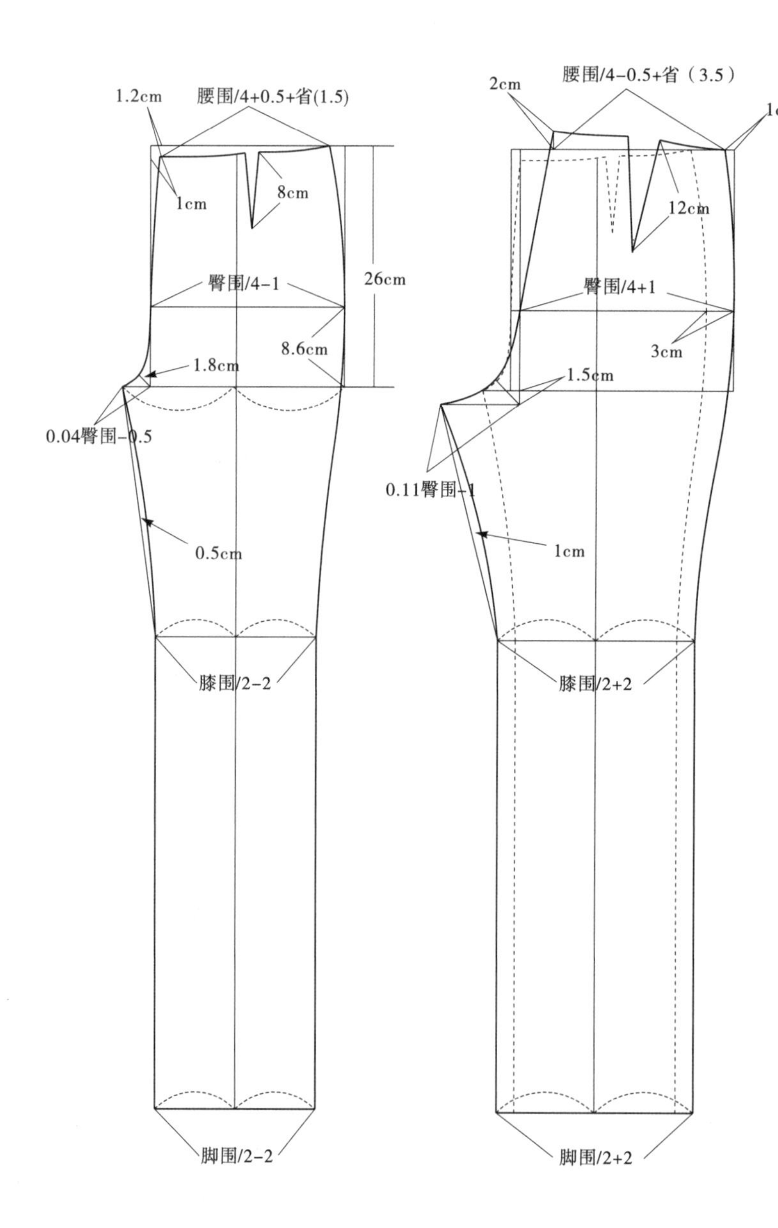

说明:

合体的牛仔裤曲线明显有一些裤型采用弹力的的布料，必须在测试面料之后，纸样进行最后的调整。

前片：

1.前腰省根据低腰的高低减小至1.5cm作为暗省。

2.前小裆宽根据布料的性能减去一定的量。

后片：

1.后大裆宽根据布料的性能减去一定的量。

2.后腰省根据低腰的大小和机头的大小确定省的长度。

纸样放码实例——裤子

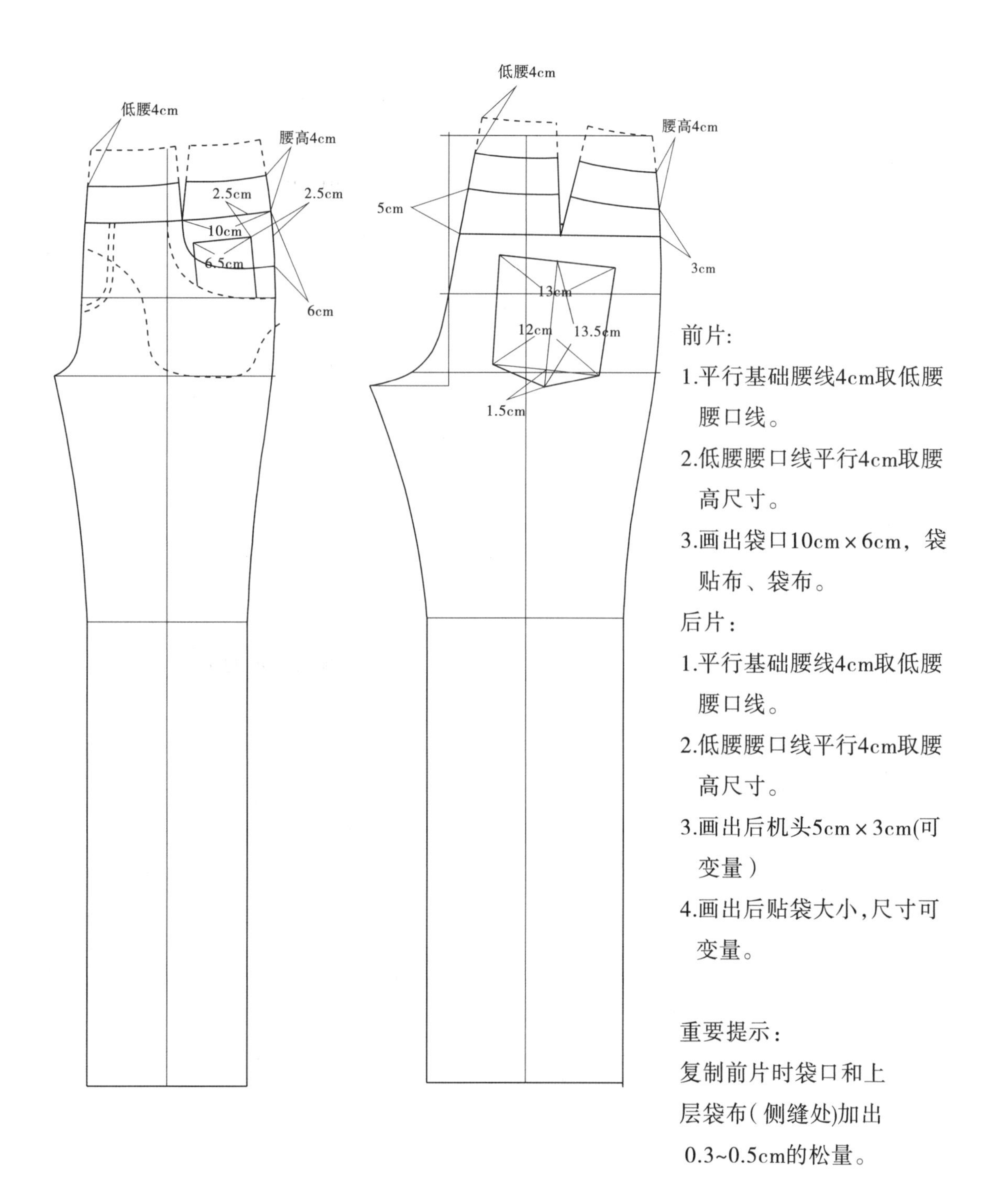

前片:

1.平行基础腰线4cm取低腰腰口线。

2.低腰腰口线平行4cm取腰高尺寸。

3.画出袋口10cm×6cm，袋贴布、袋布。

后片:

1.平行基础腰线4cm取低腰腰口线。

2.低腰腰口线平行4cm取腰高尺寸。

3.画出后机头5cm×3cm(可变量)

4.画出后贴袋大小,尺寸可变量。

重要提示:

复制前片时袋口和上层袋布(侧缝处)加出0.3~0.5cm的松量。

纸样放码实例——裤子

复制纸样并加出缝份

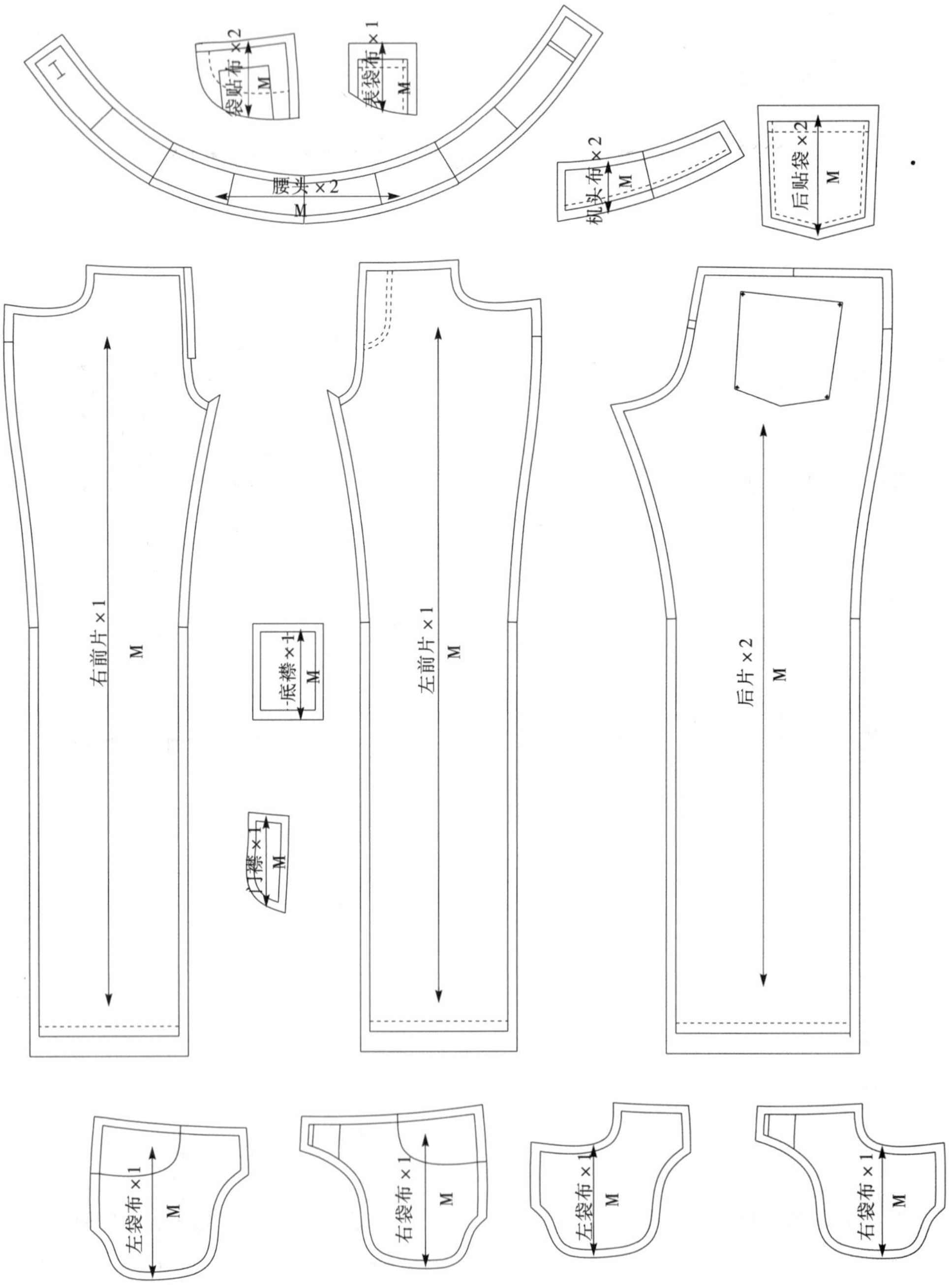

腰头×2
M
袋贴布×2
M
表袋布×1
M
机头布×2
M
后贴袋×2
M
右前片×1
M
底襟×1
M
门襟×1
M
左前片×1
M
后片×2
M
左袋布×1
M
右袋布×1
M
左袋布×1
M
右袋布×1
M

纸样放码实例——裤子

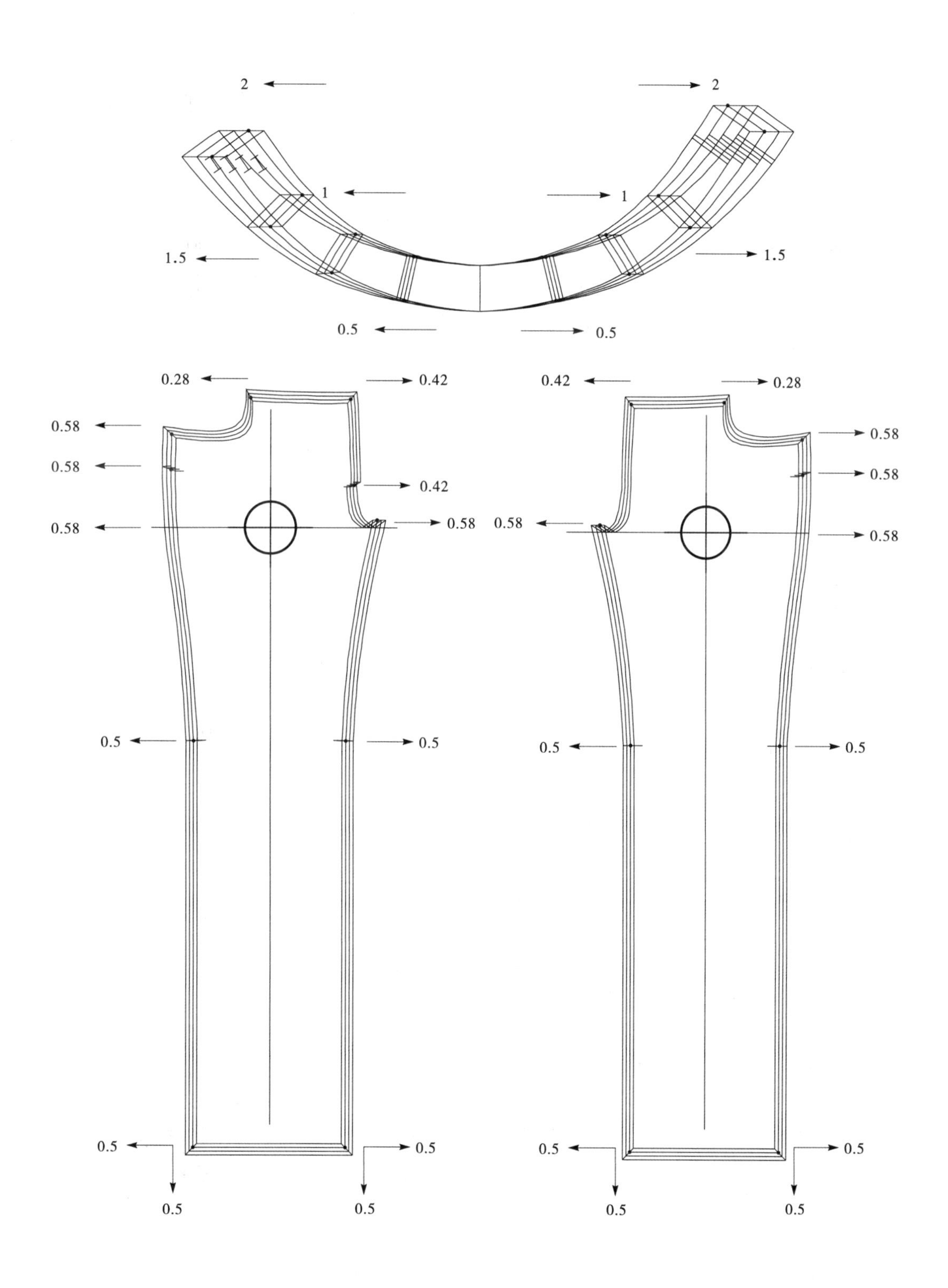

2
2
1
1
1.5
1.5
0.5
0.5
0.28
0.42
0.42
0.28
0.58
0.58
0.58
0.58
0.42
0.58
0.58
0.58
0.58
0.58
0.5
0.5
0.5
0.5
0.5
0.5
0.5
0.5
0.5
0.5
0.5
0.5

纸样放码实例——裤子

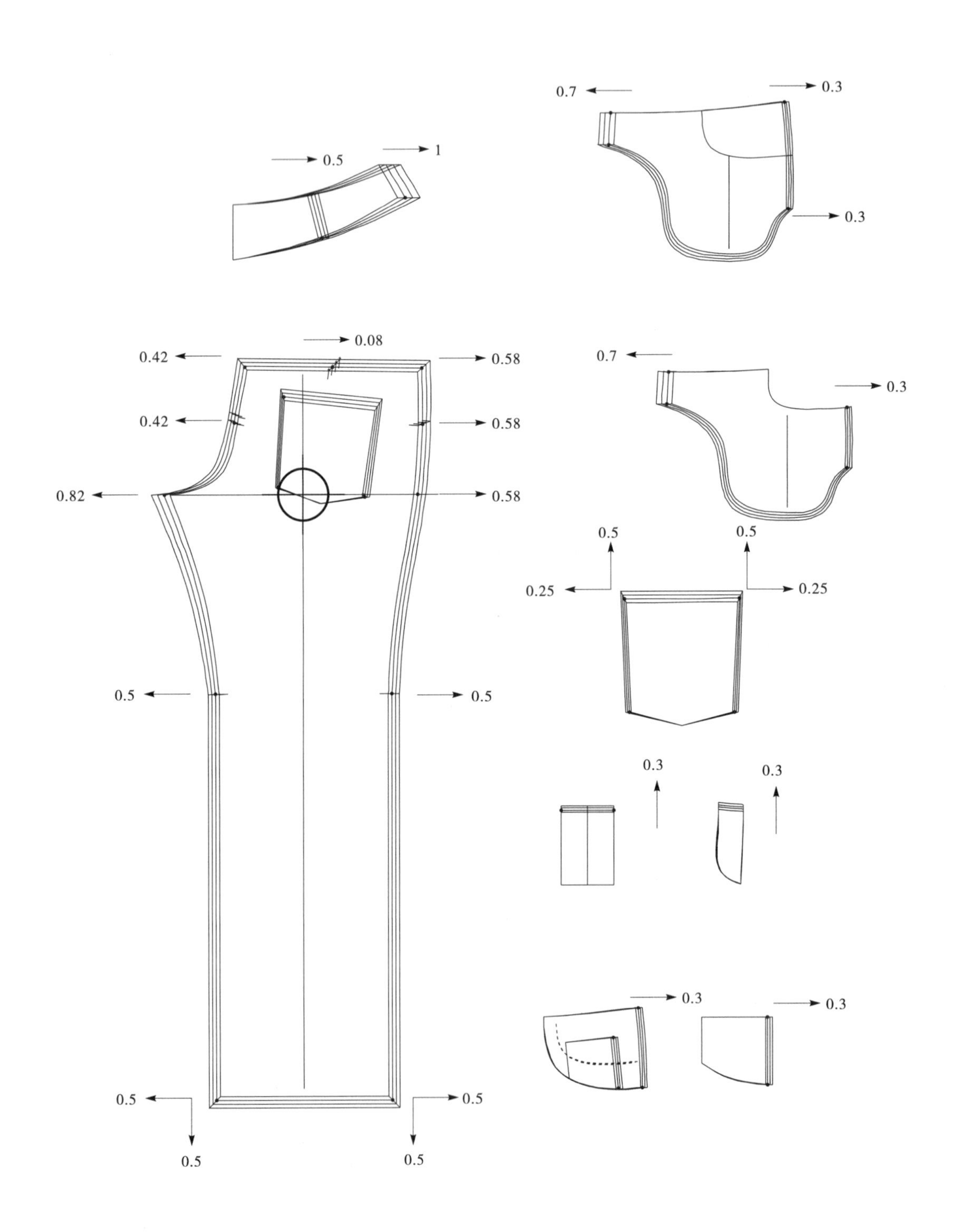

0.5
1
0.7
0.3
0.3
0.08
0.42
0.58
0.42
0.58
0.82
0.58
0.7
0.3
0.5
0.5
0.25
0.25
0.5
0.5
0.5
0.5
0.5
0.5
0.3
0.3
0.3
0.3

第3节C　纸样放码实例——上衣

款号：234

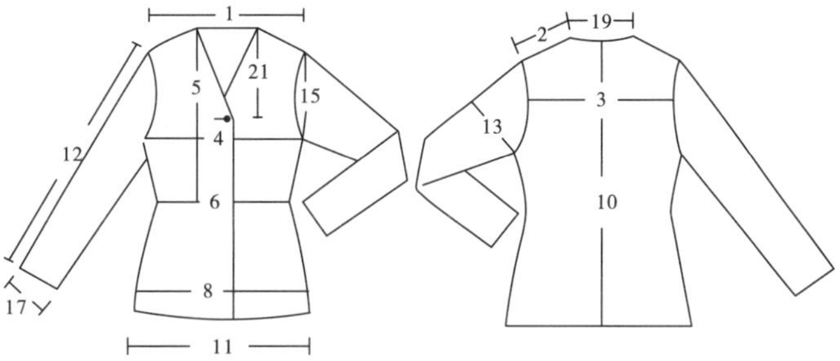

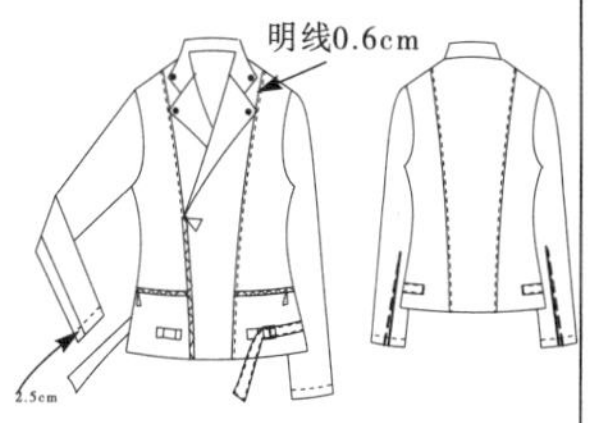

单位：cm

尺码 / 位置指引	1 36/S	2 38/M	3 40/L	4 42/XL	纸样损耗	备注
1. 肩宽:(肩至肩平度)	38	39	40	41		
2. 小肩宽:						
3. 后背宽：(后领深度下12.5cm)						
4. 胸围:(夹底度)	89	93	97	101	+1	
5. 腰长:	37.2	38	38.8	39.6		
6. 腰围:	81	85	89	93	−1	
7. 上坐围:						
8. 下坐围:(腰下19cm)						
9. 前衣长:(前肩点度)						
10. 后中长:(后领深度下)	49	50	51	52	+0.5	
11. 脚围:	88	94	98	102	+0.5	
12. 袖长:	58	59	60	61	+0.3	
13. 袖肥:(夹底度)	32.6	34	35.4	36.8	+0.5	
14. 夹位:(平直度)						
15. 前夹圈:(弯度)	21.7	22.6	23.5	24.4		
16. 后夹圈:(弯度)	22.1	23	23.9	24.8		
17. 袖口宽:(扣起计)	17	18	19	20		
18. 前领横:						
19. 后领横:						
20. 钮距:						
21. 第一粒钮位:						
22. 后领高:						
23. 衩高:						
24. 袋:(长×宽)						
纸样共计：	里布		实样		毛裁样	
日期：	布料：		封度：		用料：	缩水后：
日期：	布料：		封度：		用料：	缩水后：
日期：	布料：		封度：		用料：	缩水后：

纸样放码实例——上衣

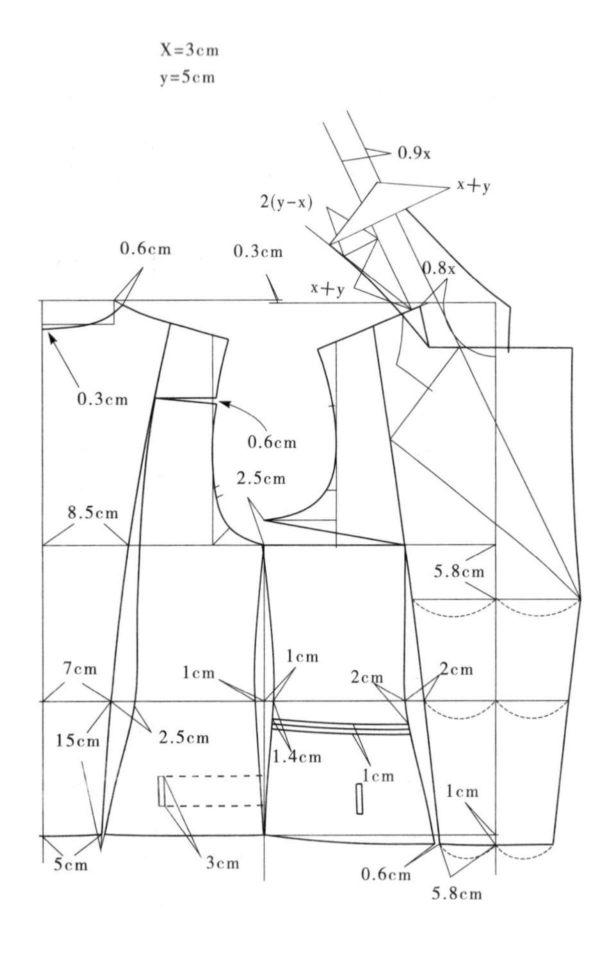

160/84A

后中长 50cm　肩　宽 39cm

胸　围 93cm　腰　围 85cm

脚　围 94cm　袖　长 59cm

袖　肥 34cm　袖　口 25cm

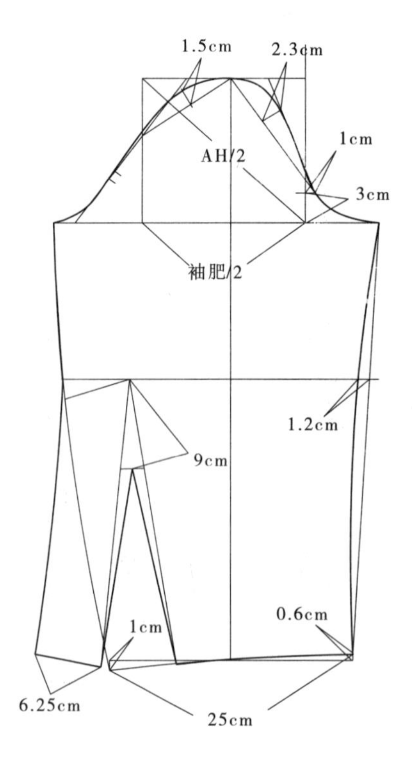

纸样放码实例——上衣

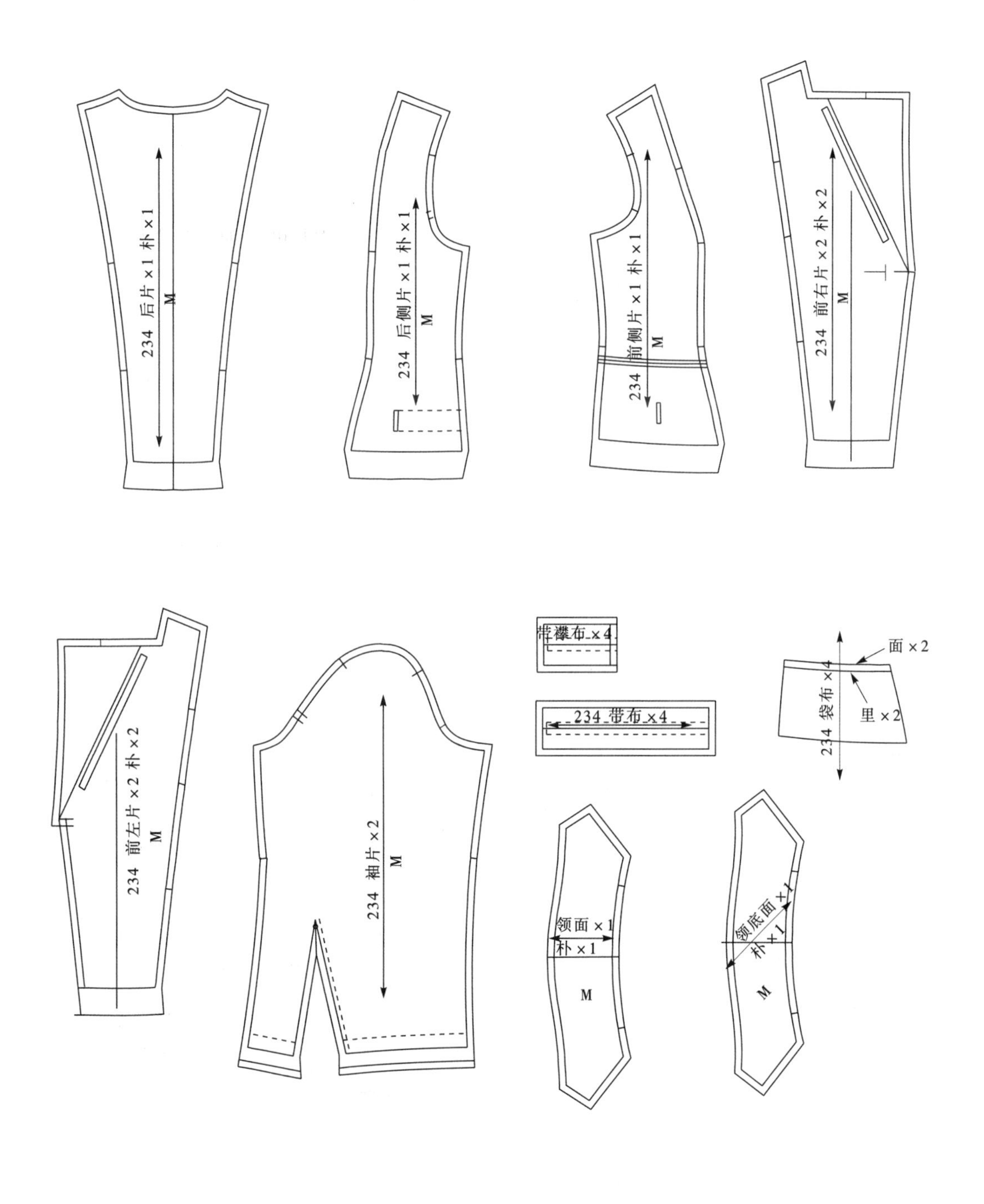

234 后片×1 朴×1
M
234 后侧片×1 朴×1
M
234 前侧片×1 朴×1
M
234 前右片×2 朴×2
M
234 前左片×2 朴×2
M
234 袖片×2
M
带襻布×4
234 带布×4
234 袋布×4
面×2
里×2
领面×1
朴×1
M
领底面×1
朴×1
M

纸样放码实例——上衣

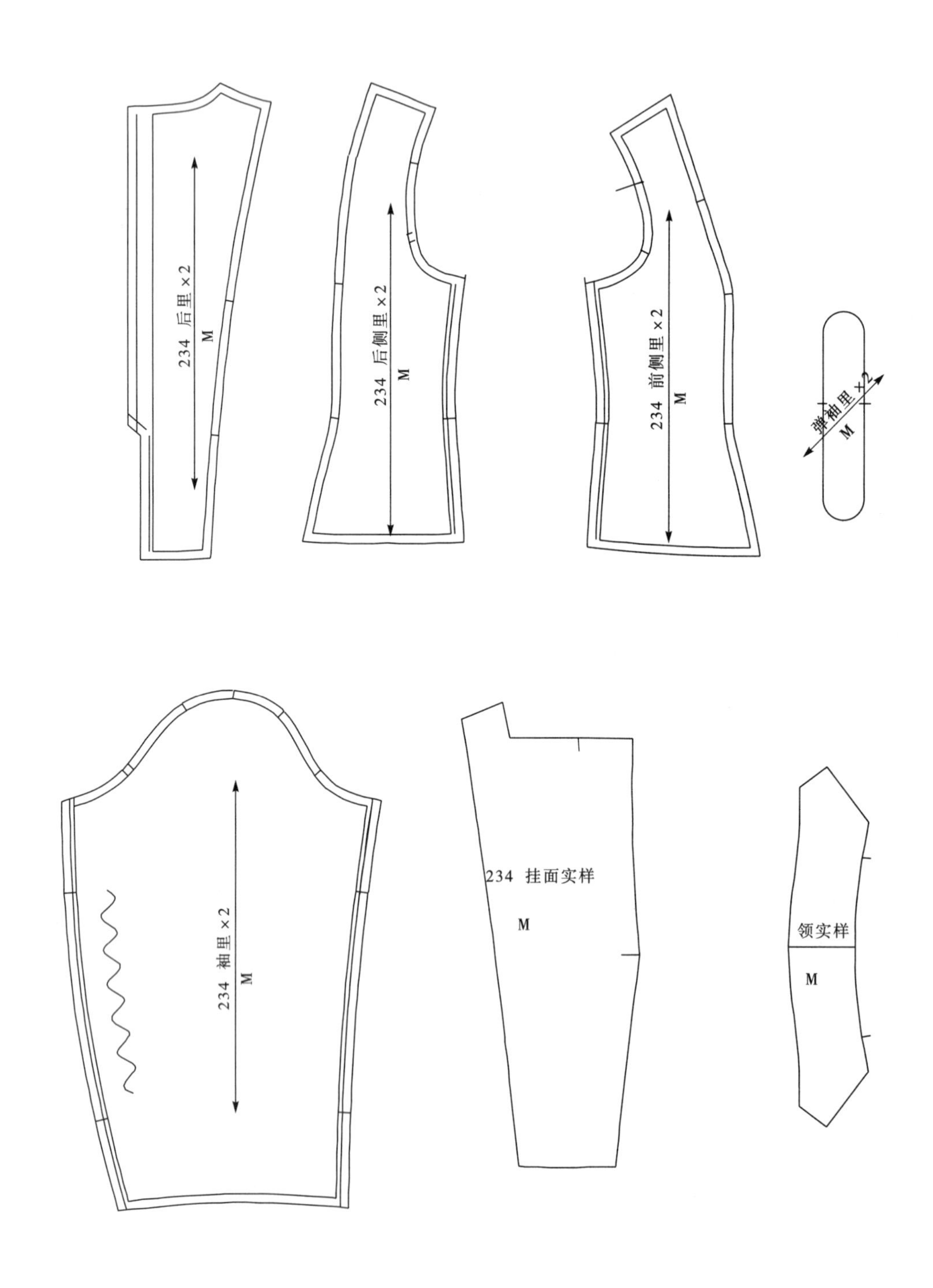

纸样放码实例——上衣

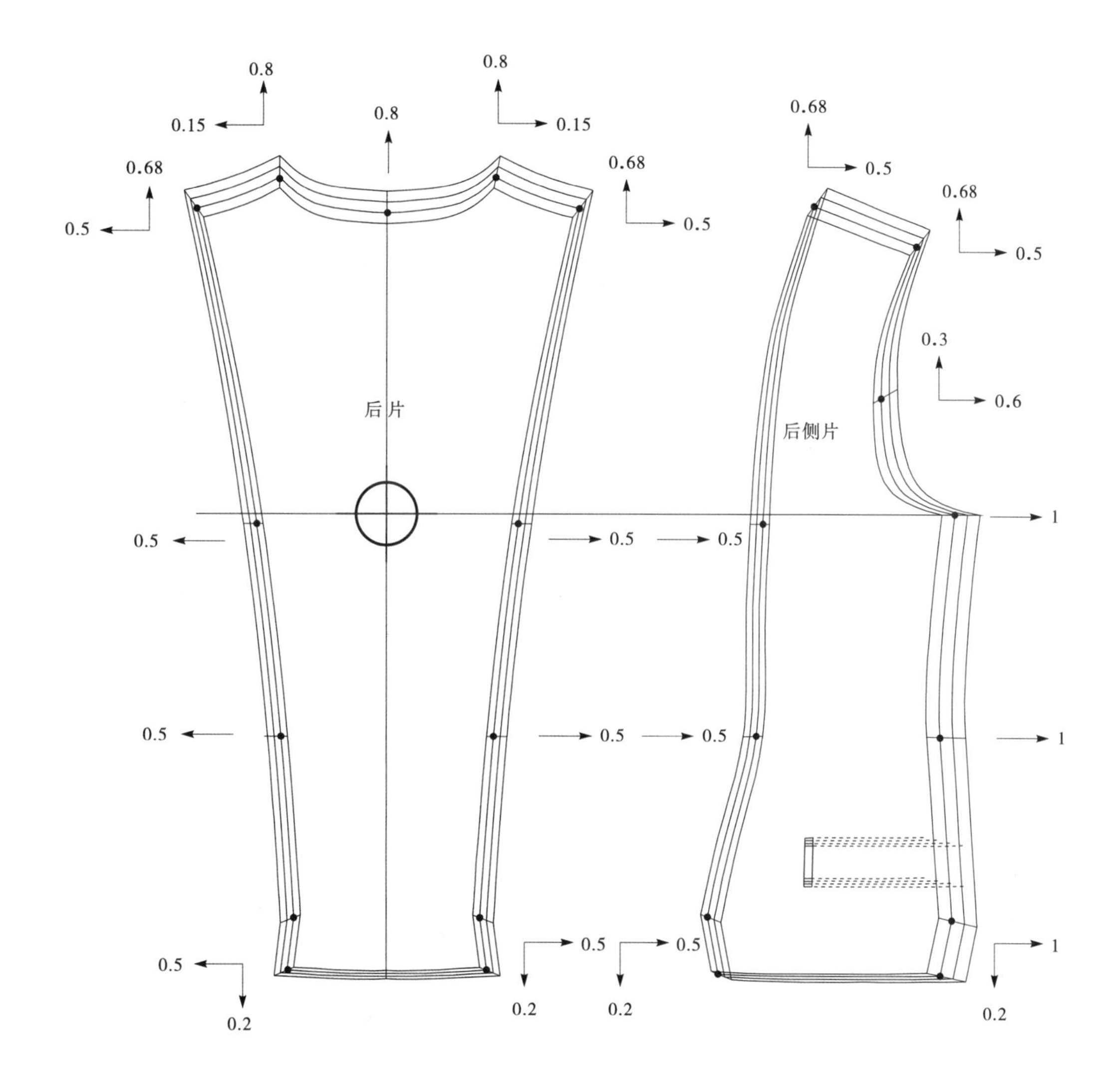
0.8
0.15
0.8
0.8
0.15
0.68
0.5
0.68
0.5
0.68
0.5
0.68
0.5
0.3
0.6
后片
后侧片
0.5
0.5
0.5
1
0.5
0.5
0.5
1
0.5
0.2
0.5
0.2
0.5
0.2
1
0.2

纸样放码实例——上衣

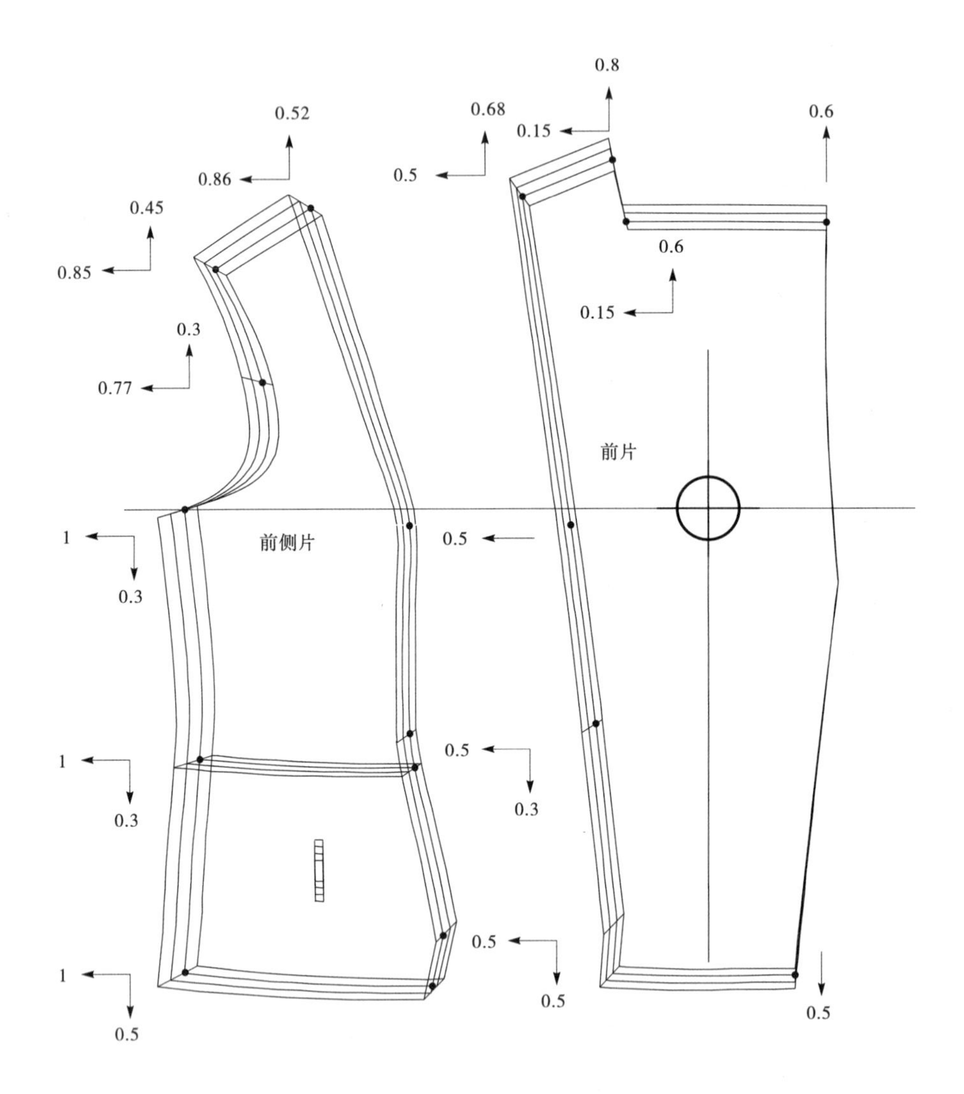

0.8
0.52
0.68
0.6
0.15
0.86
0.5
0.45
0.85
0.6
0.15
0.3
0.77
前片
1
前侧片
0.5
0.3
1
0.5
0.3
0.3
0.5
1
0.5
0.5
0.5

纸样放码实例——上衣

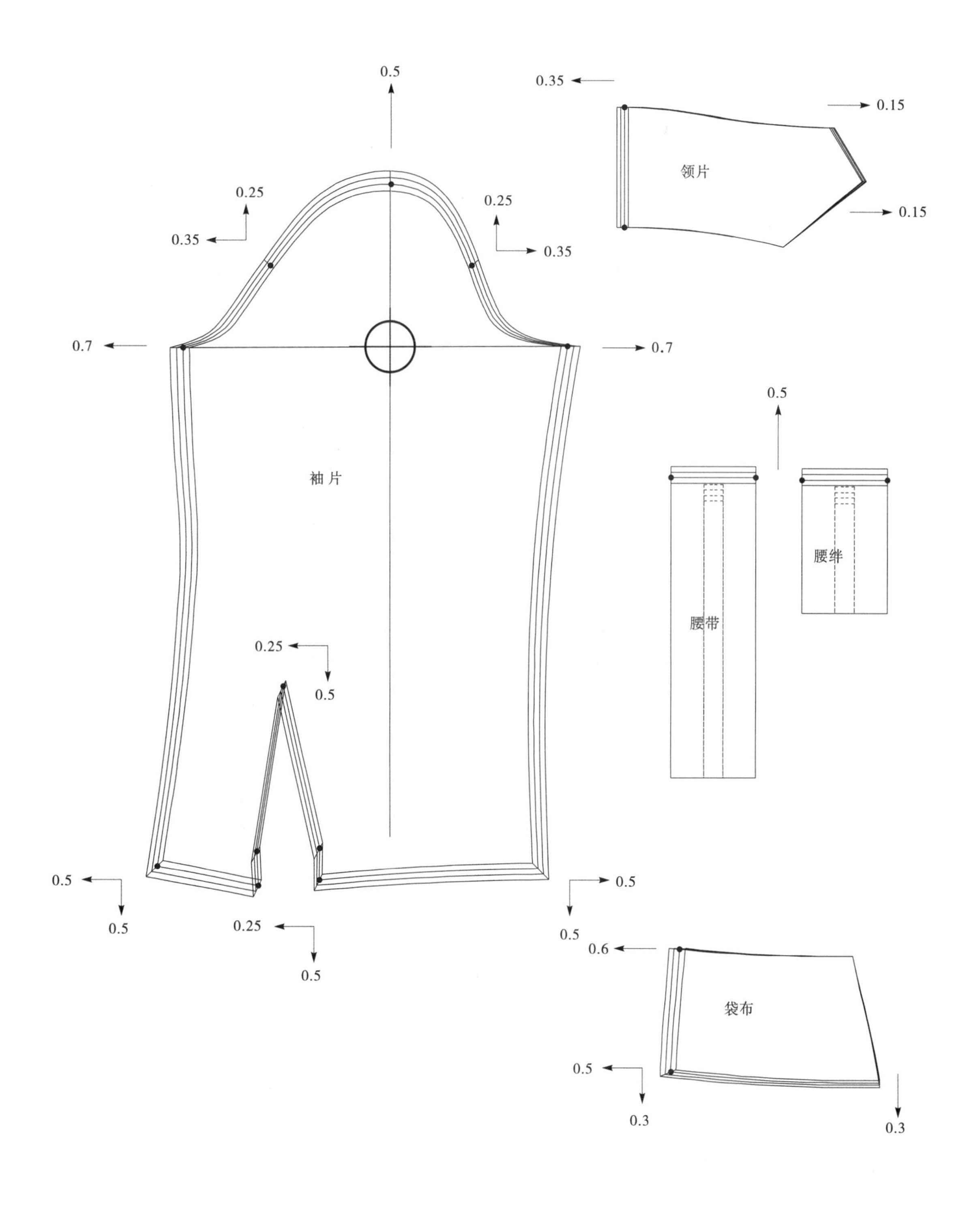

0.5
0.35
0.15
领片
0.15
0.25
0.35
0.25
0.35
0.7
0.7
0.5
袖片
腰带
腰绊
0.25
0.5
0.5
0.5
0.5
0.5
0.25
0.5
0.6
袋布
0.5
0.3
0.3

第3节D　纸样放码实例——西装

款号：085

单位：cm

位置指引 \ 尺码	1 36/S	2 38/M	3 40/L	4 42/XL	纸样损耗	备注
1. 肩宽:(肩至肩平度)	37.5	38.5	39.5	40.5		
2. 小肩宽:						
3. 后背宽:(后领深度下12.5cm)						
4. 胸围:(夹底度)	88	92	96	100	+1	
5. 腰长:	37.2	38	38.8	39.6		
6. 腰围:	74	78	82	86	−1	
7. 上坐围:						
8. 下坐围:(腰下19cm)						
9. 前衣长:(前肩点度)						
10. 后中长:(后领深度下)	53.3	54.5	55.7	56.9	+0.5	
11. 脚围:	94	98	102	106	+0.5	
12. 袖长:	57.5	58.5	59.5	60.5	+0.3	
13. 袖肥:(夹底度)	31.6	33	34.4	35.8	+0.5	
14. 夹位:(平直度)						
15. 前夹圈:(弯度)	21.3	22.2	23.1	23.8		
16. 后夹圈:(弯度)	24	24.9	25.8	26.7		
17. 袖口宽:(扣起计)	23.5	24.5	25.5	26.5		
18. 前领横:						
19. 后领横:						
20. 钮距:						
21. 第一粒钮位:						
22. 后领高:						
23. 衩高:						
24. 袋:(长×宽)						
纸样共计：	里布		实样		毛裁样	
日期：	布料：		封度：		用料：	缩水后：
日期：	布料：		封度：		用料：	缩水后：
日期：	布料：		封度：		用料：	缩水后：

纸样放码实例——西装

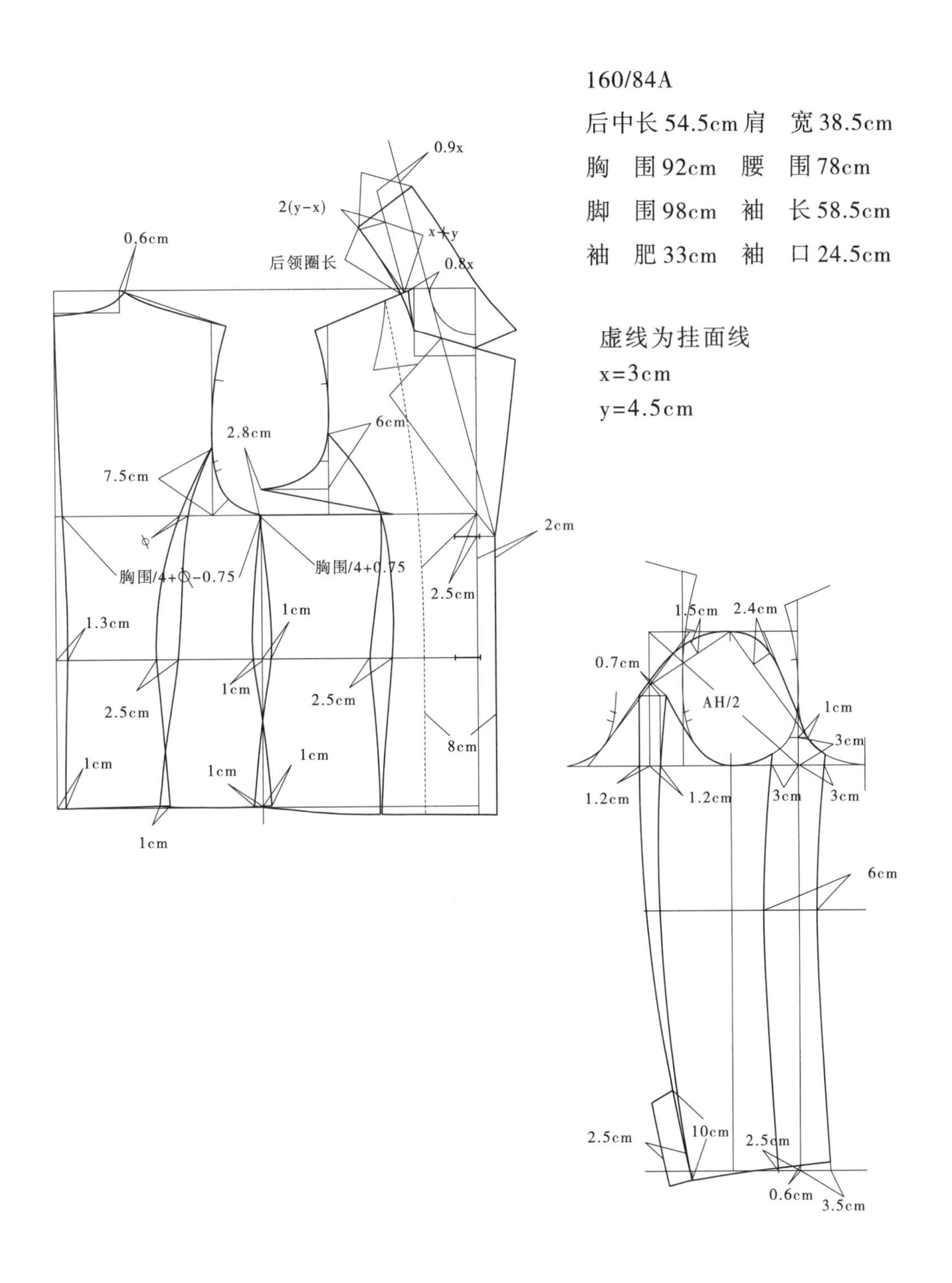
160/84A
后中长 54.5cm 肩 宽 38.5cm
胸 围 92cm 腰 围 78cm
脚 围 98cm 袖 长 58.5cm
袖 肥 33cm 袖 口 24.5cm
虚线为挂面线
x=3cm
y=4.5cm
0.9x
2(y-x)
x+y
0.8x
后领圈长
0.6cm
2.8cm
6cm
7.5cm
2cm
胸围/4+◎-0.75
胸围/4+0.75
2.5cm
1.3cm
1cm
1cm
2.5cm
2.5cm
8cm
1cm
1cm
1cm
1cm
1.5cm
2.4cm
0.7cm
AH/2
1cm
3cm
1.2cm
1.2cm
3cm
3cm
6cm
2.5cm
10cm
2.5cm
0.6cm
3.5cm

纸样放码实例——西装

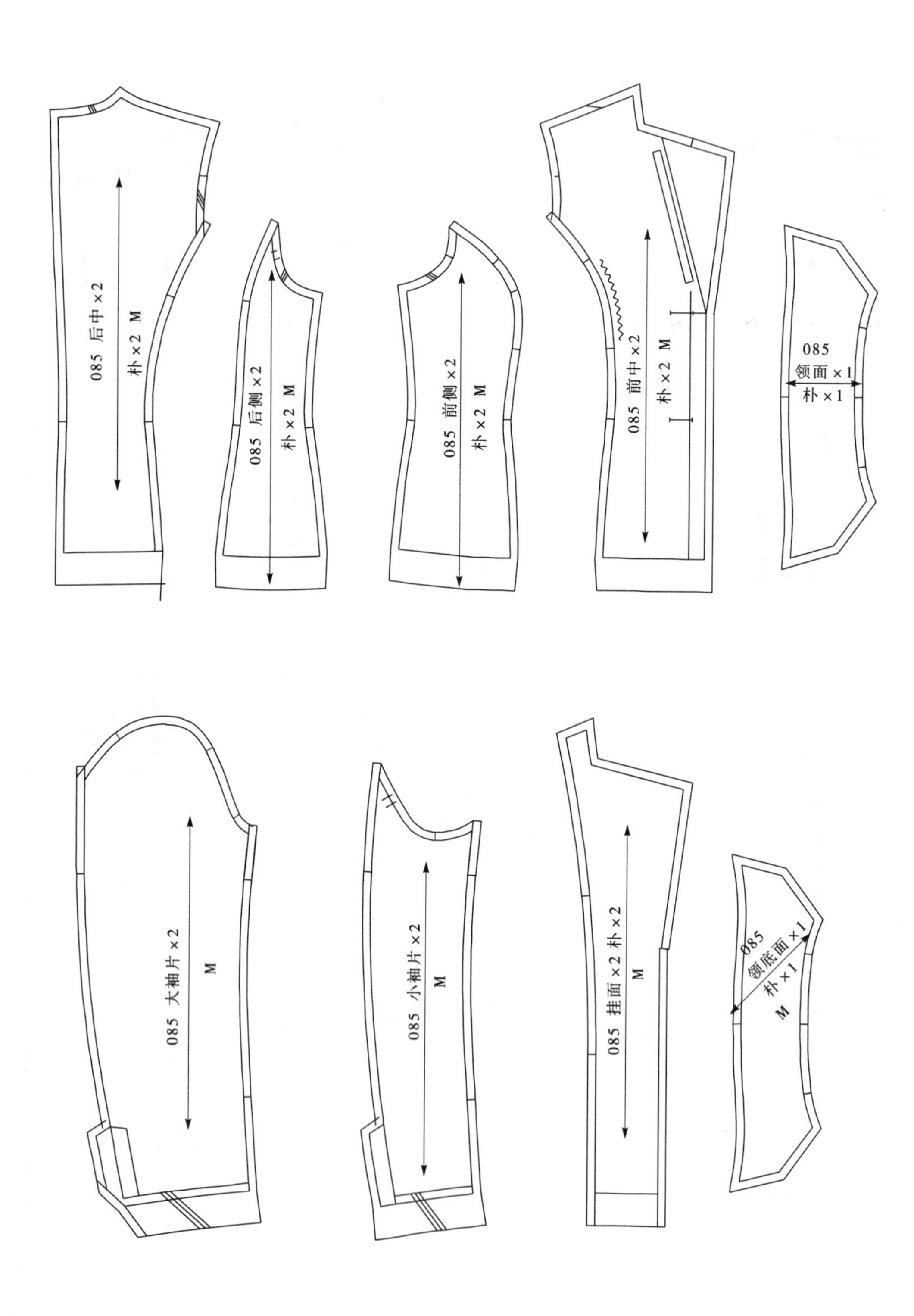

085 后中×2
朴×2 M
085 后侧×2
朴×2 M
085 前侧×2
朴×2 M
085 前中×2
朴×2 M
085
领面×1
朴×1
085 大袖片×2
M
085 小袖片×2
M
085 挂面×2 朴×2
M
085
领底面×1
朴×1
M

纸样放码实例——西装

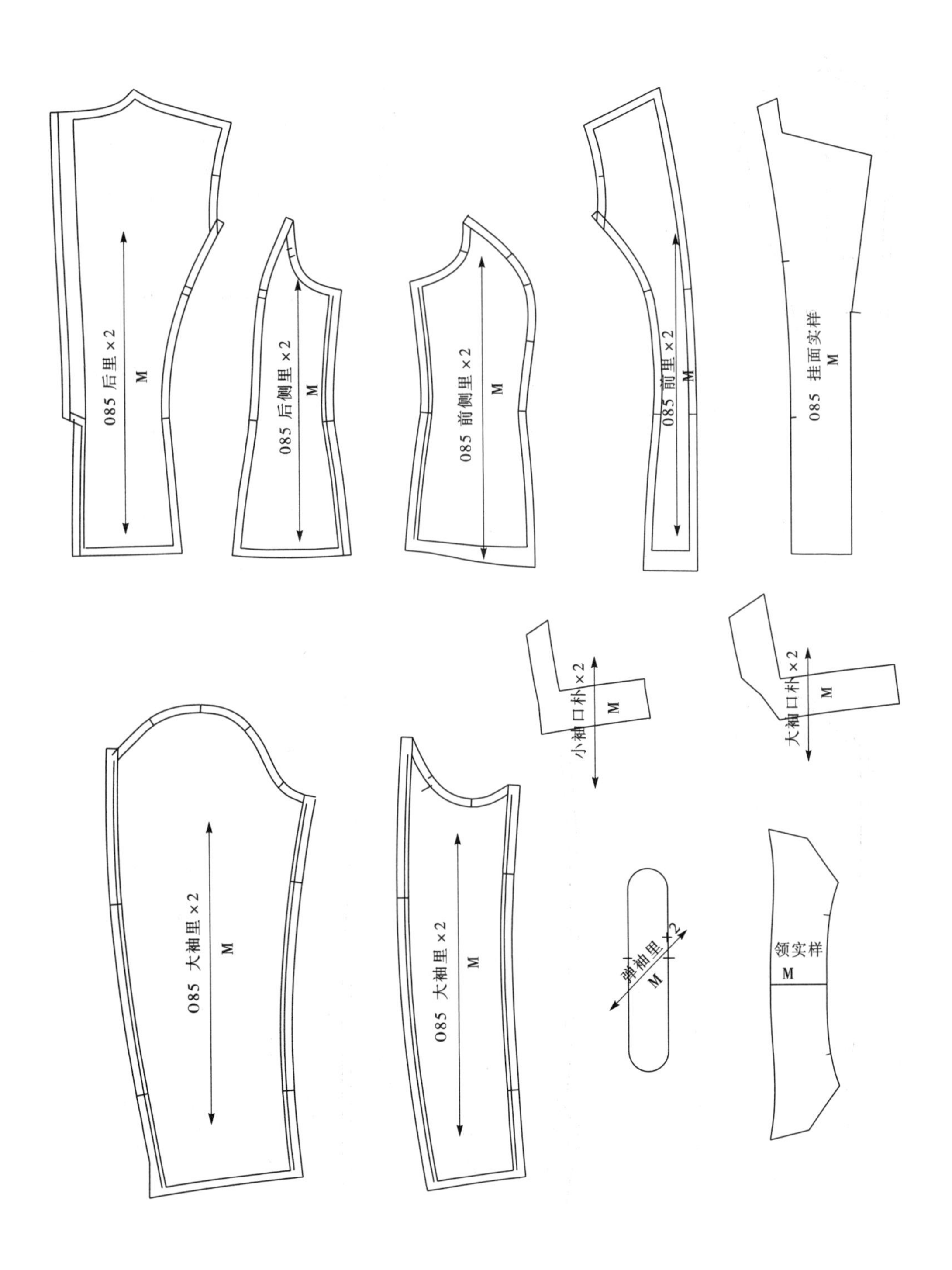

085 后里×2
M
085 后侧里×2
M
085 前侧里×2
M
085 前里×2
M
085 挂面实样
M
小袖口朴×2
M
大袖口朴×2
M
085 大袖里×2
M
085 大袖里×2
M
弹袖里×2
M
领实样
M

纸样放码实例——西装

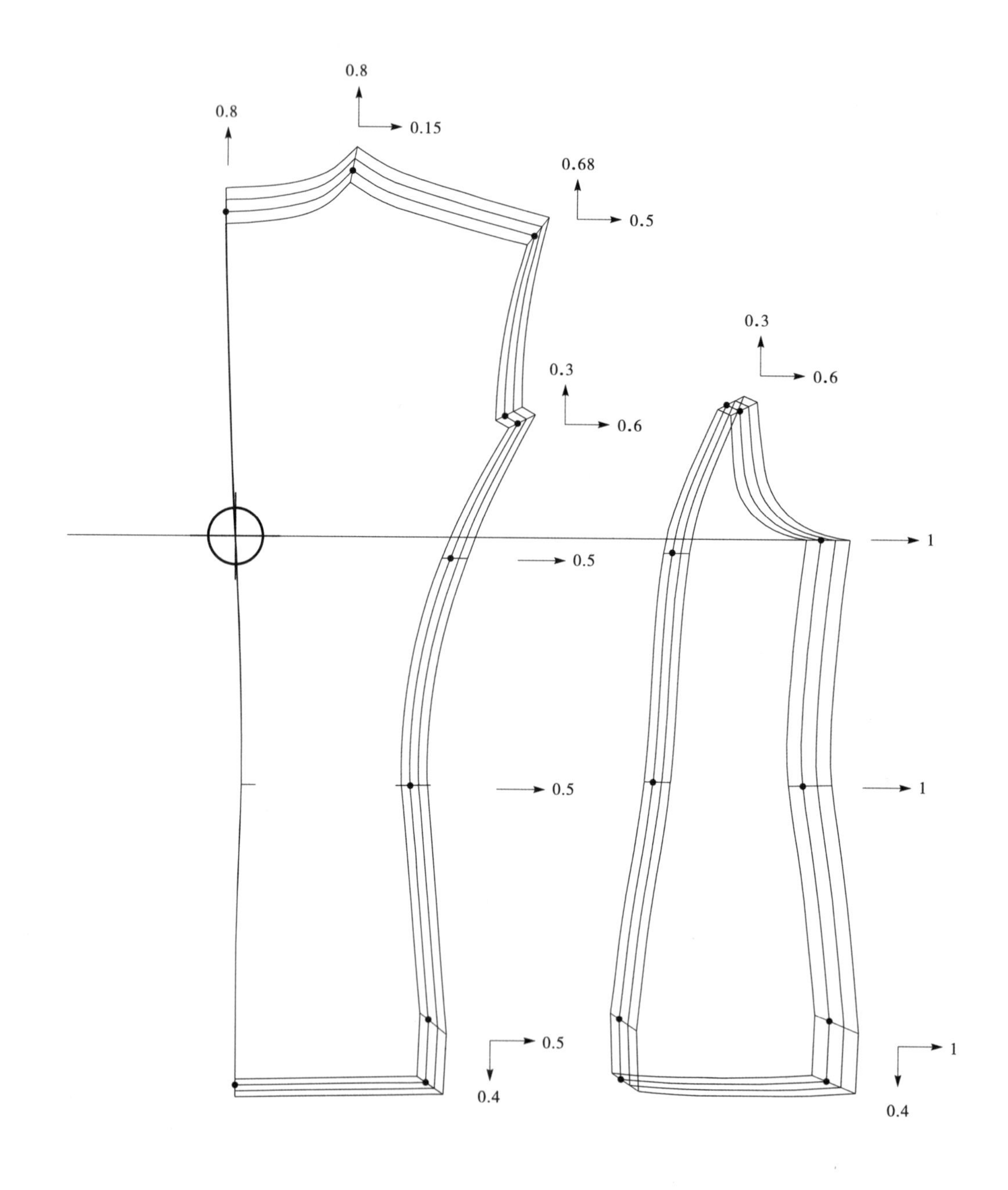

纸样放码实例——西装

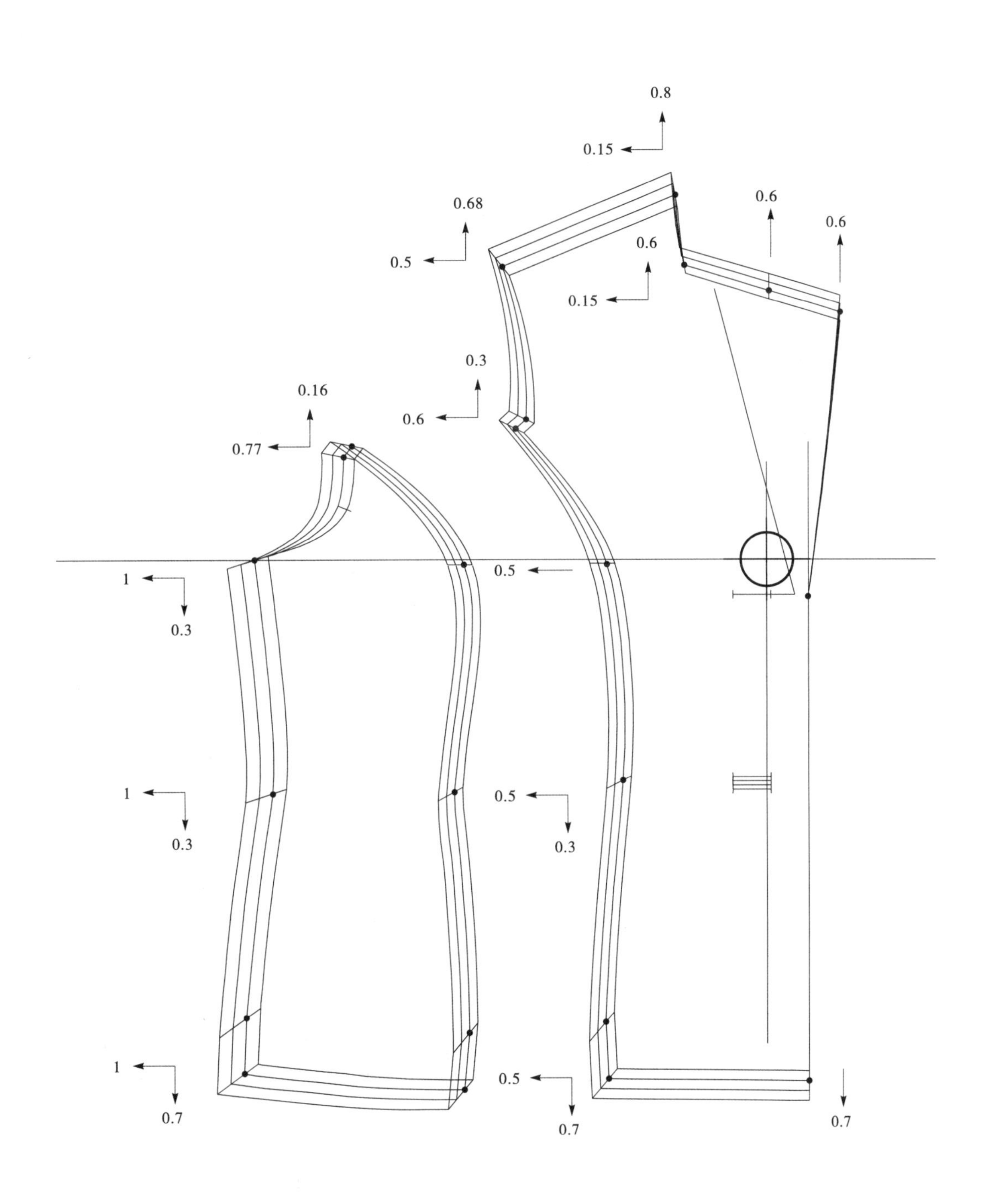
0.8
0.15
0.68
0.5
0.6
0.6
0.6
0.15
0.3
0.6
0.16
0.77
1
0.3
0.5
1
0.3
0.5
0.3
1
0.7
0.5
0.7
0.7

纸样放码实例——西装

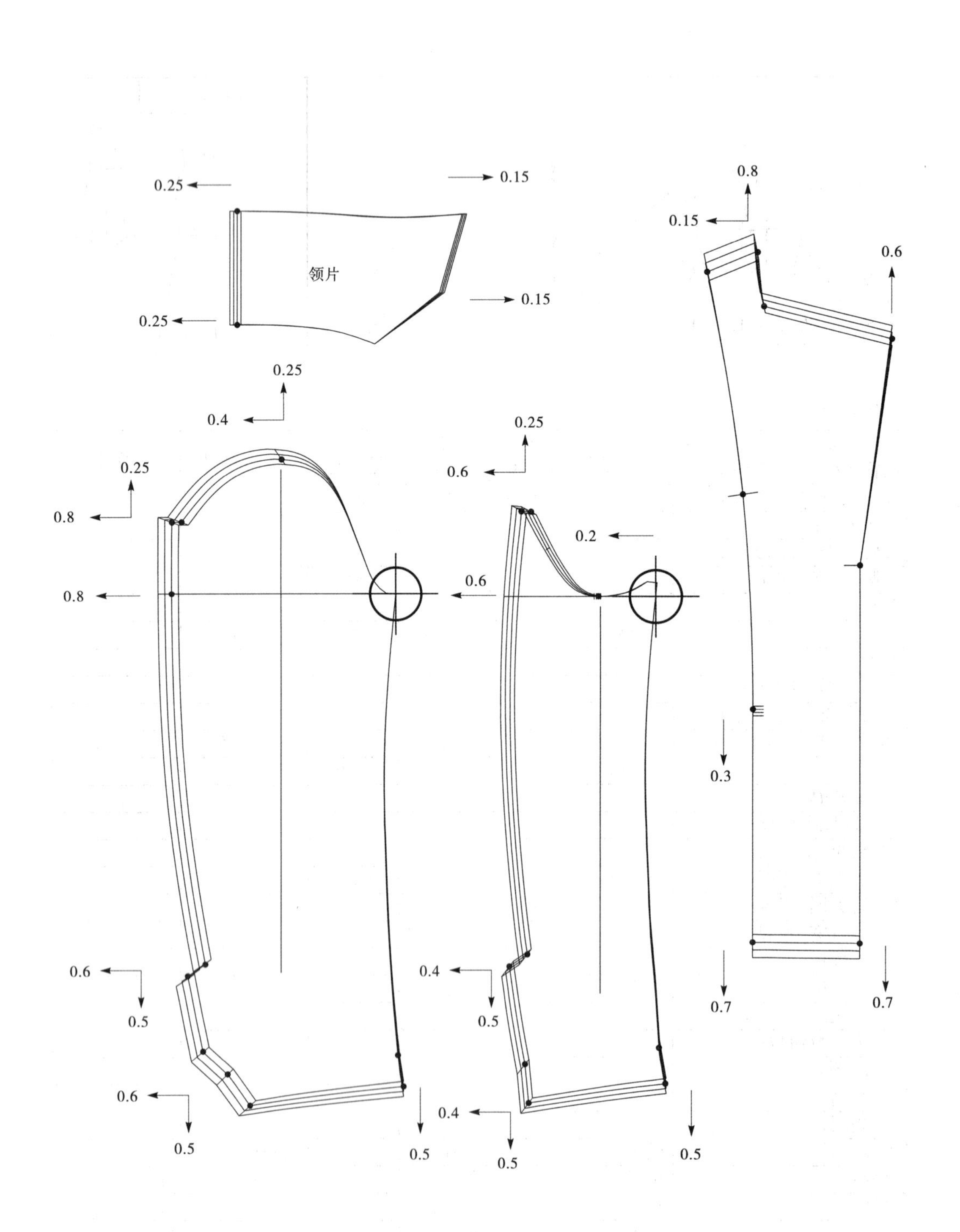

0.25
0.15
领片
0.25
0.15
0.25
0.4
0.25
0.8
0.8
0.25
0.6
0.2
0.6
0.8
0.15
0.6
0.3
0.6
0.5
0.4
0.5
0.6
0.5
0.5
0.4
0.5
0.5
0.7
0.7

第3节E　纸样放码实例——连衣裙

款号:Fm1098

单位：cm

位置指引 \ 尺码	1 36/S	2 38/M	3 40/L	4 42/XL	纸样损耗	备注
1. 肩宽:(肩至肩平度)	34	35	36	37		
2. 小肩宽:						
3. 后背宽:(后领深度下12.5cm)						
4. 胸围:(夹底度)	84	88	92	96	+0.5	
5. 腰长:						
6. 腰围:	68	72	76	80	−1	
7. 上坐围:						
8. 下坐围:(腰下19cm)						
9. 前衣长:(前肩点度)						
10. 后中长:(后领深度下)	93	95	97	99	+0.5	
11. 脚围:	138	142	146	150	+1	
12. 袖长:(后中度)						
13. 袖肥:(夹底度)						
14. 夹位:(平直度)						
15. 前夹圈:(弯度)	20.5	21.5	22.5	23.5		
16. 后夹圈:(弯度)	22.3	23.3	24.3	25.3		
17. 袖口宽:(扣起计)						
18. 前领横:						
19. 后领横:	18.1	18.4	18.7	19		
20. 钮距:						
21. 第一粒钮位:						
22. 后领高:						
23. 衩高:						
24. 袋:(长×宽)						
纸样共计：	里布		实样		毛裁样	
日期：	布料：		封度：		用料：	缩水后：
日期：	布料：		封度：		用料：	缩水后：
日期：	布料：		封度：		用料：	缩水后：

纸样放码实例——连衣裙

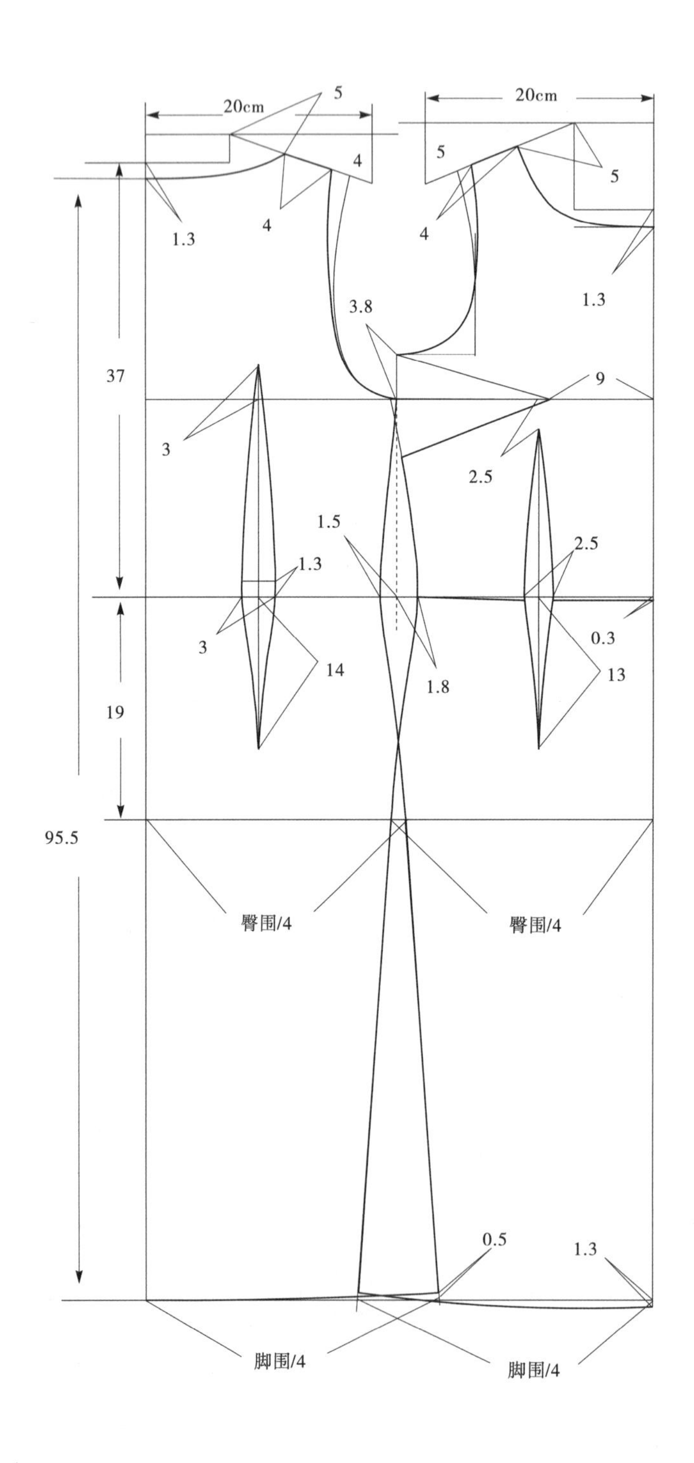

160/84A

后中长 54.5cm

肩　宽 35cm

胸　围 88cm

腰　围 72cm

脚　围 142cm

纸样放码实例——连衣裙

合并前后腰省，展开纸样并画顺

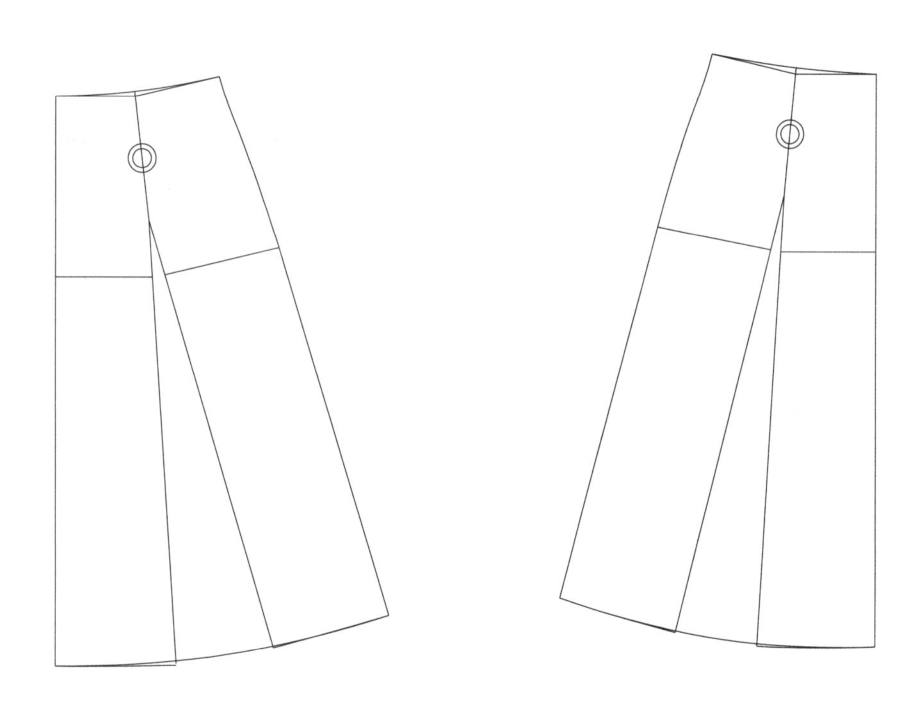

纸样放码实例——连衣裙

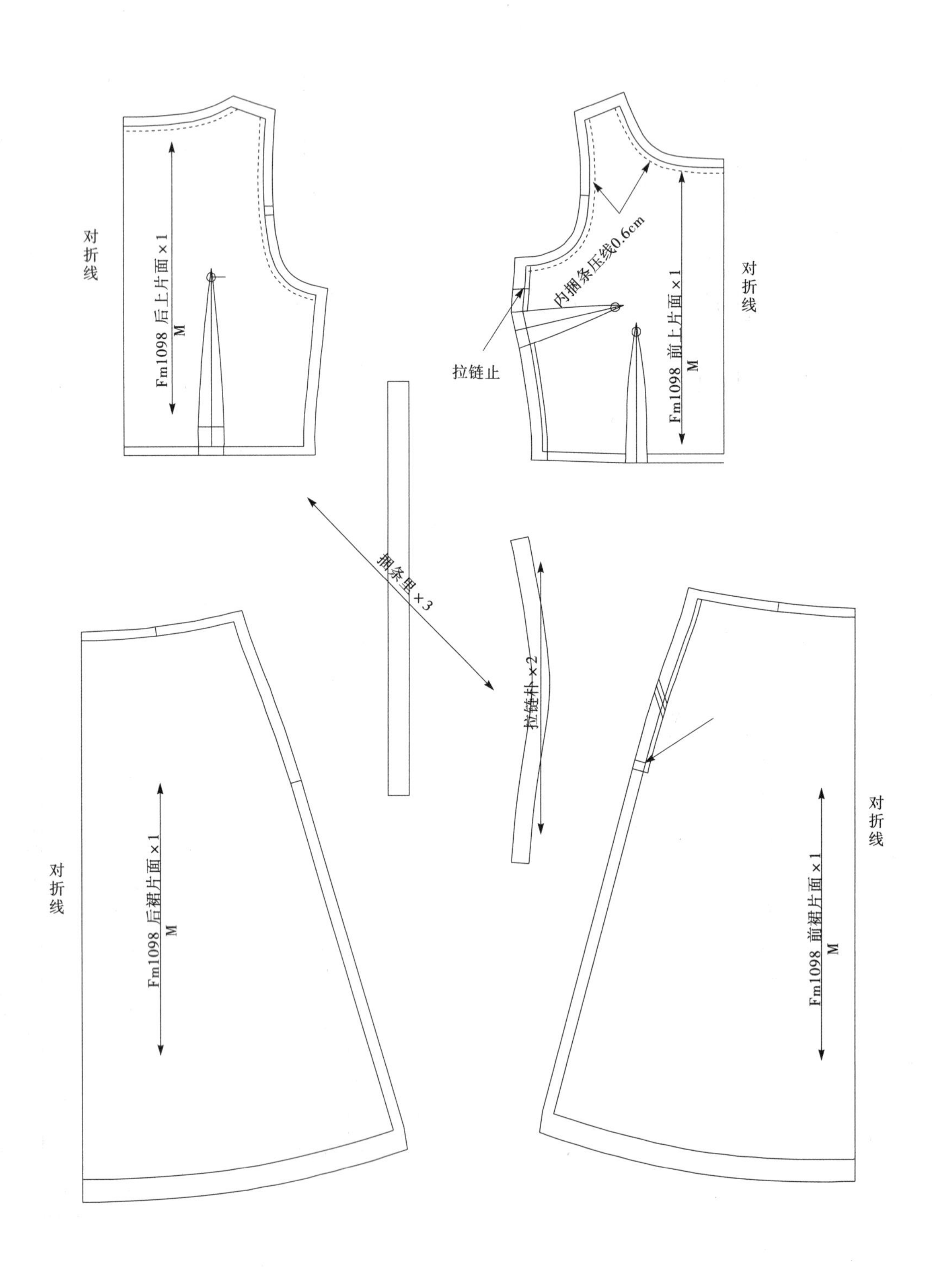

对折线
Fm1098 后上片面×1
M
内捆条压线0.6cm
拉链止
Fm1098 前上片面×1
M
对折线
捆条里×3
拉链朴×2
对折线
Fm1098 后裙片面×1
M
对折线
Fm1098 前裙片面×1
M

纸样放码实例——连衣裙

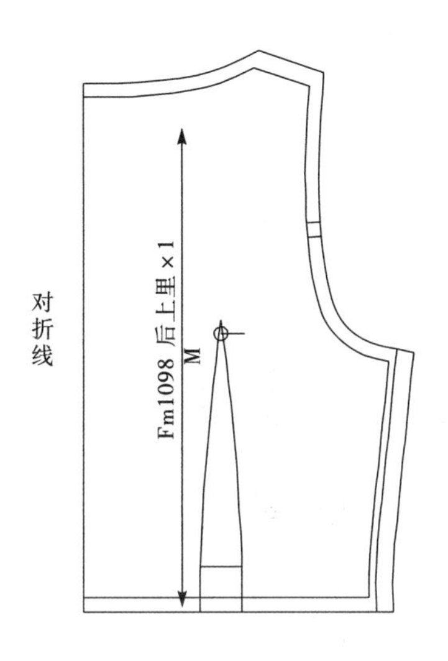

对折线
Fm1098 后上里×1
M

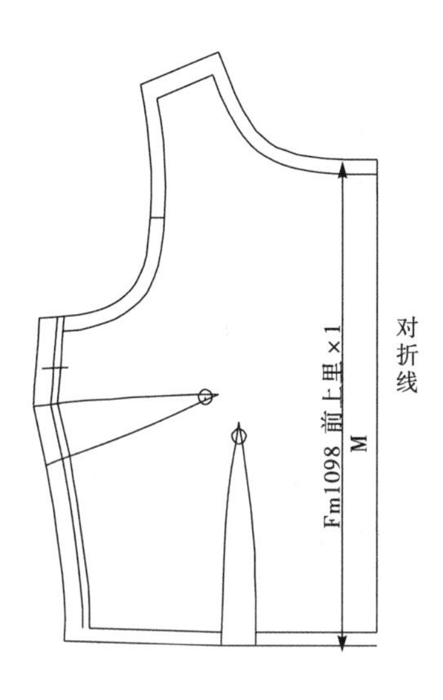

Fm1098 前上里×1
M
对折线

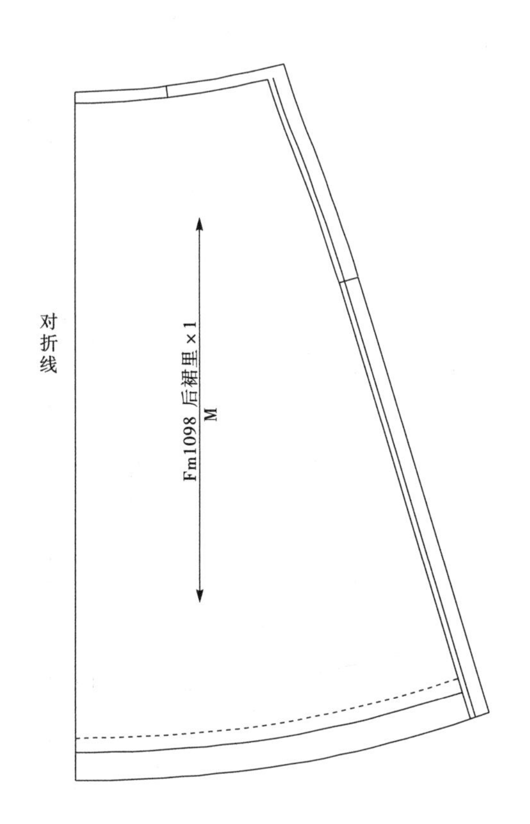

对折线
Fm1098 后裙里×1
M

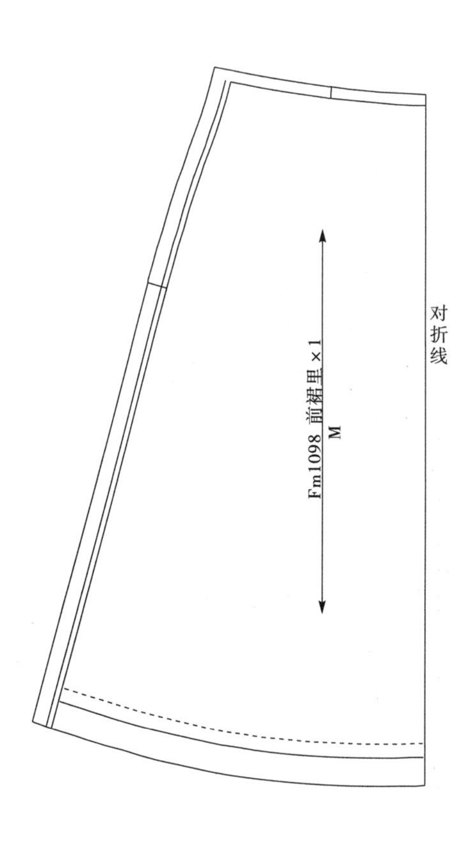

Fm1098 前裙里×1
M
对折线

纸样放码实例——连衣裙

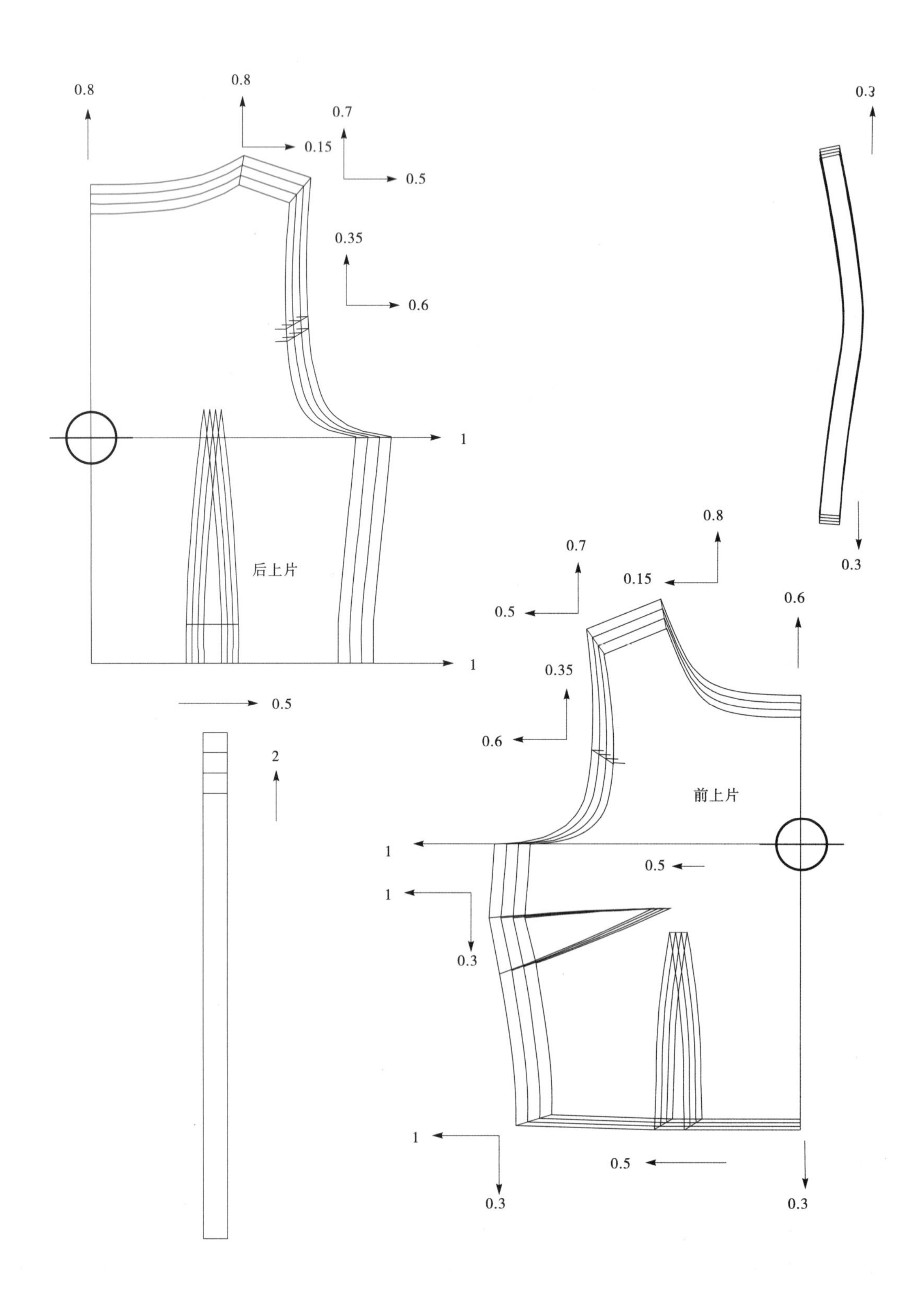
0.8
0.8
0.7
0.15
0.5
0.35
0.6
1
后上片
1
0.5
2
0.3
0.3
0.8
0.7
0.15
0.5
0.6
0.35
0.6
前上片
1
0.5
1
0.3
1
0.5
0.3
0.3

纸样放码实例——连衣裙

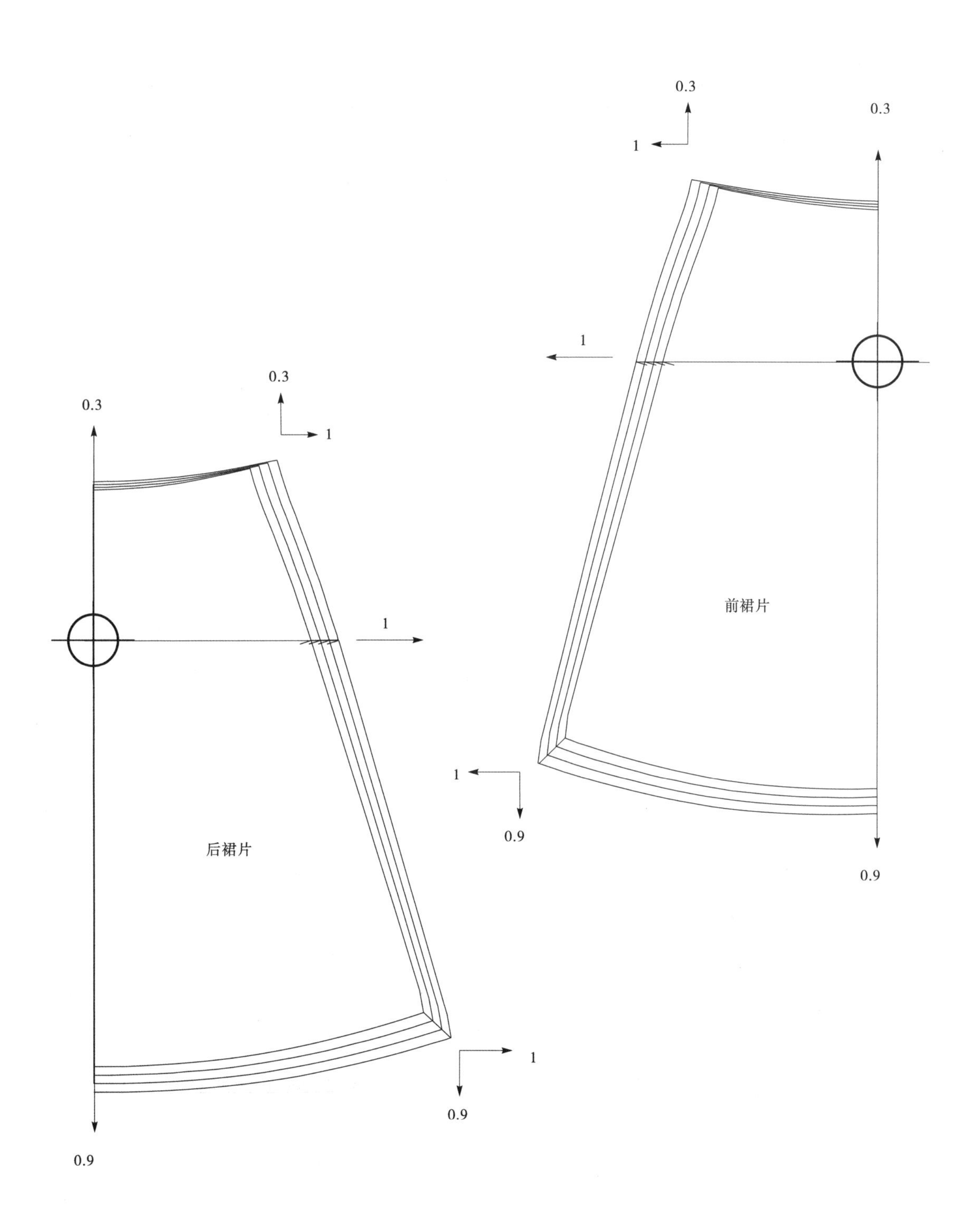

第3节F　纸样放码实例——风衣

款号：D1891

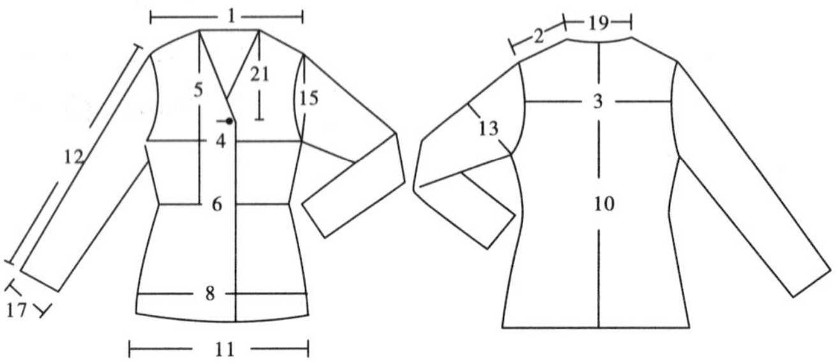

单位：cm

尺码 位置指引	1 36/S	2 38/M	3 40/L	4 42/XL	纸样损耗	备注
1. 肩宽:(肩至肩平度)	41	42	43	44		
2. 小肩宽:						
3. 后背宽:(后领深度下12.5cm)						
4. 胸围:(夹底度)	100	104	108	112	+1	
5. 腰长:	39.2	40	40.8	41.6		
6. 腰围:	95	99	103	107	−1	
7. 上坐围:						
8. 下坐围:(腰下19cm)						
9. 前衣长:(前肩点度)						
10. 后中长:(后领深度下)	106	108	110	112	+1	
11. 脚围:	144	148	152	156	+0.5	
12. 袖长:(后中度)	79.5	81	82.5	84	+0.5	
13. 袖肥:(夹底度)	39.6	41	42.4	43.8	+0.5	
14. 夹位:(平直度)						
15. 前夹圈:(弯度)						
16. 后夹圈:(弯度)						
17. 袖口宽:(扣起计)	33	34	35	36		
18. 前领横:						
19. 后领横:						
20. 钮距:						
21. 第一粒钮位:						
22. 后领高:						
23. 衩高:						
24. 袋:(长 × 宽)						
纸样共计：	里布		实样		毛裁样	
日期：	布料：		封度：		用料：	缩水后：
日期：	布料：		封度：		用料：	缩水后：
日期：	布料：		封度：		用料：	缩水后：

纸样放码实例——风衣

160/84A

后中长	108cm	肩 宽	42cm
胸 围	104cm	腰 围	98cm
脚 围	148cm	袖 长	60cm
袖 肥	41cm	袖 口	34cm
		上 领	5.5cm
		下 领	3.5cm

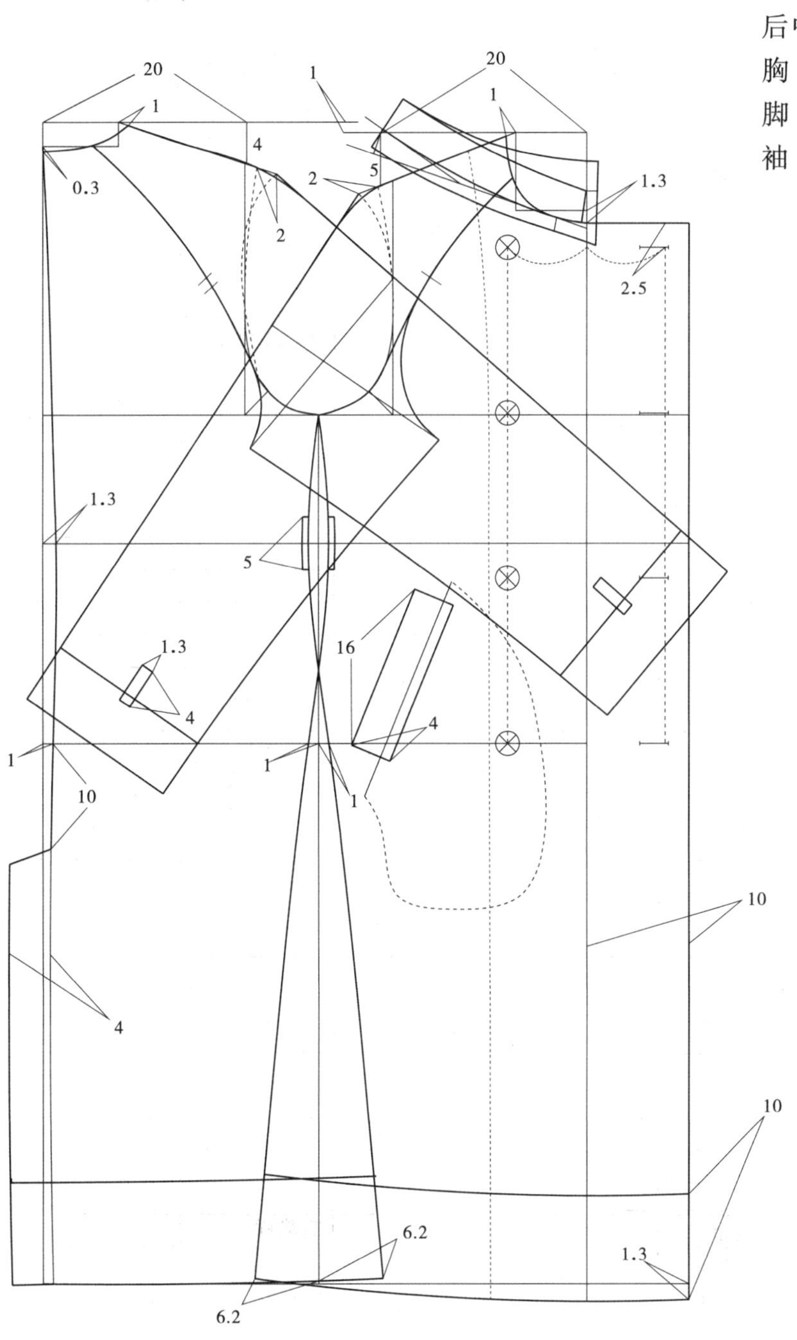

纸样放码实例——风衣

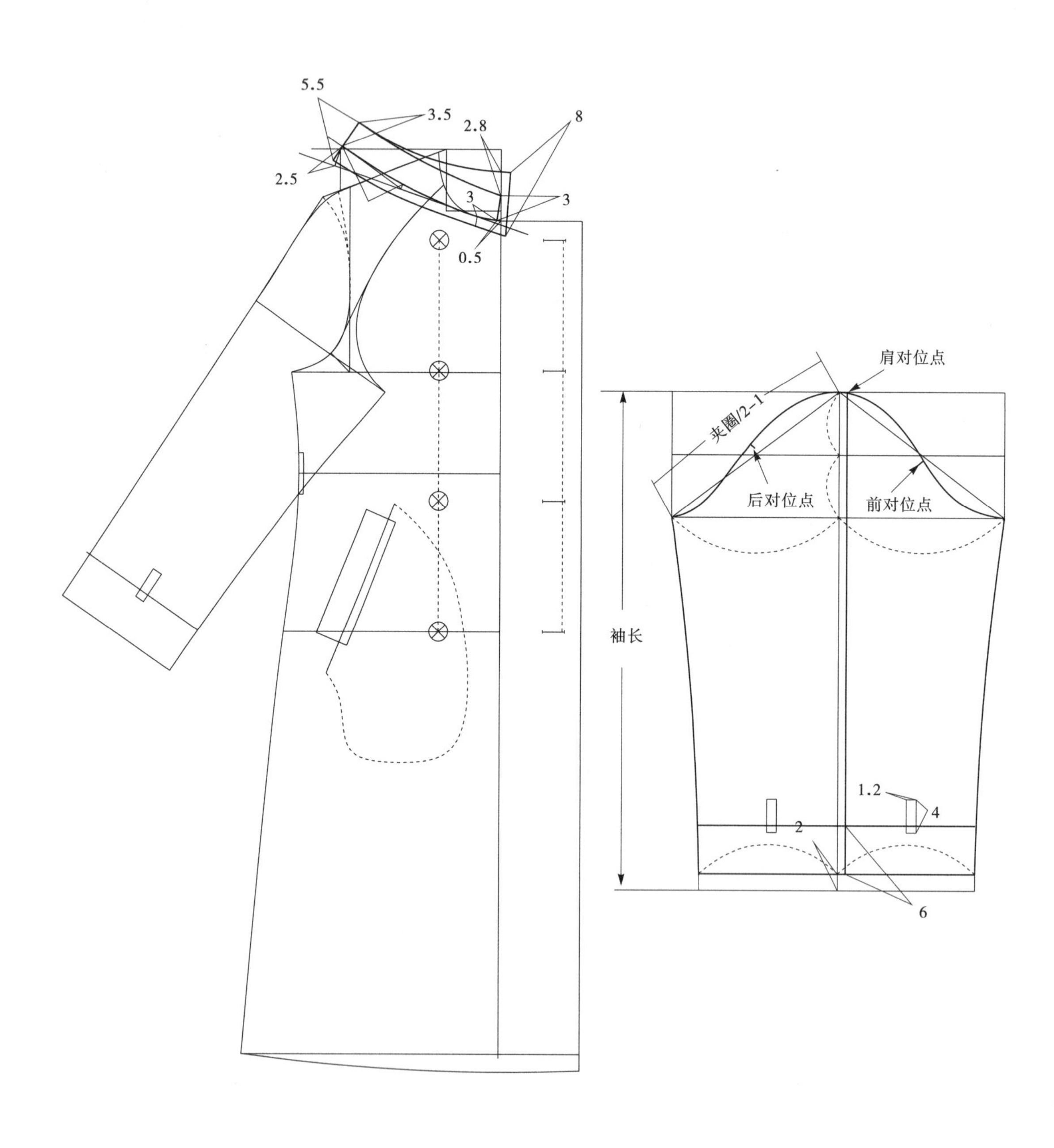

纸样放码实例——风衣

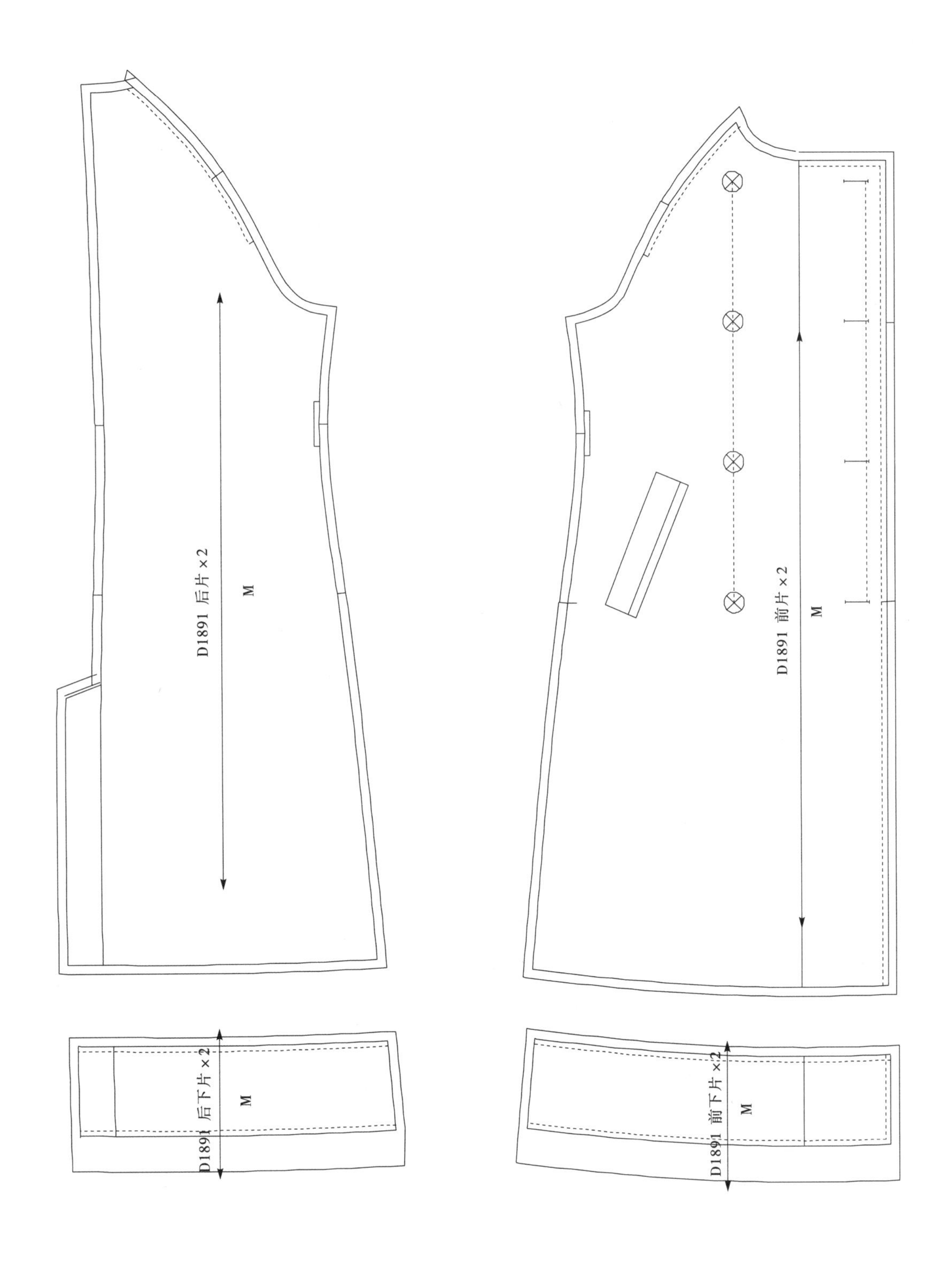

纸样放码实例——风衣

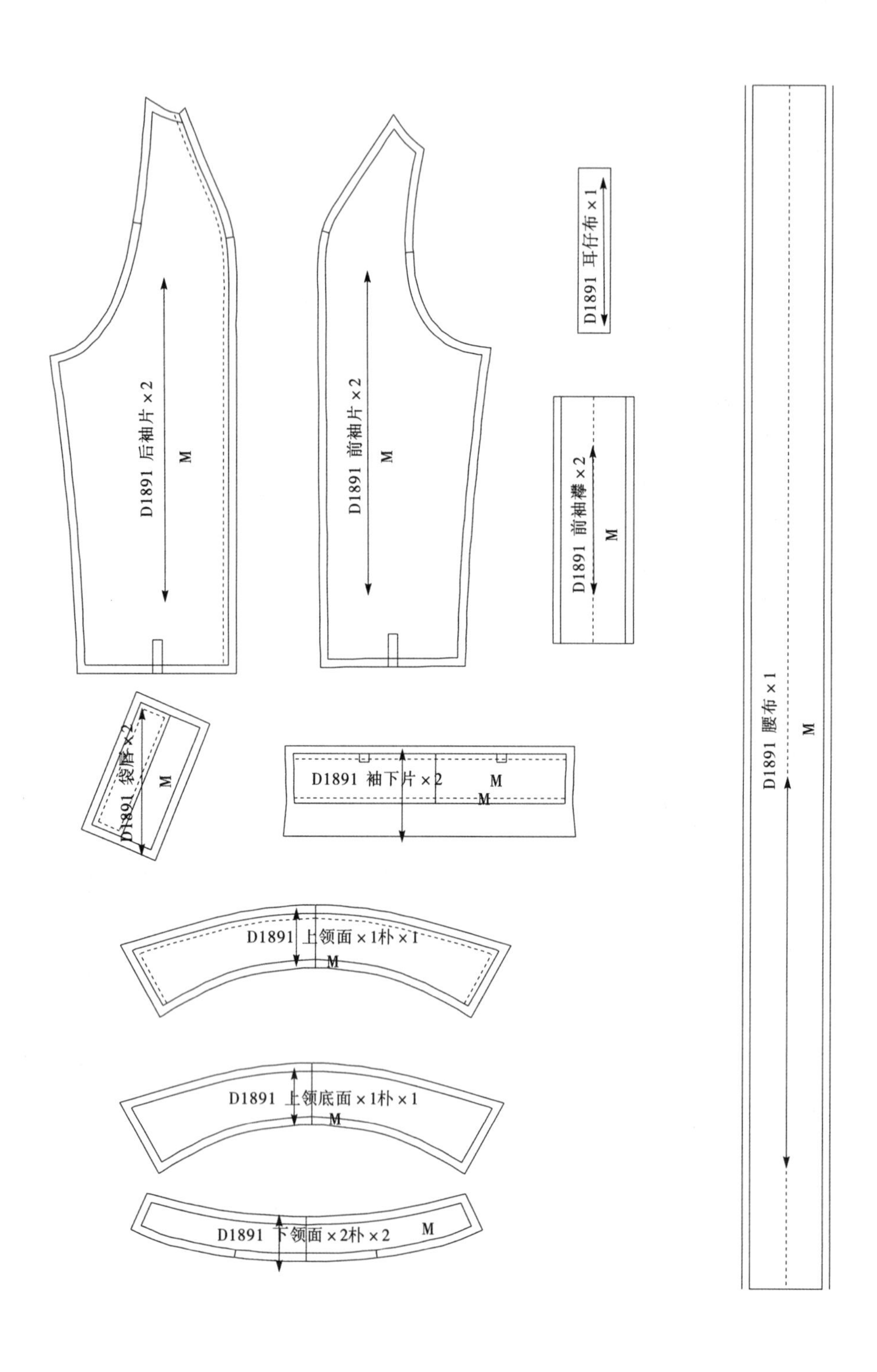

D1891 后袖片×2
M
D1891 前袖片×2
M
D1891 耳仔布×1
D1891 前袖襻×2
M
D1891 腰布×1
M
D1891 袋唇×2
M
D1891 袖下片×2
M
M
D1891 上领面×1朴×1
M
D1891 上领底面×1朴×1
M
D1891 下领面×2朴×2
M

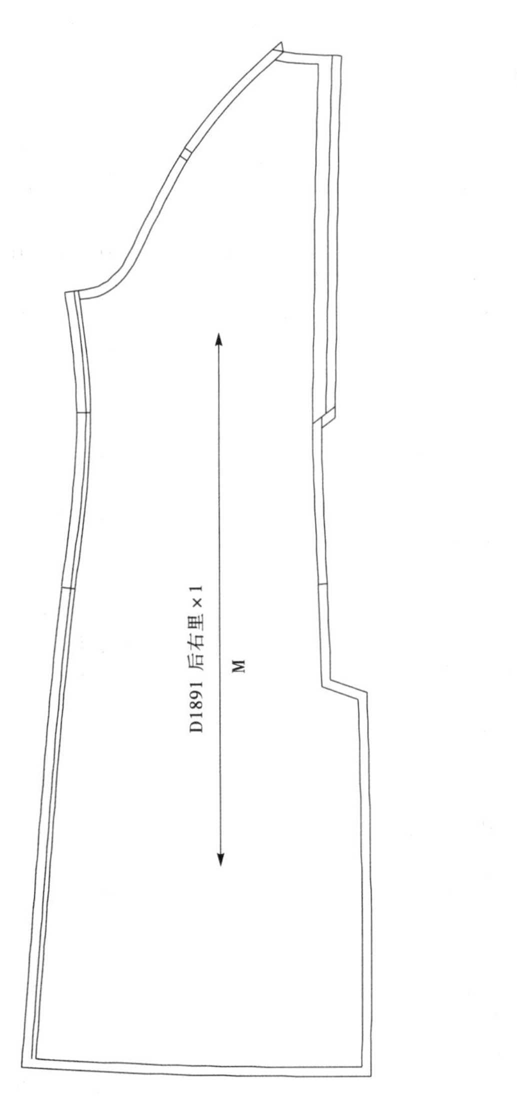
D1891 后右里×1
M

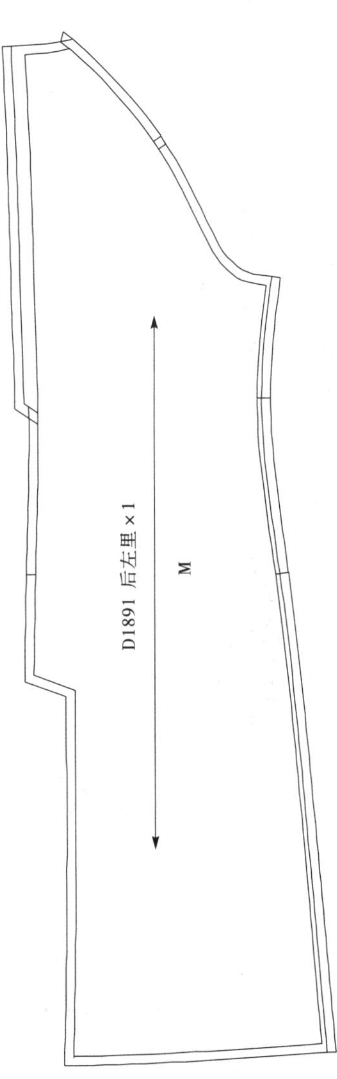
D1891 后左里×1
M

纸样放码实例——风衣

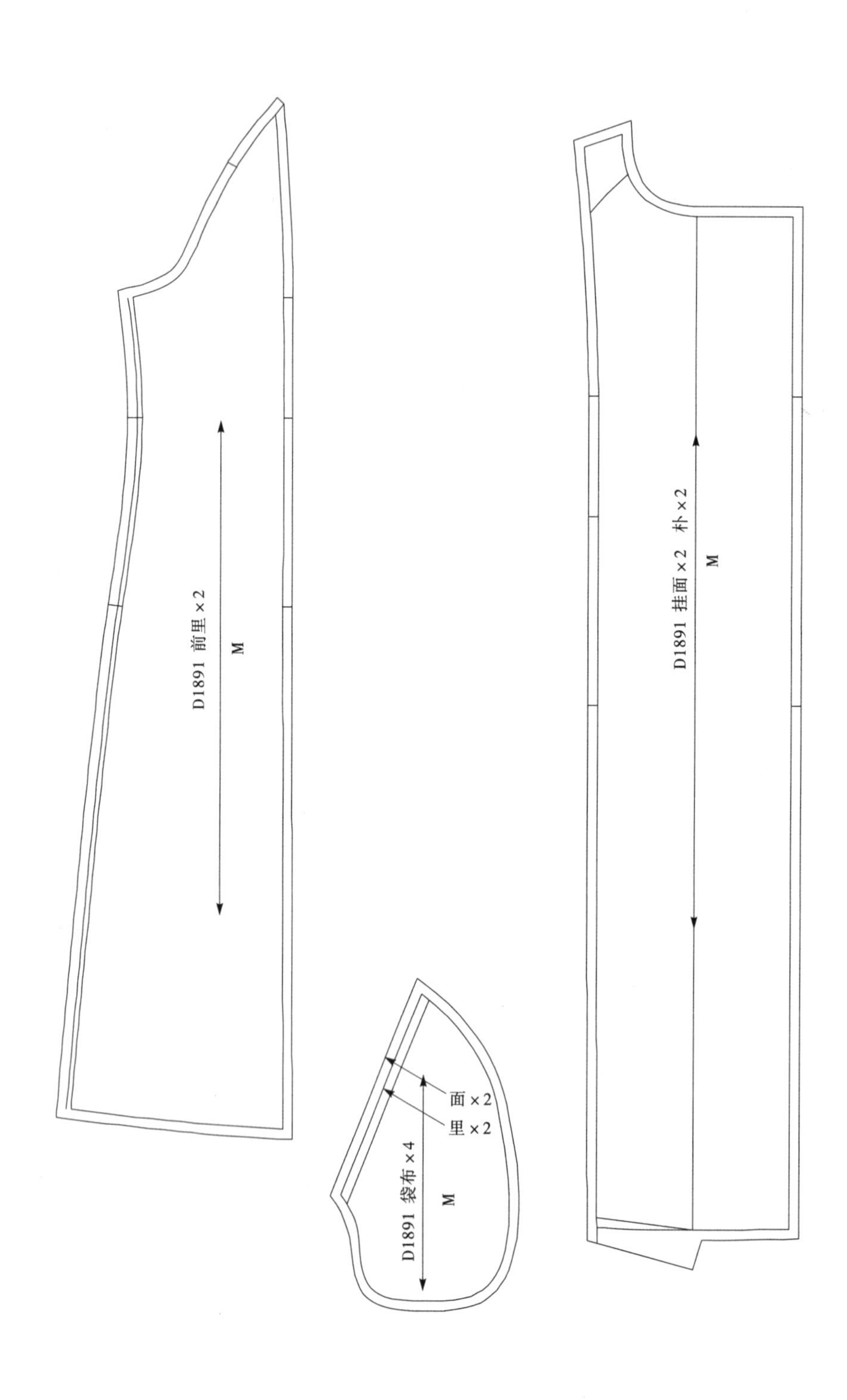

纸样放码实例——风衣

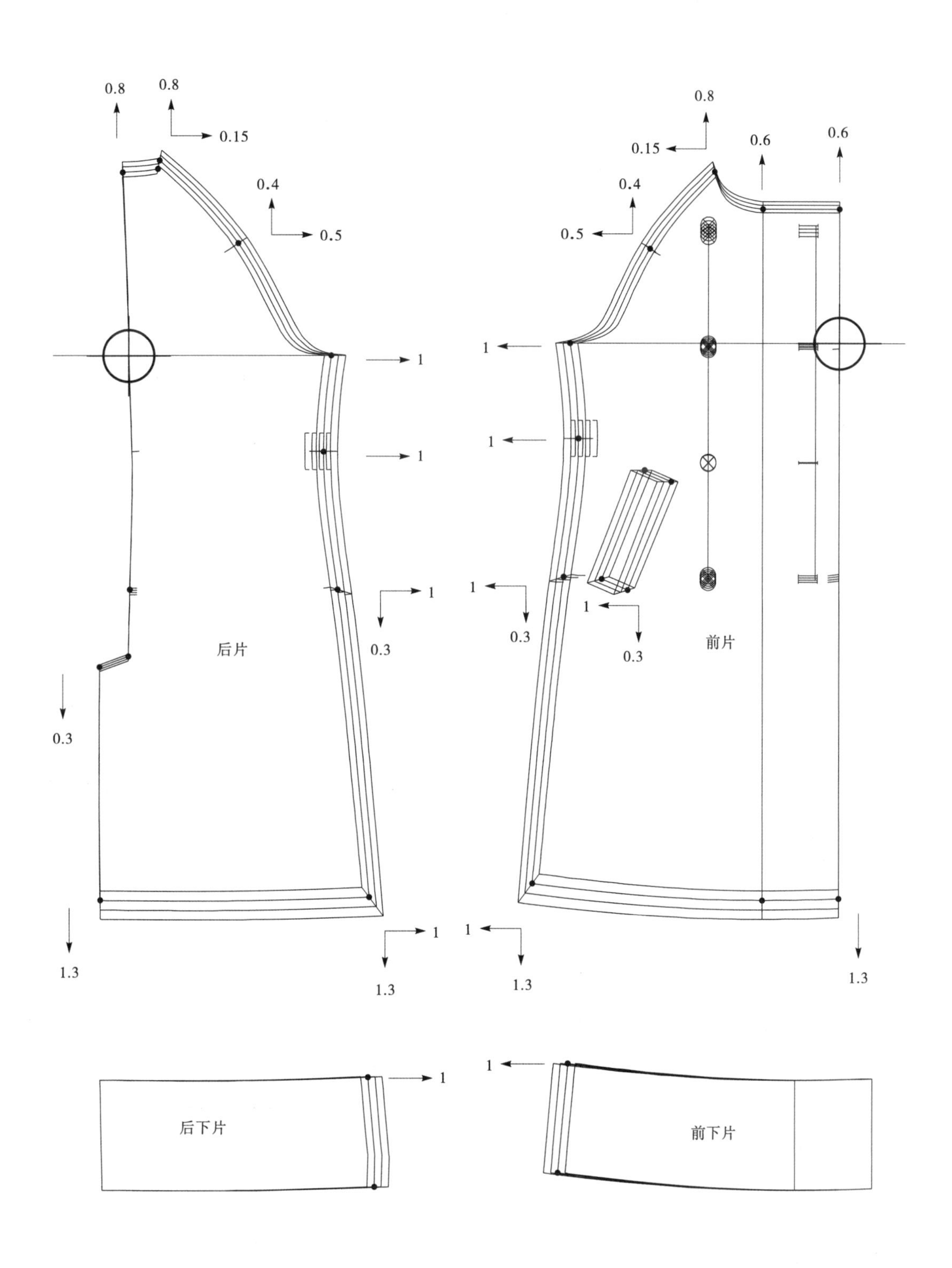

0.8
0.8
0.15
0.4
0.5
1
1
1
0.3
后片
0.3
1.3
1
1.3
0.8
0.15
0.6
0.6
0.4
0.5
1
1
1
0.3
1
0.3
前片
1
1.3
1.3
1
后下片
1
前下片

纸样放码实例——风衣

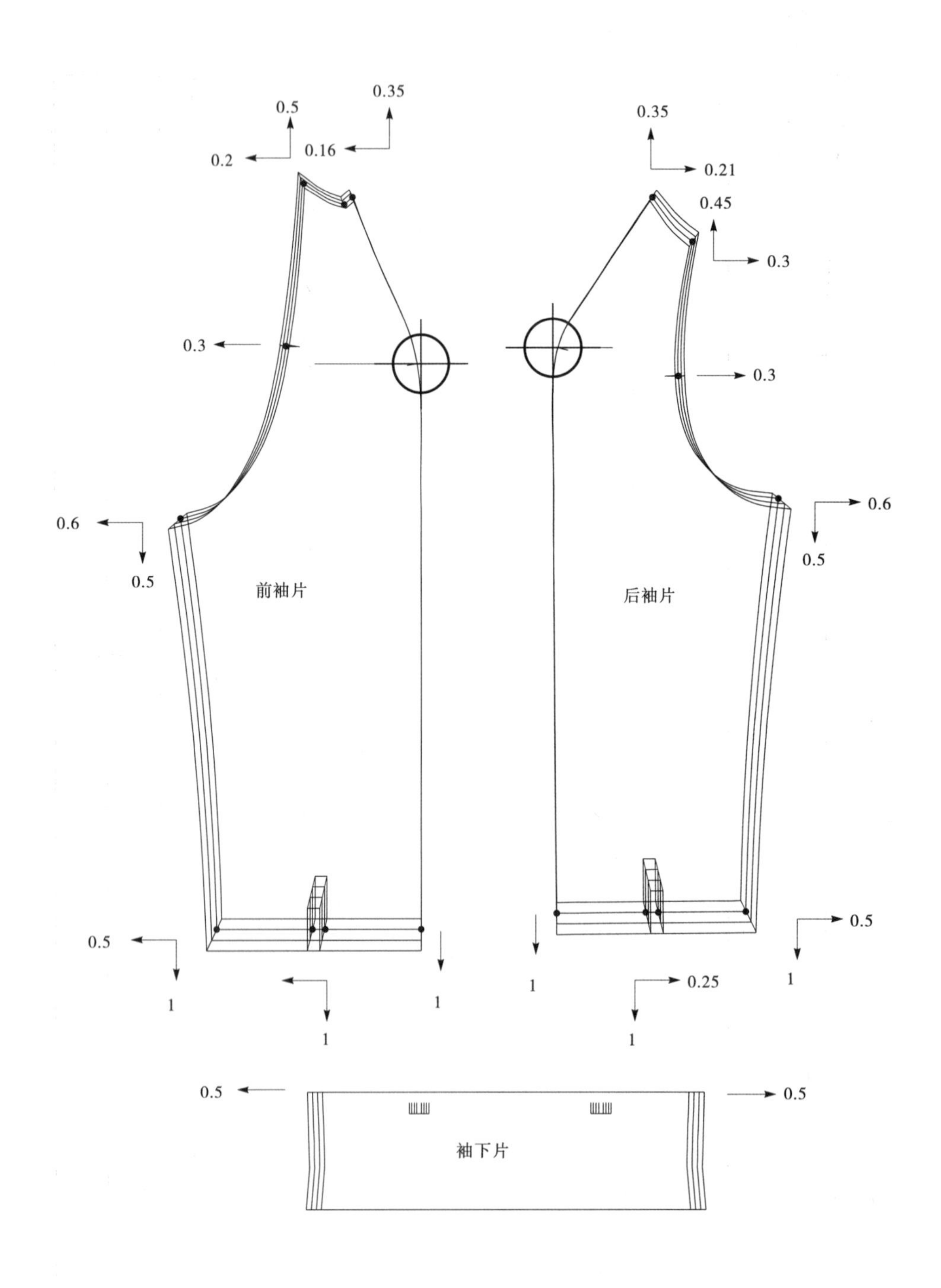
0.5
0.35
0.2
0.16
0.35
0.21
0.45
0.3
0.3
0.3
0.6
0.5
0.6
0.5
前袖片
后袖片
0.5
1
1
1
1
0.25
1
0.5
1
0.5
0.5
袖下片

纸样放码实例——风衣

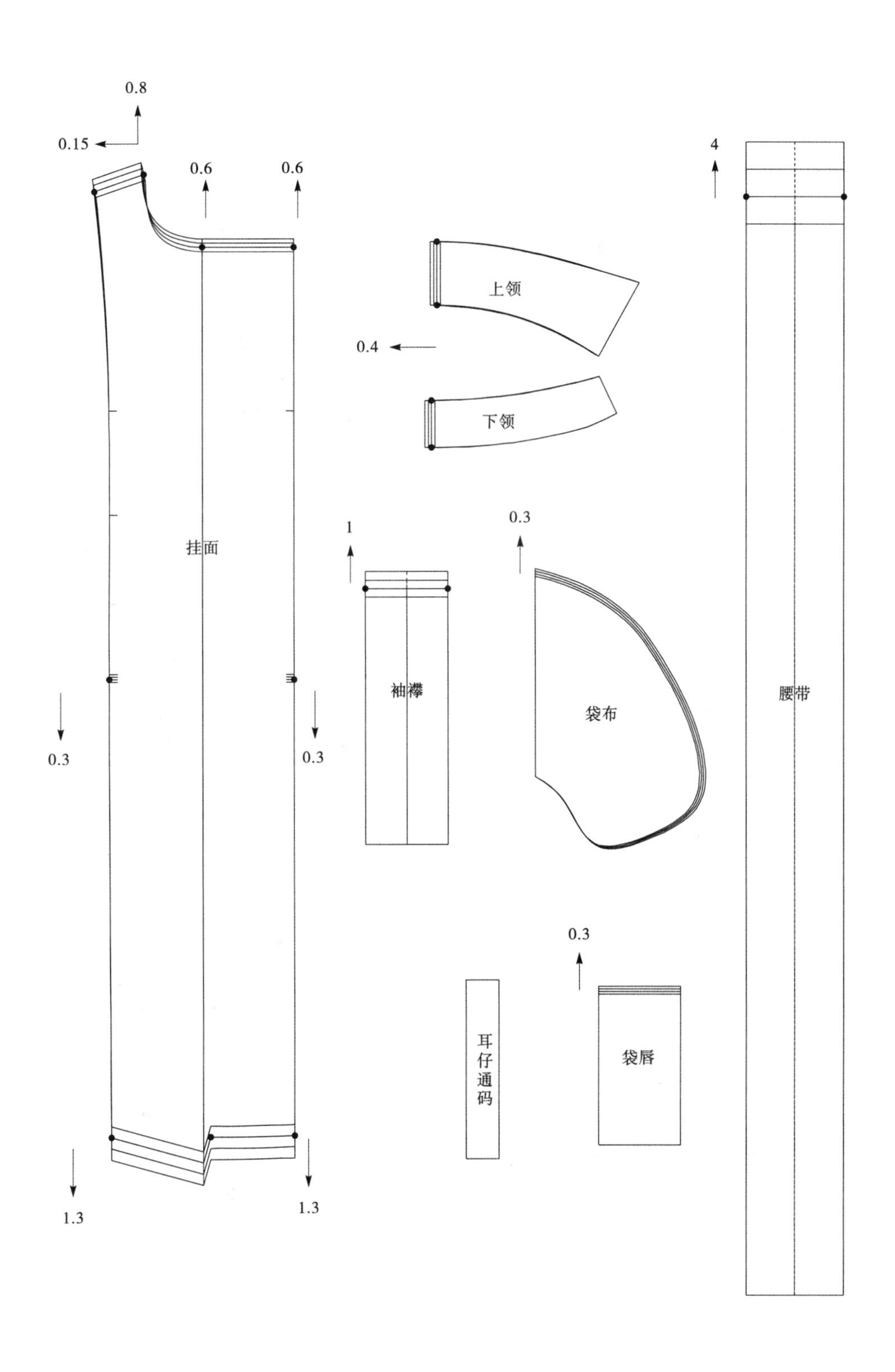

附录：尺寸对照表（英寸—厘米）

单位：cm

英寸		1/16	1/8	1/4	3/8	1/2	5/8	3/4	7/8
		0.16	0.32	0.64	0.95	1.27	1.59	1.91	2.22
1	2.54	2.70	2.86	3.18	3.49	3.81	4.13	4.45	4.76
2	5.08	5.24	5.40	5.72	6.03	6.35	6.67	6.99	7.30
3	7.62	7.78	7.94	8.26	8.57	8.89	9.21	9.53	9.84
4	10.16	10.32	10.48	10.80	11.11	11.43	11.75	12.07	12.38
5	12.70	12.86	13.02	13.34	13.65	13.97	14.29	14.61	14.92
6	15.24	15.40	15.56	15.88	16.19	16.51	16.83	17.15	17.46
7	17.78	17.94	18.10	18.42	18.73	19.05	19.37	19.69	20.00
8	20.32	20.48	20.64	20.96	21.27	21.59	21.91	22.23	22.54
9	22.86	23.02	23.18	23.50	23.81	24.13	24.45	24.77	25.08
10	25.40	25.56	25.72	26.04	26.35	26.67	26.99	27.31	27.62
11	27.94	28.10	28.26	28.58	28.89	29.21	29.53	29.85	30.16
12	30.48	30.64	30.80	31.12	31.43	31.75	32.02	23.39	32.70
13	33.02	33.18	33.34	33.66	33.97	34.29	34.61	34.93	35.24
14	35.56	35.72	35.88	36.20	36.51	36.83	37.15	37.47	37.78
15	38.10	38.26	38.42	38.74	39.05	39.37	36.69	40.01	40.32
16	40.64	40.80	40.96	41.28	41.59	41.91	42.23	42.55	42.86
17	43.18	43.34	43.50	43.82	44.13	44.45	44.77	45.09	45.40
18	45.72	45.88	46.04	46.36	46.67	46.99	47.31	47.63	47.94
19	48.26	48.42	48.58	48.90	49.21	49.53	49.85	50.17	50.48
20	50.80	50.96	51.12	51.44	51.75	52.07	52.39	52.71	53.02
21	53.34	53.50	53.66	53.98	54.29	54.61	54.93	55.25	55.56
22	55.88	56.04	56.20	56.52	56.83	57.15	57.47	57.79	58.10
23	58.42	58.58	58.74	59.06	59.37	59.69	60.01	60.33	60.64
24	60.96	61.12	61.28	61.60	61.91	62.23	62.55	62.87	63.18
25	63.50	63.66	63.82	64.14	64.45	64.77	65.09	65.41	65.72
26	66.04	66.20	66.36	66.68	66.99	67.31	67.63	67.95	68.26
27	68.58	68.74	68.90	69.22	69.53	69.85	70.17	70.49	70.80
28	71.12	71.28	71.44	71.76	72.07	72.39	72.71	73.03	73.34
29	73.66	73.82	73.98	74.30	74.61	74.93	75.25	75.57	75.88
30	76.20	76.36	76.52	76.84	77.15	77.47	77.79	78.11	78.42
31	78.74	78.90	79.06	79.38	79.69	80.01	80.33	80.65	80.96
32	81.28	81.44	81.60	81.92	82.23	82.55	82.87	83.19	83.50
33	83.82	83.98	84.14	84.46	84.77	85.09	85.41	85.73	86.04
34	86.36	86.52	86.68	87.00	87.31	87.63	87.95	88.27	88.58
35	88.90	89.06	89.22	89.54	89.85	90.17	90.49	90.81	91.12
36	91.44	91.60	91.76	92.08	92.39	92.71	93.03	93.35	93.66
37	93.98	94.14	94.30	94.62	94.93	95.25	95.57	95.89	96.20
38	96.52	96.68	96.84	97.16	97.47	97.79	98.11	98.43	98.74
39	99.06	99.22	99.38	99.70	100.01	100.33	100.65	100.97	101.28
40	101.60	101.76	101.92	102.24	102.55	102.87	103.19	103.51	103.82
41	104.14	104.30	104.46	104.78	105.09	105.41	105.73	106.05	106.36
42	106.68	106.84	107.00	107.32	107.63	107.95	108.27	108.59	108.90
43	109.22	109.38	109.54	109.86	110.17	110.49	110.81	111.31	111.44
44	111.76	111.92	112.08	112.40	112.71	113.03	113.35	113.67	113.98
45	114.30	114.46	114.62	114.94	115.25	115.57	155.89	116.21	116.52
46	116.84	117.00	117.16	117.48	117.79	118.11	118.43	118.75	119.06
47	119.38	119.54	119.70	120.02	120.33	120.65	120.97	121.29	121.60
48	121.92	122.08	122.24	122.56	122.87	123.19	123.51	123.83	124.14
49	124.46	124.62	124.78	125.10	125.41	125.73	126.05	126.37	126.68
50	127.00	127.16	127.32	127.64	127.95	128.27	128.59	128.91	129.22
51	129.54	129.70	129.86	130.18	130.49	130.81	131.13	131.45	131.76
52	132.08	132.24	132.40	132.72	133.03	133.35	133.67	133.99	134.30
53	134.62	134.78	134.94	135.26	135.57	135.89	136.21	136.53	136.84
54	137.16	137.32	137.48	137.80	138.11	138.43	138.75	139.07	139.38
55	139.70	139.86	140.02	140.34	140.65	140.97	141.29	141.61	141.92
56	142.24	142.40	142.56	142.88	143.19	143.51	143.83	144.15	144.46
57	144.78	144.94	145.10	145.42	145.73	146.05	146.37	146.69	147.00
58	147.32	147.48	147.64	147.96	148.27	148.59	148.91	149.23	149.54
59	149.86	150.02	150.18	150.50	150.81	151.13	151.45	151.77	152.08
60	152.40	152.56	152.72	153.04	153.35	153.67	153.99	154.31	154.62